普通高等教育规划教材

绿色化学

（第三版）

沈玉龙　蔡明建　编著

中国环境出版集团・北京

图书在版编目（CIP）数据

绿色化学/沈玉龙，蔡明建编著．—3 版．—北京：中国环境出版集团，2016.4（2020.1 重印）
普通高等教育规划教材
ISBN 978-7-5111-2694-8

Ⅰ．①绿…　Ⅱ．①沈…②蔡…　Ⅲ．①化学工业—无污染技术—高等学校—教材　Ⅳ．①X78

中国版本图书馆 CIP 数据核字（2016）第 033220 号

出 版 人　武德凯
责任编辑　黄晓燕　李兰兰
责任校对　任　丽
封面设计　宋　瑞

更多信息，请关注
中国环境出版集团
第一分社

出版发行　中国环境出版集团
（100062　北京市东城区广渠门内大街 16 号）
网　　址：http://www.cesp.com.cn
电子邮箱：bjgl@cesp.com.cn
联系电话：010-67112765（编辑管理部）
010-67112735（第一分社）
发行热线：010-67125803，010-67113405（传真）
印　　刷　北京市联华印刷厂
经　　销　各地新华书店
版　　次　2004 年 2 月第 1 版　2016 年 4 月第 3 版
印　　次　2020 年 1 月第 8 次印刷
开　　本　787×960　1/16
印　　张　18
字　　数　350 千字
定　　价　37.00 元

前 言

绿色化学经过 20 多年的发展，已成为化学学科的一个重要思想，其内涵也逐步变得完善和丰富。随着研究的不断深入，绿色化学由认识变成了实践，正在为合理利用资源、解决环境污染和可持续发展等发挥着重要的作用。

目前绿色化学已成为了化学化工类人才必备的知识，为满足教学的需要，对教材再次进行修订。本次修订保持了第二版的框架，全书分为 8 章，包括绿色化学引论、绿色化学原理、绿色催化剂、绿色溶剂、生物质资源的利用、绿色化学品、绿色合成技术、绿色化工生产等，对每一章的内容均进行了完善和更新，力求体现近年来绿色化学的最新进展，同时对一些新的概念和研究领域进行概述。

本次修订由沈玉龙（编写第 1 章、第 2 章、第 6 章、第 7 章）、蔡明建（编写第 3 章、第 4 章、第 5 章、第 8 章）完成，沈天骄参编了 2.3 节和 2.4 节的部分内容，最后由沈玉龙统稿。在教材的修订过程中，曹文华、刘立华、王丽红、舒世立等提出了很多建设性的意见，张曙光、王秀阁给予了大力的支持和帮助，在此一并表示感谢。

本次修订后教材质量有所提高，但由于编者水平有限，肯定还存在很多不足之处，敬请专家、同行不吝赐教，我们将甚感荣幸！

编 者

2015 年 10 月

目 录

1 绿色化学引论

化学是在原子、分子及分子以上层次研究物质及其变化过程的基础科学，是一门理论与实验并重、富有创造性的中心学科。美国有机化学家、有机合成之父伍德沃德说："在上帝创造的自然界旁边，化学家又创造了另一个世界。"化学扮演了一个创造者的角色，通过化肥、化纤、医药、农药、材料的研制和生产、能源及资源的合理开发与高效利用等，为人类的生存和发展做出了巨大贡献。为纪念化学学科取得的成就以及对人类文明的贡献，第 63 届联合国大会将 2011 年定为"国际化学年"，其口号是："化学：我们的生活，我们的未来"。然而，我们在努力改善农作物保护、创新工业产品及医药品等的过程中，对我们的地球和人类自己也造成了意想不到的伤害，也引起公众对化学品的非理性恐惧，由此开启了现代环境保护运动。在环境保护理念由"污染控制"转向"污染预防"的背景下，绿色化学思想应运而生。绿色化学基于应用于化学产品和化学过程的设计、开发和实施的一系列原则，使化学家能够保护并且有益于经济、人类和我们的地球。绿色化学为构建可持续发展的未来，提供了一条战略途径。

1.1 化学与人类社会发展

1.1.1 化学对人类物质文明的贡献

化学是当代科学技术和人类物质文明迅速发展的基础和动力，在改善人类生活方面是最有成效、最实用的学科之一。从经典化学知识的积累、近代化学独立学科的出现，到现代化学飞速发展，化学始终与社会的发展联系在一起，化学的发展对推动人类社会的发展起到了核心作用。

作为自然科学的一个分支，化学有别于其他自然科学的是可以制造奇妙的物质。1900—2000 年的 100 年间，化学家们合成或分离的化合物从 55 万种增加到 2 340 万种，为我们制造了抗生素和其他医药品、塑料、汽油和其他燃料、农用化学品如肥料和农药、各种合成纤维如尼龙、黏胶及涤纶等，这些物质成为人类生活的重要支撑，使我们更健康、更安全、更容易地生存。美国知名杂志《大西洋月刊》2013 年邀请了包括科学家、企业家、科普作家、技术史学家等在内的 12 位专家评出的六千年前发明轮子以来的塑造现代生活最伟大的 50 项发明创造，其中涉及的 20 世纪的化学发明包括青霉素、固氮技术和避孕药。

自古以来，传染病就是人类的大敌，一代又一代科学家们在其预防和治疗方面都做了不懈努力。后经研究发现，细菌是传染病的罪魁祸首，于是人们便开始千方百计寻找杀死这种细菌的新药。直到青霉素的发现，才使得传染病几乎无法治疗的时代一去不复返，人类的平均寿命也得以延长。英国细菌学家亚历山大·弗莱明（A Fleming，1881—1955）在 1928 年发现了青霉素及其治疗效果。德裔英国生化学家钱恩（E B Chain，1906—1979）和澳大利亚裔英国病理学家弗洛里（H W Florey，1898—1968）在 1940 年发明了青霉素的生产技术。基于这些研究，美国制药企业于 1942 年开始对青霉素进行批量生产。1959 年以来，化学家通过半合成得到了数千种青霉素类化合物，这些化合物不仅比天然的青霉素疗效高，而且性质稳定，可以口服。目前，中国是世界上最大的青霉素生产国，青霉素产能 10 万 t。青霉素是第一个应用于临床的抗生素，是一种高效、低毒、应用广泛的重要抗生素。它的研制成功大大增强了人类抵抗细菌性感染的能力，带动了抗生素家族的诞生，它的出现开创了用抗生素治疗疾病的新纪元。通过数十年的完善，青霉素针剂和口服青霉素已能治疗肺炎、肺结核、脑膜炎、心内膜炎、白喉、炭疽等感染性疾病。继青霉素之后，链霉素、氯霉素、土霉素、四环素等抗生素不断出现，并迅速发展起了庞大的抗生素工业，进一步增强了人类治疗感染性疾病的能力。

19 世纪与 20 世纪之交，世界人口快速增长，无疑食物需求急剧增加，要满足这项需求，需要付出巨大的努力来提高肥料产量。1908 年，弗里茨·哈伯（Fritz Haber，1868—1934）发明了将大气氮和氢气合成氨的高压催化方法。1913 年 9 月，卡尔·博施（Carl Bosch，1874—1940）及其团队建成了世界上第一座合成氨装置。100 年之后的今天，哈伯—博施法仍是合成氨工业使用的主要方法。第一座合成氨装置的生产能力是 30 t/d，而现在最大的装置产量可超过 2 000 t/d，有的甚至超过 3 000 t/d。目前，全世界合成氨年产量约 2.2 亿 t，年均销售额超过 1 000 亿美元，是产量第二大的化学品，其中 85%用作制造化肥。合成氨工业的巨大成功，改变了世界粮食生产的历史。据联合国粮农组织（FAO）的统计，化肥对粮食生产的贡献率占 40%。从 20 世纪初该技术发明到现在，地球上的人口从 16 亿增长了 4.5 倍，而粮食的产量却增长了 7.7 倍。如果没有这项发明，地球上将有 50%的人不能生存，我国也不可能以占世界 7%的耕地养活占世界 21%的人口。

自古以来，如何避孕就一直是困扰人类的一个难题。直到20世纪中期，由于有机合成技术的发展，现代口服避孕药才得以问世。1951年，美国化学家卡尔·杰拉西（1923—2015）领导的研究小组在墨西哥城研发成功炔诺酮，它是避孕药合成分子中的重要部分。因为合成了世界上第一种类固醇口服避孕药，他被称为“人工避孕药之父”。1960 年美国食品和药物管理局（FDA）批准了口服避孕药的上市申请。口服避孕药的诞生，对人类所产生的影响重大而深远，它将男女从生育的重担之中解放了出来，也为女性提供了自己决定生育的选择，改变了女性的家庭和社会角色，进而深深改变了整个社会以及人类繁衍的方式。避孕药的问世掀起了一场节制生育、遏制人口增长的社会革命。

英国皇家化学会 2009 年发表了《化学：为了明天的世界》的报告，确定了今天社会面对的应优先发展的具有挑战性的 7 个领域——能源、食物、未来城市、人类健康、生活方式与娱乐、材料、水与空气。面对这 7 个领域中的挑战性问题，未来化学仍将发挥核心科学的作用。主要表现在：①化学是解决食物短缺问题的主要学科之一；②化学在能源和资源的合理开发和高效安全利用中起关键作用；③化学将继续推动材料科学发展；④化学是提高人类生存质量和生存安全的有效保障。

1.1.2 化学对人类健康和生态环境的影响

化学工业通过对资源的化学处理与转化加工制造化学产品，为人类生产生活提供必要的物质支持。人们在享受化学物质带来的巨大便利和快乐的同时，也逐渐认识到化学品的生产和不当使用会对人类健康、生态环境产生危害。

在化学品生产、加工、储运过程中，通常都有废弃物产生。这些废物以废水、废气和固体废物等形式排放进入环境，对水体、大气、土壤造成污染。化学工业产生的废物是环境污染的主要来源之一，我国环境保护部发布的《2013 年环境统计年报》显示：2013 年化学原料及化学制品制造业废水排放量 26.6 亿 t，占重点调查工业企业废水排放总量的 13.9%；产生的一般工业固体废物 2.8 亿 t，占重点调查工业企业的 8.9%；工业危险废物产生量为 681.4 万 t，占重点调查工业企业危险废物产生量的 21.6%。我国化工行业污染减排任务十分艰巨。

在化学品生产、加工、储运过程中，也可能由于火灾、爆炸、泄漏等突发性化学事故，致使大量有害化学品外泄进入环境。进入环境的有害化学物质对人体健康和生态环境造成了严重危害或潜在危险。1984 年 12 月 3 日 0 时 56 分，印度中央邦首府博帕尔市发生了一起震惊世界的由化学物质泄漏导致的惨案。这是一起人类历史上最严重的化学工业事故。美国联合碳化物公司于 1980 年 2 月 5 日开始在印度博帕尔市生产甲基异氰酸酯（MIC）。MIC 是一种用来生产各种农药的高反应性化学半成品，具有极强致命性，在吸入或通过皮肤进入体内后会使人中毒甚至致死。MIC会与很多潜在的污染物，包括铁锈，特别是水发生放热反应。1984年12月2日晚，工厂进行常规的维护作业。在22时45分左右，清洗管道的水开始进入装有40多t MIC的储罐中。由于罐内的条件越来越接近热失控反应，反应混合物的温度逐步升高。水持续地进入罐中，午夜刚过（1984年12月3日），罐内发生了热失控反应，导致MIC储罐的压力表的压力突然迅速上升超出量程。尽管储罐操作人员察觉到了这一变化，但事已太迟，无法阻止这场灾难性的事故发生。就在失控反应发生后不久，热的MIC蒸气通过储罐的自动泄压阀喷入泄压阀放空总管。虽然避免了爆炸的发生，但却导致40多t有毒的MIC顺风漂浮到附近的社区。本来可以防止泄漏发生的系统，包括一套制冷装置和报警设备都出现了故障。本可以控制潜在泄漏或至少可以减轻泄漏后果的安全设备也没有起到应有的作用。该农药厂此后再也没能重新开工。这次事故直接中毒人数超过20万人（当时博帕尔市区的人口约80万人），3天内死亡人数超过8 000人，到12月底，该地区已死亡2万多人。直到今天，在该农药厂周围地区依然有明显的化学残留物，这些有毒物质污染了地下水和土壤，导致众多当地人生病，孩子、婴儿的状况尤为严重。

吉林石化公司爆炸事故同样说明危险化学品爆炸、泄漏事故，其影响和后果往往都会大大超出原先预计的危险范围。2005年11月13日13时40分，吉林石化公司双苯厂发生爆炸事故，造成8人死亡，1人重伤。新苯胺装置、1个硝基苯储罐、2个苯储罐报废，导致苯酚、老苯胺装置、苯酐装置、2,6-二乙基苯胺等4套装置停产。而此次爆炸事故也导致了一起跨省、跨国界的重大环境污染事件。该事故直接原因是当班操作工停车时，疏忽大意，未将应关闭的阀门及时关闭，误操作导致进料系统温度超高，长时间后引起爆裂，随之空气被抽入负压操作的T101塔，引起T101塔、T102塔发生爆炸，随后致使与T101塔、T102塔相连的2台硝基苯储罐及附属设备相继爆炸。随着爆炸现场火势增强，引发装置区内的2台硝酸储罐爆炸，并导致与该车间相邻的55号罐区内的1台硝基苯储罐、2台苯储罐发生燃烧爆炸。无疑，这是一起重大责任事故。吉林石化公司爆炸后的苯类污染物流入松花江，硝基苯超标28.08倍。整个污水团长度约80 km，以每小时约2 km的速度向下游移动，受污染的松花江水流过的江面总长度为1 000多km。

在化学品的使用过程中，由于不当使用以及过度使用，也会对人类健康、生态环境产生危害。人类发明的化学药物给人类带来了极大的益处，但对化学药物的不当使用和药物滥用，也造成了许多不应有的悲剧。其中最典型的案例之一就是“反应停事件”，成为20世纪重大药物灾难之一。为“纪念那些死去的和幸存的沙利度胺受害者”，2012年8月31日德国西部城市施托尔贝格，一座名为“生病的孩子”的铜像揭幕。而铜像的委托制作方德国格兰泰药厂也借此机会50年来第一次向其产品沙利度胺的受害人道歉。沙利度胺曾因改善妊娠妇女呕吐症状，又被称作“反应停”；也正是沙利度胺，导致了大量“海豹”畸形儿的诞生。早在1953年，沙利度胺被瑞士诺华制药的前身汽巴药厂（Ciba）合成，目的是作为抗菌药物。遗憾的是，前期研究表明，沙利度胺在临床上根本没有抗菌疗效，遂终止研发。之后沙利度胺“落入”德国格兰泰药厂，研究人员在分析研究数据时发现，沙利度胺具有一定的镇静作用，对妊娠妇女的呕吐反应疗效极佳。1956年，沙利度胺被尝试性推向市场，1年后正式问世，很快便在51个国家获准销售。服用报告显示，遭受孕吐困扰的孕妇用药后自我感觉良好，恶心呕吐、情绪紧张、失眠倦怠等症状好转。沙利度胺被誉为“妊娠妇女的理想选择”，成为孕吐的克星。于是，“反应停”被大量生产、销售，到1959年仅在联邦德国就有近100万人服用过“反应停”，在联邦德国的某些州，患者甚至不需要医生处方就能购买到“反应停”，“反应停”每月的销量达到了1 t的水平。可到了1960年，欧洲多国出现反常现象——四肢畸形的婴儿比例明显升高。这些婴儿的特点为没有四肢或肢体极其短小，手指缺失，有的婴儿合并腭裂、先天盲或聋。乍看之下，这些婴儿很像海豹或企鹅，因此得名“海豹儿”。经过调查发现，新生儿畸形的发生率同沙利度胺有关。之后的毒理学研究也表明，沙利度胺对灵长类动物有很强的致畸性。1961年10月，在西德妇产科学术会议上报告了沙利度胺引起的海豹型畸胎，并统计出1957—1961年这种药物造成了8 000余个畸形胎儿。1961年11月底，沙利度胺被停止销售。这一事件后来被称作“反应停事件”，最终导致全世界诞生了约1.2万畸形儿。沙利度胺成为第一个被明确认为对人类具有致畸作用的药物。沙利度胺为何会致畸？从毒理学看，沙利度胺对人及动物的毒性极低，但其可选择性作用于胚胎，对胚胎的毒性显著大于母体，致畸作用高达50%～80%。妊娠妇女在妊娠第3～8周服用时，其后代的畸形发生率高达100%。研究证实，沙利度胺是手性化合物，其右手化合物（R-构型）具有抑制妊娠反应活性，而左手化合物（S-构型）有致畸作用。“反应停事件”促使多个国家加强药物审批管理，所有上市药物均须经过严格试验。经过大量临床研究，目前人们对沙利度胺又有了新的认识，1998年美国食品与药物管理局（FDA）批准沙利度胺用于治疗麻风病的结节性红斑，2006年美国FDA又审查并且通过了沙利度胺可以治疗Multiple Myeloma（MM，又叫多发性骨髓瘤或骨髓瘤）。在中国沙利度胺也通过了中华医学会的认可，除了可以治疗麻风结节性红斑外，在临床诊疗指南血液学分册中沙利度胺可以治疗Multiple Myeloma；在临床诊疗指南风湿学分册中沙利度胺可以治疗强直性脊柱炎和白塞氏症。沙利度胺酿就了现代药物研发史上的一出悲喜剧。它不断提醒人们，对任何一种新药，都要对其安全性进行监测与再评价，不当使用和滥用将可能付出惨痛代价。

农药DDT的不当使用以及过度使用，使DDT成了“最著名”的污染物，由人类的“宠儿”变成“弃儿”。DDT俗名滴滴涕，化学名称为二氯二苯基三氯乙烷，是一种典型的有机氯农药，也是世界上第一种人工合成的有机农药。1939年，瑞士化学家保罗·赫尔曼·穆勒（Paul Hermann Müller，1899—1965）首先发现DDT可以作为杀虫剂使用，而且DDT符合了当时杀虫剂的许多理想指标：杀虫谱广、药效强劲持久、生产简单、价格便宜。第二次世界大战和战后时期，世界很多地方传染病流行，由于DDT的使用，使疟蚊、苍蝇和虱子等得到有效的防治，并使疟疾、伤寒和霍乱等疾病的发病率急剧下降。DDT被誉为“万能杀虫剂”而风靡全球，其产量和销售急剧增长。DDT在控制疾病流行和增加粮食产量上都获得了巨大的成功，为拯救亿万人的生命做出了不可磨灭的贡献。但美国海洋生物学家蕾切尔·卡逊（Rachel Carson，1907—1964）1962年出版了《寂静的春天》一书，把DDT赶下了“神坛”，这本书详细讨论了DDT会由鸟类生物富集，引起鸟类蛋壳变薄和筑巢失败，从而导致游隼、秃鹰、鹗、鹦鹉等鸟类数量急剧下降。由于DDT是内分泌干扰物（endocrine disrupters），难以降解、能生物富集、能长途迁移以及对野生动物特别是鸟类和鱼类的生殖系统、神经系统和内分泌系统等有诸多危害，从1970年代开始很多国家和地区逐渐禁止使用。DDT具有持久性有机污染物的4个属性（持久性、生物富集性、跳跃性和毒性），而且历史用量多达200万t以上，虽然禁用已40多年，仍然在地球上无处不在，目前仍然可以通过食物链在人体中富集，因此DDT对人类的健康具有不容忽视的潜在的威胁。DDT被禁用后，在非洲几乎销声匿迹的疟疾又卷土重来。2006年9月15日，世界卫生组织（WHO）发表了一份声明：决定公开号召非洲国家重新使用DDT防止疟疾流行，推荐更广泛的室内滞留喷洒DDT来防治疟疾。联合国环境规划署认为，大量事实证明每年由人类释放到环境中的污染物中，持久性有机污染物的毒性是最大的。全球应当寻找替代DDT的控制疟疾的药物，避免再继续使用DDT。

目前人类正面临着十大环境问题：①大气污染；②全球变暖；③臭氧层破坏；④淡水短缺；⑤海洋污染；⑥土地沙漠化；⑦森林锐减；⑧生物多样性减少；⑨酸雨蔓延；⑩固体废物污染。应当说这十个问题都直接或间接地与化学物质污染有一定关系，“污染制造者”“环境破坏者”便成了化学工业的形象，“有毒有害”便成了化学品的代名词。

1.2 化学与可持续发展

资源与环境是人类生存发展的基础，传统的生产模式和生活方式造成了资源的浪费和生态环境的破坏。20 世纪 80 年代以来，人类社会面临着人口增长、能源资源匮乏、环境污染等三大问题，为此，1987 年联合国环境与发展委员会发表了《我们共同的未来》的报告，提出了可持续发展的定义。可持续发展是指“能满足当代人的需要，又不对后代人满足其需要的能力构成危害的发展”。1992 年联合国环境与发展大会对“可持续发展”达成共识，大会通过了《关于环境与发展的里约宣言》，提出了人类“可持续发展”的新战略和新观念：人类应与自然和谐一致，可持续地发展并为后代提供良好的生存发展空间；人类应珍惜共有的资源环境，有偿地向大自然索取。人类为此应变革现有的生活和消费方式，与自然重修旧好，建立新的“全球伙伴关系”——人与自然和谐统一，人类之间和平共处。作为最大的发展中国家，1994 年我国发布了《中国 21 世纪议程——中国 21 世纪人口、环境与发展白皮书》，从人口、环境与发展的具体国情出发，明确提出了我国实施可持续发展战略及行动方案。2012 年联合国可持续发展大会通过了会议最终成果文件——《我们憧憬的未来》。文件写到，各国国家元首、政府首脑和高级代表再次承诺实现可持续发展，确保为我们的地球及今世后代，促进创造经济、社会、环境可持续的未来。

可持续发展是构建在生态效益（eco-efficiency）之上的，它并不是要寻求人类如何对自然世界产生最小的负面影响，而是要使人类所有的活动成为对经济、环境和社会健康有着积极意义的因素，可持续并不意味着要抑制经济发展。在人类可持续发展系统中，经济可持续发展是基础，环境可持续是条件，社会可持续是目的。可持续发展不仅重视经济增长的数量，更追求经济发展的质量，可持续发展要由传统的以高投入、低产出、高排放为特征的粗放式增长模式，转变为以低投入、高产出、零排放为特征的集约式增长模式，构建资源节约和环境友好型社会。

资源的可持续利用是人类实现可持续发展的关键前提。资源的可持续利用是指对可再生资源的开发利用不超过其自身的再生和更新能力，保障资源总量的稳定；对不可再生资源主要是循环利用，以实现降低资源利用成本和保护环境的目的。工业革命以来，资源的利用一直沿袭着“从摇篮到坟墓”（cradle to grave）的产品生命周期模式，即“资源开采—加工制造—产品消费—废旧产品抛弃”。从某种程度上来说，传统经济是通过把资源持续不断地变成废物来实现经济增长的。基于工业革命“从摇篮到坟墓”的模式将无可避免地耗尽地球资源。美国建筑师威廉·麦克唐纳（William Mc Donough）和德国化学家迈克尔·布朗嘉特（Michael Braungart）提出了“从摇篮到摇篮”的理念，倡导再度工业革命以实现生产消费模式的转变，从一种线性单向的、从生长到消亡（“从摇篮到坟墓”）的发展模式，转向一种“从摇篮到摇篮”的循环发展模式。“从摇篮到摇篮”就是使产品在生命周期结束时，或转化为无害物质重新回到水或土壤中，成为生态养分（biological nutrient）；或转化为其他工业生产的高质量原料，成为工艺养分（technical nutrient）。传统的“从摇篮到坟墓”的开采、制造和处理废弃物的方式会对自然界产生破坏作用，而“从摇篮到摇篮”则完全消除“废弃物”，只有这样才能确保可持续发展。

为了节约资源，减少污染，促进可持续发展，工业领域首先开始实践“清洁生产”。联合国环境规划署对清洁生产的定义是：清洁生产是在工艺、产品和服务中持续地应用整体预防的环境策略，以增加生态效益和减少对人类和环境的危害和风险。清洁生产能最大限度地提高资源利用率，促进资源的循环利用，实现经济与环境的“双赢”。化工行业通过实施“责任关怀”（responsible care）来致力于可持续发展。责任关怀是国际化工界推行的一种企业理念，是全球化工行业自发地在健康、安全和环境方面所采取的行动计划。“责任关怀”旨在改善各化工企业生产经营活动中的健康、安全及环境表现，提高当地社区对化工行业的认识和参与水平，目的是通过持续改进追求零排放、零事故、零伤亡和零财产损失这个目标，促进行业可持续发展，全面展现企业良好的公众形象。

为应对可持续发展的挑战，化学家开始重新审视传统化学，化学需要为人类提供具有生态效益的过程和产品，同时节约地球上稀缺的资源和保护生态环境。以此为思路，在 20 世纪 90 年代美国化学家提出了“绿色化学”的概念并使其得到了发展，如今绿色化学理念已成为国际化学家的共识，已成为化学学科的一个重要思想。绿色化学期求在分子水平上实现可持续发展，是化学工业实施清洁生产、践行“责任关怀”的基石。

1.3 绿色化学的产生和发展

1.3.1 绿色化学的产生

美国海洋生物学家蕾切尔·卡逊 1962 年出版的《寂静的春天》让公众和科学家“睁开了眼睛”，看到了化学品对环境和人类健康料想不到的影响。这本书给人们敲响了警钟，开启了现代环境保护运动的进程。

随着人们对污染物的危害性及环境保护重要性的认识逐渐深入，环境保护的理念和措施也在逐渐发展。工业化初期，工业污染处于自由排放阶段，采取将污染物质分散到人类活动范围以外的自然界（水、大气及土壤）中的方法。随着工业化程度的不断扩展，污染物不断增加，分散排放的方法很快暴露出其严重的局限性，造成了严重的环境损害。为减缓工业生产活动对周边环境的污染、对周边生态的破坏，人们不得不在生产过程的末端，即污染物排入环境前增加治理污染的环节，这是污染的“末端治理”方法。与分散排放方法相比，“末端治理”是一大进步，它能运用高效的处理设备和技术，直接将表观污染物排放控制在允许范围内，在一定程度上抑制了环境污染的发展。但末端治理方法越来越表现出其局限性，污染物产生于生产过程，而末端治理却偏重于污染物产生后的处理，仅起到被动“修补”作用，治标而不治本。另外，资源、能源得不到充分利用，一些本来可以回收利用的原材料及其产物都作为“三废”处理掉，造成资源和能源的浪费。在总结末端治理经验的基础上，人们发现“末端治理”不如“源头预防”，环境保护的理念由“污染控制”转向“污染预防”。

1984 年美国环保局提出了“废物最小化”的概念，其定义为“在可行的范围内减少最初产生的或随后经过处理、分类或处置的有害废物”。它包括废物产生者所进行的源头削减或回收利用，这些活动减少了有害废物的总体积或数量以及（或）毒性。废物最小化是一个与有害废物有关的术语，因为包括了回收利用，而未能将注意力集中到源头削减上，因而 1989 年美国环保局提出了“污染预防”的概念，并以之取代废物最小化。污染预防是指在源头减少或消除污染物或废物的产生的材料使用、工艺或做法，包括减少有害材料、能源、水或者其他资源使用的做法和通过保护或者更有效地利用自然资源的做法。至此，绿色化学的思想初步形成。为了实施污染预防，1990 年美国国会通过了《污染预防条例》（*Pollution Prevention Act*）。该条例将“污染预防”确立为国策，制定了国家环境政策，并指出最佳的环境保护方法是在源头上防止污染的产生。该法令条文中第一次出现了“绿色化学”一词，其定义为采用最少的资源和能源消耗，并产生最小排放的工艺过程。

1991 年“绿色化学”成为美国环境保护局的中心口号，从而确立了绿色化学的重要地位。同时美国环境保护局污染预防和毒物办公室启动“为防止污染变更合成路线”的研究基金计划，目的是资助化学品设计与合成中污染预防的研究项目。1993 年研究主题扩展到绿色溶剂、安全化学品等，并改名为“绿色化学计划”，“绿色化学计划”构建了学术界、工业界、政府部门及非政府组织等自愿组合的多种协作，目的是促进应用化学来预防污染。1992 年，在巴西里约热内卢召开了联合国环境与发展大会（UNCED），大会通过了《21 世纪议程》，正式奠定了全球发展的最新战略——可持续发展。从此，人类将从工业文明发展模式转向生态文明发展模式。绿色化学也在这一大背景下产生并逐渐成为可持续发展理论的重要支撑。

1.3.2 绿色化学的发展

1995年3月16日，美国总统克林顿设立了总统绿色化学挑战奖。从1996年开始，美国每年在华盛顿科学院对绿色化学方面做出了重大贡献的化学家和企业颁奖。此奖项旨在推动社会各界合作进行防止化学污染和促进工业生态学研究，鼓励支持重大创造性的科学技术突破，从根本上减少乃至杜绝化学污染源，通过美国环境保护局与化学化工界的合作实现新的环境目标。

澳大利亚皇家化学研究所（The Royal Australian Chemical Institute）于 1999 年设立了“绿色化学挑战奖”。此奖项旨在推动绿色化学在澳洲的发展，奖励为防止环境污染而研制的各种易推广的化学革新及改进，表彰为绿色化学教育的推广做出重大贡献的单位和个人。其重点是：①更新合成路线，提倡使用生物催化、光化学过程、仿生合成及无毒原料等；②更新反应条件，以降低对人类健康和环境的危害，鼓励使用无毒或低毒的溶剂，提高反应选择性，减少废弃物的产生与排放；③设计更安全的化学产品。下设三个奖项：科研技术奖、小型企业奖及绿色化学教育奖。英国目前关于绿色化学方面的奖项主要是绿色化工水晶奖。“绿色化工水晶奖”由英国水晶法拉第合作协会（The Crystal Faraday Partnership）设立，主要奖励在绿色化学化工方面做出杰出贡献的企业或组织。

为促进绿色化学更好地发展，推动绿色化学的研究和教育，美国于 1997 年成立了绿色化学协会（GCI），主要目的是促进美国国内及国际的政府和企业与大学和国家实验室等学术、教育、研究机构的协作，是一个非营利性、致力于绿色化学与工程教学、科研的工作组织。绿色化学协会从 1997 年开始每年召开一次“绿色化学与工程年会”。2001 年 1 月加入美国化学会，改称为美国化学会绿色化学协会（ACS Green Chemistry Institute）。

1998 年英国皇家化学协会（RSC）创办了绿色化学网络（GCN），其主要目的是在工业界、学术界和学校中促进和普及对绿色化学的了解、教育、训练与实践。美国绿色化学协会在加拿大成立了分支机构，建立了加拿大绿色化学网络（CGCN）。这是一个致力于绿色化学研究和教育、保护环境和人类身心健康的非营利性机构。日本于 2000 年成立了绿色与可持续化学网络（Green & Sustainable Chemistry Network），主要目的是促进环境友好、有利于人类健康和安全的绿色化学的研究与开发。其主要的活动涉及绿色与可持续发展化学的研究开发、教育、奖励、国际间的合作、信息交流等许多方面。2005 年 12 月为进一步促进地中海欧洲地区与北非地区在绿色化学方面的合作，建立了地中海国家绿色化学网络（The Mediterranean Countries Network on Green Chemistry）。

1998 年，P T Anastas 和 J C Warner 出版了“*Green Chemistry*：*Theory and*

Practice”专著，这是绿色化学发展史上的里程碑。接着由英国皇家化学会主办的国际性杂志“*Green Chemistry*”于 1999 年 1 月创刊，该杂志 2001 年首次被 SCI 收录，2015 年该杂志的影响因子已上升到 8.02，成为了化学领域的国际一流期刊，这表明该领域工作越来越受到关注。绿色化学研究的 Gordon 会议在英国牛津多次召开，在欧洲掀起了绿色化学的浪潮。2000 年 1 月，由澳大利亚政府在 Monash 大学建立绿色化学中心，作为澳大利亚研究理事会（ARC）特别研究中心，目标是成为国际公认的绿色化学研究中心。

2001 年 7 月，国际纯粹与应用化学联合会（IUPAC）批准建立绿色化学分委员会（隶属于有机与生物分子化学专业委员会），其主要目标是建立和实施绿色化学教育项目。

2004 年欧洲化学界发起了可持续化学的欧洲技术平台（SusChem），2006 年 8 月 22 日又发布了实施行动计划（草案），解释如何在战略研究计划中确定优先领域并加以实施，提出了可持续化学的 4 项战略目标，提出了可持续化学的优先领域和 8 个主题。2008 年创办了可持续化学领域的期刊 *ChemSusChem*，2015 年该杂志的影响因子已达到 7.657，成为了化学领域的国际一流期刊。

2005 年的诺贝尔化学奖授予了法国石油研究所的伊夫·肖万（Yves Chauvin）、美国加州理工学院的化学教授罗伯特·格拉布（Robert H Grubbs）和麻省理工学院的理查德·施罗克教授（Richard R Schrock），以表彰他们在有机化学的烯烃复分解反应研究方面做出的杰出贡献。此次诺贝尔奖获得者发展的烯烃复分解反应合成方法是学术领域的重要进展，它的合成路线短、副产物少、效率高，这将使生产过程对环境友好，更符合“绿色化学”的要求。它使为设计新的有机物分子开拓了新思路，使得过去许多复杂分子的合成变得轻而易举，从而改变了工业上生产新物质的设计路线。烯烃复分解反应应用更合理、科学的生产方法减少潜在的有害废物，代表了向“绿色化学”迈进的伟大进步。

2006 年 12 月 13 日，欧盟议会通过了《关于化学品注册、评估、许可和限制》（简称 REACH）法案，该法案于 2007 年 6 月 1 日开始生效，并于 2008 年 6 月 1 日起正式实施。该法覆盖范围之广、对化工及相关行业影响之深，前所未有。REACH 法案涉及了 3 万多种化工产品和 500 多万种制成品，几乎涵盖了所有的化学品及下游产品的生产、贸易和使用，该法案将推动绿色化学新进程。

2008 年美国参议院提出一项针对绿色化学的议案——《2008 绿色化学研发法案》，旨在引导化工行业通过技术创新活动，推出生产过程或产品本身都更安全的化学品及化工材料。

1995 年中国科学院化学部确定了“绿色化学与技术”的院士咨询课题，并建议科技部组织调研，将绿色化学与技术研究工作列入“九五”基础研究规划。1996

年召开了“工业生产中绿色化学与技术”专题研讨会就工业生产中的污染防治问题进行了交流讨论。1997年国家自然科学基金委员会与中国石油化工集团公司联合资助了“九五”重大基础研究项目“环境友好石油化工催化化学与化学反应工程”。1997年5月香山会议以绿色化学为主题召开了第72次学术讨论会，以“可持续发展问题对科学的挑战——绿色化学”为主要议题，分析了绿色化学在可持续发展问题中的重要地位。1998年在中国科技大学举办了第一届国际绿色化学高级研讨会，2007年5月在北京召开第8届绿色化学国际研讨会。目前，中国绿色化学国际研讨会已成为国际绿色化学顶级系列会议之一。

1999年国家自然科学基金委员会设立了“用金属有机化学研究绿色化学中的基本问题”重点项目。2005—2006年国家自然科学基金资助、中国石化出版社出版的“绿色化学化工丛书”，该丛书对绿色化学的十二个原则进行了详细的论述，丛书包括《绿色化学的评估准则》《原子经济性反应》《绿色有机催化》《绿色氧化与还原》《离子液体—性质、制备与应用》《超临界流体科学与技术》《绿色过程系统集成》等分册。2006年7月正式成立了中国化学会绿色化学专业委员会。绿色化学在中国虽然起步较晚，但在近几年受到了充分的重视。目前国内很多高校也将“绿色化学”作为有关专业的必修或选修课程，加强了对大学生的绿色化学教育。

绿色化学在近20年受到了世界各国的高度重视，政府直接参与、产学研密切合作已成为国际上绿色化学研究和开发的显著特点，有关绿色化学的国际学术会议与日俱增，体现了全球性合作的趋势。

1.4 绿色化学的定义和研究内容

1.4.1 绿色化学的定义

“绿色化学”一词被Cathcart在1990年发表的一篇论文的题目中最早使用。1993年美国环境保护局将其1991年启动的“为污染预防变更合成路线”研究计划更名为“绿色化学计划”，并赋予了“绿色化学”用化学预防污染的含义。在20世纪80年代到90年代，绿色化学知识刚产生时，绿色化学也被称为环境无害化学、环境友好化学、清洁化学、可持续化学，目前比较统一的名称为“绿色化学”。

绿色化学这一概念经受住了时间的考验，如今“绿色化学”变得众所周知和普遍使用。经过20多年的研究与发展，绿色化学由认识到实践，正在为合理利用资源、解决环境污染和可持续发展等发挥重要的作用。随着绿色化学研究和实践的不断深入，其定义也在不断地发展和变化，其内涵也逐步变得完善和丰富。1996年 Anastas（被誉为“绿色化学之父”）和 Williamson 给出了绿色化学的第一个定义，此前绿色化学并没有明确的定义。“绿色化学是用化学的技术和方法去减少或消除那些对人类健康或环境有危害的原料、产物、副产物、溶剂和试剂等的使用或产生”。这个绿色化学定义在国内被广泛传播。1998 年 Anastas 和 Warner 出版了被誉为经典之作的专著 *Green Chemistry：Theory and Practice*，把绿色化学定义为：“利用一系列原理来降低或消除在化学产品的设计、生产和应用中危害物质的使用或产生”。1999 年 Anastas 又把绿色化学定义为：“设计能降低或消除危害物质的使用和产生的化学产品和过程”（“The design of chemical products and processes that reduce or eliminate the use or generation of hazardous substances”）。随后“绿色化学”被国际纯粹与应用化学联合会（IUPAC）认可，被定义为：“发明、设计和应用能降低或消除危害物质的使用和产生的化学产品和过程”。美国化学会（ACS）把绿色化学定义为：“设计、开发和实施能减少或消除那些对人类健康和生态环境有危害的物质的使用和产生的化学产品和过程”。比较前面的几个定义，Anastas 在 1999 年提出的绿色化学定义用词简洁、内涵完整；此定义被美国环境保护局采用，被文献引用的也最多，因此成为绿色化学的经典定义。

设计是人类意愿的有意识陈述，定义中的“设计”是绿色化学中最重要的要素。新化学产品和化学过程的设计阶段是一个关键的阶段，需要有意识、深思熟虑地使用一系列的标准、原理和方法，对分子设计和化学合成方法要仔细恰当地规划，以降低化学产品和过程对人类健康和生态环境的不良影响，设计标准中必须包括物质危害性的相关指标。定义中的“使用和产生”意味着要求预先考虑产品的使用是否有危害、产品使用寿命结束之后的处置或回收使用是否产生环境污染；不仅要考虑化学过程中意外产生的不合需要的物质，还要考虑过程中使用的所有物质。即在化学产品整个生命周期中，从原料来源到生产、配送、使用、使用寿命结束之后的处置或回收使用，也就是说“从摇篮到坟墓”，考虑降低或消除危害物质。定义中的“危害”一词具有宽广的含义，危害性是指化学品或混合物在暴露情况下对人类或环境造成不良影响的内在特性。危害性包括物理危害（如爆炸性、燃烧性、氧化性等）、健康危害（如急慢性毒性、致癌性等）和环境危害（如平流层臭氧消耗、气候变化、酸雨等）。对人类健康和生态环境较小的危害性就是指：对生物体有较小的毒性、对生态系统有较小的损害、在生物体内或环境中没有持久性和生物累积性等、在操作和使用时是本质安全的等。

从定义的变化可以看出，绿色化学刚出现时，它更多地是代表一种认识、一种理念，就是用化学去预防污染；随着研究的深入，绿色化学变成了一种行动、一种防止污染的实践，即设计对人类健康和生态环境影响较小的化学产品和过程，通过深思熟虑的分子设计，开发既保持使用功能，同时又危害最小的新物质，从源头上减少或消除化学品的危害。绿色化学作为化学产品和化学过程的一个设计框架，它有三个要点：绿色化学要对化学产品整个生命周期的全部阶段进行设计；绿色化学要对化学产品和过程的内在特性进行设计，以减少它们的固有危害；绿色化学以一套系统的紧密结合的原则作为设计准则。由此看出，绿色化学与传统理念是不同的，传统上人们通过环境法规来控制危害物质的暴露性来降低风险，如建立“安全”浓度和接触限值等；而绿色化学通过降低或消除物质的固有危害性来降低风险，目标是在设计阶段就消除危害。与传统化学比较，绿色化学把“危害”作为的化学产品和过程的性能指标，认为存在“危害”是设计的缺陷。

绿色化学专注于在分子水平上预防污染，其理念主要包括两个方面：一是资源高效利用和废物最小化，二是应对化学品制造、使用、处置或再利用过程中涉及的生态、健康和安全问题。绿色化学不是化学的一个新的学科，而是由一系列原则组成的新的科学思想，是指导化学研究的一种哲学，适用于化学的所有研究领域，适用于化学产品的整个生命周期，包括它的设计、制造、使用和最终处置。我们可应用绿色化学开发在源头上预防污染的化学过程和环境友好产品。通过绿色化学实践，能创造作为原材料使用的有害物质的替代品，能设计减少废物、减少日趋枯竭的资源的需求、使用较小能量的化学过程。通过绿色化学实践，能为我们带来诸多效益：①在人类健康方面，绿色化学能提供更清新的空气、更洁净的水、增加化工工人的职业安全性、更安全的消费品（如药物）、安全的食品、较少地接触有毒化学品（如内分泌干扰物）。②在生态环境方面，释放到环境中绿色化学产品可以降解为无害的产品，或为了进一步使用被回收；动植物较少遭受有毒化学品伤害；全球变暖、臭氧消耗、毒雾形成等的可能性较小；对生态系统的破坏性较小；更少的垃圾填埋。③在经济方面，绿色化学反应具有更高产率，更少的合成步骤，减少了废弃物；产品具有更好的性能；减少石油产品的使用；改善化学品制造商的竞争力。

绿色化学通过设计更安全的化学过程和较小危害性的化学品，为可持续的未来提供了一个框架。从科学角度看，绿色化学是对传统化学思维方式的更新和发展；从环境角度看，它是从源头上消除污染、与生态环境协调发展的更高层次的化学；从经济角度看，它要求合理地利用资源和能源、降低生产成本，符合经济可持续发展的要求。绿色化学期求在分子水平上实现可持续发展，应该说绿色化学是未来的化学，是更清洁、更便宜、更智慧的化学。

1.4.2 绿色化学的研究内容

近年来，绿色化学的研究主要是围绕化学反应、原料、催化剂、溶剂和产品的绿色化来进行的。研究内容主要包括：①化学反应的绿色化：寻求安全有效的反应途径，如开发原子经济反应、提高反应的选择性等；②原料的绿色化：寻求安全有效的反应原料如采用无毒无害的原料、以可再生资源为原料等；③溶剂的绿色化：如采用无毒无害的溶剂；④催化剂的绿色化：如采用无毒无害的催化剂；⑤产品的绿色化：设计安全有效的目标分子、制造环境友好产品等；⑥化工生产的绿色化：寻求“零排放”的工艺过程和安全有效的反应条件等。

英国 Crystal Faraday 协会在 2004 年提出了目前绿色化学的 8 个关键技术领域：

（1）绿色产品设计：绿色产品设计是绿色化学发展的核心之一，设计的产品要求对环境的影响最小化，包括设计过程中生命周期分析的应用和循环回收、回用设计等。设计产品过程中要考虑：高效的制造和循环回收；降低质量和能量强度；设计可降解和可堆肥的产品；设计固有的低毒产品；设计在制造和使用当中能储存能量的材料，如控制热量吸收和损失的温室涂料、纳米材料等。

（2）原料：今天的化学工业是基于矿物资源，很明显这是不能永久的，所以选择可再生资源得到持续的关注。使用非传统的原料代替不可更新的或危险的原料，如使用农作物，生物质作为制造“基块”产品乙烯、丙烯等的原料，CO_2 作为原料、仿生路线等。

（3）新型反应：尽管化学家已经建立非常庞大的反应库，但是对针对所需产品的特殊功能，开发新的反应路线仍有很多机会，如生物和化学过程的结合、转基因方法生产功能分子、单分子操作、制备纳米粒子较好的方法、传统反应的绿色化选择、膜反应等。

（4）新型催化剂：催化过程也是绿色化学发展的核心之一。新型催化剂能增加选择性，选择性的提高可开辟化学新领域，减少能量消耗和废物产生量。新型催化剂如生物催化剂、手性催化剂、自组装催化剂系统；太阳能和可见光催化剂等。

（5）溶剂：溶剂在传统过程中呈现出最大的污染危险，需要限制这些溶剂的使用，或消除，或用环境友好的代替物替代环境不友好的溶剂的新工艺，如溶剂的封闭循环工艺、无溶剂工艺、微波干燥、溶剂选择、超临界 CO_2 与离子液体等。

（6）工艺改进：工艺改进技术对绿色化学的发展和化学工业的可持续发展具有潜在的非常大的影响。工艺改进能短期内促进经济和环境的改善。新工艺路线能明显地改善原子效率和能源消耗，如工艺耦合技术、微通道反应器、新型反应器技术、使用酶和细胞系统的微反应器、使用新能源、工艺模拟、实时测量与控制等。

（7）分离技术：在大部分化学品制造过程中，分离反应混合物是必需的。好的分离技术能改善这些分离过程的效率，减少能量消耗和废物的产生。从反应系统提取组分的新方法应是高效和高选择性，如膜分离、反应分离、亲合色谱法、生物分离技术等。

（8）支撑技术：一些支撑绿色化学开发的技术，包括新的测量技术、信息学和预测模拟，如分析科学、化学信息和生物信息、对预测和知识管理的改良模拟、充分的非动物实验方法、纳米技术、用于原料系统的传感器等。

总之，绿色化学的核心问题是研究新反应体系包括新的、更安全的、对环境友好的合成方法和路线；采用清洁、无污染的化学原料包括生物质资源；探索新的反应条件，如采用超临界流体和环境无害的介质；设计和研究安全的、毒性更低或更环保的化学产品。

1.5 美国总统绿色化学挑战奖获奖项目名录

美国“总统绿色化学挑战奖”是由美国总统克林顿1995年发起，1996年首次颁奖，每年一次。美国总统绿色化学挑战奖是绿色化学产生后世界上设立的第一个绿色化学奖项，也是迄今世界上规模最大、水平最高、影响最为广泛的绿色化学奖，实际上也是在总统级别上为化学设置的唯一奖项。最初下设五个奖项：①更新合成路线奖；②变更溶剂/反应条件奖；③设计更安全化学品奖；④小企业奖；⑤学术奖。2006年更新合成路线奖、变更溶剂/反应条件奖、设计更安全化学品奖分别更名为：绿色合成路线奖、绿色反应条件奖、设计绿色化学品奖。2015年又增加了一个奖项：特别环境效益——气候变化奖。截至2014年共有98项技术获奖，这获奖的98项技术每年消除8.26亿磅（3.75亿kg）危险化学品和溶剂、每年节约210亿加仑（795亿L）水、每年消除78亿磅（35.38亿kg）释放到空气中二氧化碳等价物。

总统绿色化学挑战奖主要奖励以下三个重点领域的绿色化学技术：

（1）绿色合成路线：包括设计并实施的新的或已有的化学物质的新颖的绿色合成路线。例如，使用无害的或可再生的绿色原料；使用新颖的试剂或催化剂（包括生物催化剂和微生物）；使用自然过程（如发酵、仿生合成）；是原子经济的；是收敛合成法。

（2）绿色反应条件：包括改善反应条件和绿色分析方法。例如，用对人体健康和环境影响较小的溶剂替代有害溶剂；使用无溶剂反应条件和固态反应；使用新型的源头预防污染的处理方法；消除能耗大的或材料消耗大的分离纯化步骤；改善能量效率（包括环境条件下进行反应）；减少温室气体排放。

（3）设计绿色化学品：设计和实施替代有害产品的化学产品。例如，比现有产品具有较小毒性；本质安全产品；使用后可回收或可降解；对大气是安全的（如不消耗臭氧、不形成烟雾、不影响气候变化）。

下面介绍总统绿色化学挑战奖获奖者的研究成果，这些获奖成果的研究思路对我国化学工作者和环境保护工作者有重要的借鉴作用。

1.5.1 绿色合成路线奖

1996 年授予 Monsanto（孟山都）公司，该公司开发并应用了一条采用铜催化剂催化二乙醇胺脱氢，取代氢氰酸路线合成亚氨基双乙酸二钠（DSIDA）工艺路线。

1997 年授予 BHC 公司。该公司开发了一条环境友好的生产布洛芬的新合成路线，该项新技术只包含三个催化反应步骤，原子利用率大约为 80%。

1998 年授予 Flexsys America L P，该公司在生产中间体 4-ADPA（4-胺基二苯胺）的过程中，开发了一个新的环境友好路线，使用碱性促进剂实现氢对芳环的亲核取代反应，消除了氯的使用。

1999 年获奖者是 Lilly 研究实验室。该实验室设计出了更有效的、更少废弃物的、使用生物催化剂的方法来制备一种抗痉挛药物。

2000 年授予 Roche Colorado 公司，因有效抗病毒药 Ganciclovi（商品名 Cytovene）的高效合成工艺而获奖。

2001 年授予 Bayer 公司和 Bayer AG，是因为他们开发了一种环境友好、可生物降解的螯合剂——亚氨基二琥珀酸盐，并且亚氨基二琥珀酸四钠的制备工艺100%无废物释放。

2002 年授予 Pfizer 医药公司，因他们对舍曲林（sertraline）的传统制药过程进行了意义重大的革新，重新设计了环境友好的生产过程。新的舍曲林生产过程由传统的三步减少为一步，采用高效的催化剂，不使用有机溶剂。

2003 年授予 Süd-Chemie 公司，因为该公司开发了固体氧化催化剂的无废水生产工艺。

2004 年授予 Bristol-Myers Squibb 公司，该公司利用植物细胞发酵和萃取技术，开发了一种生产 Tasol®的合成路线。Tasol®是一种抗癌药物，其活性成分微紫杉醇。

2005年有2个项目获得了绿色合成路线奖。Archer Daniels Midland和 Novozymes 公司联合利用一种特殊的脂肪酶Lipozyme®，通过酶法酯交换反应，从植物油制取含反式脂肪和油脂低含量的制品；Merck 公司设计的Aprepitant（神经激肽-1拮抗剂）新合成路线。

2006年授予了Merck 公司，他们开发出一条由β氨基酸制备Januvia™（sitagliptin，西格列汀）的活性成分的新颖的绿色合成路线。

2007年颁给了美国俄勒冈州立大学的Li K C教授与哥伦比亚木业公司以及赫克力士集团公司（Hercules Incorporated），他们合作开发了一种用大豆粉为原料制备黏合剂的替代品，比起传统产品，这种新型黏合剂在强度和价格上更具优势。

2008年颁给了Battelle公司，他们开发并商业化了一种打印机和复印机使用的生物基墨粉，这种墨粉在废纸脱墨时能很容易去除。

2009年颁给了伊斯曼化学公司，因开发了节省能源同时避免强酸和有机溶剂的生化工艺，能把源于植物的脂肪酸转化为长链酯类，从而用于化妆品和个人护理用品。

2010年美国 DOW 化学公司和德国 BASF公司共同获得了绿色合成路线奖。他们共同研发了利用过氧化氢作为氧化剂制备环氧丙烷的新路线。

2011年授予日诺麦提卡（Genomatica）公司。他们的创新贡献在于以更低的成本利用可再生原料生产基础化学产品。

2012年授予Codexis公司因开发更有效的生物催化剂LovD生产辛伐他汀（Simvastatin）。

2013年美国生命技术公司（Life Technologies Corporation）因更安全、可持续地生产聚合酶链式反应（PCR）试剂所需的化学品4,4′-二吡啶基二硫醚（aldrithiol）获奖。

2014年授予Solazyme公司，他们的创新贡献在于利用微藻发酵技术生产专用植物油。

2015年授予朗泽科技有限公司（LanzaTech Inc.），他们开发成功了将CO、CO_2转化为乙醇、2,3-丁二醇等重要燃料或化学品的气体发酵工艺。

1.5.2 绿色反应条件奖

1996 年授予 Dow 化学公司。该公司用 100%CO_2 作为生产聚苯乙烯泡沫塑料板包装材料的环境友好发泡剂，并使之得到了商业应用。

1997 年授予 Imation 公司，以表彰 Imation 开发了应用于医学影像的 DryView 成像技术。该项技术采用光热记录法，也就是将暴露在适当光能下的敏感感光乳剂所得到的潜像用热进行处理，不产生显影、定影废液。

1998 年授予 Argonne National Laboratory。该实验室采用碳水化合物为原料合成高纯度的乳酸乙酯和其他的乳酸酯。

1999 年授予 Naclo Chemical Co.，由于其发展了一种水基分散体系中生产带电聚丙烯酰胺的工艺，以避免使用有机溶剂。

2000 年授予设在匹兹堡的 Bayer 公司。由于开发了双组分水性聚氨酯涂料而获奖。

2001 年授予北美 Novozymes 公司，该公司开发出了棉纺制品的生物处理工艺——一种费用适当、环境相容的棉蜡脱除工艺。

2002 年授予 Cargill Dow LLC 公司，他们制备了新型的高聚物——聚乳酸（PLC）。目前，只有 Cargill Dow LLC 公司成功地优化了聚乳酸的生产过程并强化了聚乳酸树脂的物理性质，实现了可以和传统的以石油基为原料的塑料制造过程相竞争的工业化。

2003 年授予 DuPont 公司，因为他们成功开发了 1,3-丙二醇的微生物生产法。

2004年授予Buckman Laboratories International公司，因为他们开发了一种旨在改善纸再生过程的酶技术。

2005年授予BASF公司，该公司开发了一种紫外光可固化的、单组分、低挥发性有机物的汽车修补底漆。

2006年授予Codexis公司，该公司采用先进的基因技术开发了一种酶基过程。

2007年颁给了Headwaters技术公司，该公司利用纳米催化技术直接合成了双氧水。

2008年颁给了Nalco公司，该公司开发成功3D TRASAR®水处理技术。该技术可节约水资源和能源，使水处理化学品使用量达到最小。

2009年授予美国培安公司，开发出快速测定蛋白质的分析仪器，该蛋白质检测仪不需高温和有害化学物质，即可准确测定蛋白质。

2010年授予Merck & Co. 公司和 Codexis 公司。两家公司研制了一种改进的转氨酶，使2型糖尿病的治疗药物西格列汀合成条件更符合绿色化学要求。

2011年授予Kraton高性能聚合物有限公司，他们创新了聚合物膜技术。

2012年授予Cytec工业公司，因研发MAX HT®拜耳法方钠石积垢抑制剂。

2013年授予陶氏化学公司（Dow Chemical Company），表彰其技术用于改善 TiO_2 分散度及减少TiO_2的添加量。

2014年授予QD Vision有限公司，他们开发了用于节能显示屏和照明产品的量子点光学元件。

2015年授予得克萨斯合成油与润滑油公司，他们开发了一种使用固定床固体催化剂反应系统制造高反应性聚异丁烯的高效工艺。

1.5.3 设计绿色化学品奖

1996 年授予 Rohm&Hass 公司，以表彰该公司开发成功了一种环境安全的船舶生物防垢剂。Rohm&Hass 公司筛选得到的 4,5-二氯-2-正辛基-4-异噻唑啉-3-酮（商品名为 Sea-Nine^{TM}）可作为商业开发的选择。虽然该化合物对某些鱼类、虾、贝的急性毒性不低，但慢性毒性低，对繁殖无影响，在海水及底泥中能被微生物降解为毒性很小的开链化合物，因此它是一个对生态环境危害很小、较理想的海洋防垢剂。

1997 年授予 Albright＆Wilson 公司。该公司开发了一种名为四羟甲基硫酸磷盐（THPS）的相对友好的杀菌剂。THPS 具有较高的抗微生物性、较低的毒性、在环境中迅速降解和没有生物累积的特点。因此，THPS 作为杀菌剂使用，对人类健康和环境所造成的风险较低。

1998 年授予 Rohm & Hass 公司。该公司发现了新的化学杀虫剂家族——二酰基肼，它是一种蜕皮激素，给农民、消费者和社会提供了一种更安全有效的害虫控制技术，其中商名为 confirm^{TM} 的化合物可作为选择性毛虫控制剂。

1999 年授予 Dow AgroSciences LLC（Dow Chemical Co．子公司）。该公司发展了一种名为 Spinosad 的高选择性的、对环境友好的杀虫剂。Spinosad 已经被证明在控制多种咀嚼昆虫对棉花、树木、水果、蔬菜、草皮和观赏植物的危害中有效。它作用快、选择性高，只对靶害虫起作用而不影响益虫和马蜂。

2000 年设在印第安纳波利斯的 Dow 农业化学公司由于开发了一种高效安全的诱杀白蚁群技术（称作 Sentricon 系统），而获得设计绿色化学品奖。

2001 年授予 PPG 工业集团，他们开发出了以钇代替铅的阳离子电沉积涂层。

2002 年授予 Chemical Specialties 公司，因为该公司在工业上率先开发使用了无砷木材防腐剂碱性季铵铜（Alkaine Copper Quaternary，ACQ）。用 ACQ 代替 CCA 是近年来取得的最显著的防止污染成就之一。

2003 年授予 Shaw Industries 公司，因为该公司开发了可循环使用的 EcoWorx^{TM} 小方地毯背衬。Shaw Industries 公司从 Dow Chemical 公司挑选了一种聚烯烃树脂生产 EcoWorx^{TM} 小方地毯背衬，这种原料具有毒性低、较强的粘接能力和耐久性、被重复利用的优点。

2004年授予Engelhard公司，该公司开发了一系列环境友好的偶氮颜料。

2005年授予Archer Daniels Midland公司，他们开发一种非挥发性、具有反应活性的聚结剂，大大降低了乳胶涂料中挥发性有机物。

2006年S C Johnson & Son（SCJ）公司获得了设计绿色化学品奖，因为他们研发出了Greenlist^{TM}系统，该系统用来评估其产品中各成分对环境和人类健康的影响，并用于指导消费品配方的改进。

2007年嘉吉公司（Cargill Inc.）以可再生的生物质资源为原料合成出了己内酯多元醇，用以替代石油基多元醇，获得了设计绿色化学品奖。

2008年Dow AgroSciences公司因开发成功了一种名为Spinetoram的生物杀虫剂而获奖，Spinetoram是用于水果、坚果和蔬菜等增强昆虫控制的天然产品。

2009年宝洁公司和美国堪萨斯州的 Cook复合材料与聚合物公司分别开发出Chempo lM PS醇酸树脂技术而获奖，该技术使用Sefose油作为复合溶剂，减少了油性涂料及油漆中的挥发性有机化合物。

2010年设计绿色化学品奖授予了Clarke公司。该公司合成了一种改进型的多杀菌素，针对灭杀蚊子幼虫非常有效。

2011年授予美国宣伟（Sherwin Williams）公司，其贡献在于水性丙烯酸醇酸树脂合成技术。

2012年授予 Buckman国际公司，以表彰该公司用酶制剂来降低生产高品质纸和纸板的能耗和木质纤维用量。

2013年授予美国嘉吉公司（Cargill Inc.），该公司研制的植物油基绝缘绝热变压器用油不易燃、性能优质、毒性低且碳排量更低。

2014年授予Solberg公司，其贡献在于浓缩—高效RE-HEALING™无卤素泡沫灭火剂。

2015年授予加州戴利城复合涂料技术/纳米产业公司，该公司使用环状碳酸酯和胺替代传统的异氰酸酯和多醇，合成聚氨酯涂料和绝缘泡沫材料。

1.5.4 学术奖

1996 年授予 Texas A&M 大学的 Holtzappl 教授。Holtzappl 教授开发了一系列技术可将废生物质转化为动物饲料、工业化学品和燃料。

1997 年授予北卡罗来纳大学的化学教授 Joseph M Desimone，表彰他对可使 CO_2 用作溶剂的表面活性剂的设计和应用。

1998 年授予 Stanford 大学的 B M Trost 教授和 Michigan State 大学的 K M Draths 教授和 J W Frost 教授。Trost 详细阐明了评论化学过程的一套新标准，这套新标准包含选择性和原子经济性两个方面，发展了“原子经济性”概念。K M Draths 教授和 J W Frost 教授采用生物催化过程和可再生性的原料来合成己二酸和邻苯二酚，使微生物作为环境友好催化剂得到应用。

1999 年授予 Carnegie Mellon 大学的 Collins 教授。他发展了一系列 Fe（III）配合物，称为 TAML 活化剂（Tetraamido Macrocyclic Ligand Activators），这种活化剂可以增强过氧化氢的氧化能力。TAML 活化剂的重要用途是在木浆和造纸工业中漂白木浆。

2000 年该奖项授予 Scripps 研究所的化学教授 Chihuey Wong，因其在酶催化剂大规模应用于有机合成方面的工作而获奖。Wong 设法使酶催化反应在温和的、对环境友好的条件下进行，他的工作使化学工业可用酶作催化剂进行有机合成。

2001 年学术奖授予 Tulane 大学的李朝军教授，他开发出了具有“准天然”催化作用——能在空气和水中应用的过渡金属催化剂。

2002 年学术奖的获奖者是匹兹堡大学的 Beckman 教授，Beckman 教授和他的工作组的贡献在于开发了一种性能优异的无氟材料，这种材料在 CO_2 中的溶解压力比氟化同型物在 CO_2 中的溶解压力要低或持平。

2003 年学术奖的获奖者是 Polytechnic 大学的 Richard A Gross 教授，他研究了使用脂肪酶进行温和的选择性聚合的新方案。在脂肪酶催化聚合物合成上，Richard A Gross 教授的进步是依靠酶来降低聚合的活化能，这样还减少了能量的消耗；进一步使用脂肪酶直接聚合多羟基化合物。

2004年授予乔治亚理工学院的Eckert教授和Liotta教授，他们研究出一种环境友好、性质可调的溶剂，实现了反应、分离的一体化。

2005年Alabama大学的Rogers教授获得了学术奖。他建立了一种用离子液体溶解、处理纤维素制备新型材料的平台策略。

2006年密苏里—哥伦比亚大学Galen J Suppes 教授获得了学术奖，他从天然丙三醇合成出生物基丙二醇和合成聚羟基化合物的单体。

2007年Krische教授因开发了一种全新的催化氢转移反应，用于碳-碳键的形成，获得了2007年美国总统绿色化学挑战奖的学术奖。

2008年Robert教授和Milton教授开发了一种制备硼酯化合物的新催化方法，该方法在温和的条件下进行，并且产生最少的废物和危险，获得了2008年的学术奖。

2009年卡内基梅隆大学的 Krzysztof Matyjaszewski教授开发了原子转移自由基聚合技术，用少量铜催化剂，以及环保型还原剂或自由基引发剂合成了先进的高分子材料，因而被授予学术奖。

2010年学术奖授予了加州大学洛杉矶分校的廖俊智教授领导的团队。他们利用生物技术，开发了利用二氧化碳合成长链醇的方法，实现了二氧化碳的循环利用。

2011年授予加州大学圣塔芭芭拉分校 Bruce H Lipshutz教授，他的学术贡献在于争取结束对有机溶剂的依赖。

2012年授予斯坦福大学的Waymouth教授、IBM的Almaden研究中心的Hedrick博士以及康奈尔大学的Coates教授。Waymouth教授和Hedrick博士研究利用二氧化碳生物合成高碳醇的方法；Coates 教授使用一氧化碳和二氧化碳合成的可降解聚合物。

2013年特拉华大学（University of Delaware）的Richard P Wool教授因从事可持续大分子聚合物与复合材料的优化设计而荣获该奖项。

2014年学术奖授予威斯康星大学麦迪逊分校Shannon S Stahl教授，他的贡献在于利用有氧氧化反应合成药物。

2015年学术奖授予科罗拉多州立大学Eugene Y-X Chen教授，他设计的氮杂环卡宾类有机小分子催化剂，在无金属催化的条件下实现了5-羟甲基糠醛（HMF）的自身缩合以及二甲基丙烯酸酯的聚合反应。

1.5.5 小企业奖

1996 年授予 Donlar Corporation，因 Donlar Corporation 开发了两种高效生产热聚天冬氨酸盐（TPA）的工艺。热聚天冬氨酸盐（TPA）具有经济可行、高效和可生物降解的优点。

1997 年授予 Lcgacy Systems 公司。该公司开发了一种革命性的湿法处理技术 Cldstrip^{TM}，来消除在半导体、平面显示器以及微切削加工行业中的光致抗蚀剂和有机污染物。Cldstrip^{TM} 过程是一种冷却的臭氧氧化过程。

1998 年授予 Pyrocool Technologies 公司。该公司因开发成功 Pyrocool FEF（灭火泡沫）——一种环境友好的灭火剂和冷却剂而获奖。

1999 年授予 Biofine 公司。该公司发展了一种将废弃纤维素转化成乙酰丙酸（4-oxopentanoic acid）的新技术，该化合物是生产其他重要化工产品的关键中间体。

2000 年授予新泽西州 Edison 的 RevTech 公司，由于其称为 Envirogluv 的玻璃装饰技术而获奖。该公司发明了一种生物可降解的有机墨水，用来制作玻璃容器标签。

2001 年小企业奖授予 EDEN 生物科学公司，该公司的 Harpin 技术对作物产量和食品安全是一次绿色化学革命。EDEN 的 Harpin 技术基于一种新型的无毒、自然产生的蛋白质，称为 Harpin，Harpin 蛋白质能够激发植物的自然防御系统来抵御疾病、害虫，同时激活植物生长系统而并不改变植物的 DNA。应用于农作物时，Harpin 能够使植物的生物质、光合成、营养吸收和根系发育都得到增强，最终使农作物的收成更高、质量更好。

2002 年 SC Fluids 公司因为开发了一种超临界 CO_2 抗蚀剂去除剂（Supercritical CO_2 Resist Remover，SCORR）技术而获得了小企业奖。该技术的关键在于用超临界 CO_2 取代了有害溶剂和腐蚀性的化学品，在漂洗阶段使用了纯 CO_2，因而消除了漂洗中采用的去离子水和干燥步骤中采用的异丙醇。在闭路环线 SCORR 过程中，CO_2减压以气相的形式返回后，剩下的是干燥而且没有残留物的硅片。

2003年小企业奖授予AgraQuest公司，因该公司开发了一种高效环境友好的生物杀菌剂Serenade®。Serenade®作为生物杀菌剂于2000年7月在美国注册，在墨西哥、智利、新西兰等多个国家也进行了注册。

2004年授予Jenell生物表面活性剂公司，因研究出一种天然的、低毒的生物表面活性剂鼠李糖脂产品。

2005年小企业奖颁发给了Metabolix公司，奖励他们成功地利用生物技术合成天然塑料。

2006年小企业奖颁发给了Arkon和NuPro技术公司，他们联合开发了苯胺印刷工业中对环境安全的溶剂和循环利用方法。

2007年NovaSterilis公司发明了利用超临界二氧化碳和一种过氧化物进行医疗灭菌的环境友好技术，从而获得了小企业奖。

2008年SiGNa化学公司开发了一种把碱金属封装在多孔的沙子状的粉末内，同时保持它们在合成反应中活性的稳定方法，从而获得了小企业奖。

2009年Virent能源系统公司开发出以植物糖、淀粉或纤维素为原料制造碳氢化合物燃料的BioForming催化转化工艺，在低能耗条件下能将糖、淀粉或植物纤维制成汽油、柴油和航空燃料，因而被授予小企业奖。

2010年小企业奖获得者是一家致力于可再生技术的石油公司LS9，该公司利用生物技术研制了可用作燃料和化学品的产品：Renewable Petroleum™。

2011年授予生物琥珀（BioAmber）公司，其创新是生物基琥珀酸的一体化生产及其下游应用。

2012年Elevance可再生科学公司在有利的成本下，应用复分解催化生产高效、专业绿色化学品，而被授予小企业奖。

2013年法拉第公司（Faraday Technology，Inc.）开发低毒性的三价铬生产高性能铬涂层加工技术，在不降低使用性能的同时，减少百万磅六价铬，而获得本年度小企业奖。

2014年小企业奖授予Amyris公司，他们研发了突破性的用作柴油和航空燃油的可再生碳氢化合物的合成技术。

2015年小企业奖授予Renmatix公司，他们开发了一种使用超临界水分解植物材料转化为糖类的更具成本效益的工艺：Plantrose®工艺。

1.5.6 特别环境效益-气候变化奖

2015年特别环境效益-气候变化奖授予Algenol公司，他们开发出了基因增强的蓝藻（cyanobacteria）菌株，可以在阳光和盐水的条件下高效地将空气和工业废气中的CO_2转化为乙醇和生物油等燃料。

1.6 绿色化学教育

化学学科的发展必然要带动化学教育内容的变化，化学教育也应该体现化学学科的新知识、新进展，所以化学专业的教学必须体现绿色化学的新内容，以适应时代和社会发展的需要。进行绿色化学的教育是培养具有可持续发展理念和专业素质人才的需要，目前国内外很多大学都开设了“绿色化学”课程，有些大学开始招收绿色化学专业硕士和博士研究生。

美国 Scranton 大学在 1996 年把绿色化学引入环境化学课程中，2000 年把绿色化学作为一门课程单独开设。为使传统的化学课程绿色化，Scranton 大学针对传统的化学课程，包括普通化学、有机化学、无机化学、生物化学、环境化学、高分子化学、高级有机化学、化学毒理学、工业化学等课程，开发了绿色化学教学单元材料，可在这些课程教学中使用，通过在这些课程的教学中增加一个教学单元，使学生得到了绿色化学的教育。因在绿色化学教育方面的业绩，获得 2001 年度宾夕法尼亚州州长环境优秀奖。

美国 Oregon 大学也是发展绿色化学课程领导者，从 1997 年 Oregon 大学把绿色化学原理和实践引入化学课堂教学和实验教学中，尤其在实验教学中做得非常出色。在普通化学实验室，开发了一系列替代传统实验的绿色实验，这些新的实验明显地减少了有毒废物的产生，为学生和老师提供了安全的工作环境。

澳大利亚 Monash 大学在 2000 年 1 月成立绿色化学中心，并开始为三年级本科生开设了必修课程“可持续化学”，分为绿色化学和能源化学 2 个独立部分。

美国 Illinois 大学 Urbana-Champaign 分校为化学、化学工程、生物化学的高年级学生和研究生开设了绿色化学课程，采用网络教学。

加州大学伯克利分校建成了绿色化学课程群，包括绿色化学、绿色化学实验、绿色设计中工程与健康影响方法、绿色产品设计的伦理与决策、绿色分子设计的毒理学基础、绿色化学与可持续设计研讨课。

美国波士顿 Massachusetts 大学在 1997 年建立了世界上第一个绿色化学博士项目。澳大利亚 Monash 大学于 2000 年开始招收绿色化学方向的博士和硕士研究生，第一届博士生、硕士生于 2003 年毕业。研究生的研究平台分 2 个方向：清洁合成工艺和绿色生物工艺。英国 York 大学在 2001 年秋季开始招收清洁化学工艺研究硕士，2007 年改称绿色化学与可持续工业技术理学硕士，学制 1 年，前半年进行课程学习，后半年进行课题研究。伦敦帝国理工学院在 2006 年开始招收绿色化学专业硕士，发展学生的绿色化学基本知识与理念，旨在吸引英国和海外最优秀的大学毕业生学习绿色化学。

中国科技大学在 1998 年率先在国内为学生开设了选修课“绿色化学”。四川大学 2003 年设立绿色化学专业博士点，开始了我国绿色化学专业硕士、博士研究生的培养。

2 绿色化学原理

在制造和应用化学产品时，绿色化学能高效地利用原料（最好是可再生的）、消除废物和避免使用有毒的或危险的试剂和溶剂。因此，绿色化学不仅仅是通过防止污染物产生来保护环境的一种方法，也是增加效率和降低生产成本的一种方法，为企业减轻环境负担、增加利润提供了一个机会。为促进绿色化学的应用，1998 年 P T Anastas 和 J C Warner 在出版的 *Green Chemistry: Theory and Practice* 专著中提出了绿色化学的 12 条原则。它是设计或改善材料、产品、过程等的一个框架，为绿色化学技术的研究与开发指明了方向，目前已为国际化学界所公认。

为便于传播绿色化学的 12 条原则，许多学者或学术团体用关键短语来概括这 12 条原则。2014 年美国化学会绿色化学协会（ACS Green Chemistry Institute）对近年来使用的概括 12 条原则的短语又进行了完善。绿色化学的 12 条原则的具体表述如下：

（1）防止废物（prevent waste）——防止废物的产生比在废物产生以后对其处理或清理更好。

（2）原子经济性（atom economy）——设计的合成方法应使得反应过程中使用的所有材料最大限度地转化到最终产品中。

（3）较小危害的合成（less hazardous synthesis）——只要可行，应设计使用或产生对人体健康和环境具有较小或没有毒性的物质的合成方法。

（4）设计友好的化学品（design benign chemicals）——设计的化学产品应达到所期求的功能，同时最小化其毒性。

（5）友好的溶剂和助剂（benign solvents & auxiliaries）——只要可能，应避免使用溶剂、分离剂或其他辅助性助剂。如果必须使用，应使用无害的。

（6）提高能源效率的设计（design for energy efficiency）——应认识到化学过程的能源需求对环境和经济的影响，应尽量使能量需求最小化；如果可能，合成应在环境温度和压力下进行。

（7）使用可再生原料（use of renewable feedstocks）——只要技术和经济上可行，使用的原料应是可再生的，而不是即将耗竭的。

（8）减少衍生物（reduce derivatives）——如果可能，尽可能最小化或避免不必要的衍生化（阻断基团、保护/去保护、物理和化学过程的暂时修饰）。衍生化需使用额外的试剂，并产生废物。

（9）催化[catalysis（vs. Stoichiometric）]——催化试剂（有尽可能好的选择性）优于化学计量试剂。

（10）可降解设计（design for degradation）——化学产品应被设计成在使用功能终结后分解为无害的降解产物，不在环境中存留。

（11）防止污染的实时分析（real-time analysis for pollution prevention）——分析方法须进一步发展，以便能够在有害物质生成之前进行实时的在线监测与控制。

（12）事故预防的本质友好化学（inherently benign chemistry for accident prevention）—— 选择在化学过程中使用的物质及其形态（固态、液态、气态），最小化泄漏、爆炸、火灾等事故发生的可能性。

绿色化学 12 条原则是设计对人类健康和生态环境影响较小的化学产品和过程的准则。绿色化学 12 条原则不是 12 个独立的目标，而是一个整体的紧密结合的体系。绿色化学 12 条原则能处理化学反应过程从化学原料（原则 7）到化学品寿命终止的考虑（原则 10）的所有环节。在每个环节均给出了建议：反应试剂的选择（原则 9）、溶剂的选择（原则 5）、反应条件的选择（原则 6）、化学反应的规划（原则 2、原则 3、原则 8）和化学反应的监控（原则 11）等。总之，绿色化学 12 条原则促进了化学学科的更安全（原则 3、原则 4、原则 12）、更高效（原则 1、原则 2）。尽管绿色化学 12 条原则不是一套定量的指标，但它是非常有用的设计理念，从原料输入（可再生原料、友好溶剂和助剂）、制备过程（防止废物、较小危险的合成、原子经济性、能量效率、催化、减少衍生物）、过程控制（污染预防的实时分析、事故预防的本质友好化学）到产品输出（友好化学品、可降解化学品），给出了设计化学产品和过程指导方针，力图在化学产品生命周期的每个阶段都要最大化效率、最小化对人体健康和环境的危害。绿色化学原则可概括为六个关键理念：最好是防止废物、最好是最小化材料的使用、最好是使用或产生无毒的物质、最好是使用更少的能量、最好是使用可再生原料和最好是设计可降解的产品。

2.1 防止废物

防止废物原则，也称为“预防原则”，是在分子水平上预防污染，是绿色化学 12 条原则中最重要的一条，是绿色化学理念的基础，其他的原则均是怎样来实现它。

废物是指没有实现期求价值或损失了未被利用的能量的材料。在原料的提取、加工过程以及最终产品的消费等均可能产生废物。对一般的化学过程，尤其是制备过程，通常都有废物产生。废物的来源有：①原料中的杂质；②未转化的原料；③反应或相变过程所产生的无用物质；④未分离回收的有用物质；⑤溶剂和其他辅助材料。

化学工业的废物排放量是化学反应过程绿色化的一个重要指标，通常采用环境因子（E-因子）来表示。环境因子由荷兰有机化学家 Roger Sheldon 于 1992 年提出，被定义为：全过程中所产生的废物质量与目标产物质量的比值，它是评价一个化学过程“环境容许性”的方法。计算环境因子（E-因子）时不仅包括副产物，还包括在纯化过程中所产生的各类物质，如中和反应时产生的无机盐和各类计量试剂等（计算环境因子时，一般认为水不构成重要的环境影响，所以不考虑水）。如环氧乙烷的生产是一个案例，环氧乙烷的生产路线主要有氯醇法和乙烯直接氧化法。氯醇法包括两步反应，反应式如下：

步骤 1：$CH_2{=}CH_2+Cl_2+H_2O \longrightarrow ClCH_2CH_2OH + HCl$

步骤 2：$ClCH_2CH_2OH + Ca(OH)_2 \longrightarrow C_2H_4O\text{(环氧乙烷)} + CaCl_2 + H_2O$

E-因子= 5

乙烯直接氧化法只有一步反应，反应式如下：

$CH_2{=}CH_2+O_2 \longrightarrow C_2H_4O\text{(环氧乙烷)} + 1/2\ O_2$

E-因子= 0.36

氯醇法的 E-因子=5，即每生产 1 kg 产品，要产生 5 kg 的废物。而每生产 1 kg 产品氯醇法则比乙烯直接氧化法多产生 16 倍的废物。

高 E-因子意味着产生了更多的废物。从石油炼制到制药工业，产品越精细，附加值越高，E-因子值也越大。如石油炼制产品一般小于 0.1，而制药工业中有些生产过程可高达 100。如果一个化学过程的 E-因子为 0，表明该过程没有产生废物。表 2-1 列出了不同化工产品生产过程中的废弃物排放情况。

表 2-1 不同化工行业生产过程中形成的废弃物

工业部门	E-因子/（kg 废物/kg 产品）	产品吨位/t	排放废物量/t
石油炼制	＜0.1	10^6～10^8	10^5～10^7
大宗化学品工业	＜1～5	10^4～10^6	10^4～10^6
精细化工	5～50	10^2～10^4	10^2～10^5
制药工业	25～100	10～10^3	10^2～10^5

过程质量强度（PMI）是近年来评估化学过程的另一个受到关注的指标，美国化学会绿色化学协会制药圆桌会议（ACS GCIPR）把过程质量强度作为在药物合成中优先选择的指标。过程质量强度被定义为生产单位质量的产品所使用的所有材料的总质量，计算公式如下：

PMI =（制造产品所使用的所有材料的质量）/目标产品质量

过程质量强度包含了污染预防的核心概念。在理想情况下，过程质量强度等于 1，意味着进入工艺过程中的化学原材料 100%转化为产物，辅助化学品 100%被循环再使用，没有废物产生。过程质量强度大于 1，表明有废物产生。当计算环境因子时，如果也考虑水的因素，过程质量强度与环境因子相比较，两者的关系为：PMI = E-因子+1。

由于废物的种类、形态、性质、毒性以及数量的不同，对环境的影响也不同。1 kg 的氯化钠对环境的影响明显不能等同于 1 kg 铬盐。为此，荷兰有机化学家 Sheldon 又提出了环境商（EQ）的概念，来衡量废物对环境造成的影响程度。环境商（EQ）用 E-因子与废物对环境不友好度相乘来计算，表示为：$EQ=E\times Q$，式中 E 表示 E 因子，Q 为根据废物在环境中的行为所给出的对环境不友好度。例如，可将无毒的氯化钠和硫酸铵的 Q 值定义为 1。对于有害重金属离子的盐类、有机中间体和含氟化合物等，根据其毒性的大小，Q 的取值为 100～1 000。尽管目前对物质的环境不友好度 Q 值的量化还存在明显的困难，但是原则上对一个化学过程进行环境影响的定量评价是可能的。

大量的废物排放到大气、水体或土壤中，严重恶化了当地的生态环境，也危害人类健康。我国环保部发布的《2014 中国环境状况公报》显示，2014 年在全国开展空气质量新标准监测的 161 个城市中，仅有 16 个城市空气质量年均值达标，145 个城市空气质量超标，占 90.1%；329 个地级及以上城市的 4 896 个地下水监测点位中，水质较差、极差监测点占比达 61.5%。全国土壤总的点位超标率为 16.1%。

用于污染控制的费用（包括污染物处理、排放及原材料流失等）是相当昂贵的，特别是未转化的原料成为废物时，要付出双倍的代价，即购买费用和处理费用。污染物真实成本的构成如图 2-1 所示。我国环境保护部发布的《2013 年环境统计年报》显示：2013 年我国环境污染治理投资（包括老工业污染源治理、建设项目“三同时”、城市环境基础设施建设）总额为 9 037.2 亿元，占国内生产总值（GDP）的 1.59%。

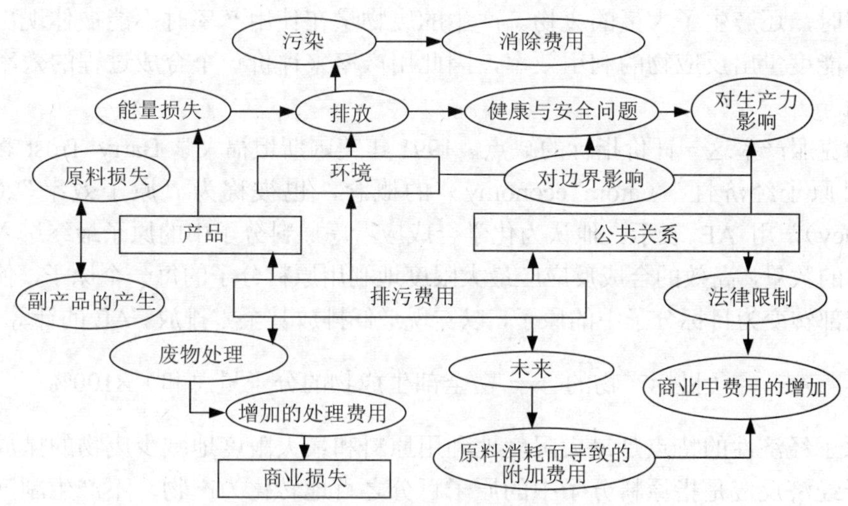

图 2-1　污染物真实成本的构成示意

化学工业作为污染大户同样为环境污染付出了巨大的代价，许多化工企业在环保项目上的预算同其在科研开发的预算一样庞大。避免和降低这些费用的唯一方法，是从源头上防止或减少废物的产生，即在生产过程中减少或者防止废物的产生，目标是使反应过程实现废物“零排放”（zero emission），这样就消除了废物处理过程。如果源头废物达到最小化，那么它将带来降低废物处理费用和降低原料费用的双重经济效益。当不能避免副产物产生时，就应考虑把副产物作为其他过程的原材料，使它重新进入生命周期。

防止废物就要设计防止废物产生的化学品合成工艺，这样就没有废物再被处理或净化。正像美国著名的政治家和科学家本杰明·富兰克林所说的，“一盎司的预防胜过一磅的治疗”。

2.2　原子经济性

2.2.1　原子经济性的概念

传统化学对一个合成反应的效率进行评价时，往往是使用“产率”指标。产率指的是某种目标产物的实际产量与理论产量的比值。注重产率往往会忽略合成中使用的或产生的不必要的化学品。经常会有这种情况出现，即一个合成路线或一个合成步骤可达到100%的产率，看起来是很完美的反应，但可能在生成目标产物的同时，还产生了大量的废物。产生的废物量在使用产率时不能被体现出来，也就不能度量出反应物的利用效率，因此用产率来评价一个合成过程的效率是不完全的。

为克服产率这一评价指标的缺点，1991 年美国斯坦福大学 Barry Trost 教授提出了“原子经济性”（atom economy）的概念，也被称为“原子效率”（atom efficiency），用 AE 表示。他认为化学合成应考虑原料分子中的原子最终进入目标产品中的数量，高效的合成反应应最大限度地利用原料分子的每一个原子，使之更多或全部转变为目标分子中的原子，以实现最低排放甚至零排放。AE 的计算式为：

AE ＝（目标产物的分子量/全部生成物的分子量总和）×100%

原子经济性的特点是最大限度地利用原料和最大限度地减少废物的排放。理想原子经济反应是指原料分子中的原子百分之百地转化为产物，不产生副产物或废物，实现废物的“零排放”。所以同时应用产率和原子经济性两个指标，来评价一个化学合成过程的效率，才能保证化学合成反应的“绿色化”。

如苯酚的传统生产方法是通过苯磺酸钠与氢氧化钠反应，得到苯酚钠（副产品亚硫酸钠和水），苯酚钠进一步水解得到苯酚。苯磺酸钠与氢氧化钠的反应式为：

$C_6H_5SO_3Na + 2NaOH \longrightarrow C_6H_5ONa + Na_2SO_3 + H_2O$

相对分子质量：180　2×40　116　126　18

在这个反应中 C 原子的利用率为 100%，而 S 原子的利用率为 0%；整个反应的原子利用率为 116/260，仅为 44.6%。

目前工业使用的苯酚生产方法是异丙苯工艺，同时得到苯酚和丙酮，苯酚和丙酮都是有用的产品，反应的原子利用率为 100%。反应的最后一步为：

$C_6H_5C(CH_3)_2OOH \longrightarrow C_6H_5OH + CH_3COCH_3$

2.2.2 反应类型及其原子经济性

原子经济性是衡量所有反应物转变成最终产品的程度。如果所有反应物都被完全结合到产品中，则合成具有100%的原子经济性。所以设计的合成方法，应使最终有用的产品中包含最大比例的原始材料。

通常的合成反应类型可由原子经济性来进行评价：

（1）分子重排反应。分子重排反应是100%原子经济反应，因为它通过原子重整产生新的分子，所有反应原子都结合到产物中。比如Claisen重排和Beckmann重排反应：

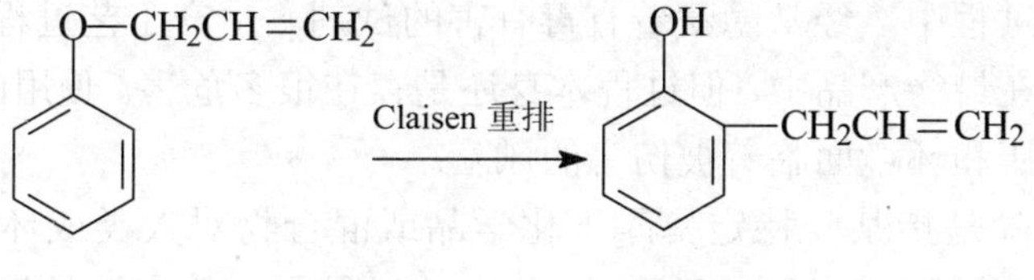

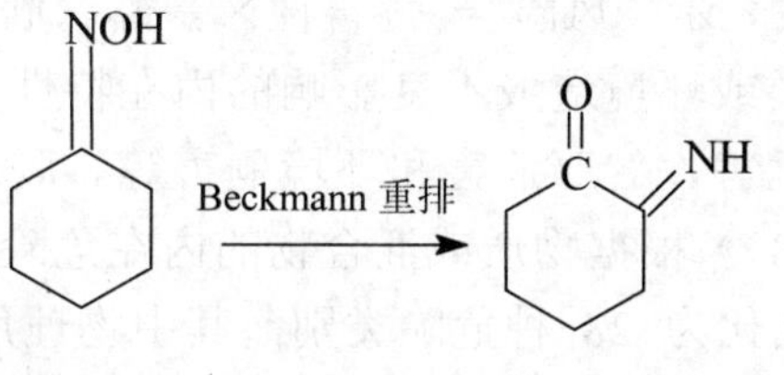

$$C_6H_5\text{—}O\text{—}CH_2CH{=}CH_2 \xrightarrow{\text{Claisen 重排}} \text{2-}(CH_2CH{=}CH_2)C_6H_4OH$$

$$\text{环己酮肟（}C{=}NOH\text{）} \xrightarrow{\text{Beckmann 重排}} \text{己内酰胺（}C(=O)\text{—}NH\text{）}$$

（2）加成反应。加成反应是100%原子经济反应，如环加成、烯烃溴化等，将反应物加到底物上，充分利用原料中的原子。如：

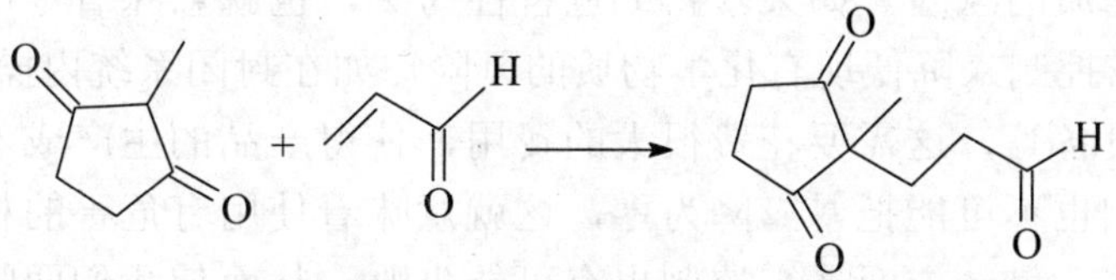

$$\text{2-甲基环戊-1,3-二酮} + CH_2{=}CH\text{—}CHO \longrightarrow \text{2-甲基-2-(3-氧代丙基)环戊-1,3-二酮}$$

（3）取代反应。取代反应中，被取代的基团是最终产物中不需要的废物，反应的原子经济性降低，而其非原子经济程度则视不同的试剂和底物而定。

（4）消除反应。消除反应是原子经济最低的反应。消除反应是通过消去基质的原子来产生最终产品，所使用的任何未转化至产品中的试剂和被消去的原子都成为废物。

绿色化学的核心是实现原子经济反应，但在目前的条件下不可能将所有的化学反应的原子经济性提高到100%。因此，应不断寻找新的反应途径来提高合成反应过程的原子经济性；或对传统的化学反应过程进行改造，不断提高化学反应的选择性，达到提高原子经济性的目的。

2.3 较小危害的合成

绿色化学的第 1 条、第 2 条原则强调了最大限度地利用原料和最大限度地减少废物，但并没有暗含着合成方法是没有危害的。在一个多步反应，有时甚至是一步反应的过程中，经常隐藏着有毒有害的试剂。生产工艺过程能确保这些污染物不会出现在最终产品中，但过程本身还是存在很多危害。使用的有毒有害原料，也使人类健康和环境面临着被伤害的风险。

所谓风险是指某一特定暴露下化学品或混合物对人类或环境产生不利影响的可能性，可用下式表示：风险 = 危害性×暴露。危害性是指化学品或混合物在暴露情况下对人类或环境造成不良影响的内在特性。危害性是一个包罗万象的术语，包括物理危害、健康危害和环境危害等。联合国《全球化学品统一分类和标签制度（GHS)》根据物质或混合物的内在危险特性，将物理危害、健康危害和环境危害等细化为 28 种危险类别，其中物理危害 16 类、健康危害 10 类、环境危害 2 类。暴露是指在确定期间内某化学物质以特定频率到达一个靶生物、系统或（亚）种群的浓度或总量。控制两者或两者中任何一个因素均可控制化学物质的风险。如果暴露或危害性为零，也就意味着零风险。传统上都是通过暴露控制来降低现有化学物质的风险，如在封闭系统内操作、排放控制、个人防护设备等，这需要花费很大的费用，使得产品的生产成本增加。另外，一方面我们也不可能把暴露降为零，这就意味着使用有危害的材料总是有一定的风险存在；另一方面暴露控制也有可能失败，从而使我们面临更大的风险。过去，许多化工企业的爆炸、泄漏事故已给了我们足够的教训。通过降低化学品的固有危害性，才是消除化学物质风险最有效和最根本的解决办法，同时也免除了由于暴露控制所带来的生产费用。

在进行化学合成方法设计时，将化学合成中使用和产生的物质的危害降至最低限度，甚至达到无毒无害，以实现绿色合成——无害化学合成，才能真正实现对人类健康和环境安全的目标。美国布兰迪斯大学 Hendrickson 在 1975 年提出了“理想合成”概念。1985 年美国斯坦福大学 Wender 教授对“理想合成”重新定义，1993 年再次完善为：理想合成是指使用简单的、安全的、环境友好的、资源有效的操作，快速、定量地把易得的起始原料转化为目标分子。“安全”永远是一个成功的合成方案优先的和不可缺少的决定因素。“简单”表示的理想状态是一步合成。理想合成概念提供了一个衡量合成方案的模板，指出了实现无害化学合成的主要途径。为实现合成路线的优化，Wender 教授提出了“步骤经济性”概念（step economy），“步骤经济性”就是要消除不必要的步骤，使用能够最大化增加目标相关产物的反应和策略。Phil S Baran 推荐遵守“氧化还原经济性”（redox economy），“氧化还原经济性”要求在合成过程中，最小化不必要的氧化还原操作；也就是说，在整个合成过程中，中间体的氧化态线性并稳定地增加。

在传统化工生产中，由于经常使用到有毒有害并对生态环境不利的原料，对现有的合成方法重新设计，采用较小危害的材料，便成了绿色化学的核心研究内容。目前，化学工作者的种种努力只是初步的，在一条合成路线中，绿色可能只是局部的。绿色化学的真正发展需要对传统的、常规的合成化学的方方面面进行全面的诸如从观念上、理论上和合成技术上的发展和创新。

2.4 设计友好的化学品

2.4.1 危害性是设计“缺陷”

许多化学品都具有多重功能，其所含分子的某一特定部分提供了期望的功能，而另一部分可能表现出人们不希望的毒性特征。友好或安全化学品是指对人类健康和环境产生最小不利影响的化学品。长久以来，化学家在进行化学品设计时，更多关注化学品的功效，而没有考虑如何降低化学品的危害性。绿色化学认为，危害性是化学品设计的“缺陷”。这就要求设计化学品时不但要考虑化学品的使用功能，还要考虑化学品本身及在它生命周期的各个环节是否对人类健康、生态环境造成危害，也就是说设计化学品时要在使化学品达到期望的功效的同时，最小化或消除其危害性。

一个理想的友好化学品应具有良好的使用效能、较小的危害性，能容易地在环境中降解为无害的物质，不会在食物链中生物蓄积和生物放大，同时能被容易、高效、廉价地制造。所以，设计友好化学品时要从一个化学产品的整个生命周期来考虑，如果可能，该产品的起始原料应来自可再生的原料，然后产品本身必须不会引起环境或健康问题，最后，当产品使用后，应能再循环利用或易于在环境中降解为无害物质。

化学家设计友好化学品时，要对所涉及的元素和分子的固有危害性进行表征、评估和控制，理解分子性质对生态环境的影响、分子在生物圈中的转化及潜在的危害，从分子水平避免不利的生物效果。这要求化学家不仅要理解化学原理，还要理解毒理学和环境科学的原理，理解危害性与化学结构之间的关系。

2.4.2 设计友好化学品的框架

友好化学品的设计通过对化学品结构的详细分析和有效修改，在不影响化学品用途的前提下，能降低或消除其毒性，并通过无污染的合成方法实现。设计友好化学品的框架是建立在化学与毒理学融合的基础之上，是化学家设计友好化学品的指导方针。这个框架包括四个层次的知识：危害作用机制、定量构效关系、毒代动力学/毒效动力学和生物利用度。

2.4.2.1 危害作用机制

外来化合物对生物体和生态系统损害作用/有害效应，主要是由于化合物或其代谢产物与生物大分子以某种机理结合，导致机体正常生理过程的紊乱，如机能障碍、结构改变和物质代谢异常等，从而产生毒性。近年来在阐明外源性物质毒作用机制等方面取得了很多重要的突破，提供了在整体器官（系统）水平上关于中枢神经系统、心血管系统、造血系统、肝脏、肾脏、呼吸系统、免疫系统及皮肤的直接或间接损伤；在细胞、亚细胞水平上关于干扰细胞内酶系功能、抑制细胞间隙连接通信、破坏细胞的亚微结构；在分子水平上对生物膜的化学组成成分和物理性质的影响、引起细胞钙稳态失调、氧化损伤生物大分子、与蛋白质或核酸共价结合等有价值的信息。如果知道物质的危害作用机制，就可以对分子的结构进行设计，在保证物质使用功效不变的条件下，避免有毒的化合物种类或官能团，或对有毒官能团进行结构屏蔽或迁移，直接或间接地降低其毒性强度。例如，由于氯氟烃对臭氧层破坏机理的发现，促进了对臭氧层具有较小影响的氯氟烃替代品的开发与应用。

2.4.2.2 定量构-效关系

物质结构决定物质的性质，分子结构不同的化学物质其毒性作用的靶器官和毒效应是不同的，如苯具有麻醉作用和抑制造血功能的作用，当苯环上的氢被甲基取代后（甲苯或二甲苯），抑制造血功能的作用变得不明显，但麻醉作用增强；被羟基取代后（苯酚）具有刺激性和肾毒性；被氨基取代后（苯胺），有形成高铁血红蛋白的作用；而被硝基（硝基苯）或卤素取代后（卤代苯），对肝具有毒性。这种化学物质的分子结构与其生物活性（药理作用、毒性作用等）之间的关系，称为构-效关系或结构-活性关系。定量构-效关系（QSAR）延续这种概念，应用数理统计方法建立结构与活性之间的数量关系。定量构-效关系以与被研究的性质相关的结构特征和有关性质数据为基础，用量子力学的计算方法得到结构描述子的相关数据，直接利用数学方法建立结构和性质的模型，从而发现性质的规律。

定量构-效关系能解释由于分子结构的变化所引起化合物理化参数或结构参数的改变，从而导致化合物生物活性的改变，推测其可能的作用机理，然后根据新化合物的结构数据预测其活性或改变现有化合物的结构。定量构-效关系模拟的目的是做出预测和获得信息，以达到对物质合成的控制。定量构-效关系是化学家设计友好化学品的一个强有力的工具，帮助化学家理解结构特征如何影响物质的危害性。当某一化合物毒性机理不明确时，可以通过一系列物质的结构与其毒性的比较，得出化学结构中某些官能团与毒性的关系，设计时可以尽量通过避免、降低或除去同毒性有关的官能团来降低毒性。

2.4.2.3 毒代动力学与毒效动力学

机体对于外源化学物的处置包括吸收、分布、代谢和排泄等四个过程（又称 ADME 过程）。毒效应强度主要取决于作用靶部位的终毒物浓度与持续时间。分子结构的改变对吸收、分布、代谢和排泄过程的每一步均有影响。毒代动力学（toxicokinetics）研究生物体内外来化合物或其代谢产物量随时间变化的动态过程，着重研究它们在体内的吸收、分布、生物转化和排泄过程的定量规律，分析和阐明化合物在体内的位置、数量与时间关系的学科。毒效动力学（toxicodynamics）是动态地研究毒量（剂量、体内毒量或浓度）与毒效应强度间定量关系并以数学模型表达这种规律的学科。将毒代动力学与毒效动力学相连接便可描述剂量-时量-量效的完整关系，可获得足够的外源化学物的吸收、分布、生物转化以及排泄的信息，从而了解它的毒性作用机理，阐明产生整个毒性作用的顺序特征，可为设计友好化学品提供可靠的科学依据。

吸收是毒物透过生物膜并进入机体循环的必要途径之一。人体最可能的吸收方式为口部吸收、吸入吸收及皮肤吸收，其中口部吸收是较重要的一种。改变化学品的分子结构，就可改变其物理性质，从而改变其被吸收的程度，减少了吸收，也就降低了毒性。如神经毒素箭毒不能穿过肠黏膜，就不能通过暴露对人体造成危害。化学品的分子结构特征也影响化学品在机体内的分布以及贮存、是否与血浆蛋白结合、是否能通过血脑屏障进入大脑等。如分子的亲油性、分子大小、分子电荷等均影响化学品在机体内的分布的程度和分布的器官。代谢是机体处置外源化学物的重要环节，外源化合物体内代谢和消除过程包括Ⅰ相反应、Ⅱ相反应和肾脏排泄。Ⅰ相反应包括氧化、还原和水解反应。Ⅱ相反应主要是结合反应，包括葡糖醛酸结合、硫酸结合、甘氨酸结合、*N*-乙酰化（NAT）、甲基化。如能预测化学品的代谢过程和结果，化学家就可利用这些信息，通过分子变化得到危害最小的化学品。化学品的排泄取决于其理化性质，如亲水性化学品比较容易从生物系统中排泄出去，改变分子结构促进更快地排泄，有助于减小毒性。

2.4.2.4 生物利用度

生物利用度（bioavailability）是一种化学物质总量中能够有效地与生物作用的部分所占的比例。如果分子的利用度降低，从而在作用点的化学品数量降低，也就降低了毒性。影响生物利用度的因素包括分子大小、分子电荷、细胞膜的结构特征、首过代谢等，因此生物利用度就被分子结构影响。这就给化学家提供了一个机会，通过操控分子的结构，控制分子使其难于或不能被生物膜和组织吸收来降低生物利用度。

2.5 友好的溶剂和助剂

2.5.1 溶剂和助剂的应用及影响

各种各样的溶剂和助剂对化学和化学过程来说是非常重要的。溶剂或助剂为质量传递和能量传递提供了基本条件，没有溶剂或助剂，许多反应或化学过程就不能进行。由于溶剂和助剂应用非常广泛，以至于很少有人评估其是否有使用的必要。

溶剂的损耗是化学过程中废物产生的主要来源之一，用于将产品从副产品、混合物产品、杂质或其他相关物质中分离出来的分离剂的用量一般较大。如重结晶方法要求加入能量或物质来改变已溶解组分的溶解度以达到析出分离。而分离完成后，所用的分离剂就成为废物流的一部分，需要进一步的处理与处置。溶剂的使用、回收再利用，也消耗了大量的能量，因为溶剂需要被加热、蒸馏、冷却、泵送、混合、真空蒸馏、过滤等，如医药工业中由于溶剂的使用消耗了总能量的60%。

由于溶剂的挥发性和溶解性造成了对大气、水体和土壤的污染，据估计，医药工业排放到大气中的温室气体，50%来源于溶剂的使用。另外，如氯氟烃（CFCs）对人类及野生动物的直接毒性很小，并具有低的事故隐患，在20世纪得到了广泛的利用，但是氯氟烃对臭氧层造成了破坏。很多溶剂是有毒的，如卤化物溶剂（如氯甲烷、氯仿、四氯化碳）及苯等芳香烃溶剂被认为与人类致癌有关。很多溶剂具有易燃性、挥发性和腐蚀性，在恰当的条件下还具有爆炸性，为过程安全增加了巨大的隐患，也导致很多灾难性事故的发生。同时也增加了操作者的暴露风险，迫使操作者不得不使用个人防护设备。

2.5.2 溶剂和助剂的选择

溶剂、分离剂和其他辅助化学品的使用不仅大量消耗资源与能源，而且对人类健康与环境产生危害，因此应尽量避免使用；在必须使用时，应选择无害的。比较典型的是医药工业中使用的有机溶剂质量占到原材料总质量的 50%以上。如果选择“绿色”溶剂，就能降低医药品生产的环境影响。选择绿色溶剂的标准包括安全、职业健康、环境、质量（在药品中带入杂质的风险）、生产条件的限制（如沸点、凝固点、密度、可再使用性等）和成本等。一个友好的溶剂或助剂应具有较小的毒性、对环境具有较小的影响、能降低能量的需求、没有重大的安全影响等。为合理地选择友好的溶剂，一些世界著名医药企业和研究机构建立了各种溶剂选择指南，对比不同的溶剂选择指南，得到常用溶剂选择的总体排序见表 2-2。

表 2-2　常用溶剂选择的总体排序

排序	溶剂名称
推荐	水、乙醇、异丙醇、正丁醇、乙酸乙酯、乙酸异丙酯、乙酸正丁酯、苯甲醚、环丁砜
推荐或不确定	甲醇、叔丁醇、苯甲醇、乙二醇、丙酮、甲乙酮、甲基异丁基酮、乙酸甲酯、环己酮、乙酸、乙酸酐
不确定	甲基四氢呋喃、庚烷、甲基环己烷、甲苯、二甲苯、氯苯、乙腈、1,3-二甲基丙撑脲（DMPU）、二甲基亚砜
不确定或危害	甲基叔丁基醚、四氢呋喃、环己烷、二氯甲烷、甲酸、吡啶
危害	二异丙醚、1,4-二氧杂环己烷、二甲醚、戊烷、己烷、二甲基甲酰胺、二甲基乙酰胺、*N*-甲基吡咯烷酮、甲氧基乙醇、三乙醇胺
高危害	二乙醚、苯、三氯甲烷、四氯甲烷、二氯乙烷、硝基甲烷

2.5.3　可选择的新型友好的溶剂和助剂

2.5.3.1　无溶剂反应

“最好的溶剂就是无溶剂”，无溶剂反应是减少溶剂和助剂使用的绿色方法。无溶剂反应是指不采用溶剂的有机反应，它可以是固体原料之间的固相反应、液体原料之间的液相反应，也可以是原料在熔融状态下的反应，或不同相态原料之间的非均相反应。无溶剂反应有利于从根本上解决由于溶剂而造成的环境污染、安全隐患、对人类的健康危害以及资源浪费等问题。无溶剂有机合成为反应提供了与传统溶液反应不同的新的反应环境，有可能使反应的选择性、转化率得到提高。无溶剂反应由于没有溶剂分子的介入，造成了反应体系的局部高浓度，因而提高了反应效率，显著地缩短了反应时间。同时由于没有溶剂，可使产物的分离提纯过程变得较容易进行。

2.5.3.2 超临界流体

人们一直在寻找传统的有害溶剂的替代物，较有希望的清洁溶剂之一为超临界流体（SCFs）。超临界流体是指当物质处于其临界温度和临界压力以上时所形成的一种特殊状态的流体，是一种介于气态与液态之间的流体状态，兼具液体性质与气体性质。这种流体具有液体一样的密度、溶解能力和传热系数，具有气体一样的低黏度和高扩散系数，同时只需改变压力或温度即可控制其溶解能力并影响它作为介质的合成速率。一般超临界流体可由水、二氧化碳、甲烷、甲醇、乙醇、丙酮等产生。

由于超临界流体的特有性质，其在萃取、色谱分离、重结晶以及有机反应等方面表现出很强的优越性，从而在化学化工中获得实际应用。在有机合成中，CO_2由于其临界温度和临界压力较低、具有能溶解脂溶性反应物和产物、无毒、阻燃、价廉易得、可循环使用等优点而迅速成为最常用的超临界流体。

近年来在超临界流体（SCFs）基础上发展起来的一类新的、用途广泛的环境友好溶剂——气体膨胀液体（Gas Expanded Liquids，GXLs）被广泛研究。GXLs集有机溶剂和超临界流体于一体：提供了高溶解度相（液相）、高反应速率相（气相或者超临界相）。在过程分离、微细颗粒沉积、促进聚合物处理以及作为催化反应的介质等方面，GXLs 作为最理想溶剂已逐步得到认可。

2.5.3.3 水

水是地球上最丰富的一种天然资源。水是安全的且不会造成任何危害，被认为是友好的“通用溶剂”。用水来代替有机溶剂是一条可行的途径，因此人们一直在努力开发用水代替传统溶剂的方法。通过疏水效应可使一些合成反应不仅可以在水相中进行，而且还具有很高的选择性。最为典型的例子是环戊二烯与甲基乙烯酮发生的 D-A 环加成反应，在水中进行较之在异辛烷中进行速率快 700 倍。因为很多有机化合物在水中不溶解，使得分离变得容易。同传统的溶剂相比，用水作溶剂不会增加废物流的浓度。另外，超临界水反应的研究也十分活跃。

2.5.3.4 固定化溶剂

有机挥发性溶剂对人类健康与环境的影响主要来自其挥发性，目前正在研究的解决方法之一为固定化溶剂方法。实现溶剂固定化的方法有多种，但目标是一致的，即保持一种材料的溶解能力而使其不挥发，并将其危害性不暴露于人类和环境。常用的方法有将溶剂分子固定到固体载体上；直接将溶剂分子建在聚合物的主链上。另外，还有本身有良好的溶解性能且无害的新聚合物也可作为溶剂。

2.5.3.5 离子液体

离子液体是在室温或室温附近温度下呈液态的有离子组成的物质。与传统的有机溶剂（VOC）、水、超临界流体等相比，许多种新的离子液体不挥发，其蒸气压为零，在较高温度下也不挥发；以液态存在的温度范围宽，不燃、不爆炸、不氧化，具有高的热稳定性，是许多有机、无机物的优良溶剂；其黏度低、热容大，有的对水、对空气均稳定，故易于处理；制造较为容易，不太昂贵；品种有数百种乃至更多，因此被认为是理想的绿色高效溶剂。离子液体可为化学反应提供新的反应环境，因此广泛应用于化学反应和分离过程。

近几年，一种新型离子液体——开关型离子液体受到关注。开关型离子液体在受到外界刺激后，可在分子液体和离子液体之间可逆转化，体系的性质相应地发生变化，如由非极性变为极性、由疏水性变为亲水性等。

2.5.3.6 全氟烃溶剂

全氟碳化合物（perfluorocarbon，PFC）是指仅含C、F（全氟烃）或C、F、O（全氟醚）以及C、F、N（全氟胺）原子的饱和有机物。PFC具有独特的化学惰性、热稳定性和不可燃性，并且无毒无害，是一种良好的非极性反应介质。高强度的C—F键和特殊的电荷分布导致PFC的化学惰性和热稳定性，使之可作为惰性溶剂用于化学反应。PFC 的分子间作用力低，与一般的溶剂（水、甲苯、THF、丙酮和乙醇等）的分子间作用力有显著的不同，因此，常温下，PFC与大多数有机溶剂或水几乎完全不溶，可形成氟两相体系（Fluorous Biphase System，FBS），但是随着温度的升高，非氟溶剂在PFC中的溶解度急剧上升。某些氟两相体系在升温时转化为均相体系。氟两相体系是一种新的相分离和固定技术，氟两相催化体系在较高温度时可以互溶成单一相从而为化学反应提供优良的均相反应条件，降低温度体系又可恢复为两相，只需要简单的相分离即可实现反应产物的分离、提纯和催化剂的再生。

2.6 提高能源效率的设计

2.6.1 化学工业中使用的能量

化学原料的获取、化学反应的发生、反应产物的分离和纯化等各个环节均伴随着能量的产生和消耗。化学工业是能量使用和消耗的大户，为提高能量效率，应通过设计，使化学反应在环境温度和压力下进行。

（1）化学反应中的能量需求

化学反应通常是原料和试剂一起在溶剂中加热回流，直到反应完全。但一个反应到底需要多少热能或其他能量却没有分析过。

对于一个需要加入外界能量才能发生的反应，往往需要加入一定的热量用以克服其活化能。这类反应可以通过选择合适的催化剂来降低反应活化能，从而降低反应发生所需的初始热量。若反应是吸热的，则反应开始后需要持续加入热量以使反应进行得完全。相反，若反应是放热的，则需要冷却以移出热量来控制反应。在化工生产中有时也需要降低反应速度以防止反应失控而发生事故。无论加热还是冷却，均需要较大的费用并对环境产生影响。

（2）分离过程中的能量需求

化工过程中的把杂质从产品中分离出去的分离、纯化步骤是一个相当消耗能量的步骤。通常净化与分离可通过精馏、萃取、重结晶、超滤等操作实现，但均需要大量的能量。

过程工程师必须在化学过程的设计中充分考虑能量的节约与最佳利用，要考虑能量的需求因素以让化学过程更为有效。化学工业节能的一个重要方法是通过优化过程设计，减少分离操作的需要，从而可以大大降低能量需要。

2.6.2 可利用的能量

（1）电能

除了传统的热能外，还有许多形式的能量在化学反应中得到应用。电能是运用的较多的一种。电化学过程是清洁技术的重要组成部分，由于电解一般无需使用危险或有毒试剂，通常在常温常压下进行，在清洁合成中具有独特的魅力。自由基反应是有机合成中一类非常重要的碳—碳键形成反应，实现自由基环化的常规方法是使用过量的三丁基锡。这样的过程不仅原子使用效率低，而且使用和产生有毒的难以除去的锡试剂。这两方面的问题用维生素 B_{12} 催化的电还原方法可完全避免。利用天然、无毒、手性的维生素 B_{12} 为催化剂的电催化反应，可产生自由基类中间体，从而实现在温和中性条件下的自由基环化反应。

（2）光能

光能是潜力最大的一种能源，特别是太阳光，可以说是取之不尽、用之不竭的能源。运用环境友好的光化学反应来替代传统的化学过程，特别是一些需用有毒试剂的化学反应，是近年来绿色化学研究的重要领域之一。

（3）微波

在许多情况下，微波技术显示了极大的优势，微波对物质具有均匀、高效的加热作用，极大地提高了一些反应的反应速率，降低了反应时间，简化了后处理，提高了收率与选择性。而且在固体状态下的微波反应避免了在有溶剂的反应中溶剂所需的额外的热量需求，节省了能量。

（4）超声波

一些反应如环加成、周环反应可采用超声波的能量来催化进行。研究发现超声能对某些类型的转换可以起催化剂的作用。通过超声技术，反应物质的局部环境得到改善以促进化学转换的发生。

2.6.3 优化反应的能量需求

当一个合成路线可行时，化学家往往要去优化它，即提高产率或转化率。而能量的需要却被忽视了，实际上未利用的能量也被认为是一种废物。化学家不仅要对一个反应路线产生的有害物质负责，而且要对反应或生产过程中的能量消耗负责，要把能量作为一个设计参数。设计反应的化学家应广泛并详细地考虑能量是如何使用的，通过对一个反应体系进行调节与优化，从根本上改变其对能量的需求从而使该过程的能耗最低，从而达到合理利用能源的目的。因此，化学家在设计化学过程的各个阶段时均应充分考虑能量的利用效率问题并使能耗最小，如可能的话，应使反应在环境温度和压力下进行。

2.7 使用可再生原料

资源是人类社会赖以生存和发展的基础，是人类生产和生活的源泉，调节着人同自然界物质和能量的交换循环，维系着自然生态系统的平衡。当今，人们所用的大多数有机化学品来源于非可再生资源石油和天然气，还有一些来源于煤炭。现代石油化工企业以石油为原料，得到“三烯、三苯”，即乙烯、丙烯、丁二烯和苯、甲苯、二甲苯，它们作为基本原料被进一步加工成为塑料、化纤、橡胶、有机原料等。由于这些组分均为碳氢化合物，所以被称为“碳氢化合物”时代。由于化石资源的再生周期非常漫长（以亿万年计，实际上是不可再生的），而且在地球上的储量也是有限的，但人类社会发展对自然资源的需求是不断增加的，这就必然产生社会发展和人们生活水平不断提高对自然资源的旺盛需求与自然资源逐渐减少和不足的矛盾，所以从长远来考虑，化石资源不是人类所能长久依赖的理想资源。另外，这些有机化学品使用之后最终又以二氧化碳的形式排放到大气中，而二氧化碳正是引起全球变暖的主要温室气体。

作为人类能够长久依赖的资源，它必须储量丰富，最好是可再生的，而且它的利用不会引起环境污染。基于这一原则，可再生资源将是人类未来的理想选择。生物质资源是主要的可再生资源，所谓生物质（biomass）可理解为由光合作用产生的所有生物有机体的总称，包括木材、农作物、农业废弃物、食物、海藻等。生物质资源不仅储量丰富，而且可再生。自然界产生的生物质每年以约 1 800 亿 t 的速度不断再生，约 75%是糖类形式，20%是木质素，其余的为油脂、蛋白质和萜类。目前人类仅仅利用了 4%。据估计，如果能利用年产量的 25%，就能完全形成一个生物经济（bio-based economy），从而不再依赖化石资源。而且，由于生物质来源于 CO_2（光合作用），燃烧后产生 CO_2，不会增加大气中 CO_2 的含量。另外，生物质资源中不含硫，可从根本上消除酸雨，因此生物质与化石资源相比更为清洁。

生物质资源的可持续利用需要创新的化学技术和过程方法，生物炼制是以生物可再生资源为原料生产能源与化工产品的新型工业模式，被认为是创造新的生物基工业的最有发展前景的道路。生物炼制需开发较小能量需求和较少废物产生的技术，目前主要有两种途径：一是热化学加工，即通过热化学方法首先将生物原料加工为中间产物或者直接获得最终的产品；二是生物化学转化，即利用生物技术手段来完成从生物质到产品的生物加工过程，细胞工厂是实现生物化学转化的基础。

热化学加工是通过热裂解、分馏、氧化还原降解、水解和酸解等方法将纤维素、木质素等大分子生物质降解成低分子量的碳氢化合物、可燃气体和液体，直接作为能源或经分离提纯后作为化工原料。生物化学转化法是将生物质降解为葡萄糖等小分子，然后转化为各种化学品。在各种转化过程中酶起到关键作用，比如淀粉和纤维素水解成葡萄糖分别需要在淀粉酶和纤维素酶的作用下才能顺利进行，而葡萄糖的进一步转化依赖的是各种微生物，微生物将其摄入细胞内，在细胞内酶的作用下转化为我们所需要的各种化学产品。

过去 20 年来，由生物质原料制备燃料、化学品和材料取得了很多进展，如由植物油或海藻制造生物柴油，由糖类或木质纤维素制备乙醇和丁醇，由木质素或植物油制备塑料、海绵和热固性材料，甚至由鸡毛制备电子材料等。生物质资源代替石油、天然气等矿物资源将成为不可阻挡的历史潮流，生物质资源必将成为 21 世纪的绿色资源。

2.8 减少衍生物

目前，化学合成特别是有机合成，变得越来越复杂，其要解决的问题也越来越具有挑战性。有时为了使一个特别的反应发生，需要通过进行分子修饰或产生所需物质的衍生物来辅助实现。

（1）保护基团

在有机合成中经常遇到的问题是，对于含有多个官能团的化合物，除特定部位或基团发生预期反应外，还常常导致其他部位或基团发生变化。为此常常有必要把一些敏感官能团保护起来，防止其发生不希望的反应，否则会危害其功效。一个典型的例子是通过产生苄基来保护醇的羟基，以使分子的另一部分发生氧化反应或其他反应，这时醇羟基不发生变化。反应完成后，通过苄基醚键的断裂，可较容易地重新生成醇。这种形式的衍生在精细化学品、制药、农药及一些染料的合成中广泛地使用。很显然，在上面的例子中，苄基氯被用来生成衍生物质，然而在去保护时其便成为废物。苄基氯的毒性很大，需要进行处理。该方法需要增加两个额外的工艺步骤，不仅消耗了额外的试剂，而且还产生需要处理的废物，应在一切可能的条件下，尽量避免使用保护基团的方法。如抗生素中间体6-氨基青霉烷酸（6-aminopenicillanic acid）的制备，采用生物转化方法，去掉了传统工艺中的基团保护步骤，使制备工艺由三步变为一步。传统工艺中通过硅烷化来保护青霉素G的羰基，还需要二甲基苯胺来去除硅烷化步骤中产生的HCl；在生物催化工艺中，使用固定化青霉素酰化酶，直接脱去青霉素G的酰基。生物催化工艺带来的益处：①用水作溶剂，避免了传统工艺中的二氯甲烷的使用；②反应在30℃条件下进行，而传统工艺中的基团保护步骤需在−50℃条件下进行，新工艺节约了能源；③新工艺不再使用PCl_5，增加了安全性。具体过程如下：

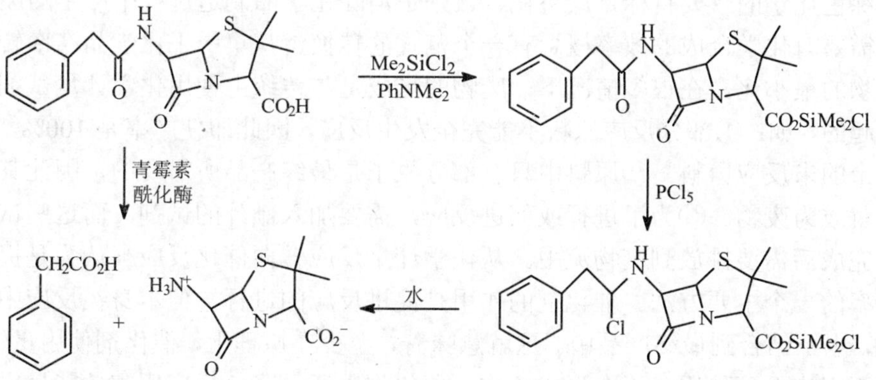

（2）暂时改性

通常为了某种加工需要，要改变某些物质的物理或化学性质。如有时要对黏度、蒸汽压、极性及水溶解度等进行暂时的改性以易于加工；或暂时把一种化合物转化成它的盐以便于分离。同保护基团法一样，当功能完成后，原始物质可以容易地再生成。显然，在原始材料再生过程中，所加入的辅助材料成了废物。如在聚合物的加工中，为了获得良好的流动性，需要将聚合物溶解于某种溶剂中，而在加工成型后需要通过挥发等方法去除所加入的溶剂，以获得所需的最终聚合物材料。在该过程中，溶剂的使用只是为了加工的需要，其最终成为废物。这不仅消耗了资源，也对人类健康与环境造成危害。

（3）加入功能团提高反应选择性

在设计一个合成方法时，化学家总是追求高选择性。当一个分子中存在几个反应位置时，必须适当地设计合成方法以使反应发生在所需要的位置。实现这种目标的方法之一是先使这个位置引入一个易于同反应物反应的衍生基团，而该基团又能容易地离开。这样反应就可以优先发生在所要求的位置，提高了反应的选择性。显而易见，这种方法需要消耗试剂来产生衍生物，而该试剂最终成为废物。

综上所述，衍生步骤不仅消耗资源和能量，而且必然产生废物。有时所需的试剂或所产生的废物具有较大的毒性，还需要特殊处理，如有可能避免使用保护基团或任何暂时改性。因此，在设计化学过程时应综合考虑反应体系中的各种化学反应，最大限度地避免衍生步骤，减少衍生物，以降低原料的消耗，满足化学过程的绿色化要求。

2.9 催化

绿色化学的首要目标是最小化、最好是消除化学品制造过程中产生的废物，这就需要对化学合成的效率概念有一个范式的转换，从集中于化学品产率转向兼顾废物的最小化。在很多情况下，废物的形成是与传统上使用化学计量试剂联系在一起的，如：①部分反应原料不能完全发生反应，因此即使产率是100%，也还有剩余的未反应原料。②原料中只有部分原子是最终产品所需要的，因此其他的部分就成为废物。③为了进行或促进反应，需要加入额外的试剂，而这些试剂在反应完成后需要排放到废物流中。从化学计量反应转向催化反应被认为是提高合成效率的一个主要方法。催化剂的作用是促进反应的进行，但本身在反应中不被消耗，也不结合到最终产品中。这就意味着，至少在原理上，催化剂使用量较小，且可无限次循环使用，不会形成废物。催化作用通过降低反应所需的能量需求、避免使用化学计量试剂、增强产物选择性等提高反应的效率，这意味着反应需要较少的能量、较少的原料，产生较少的废物，催化是绿色化学的一个核心理念。例如，采用 DIBAL-H（二异丁基氢化铝）作为有机负氢给体进行加氢还原反应是有机化学家使用的非常完善的程序，但因为使用化学计量还原试剂，产生了大量的废物。转换为催化加氢，如 Ru-BINAP[（1,1′-联萘）-2,2′-二基双（二苯膦）钌络合物]为催化剂的不对称催化加氢，不再使用化学计量试剂，结果是减少了原料的需求和废物的产生。反应式如下：

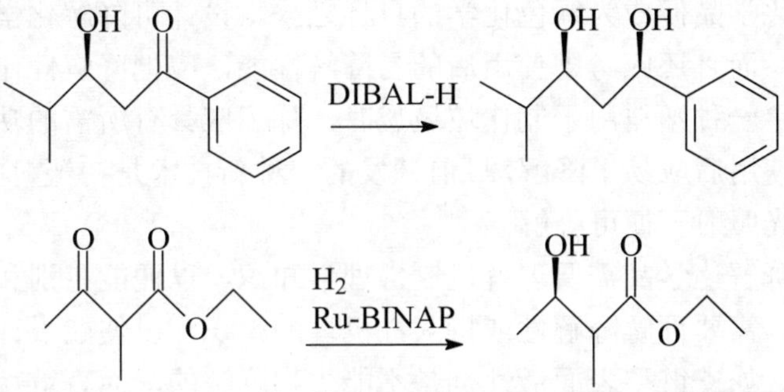

DIBAL-H

H_2
Ru-BINAP

催化作用分为 4 类：多相催化、均相催化、有机催化和生物催化。选择合适的、环境友好的催化剂，则可以开发新的合成路线，缩短反应步骤，提高原子经济性。开发高效的催化系统是目前绿色化学中最活跃的研究领域。

生物催化是依靠天然酶或修饰酶的仿生方法，具有更强的反应、区域和立体选择性。生物催化的反应条件是相当温和的，可在环境温度、压力下实现水相转化。生物催化也被期望在由基于不可再生的化石资源的化学工业转向利用可再生生物质作为原料的更可持续的生物经济（bio-based economy）的进程中发挥重要的作用。

2.10 可降解设计

设计使用后可降解为无害物质的化学品，使它们不会在环境中累积，目的也是降低产生危害的风险。风险是危害性与暴露的函数，降解可以消除大量的暴露，因此也就最小化了风险。

由于以往在化学品的设计中没有或很少考虑其使用后的处理及其对人类健康与环境可能产生的影响，造成目前使用的许多化学品难以降解。如塑料购物袋的平均使用寿命为 20 min，但是在环境条件下需要 1 000 年才能降解。再如持久性化学品（persistent chemicals），持久性化学品是指能持久存在于环境中、通过生物食物链（网）累积、并对人类健康造成有害影响的化学品。持久性化学品的暴露是非常严重的，由于它们具有挥发性或吸附性等性质，能从水体或土壤中挥发以蒸气形式进入大气环境中或者吸附在大气中的颗粒物上，由于其具持久性，所以能在大气环境中远距离迁移而不会全部被降解；由于它的高脂溶性，其能在活的生物体的脂肪组织中进行生物积累，可通过食物链危害人类健康。如最早被发现有这种作用的是农药 DDT（二氯二苯基三氯乙烷）。

为此，设计开发非持久性化学品，即可生物降解、水解或光解的化学品，来替代持久性化学品便成为绿色化学的目标之一。设计可降解化学品不仅注重产品的使用功能，而且还应考虑使用后的易降解性能，应把降解性作为一个功能加以设计。例如，一种塑料用于制作垃圾袋时，除了应具有所需的功能外，一个重要的性能是其使用后应易于降解，目前开发的一种新技术是在塑料中嵌入光敏材料，使塑料在日光照射下便可降解。

设计可降解化学品需要理解机制毒理学知识，以便能鉴别和消除具有危害性的分子特征；需要理解降解性或持久性机理的知识，以便能设计具有提升降解性的分子特征。如支链型表面活性剂是不能生物降解的，而直链烷基苯磺酸盐便可生物降解。在设计降解性化学品时，还应考虑降解后生成物质的危害性。若降解生成的物质对人类健康、生态环境没有危害性，则这种降解就实现了绿色化学的目的。

2.11 防止污染的实时分析

化学反应过程是动态的，受多种因素影响，如果反应条件发生变化，就有可能改变方向，增加副产物的数量或产生一些有毒有害的其他物质，或者反应不完全，使一些原料变成了废物。工艺参数的实时反馈对一个化学过程的正常运行是非常必要的。目前化工厂都通过近线分析（at-line）、线上分析（on-line）、线内分析（in-line）来检测生产过程，这样的检测能发现一个反应失去控制之前参数的变化，如温度、pH 值等；催化剂的中毒也能被检测到；其他的有害事件在重大事故发生前也可被发现。

化学家在设计化学过程时，为优化操作、稳定生产，最大限度地利用资源和防止废物产生，应采用实时在线分析和控制技术来控制或优化化学过程。合成过程中在线实时检测和控制有很多好处：能及早发现有害副产物的形成，通过调整工艺参数降低或消除这些物质的生成，减少了废物产生；通过控制系统自动修正发生变化的工艺条件，能确保在最优条件下运行；能确保反应平稳进行，减少产品质量的变化，降低或消除不合格产品的数量，否则就需要额外的分离纯化。

过程分析技术（Process Analytical Technology，PAT）是一种新兴的分析技术手段，它是使用一系列的工具，设计、分析及控制生产过程，以保证产品的质量和生产过程的可靠性，提高工作效率。具体来说就是运用物理、化学或生物的方法，得到被测对象的量化信息，通过自动控制手段和设备，依据生产过程中的周期性检测、关键质量参数的控制，使生产稳定、优化，以达到提高质量、节省资源、降低能耗的目的。运用 PAT 制定一整套的设计、分析和控制原则，通过评定原料和生产过程中材料的质量，以保证最终产品的质量。另外，PAT 工具对改善生产过程安全也是非常重要的，它使用在线分析进行实时的在线测量，能确保反应在指定的范围内进行，也就保证了过程安全。同时，PAT 工具的使用能使取样最小化，使工人的危害暴露也最小化，防止与毒性物质接触的事故发生。

PAT 工具既可用在实验室里，也可用在生产上，其实验室的应用注重于设计出有质量保证的工艺过程，而生产上的使用主要是监测与控制工艺过程。

2.12 事故预防的本质友好化学

事故是人（个人或集体）在为实现某种意图而进行的活动过程中，突然发生的、违反人的意志的、迫使活动暂时或永久停止，或迫使之前存续的状态发生暂时或永久性改变的事件。一个事故发生的风险性决定于事故发生的可能性和事故后果，用数学表达式表示为：事故风险 = 可能性×后果。因此为防止事故发生，可利用两种途径：一是降低发生事故的可能性，二是最小化事故后果的严重程度。

化学品事故是指在化学品生产和使用过程中由化学品造成人员或环境急性或慢性危害的意外事故，包括泄漏事故、火灾事故、爆炸事故等。由于化学工艺涉及易燃易爆或有毒的原料、中间体和产品，在生产过程中会发生物理和化学反应，加之化工生产的规模不断扩大、生产设备越来越大型化、生产工艺流程越来越复杂，增加了发生事故的可能性以及事故后果的严重程度。为了预防事故，首先辨识和评价化学品和化学过程的危害性，包括物理危害、健康危害和环境危害等，针对辨识出的危害，在设计化学品和化学过程时就要处理好各种类型的危害问题，所以绿色化学的这条原则也被称为“安全原则”。

所谓安全就是使各种危害因素始终处于受控状态，达到可接受的风险水平。一般来说，化学过程安全策略可以归为四类，包括本质安全（inherent）、被动安全（passive）、主动安全（active）和程序安全（procedural）等，前三个为工程控制，最后一个为管理控制。这四类策略按降序排列：①本质安全：通过采用没有危害或危害性非常小的物料和工艺条件，将危害性消除或大大减少到忽略不计的安全水平；②被动安全：通过设计生产过程或设备自身具有降低事故概率或后果的特性，使危害最小化，任何装置均不需要主动安全装置；③主动安全：采用过程控制系统、安全联锁系统、自动喷淋灭火系统等，这些系统在检测到危险状态时，能采取适当的动作，以便防止事故发生或最小化后果；④程序安全：采用标准操作程序、安全规程和程序、操作培训、应急响应程序和管理系统等安全管理方法，防止事故发生或降低事故影响。

当某产品或过程是本质安全的，安全性是内置于产品或过程中，而不是附加上去的，危害是被消除，而不是被控制。本质安全设计主要是依靠化学物质的基本物理和化学特征，即化学品的数量、性质和操作条件等来预防事故的发生。设计本质安全过程的策略包括：①替代（substitute）：如果有较小危害的材料是可用的，它应该被考虑使用，替代危害较大的材料。如水性乳胶漆消除了溶剂型涂料的火灾、毒性和环境危害。②最小化（minimize）：只要可能，就应减少危害材料的用量或减小在危险条件（如高温、高压）下操作的设备尺寸。如使用几千克规模连续管式反应器代替几吨规模的大型间歇反应器制备硝化甘油；使用环流反应器减小许多工艺（如聚合、乙氧基化、氯化等）的反应器尺寸。③减弱（moderate）：采用较低危险的操作条件、较小危险的材料形态等。如可燃性固体可加工成小球来代替细粉，降低了粉尘爆炸危害；在进行中和反应时，使用氨水替换液氨，能降低外部风险。④简化（simplify）：通过消除不必要的复杂性，使过程变得更容易操作，减少失误。如简化混乱的控制系统布局、设备开关和设备标识等，可降低操作失误的可能性。

本质安全设计是预防化学品和过程事故的根本方法，目标是设法消除或降低化学过程的危害因素。危险源的辨识、评价和控制是实现本质安全设计的科学方法。消除人的不安全行为和物的不安全状态是本质安全设计各阶段的最高目标。

3 绿色催化剂

一个化学反应要在工业上实现，基本要求是该反应要以一定的速率进行。也就是说要求在单位时间内能够获得足够数量的产品。通过动力学研究知道，提高反应速率可以有多种手段，如采用加热的方法、光化学的方法、电化学方法和辐射化学法等。加热的方法往往缺乏足够的化学选择性，其他的光、电、辐射等方法作为工业装置使用往往需要额外的能量。应用催化的方法，既能提高反应速率，又能对反应方向进行控制，而且原则上催化剂是不消耗的。因此，应用催化剂是提高反应速率和控制反应方向较为有效的方法，而对催化作用和催化剂的研究应用，也是绿色化学研究的主要内容之一。

3.1 催化剂的作用

在现代化工生产中，催化剂起到了巨大的作用，提高了工业生产的效率，催化剂的研究和使用是当今世界化学研究的热点。据统计，目前有 80%以上的化工产品生产过程中都用到了催化剂。第一，催化剂的使用降低了工业生产的成本。一方面，催化剂的使用使工业生产中的化学反应更为充分，降低了工业生产的原料损耗，提高了生产效率。另一方面，催化剂加快了化学反应的速率，提高了单位时间内工业生产的生产量，使企业在同一时间内生产了更多的产品，节约了生产消耗，为企业赢得了更多的利益。此外，一些催化剂的应用简化了所需产品的加工工艺，使人类通过廉价的手段提取了高效益的能源、产品，创造了极大的社会效益。第二，催化剂的使用提高了企业的生产能力。如在工业合成氨的过程中，使用催化剂使合成氨的化学反应速率提升了上万亿倍，大大地提高了企业的生产能力，为企业创造了更多的经济价值和社会效益。第三，催化剂能控制化学反应生成的产物，如在乙烯与氧气的反应中，使用 $PdCl_2$-$CuCl_2$ 做催化剂可以生成乙醛；而使用银作催化剂则会生成环氧乙烷。因此，生产中可以通过催化剂控制化学反应的生成产物，获取生产所想要得到的新物质。此外，对于复杂反应，催化剂可以有效地加快主反应的反应速率，对副反应起到一定的抑制作用，提高了生产中所需产物的收率。第四，催化剂改善了化学反应的条件，如一些化学反应本身要在高温下才能确保反应和反应速率，加入催化剂后可在常温下进行反应并确保反应的速率；又如一些反应对设备的腐蚀性严重，采用催化剂后可改变发生的化学反应，降低了反应过程中对设备的腐蚀，并确保了生产的顺利进行。可见催化剂的这一作用能有效改善企业化工生产中对生产设备的要求，降低了生产条件，为企业赢得了更多的利益。第五，催化剂的使用使更多的化学反应得以实现，拓展了工业生产中化学反应的原料来源，为企业的生产发掘出更多的资源。第六，催化剂抑制了一些化工生产中危害物品的生成，降低了化学反应对环境的污染。

3.2 传统催化剂的缺点与危害

催化剂广泛地应用于现代化学工业，许多熟知的工业反应如氮氢合成氨、SO_2氧化制SO_3、氨氧化制硝酸、尿素的合成、合成橡胶、高分子的聚合反应等，都是采用催化剂的。但是，在催化剂使用过程中也不可避免地出现了令人触目惊心的问题，造成了一系列环境污染事件。如1953年，在日本九州岛熊本县发生的水俣病事件，源自于汞催化剂污染，给人们以沉痛教训。再如在烷基化、酯化、水合、酰化、烃类异构化反应中一般使用氢氟酸、硫酸、三氯化铝等液体酸催化剂，这些液体催化剂为我们的化学合成做出了巨大贡献，生产了很多有用的化工产品，丰富了人们的生活。但它们的共同缺点是：在工艺上难以实现连续生产，催化剂不易与原料和产物相分离，对设备的腐蚀严重、对人身危害以及污染环境等。其原因是：①硫酸具有强腐蚀性、脱水性、氧化性；废液处理令人头痛，用氨水中和制硫酸铵蒸发浓缩过程能耗高；石灰中和生成石膏是一种浪费。②氢氟酸是剧毒、强腐蚀性和脱水性物质，局部的腐蚀作用表现为剧烈的疼痛、红肿、水泡、坏死、化脓、指甲脱落或永久变形。作用于眼睛，可引起角膜、结膜发炎、溃疡乃至失明；吸入体内腐蚀骨骼、造血神经系统、牙齿、皮肤、黏膜等，全身症状主要为低血钙、低血镁、高血钾引起的心慌、抽搐、昏迷等症状；吞服还有消化道腐蚀的症状，如口腔溃疡、吐血、吞咽困难、腹痛等。并可能出现胃肠穿孔及腹膜炎等并发症。③氯化铝也具有强腐蚀性，常与氯化氢联合使用，使腐蚀性进一步加重，且必须在无水条件下操作，同时还存在分离难，不易循环使用，废物排放多的缺点。

随着化学化工绿色化的理念深入人心，解决传统催化剂的危害问题迫在眉睫，经过人们的不懈努力，目前已经在催化剂的绿色化方面取得了巨大成绩。

本章简要介绍沸石分子筛、杂多酸化合物、全氟磺酸树脂和生物催化剂等绿色催化剂的种类、性质、结构特点以及在绿色化学合成中的应用。

3.3 分子筛

3.3.1 分子筛发展简介

1954年，第一次人工合成沸石分子筛催化剂并作为吸附剂而商品化。20世纪50年代以后，又先后合成了A型、X型和Y型分子筛。随着人们对分子筛催化剂的研究不断加深，美国联合碳化学公司（UCC）开发出合成沸石分子筛。继而，美国Mobil公司研究人员开发出ZSM（Zeolites Socony Mobil）系列高硅铝比沸石分子筛催化剂，并形成工业化规模生产。1960年，Sand合成了Zeolon分子筛。60年代后期至70年代初期，Mobil公司积极开发高硅分子筛，合成了beta、ZSM系列高硅分子筛，硅铝比达到20～100，其中ZSM-5型分子筛作为催化剂，以甲醇为原料合成汽油所得科研成果引起国际上高度评价。1977年，Flanigen等在不加铝原料的条件下，合成了全硅型分子筛“Silicalite”。1978年，又通过添加氟离子合成“Fluocilde-Silicalite”分子筛，具有很强的疏水性。1979年，Bibby用NH_4OH和四丁基氢氧化铵合成了晶型结构类似ZSM-11的分子筛“Silicalite-2”。由于人们对分子筛无机微孔材料不断提出新的性能和结构要求，在分子筛的研究和开发上取得了不少成果。1982年，UCC的Wilson和Flanigen等首次合成20余种$AlPO_4$和SAPO分子筛，从而打破了沸石分子筛由硅氧四面体和铝氧四面体组成的传统观念，同时尝试在水热条件下制备含Fe、Cr、Ti等杂原子的分子筛。同年在国际沸石分子筛会议上，Flanigen提出制备多元多组分金属磷酸盐分子筛的设想，但还是停留在TiO_4四面体晶体结构的基础上。1992年，美国Mobil公司发现了M41S介孔分子筛。目前，人们为了改善分子筛的性能，向分子筛中加入Ti、Fe、Mn、Sn等金属或稀土元素成为研究热点。

3.3.2 分子筛的性能

一切固体物质的表面都有吸附作用，只有多孔物质或具有很大表面积的物质，才有明显的吸附效应，才是良好的吸附剂。常用的固体吸附剂如活性炭、硅胶、活性氧化铝和分子筛等都有很大的表面积。其中沸石分子筛在吸附分离方面有十分重要的地位，它除了有很高的吸附量外，还有独特的择型选择吸附性能。这是由于它具有规整的微孔结构，这些均匀排列的孔道和尺寸固定的孔径，决定了能进入沸石分子筛内部的分子的大小。

3.3.2.1 选择性吸附

（1）分子筛的孔结构决定了只有那些直径比较小的分子才能通过沸石孔道而被分子筛吸附，而构型庞大的分子则由于不能进入沸石孔穴而不能被分子筛吸附。

（2）分子筛阳离子和带负电荷的硅铝骨架本身就是一种极性物质，因此分子筛也可以根据分子的极性、不饱和度及极化率进行吸附。对于非极性分子，随着极化率的增大，分子筛的吸附量增大。而硅胶和活性炭对不饱和分子没有选择性吸附作用。

3.3.2.2 分子筛的高效吸附性能

沸石分子筛对 H_2O、NH_3、CO_2 等极性分子有很高的亲和力。而且，在低蒸汽压下，分子筛有显著的吸附能力。分子筛是唯一可用的高温吸附剂，在高于200℃的高温下，分子筛仍具有一定的吸附能力，而此时活性氧化铝和硅胶已没有任何吸附作用。

3.3.2.3 分子筛的离子交换性能

分子筛在人工合成时，通常为钠型。但是，钠型的分子筛性能不太好。为了改善分子筛的性能，采用离子交换法，用其他阳离子代替钠离子。通过这种离子交换，大大改变了分子筛的性能，并使分子筛成为广泛应用的催化剂。分子筛的阳离子交换一般在水溶液中进行。

3.3.2.4 分子筛的催化性能

分子筛晶体具有均匀的孔结构，很大的表面积，且表面极性很高，分子筛骨架结构的稳定性也很高。这些结构性质，使分子筛不仅成为优良的吸附剂，而且成为良好的催化剂和催化载体。在沸石分子筛结构内部进行催化反应，始于20世纪50年代后期Mobil公司的实验室，该发现标志着分子筛研究的开端。由于分子筛结构中有均匀的小内孔，催化剂反应的选择性常取决于分子与孔径的大小，这种选择性称为择形催化选择性。择形选择催化共有四种不同的形式：

（1）反应物的择形催化。反应混合物中的某些能反应的分子，只有直径小于内孔径的分子才能进入内孔，在催化剂部位进行催化反应。反应物的择形催化在炼油工业中已获得多方面的应用，如油品分子筛脱蜡、重油加氢裂化等。

（2）产物的择形催化。产物混合物中的某些分子过大，难以从分子筛催化剂的内孔中扩散出来，这些未扩散出来的大分子或者异构成线度较小的异构体扩散出来，或者裂解成较小的分子，乃至不断地裂解、脱氢，最终以炭的形式沉积于孔内和孔口，导致催化剂失活。

（3）过渡状态限制的择形催化。某些反应需要比较大的空间，才能形成相应的过渡状态，这就构成了限制过渡态的择形催化。ZSM-5 催化剂常用这种过渡态选择性的催化反应，如可以用它催化的低分子烃类的异构化反应、裂化反应、二甲苯的烷基转移反应等。ZSM-5 催化剂可以阻止结焦，具有比其他分子筛或无定形催化剂更长的寿命，这对工业生产十分有利。

（4）分子交通控制的择形催化。在具有两种不同形状和大小的孔道分子筛中，反应物分子可以很容易地通过一种孔道进入催化剂的活性部位，进行催化反应，而产物分子则从另一孔道扩散出去，尽可能减少逆扩散，从而增大反应速率。择形选择性催化的最大实用价值，在于利用其表征孔结构的不同。这种催化在炼油工艺和石油化工中也有广泛的应用。

3.3.3 分子筛种类简介

3.3.3.1 沸石分子筛

沸石分子筛是一种结晶型硅铝酸盐，具有均匀的孔隙结构。分子筛结构中含有大量的结晶水，在加热的过程中，由于失去结晶水而形成许多大小不同的空腔，空腔之间又有许多直径相同的微孔相通，形成均匀的直径为分子大小的孔道。因此，能将直径比孔大的分子排斥在外，从而实现筛分分子的作用，分子筛就由此得名。目前已发现的天然沸石有 40 多种，人工合成的多达一两百种。沸石的最基本的结构为硅氧四面体和铝氧四面体。按照分子筛中硅铝比的不同，可以分为 A 型（1.5～2）、X 型（2.1～3.0）、Y 型（3.1～6.0）、丝光沸石（9～11）、ZSM-5 等。分子筛中硅铝的不同，使得其结构不同，而分子筛的结构决定性质。不同硅铝比的分子筛，其耐酸性和热稳定性不同，一般来说，硅铝比越大，其耐酸性和热稳定性越好。分子筛属于酸性催化剂，硅铝比的不同，其分子筛表面的酸性不同，直接影响其催化活性。

沸石分子筛是由 SiO_4 或 AlO_4 四面体连接成的三维骨架所构成。Al 或 Si 原子位于每一个四面体的中心，相邻的四面体通过顶角氧原子相连，这样得到的骨架包含了孔、通道、空笼或互通空洞。

沸石分子筛可用下列通式表示：

$$M_{x/n}[(AlO_2)_x(SiO_2)_y]\cdot zH_2O$$

式中，M 是金属离子，n 是 M 的价数，x/n 为金属离子 M 的摩尔数，x 是 AlO_2

的摩尔数，y 是 SiO_2 摩尔数，z 是水分子摩尔数。方括号中的为晶胞单元。化合价为 n 的金属离子的存在是为了保持体系的电中性，因为在晶格中每个 AlO_4 四面体带有一个负电荷。

分子筛间的区别是化学组成的不同，如经验式中的 M 可为 Na、K、Li、Na、Mg 等金属离子，也可以是有机胺或复合离子。化学组成的一个重要区别是硅铝摩尔数比的不同。例如，沸石 A、沸石 X、沸石 Y 和丝光沸石的硅铝比分别为 1.5～2、2.1～3.0、3.1～6.0 和 9～11。当式中的 x 数值不同时，分子筛的抗酸性、热稳定性以及催化活性等都不相同，一般 x 的数值越大，耐酸性和热稳定性越高。但各种分子筛最根本的区别是晶体结构的不同，因而不同的分子筛表现出不同的性质。

分子筛最基本的结构单位是硅氧和铝氧四面体。因为硅是+4 价、氧是−2 价，故 SiO_4 四面体在平面上的表示如图 3-1（a）所示。实际上，硅原子的四个化学键在空间互成一定角度，故可用立体图表示，如图 3-l（b）所示。图 3-1（b）中，黑点表示 Si 原子，周围的大圆圈表示氧原子，显示了氧的原子体积比硅大。由于每个氧原子为相邻两个四面体共用（称氧桥），因此，硅和氧的化合价都得到满足。四面体间通过氧桥相互连接，便构成链状、层状及三维的立体骨架。

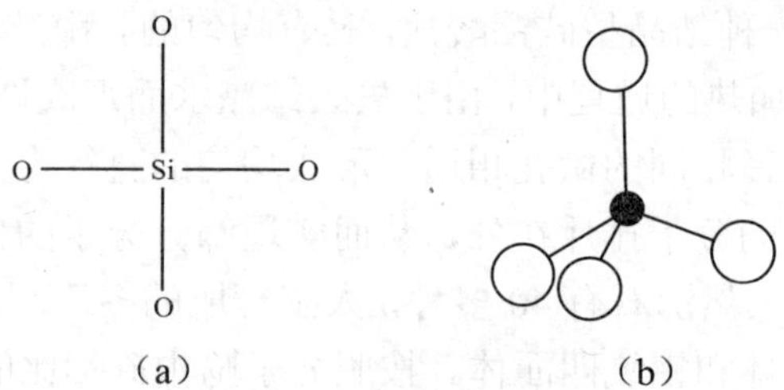

图 3-1　硅氧四面体

在 AlO_4 四面体中，因为铝是+3 价，故四面体带有负电荷。四面体中的硅和铝原子，通常用 T 表示。T—O 和 O—O 间的距离是各不相等的：Si—O＝1.61Å，A1—O＝1.75Å，O_{Si}—O_{Si}＝2.63Å，O_{Al}—O_{Al}＝2.86Å。

3.3.3.2　TS 分子筛

1982年，Whittam等合成了用As、Cr、B、Fe、Ga、Mo、V等杂原子部分或全部置换铝而构成骨架的分子筛。1983年，Taramasso等首次合成出Ti-SiZSM-5（TS-l）分子筛。1990年，Reddy等通过改变模板剂来调节分子筛孔道结构，制得Ti-Si ZSM-11（TS-2）分子筛。TS-2与TS-1具有相似的合成方法、结构单元和催化性能。此后，学术界就用TS（Titanium Silicalites）代表骨架中含有钛原子的杂原子分子筛。钛硅分子筛的开发和应用使分子筛的应用领域由酸催化作用扩展到催化氧化过程。TS-1是研究最多且较彻底的一类钛硅分子筛。TS-1能催化低浓度双氧水进行很多选择性氧化反应，如烯烃的环氧化、苯酚羟基化、苯羟基化、环己酮氨氧化等反应，其中苯酚羟基化制苯二酚及环己酮氨氧化制环己酮肟已有工业化生产。

3.3.3.3 SAPO 分子筛

磷酸硅铝分子筛（SAPO-*n*）是由SiO_2、AlO_2^-、PO_2^+三种四面体单元构成的微孔型晶体，*n*代表不同的晶体结构。SAPO系列的结构种类很多，根据孔径大小划分有大孔径结构（如SAPO-5）、中等孔径结构（如SAPO-11）、小孔径结构（如SAPO-34）和极小孔径结构（如SAPO-20）等。适宜孔结构的SAPO具有优异的择形选择性。SAPO有阳离子交换能力和微弱、温和可调的酸性，它们的物化性质不仅类似于硅铝沸石，在某种程度上又具有铝磷酸盐分子筛的特性，可在硅铝沸石和铝磷酸盐分子筛应用的范围内使用。作为催化剂，SAPO可用于许多的烃类转化反应中，如裂解、氢化裂解、芳香族化合物的烷基化和异构化、支链烷烃的烷基化和异构化、聚合、重整、加氢、脱氢、烷基转移反应、脱烷基反应、水合作用等；作为吸附剂，SAPO既可以根据分子大小的不同来分离混合物，也可以根据分子极性的不同来分离它们。小孔径结构的SAPO分子筛（如SAPO-34）择形选择性很高，同时具有突出的热稳定性和湿热稳定性，使得它的应用前景很广泛。一方面，它有望用于甲醇转化制低碳烯烃过程（MTO）。由于它的孔径大小约为0.43 nm，仅对C_1～C_4的烃类具有择形选择性，使用它作为催化剂可使得甲醇转化的绝大部分产物是低碳烯烃，无芳香族化合物和支链异构物生成，提高了MTO过程的转化率和产率。另一方面，它有望作为汽车尾气净化催化剂的载体。目前汽车尾气净化催化剂研究最多的是Cu-ZSM-5体系，虽然它的活性较高，既可以用于NO_x的直接分解，又可以用于NO_x由烃类的还原，但这一体系对高温下水蒸气的存在非常敏感，极易失活，使得难以工业化应用。而SAPO具有很好的热稳定性和耐湿热稳定性，特别是SAPO-34，在1 000℃的高温下其晶体结构、比表面积和吸附性能基本没有变化，并且大量水蒸气的存在不改变它的吸附表面积，因此，这种具有适宜孔结构、温和酸性、耐湿热结构稳定性好、吸水性好的SAPO-34有望作为汽车尾气净化催化剂的载体。

3.3.3.4 ZSM-5 分子筛

ZSM-5 分子筛是由美国 Mobile 公司于 1972 年首先开发出的一种高硅三维交叉直通道的新结构沸石分子筛。该沸石分子筛亲油疏水，热和水热稳定性高，大多数的孔径为 0.55 nm 左右，属于中孔沸石。由于其独特的孔结构不仅为择形催化提供了空间限制作用，而且为反应物和产物提供了丰富的进出通道，也为制备高选择性、高活性、抗积炭失活性能强的工业催化剂提供了晶体结构基础。由此，其成为了石油工业中择形反应中最重要的催化材料之一。不仅如此，ZSM-5分子筛在精细化工和环境保护等领域中也得到了广泛的应用。

ZSM-5分子筛的晶体结构由硅（铝）氧四面体构成。硅（铝）氧四面体通过公用顶点氧桥形成五元硅（铝）环，8个这样的五元环组成ZSM-5分子筛的基本结构单元。ZSM-5分子筛的孔道结构由截面呈椭圆形的直筒形孔道（孔道尺寸为0.54 nm×0.56 nm）和截面近似为圆形的Z字型孔道（孔道尺寸为0.52 nm×0.58 nm）交叉组成，如图3-2所示。两种通道交叉处的尺寸为0.9 nm，这可能是ZSM-5催化活性及其强酸位集中处。

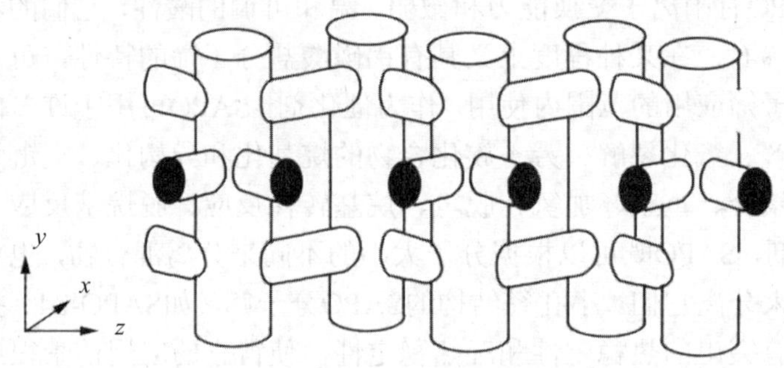

图 3-2 ZSM-5 分子筛孔道结构示意

ZSM-5分子筛具有规整的孔道结构、大比表面积、高水热稳定性、良好的离子交换性能以及丰富可调的表面性质，因此，受到人们的广泛关注。

3.3.3.5 MWW 分子筛

1984年，Bayer公司以六亚甲基亚胺（HMI）为模板剂合成出具有新型结构的PSH-3分子筛；1987年，Chevron公司以三甲基金刚烷基氢氧化铵（TMAadOH）为模板剂合成出SSZ-25分子筛；1990年，Mobil公司合成出MCM-22分子筛；1994年，Leonowicz等确定了MCM-22的结构；1997年，国际沸石联合会（IZA）命名该分子筛结构为MWW。MWW结构分子筛主要有PSH-3、SSZ-25、MCM-22、ERB-1、ITQ-1、MCM-36、MCM-49、ITQ-2和MCM-56等。

不同成员之间的主要区别是层间距离和结合程度不同。其中，PSH-3、SSZ-25、MCM-22、硼硅分子筛ERB-1、ITQ-1和MCM-49层间以氧桥相连，结合紧密，不能在膨胀剂的作用下改变层间距离；MCM-22层间结合较弱，在膨胀剂的作用下可以改变层间距离，因此，可以用作制备层柱型分子筛MCM-36的原料；而MCM-56则是一种具有MWW单层结构的层状分子筛，B酸位暴露比例更高。ITQ-2是纯硅MCM-22；ITQ-1是利用超声分离得到的一种MCM-22。

MWW结构拥有两个相互独立的十元氧环孔道，其中一个孔道含有十二元氧环的超笼（0.71 nm ×1.81 nm），另一个是层内具有结构为十元环的二维正弦孔道（孔径约为0.40 nm × 0.55 nm）与外界相通，并且在其晶体表面存在一些深度约为0.71 nm的十二元环的杯状孔穴，因此，MWW分子筛同时具备十元环和十二元环的结构特点，在一些催化反应中，不但可以为较大分子过渡态类反应供给空间，而且可以有效防止异化的反应物和产物，对目标产物具备高效的择形性。

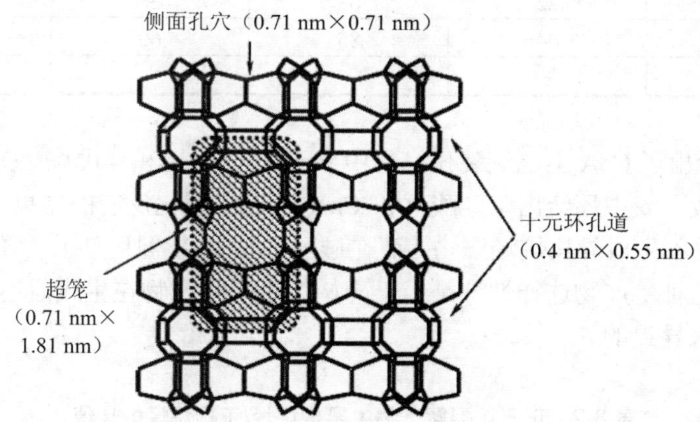

图 3-3　MWW 型分子筛的拓扑结构（h0l 面）

3.3.4　分子筛的催化反应

3.3.4.1　沸石分子筛上的择形反应

由于沸石具有小而均一的孔道，大多数活性中心都位于这些孔道内部。因此，催化反应的选择性常常取决于参加反应的分子与孔口的相对大小。沸石的择形催化作用是 1960 年由 Weisz 和 Frilette 首先报道的。在石油和化学工业中，择形催化已在催化裂化和加氢裂解以及芳烃的烷基化方面得到了广泛的应用。

表 3-1 比较了 CaX 和 CaA 对正丁醇和异丁醇的脱水活性。在 CaX 上，这两种醇在 503～533 K 的温度范围内均能迅速发生脱水反应，且异丁醇表现出更高的转化率，这与两种醇都是伯醇、其反应行为应相似这一事实是一致的。CaX 和 CaA 对可自由出入其晶体孔道的正丁醇的催化活性仅有微小的差别。然而，异丁醇却

不能进入 CaA 晶体的孔道内部，所以异丁醇在 CaA 上几乎不发生反应，除非大幅度地提高反应温度。因为催化活性是由反应物的大小决定的，这种形状选择性称为反应物选择性。

表 3-1 伯丁醇在 CaA 和 CaX 上的脱水反应

温度/K	脱水选择性/（质量分数）			
	CaX		CaA	
	正丁醇	异丁醇	正丁醇	异丁醇
493	—	22	10	<2
503	9	46	18	<2
513	22	63	28	<2
533	64	85	60	<2
563	—	—	—	5

表 3-2 给出了 CaA 上己烷裂化产物中异丁烷/正丁烷和异戊烷/正戊烷的比值。为了便于比较，表中还给出了硅酸铝和 CaX 上己烷裂化反应的结果。在 CaA 催化剂上，几乎不生成异构烷烃产物，而在硅酸铝和 CaX 催化剂上，异构烷烃却是主要产物。这种“产物选择性”是由于异构烷烃裂化产物在生成后不能通过 CaA 孔道扩散出来导致的。

表 3-2 正己烷裂解产物中异构烷烃/正构烷烃的比值

表异构烷烃/正构烷烃	5A	SiO_2-Al_2O_3	10X
iso-C_4/n-C_4	<0.05	1.4	0.7
iso-C_5/n-C_5	<0.05	10.0	1.0

择形反应在化学工业中得到了广泛的应用。以含 Ni 毛沸石为催化剂的选择重整过程，就是将重整汽油馏分中的正构烷烃加氢裂化为丙烷的过程。由于其中低辛烷值组分的优先选择转化，液态产物的辛烷值得到了增加。在 MTG（甲醇制汽油）过程中，甲醇在 ZSM-5 沸石上可有效地转化成沸点在汽油组分范围内的各种烃类。甲醇在 ZSM-5 上反应产生含 6～10 个碳原子的烃类产物，只有少量或微量的 C_{10} 芳烃生成。

3.3.4.2 分子筛代替 $AlCl_3$ 催化剂合成乙苯和异丙苯

乙苯和异丙苯都是极为重要的基本有机化工材料，目前世界乙苯和异丙苯需求量分别达到 1 700 万 t/a 和 1 000 万 t/a，并且还在以 3%～5%的速度增长。

乙苯和异丙苯的生产过程相似，都是在酸性催化剂的作用下由苯分别与乙烯和丙烯反应而制得。

传统的乙苯和异丙苯的生产均采用 $AlCl_3$ 作为催化剂。图 3-4（a）为生产异丙苯的工艺流程示意（乙苯生产过程与之相似），过程较为复杂，包括反应系统、催化剂分离系统、产物水洗系统、中和系统和蒸馏系统。由于催化剂 $AlCl_3$ 本身具有较大的腐蚀性，而且还加入腐蚀性严重的盐酸作助催化剂并利用大量的氢氧化钠中和废酸，因而过程产生大量的废水、废酸、废渣、废气，环境污染十分严重。

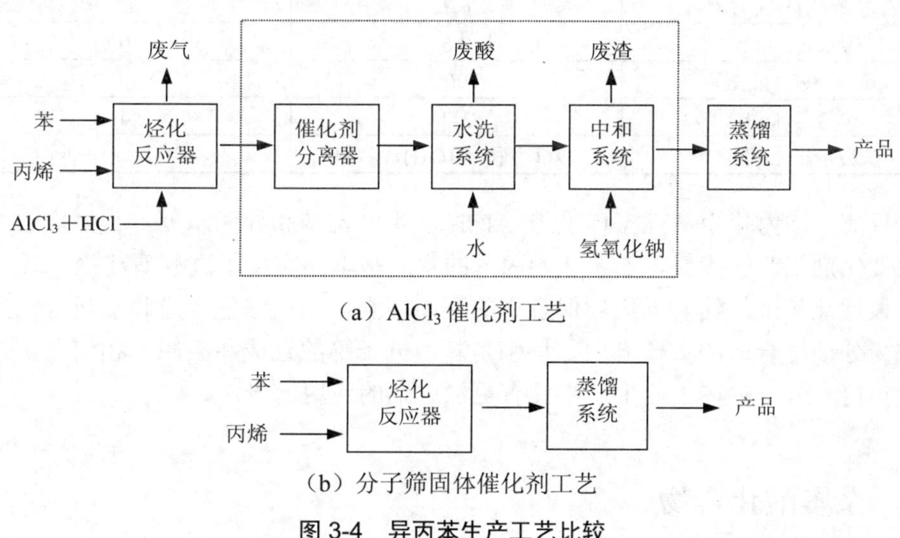

（a）$AlCl_3$ 催化剂工艺

（b）分子筛固体催化剂工艺

图 3-4　异丙苯生产工艺比较

乙苯和异丙苯作为重要的基本有机化工原料，其生产过程中的问题自然引起研究者们的高度重视。包括 UOP 公司、Mobil 公司、Dow 化学公司和 Enichem 公司等在内的世界著名石油化工公司投入巨资进行固体酸苯烷基化催化剂的研究开发，并于 1990 年代相继成功开发出以各种分子筛为催化剂的乙苯和异丙苯合成新工艺[图 3-4（b）]。与 $AlCl_3$ 工艺比较，新工艺过程大大简化。分子筛为固体酸催化剂，固定在反应器中，不存在与产物分离问题，因而 $AlCl_3$ 催化剂工艺中庞大的催化剂分离、水洗和中和部分在新工艺中可以全部省去。高活性和选择性分子筛催化剂加上过程的简化，使得新工艺投资大大降低而过程效率大大提高。新工艺产品收率和纯度均＞99.5%，基本接近原子经济反应。分子筛催化剂无毒无腐蚀性且可以完全再生，整个过程彻底避免了盐酸和氢氧化钠等腐蚀性物质的使用，基本消除了“三废”的排放。分子筛催化剂用于合成乙苯、异丙苯的成功，是目前固体酸代替液体酸取得显著经济效益和环境效益最为成功的实例之一。

分子筛催化剂合成乙苯、异丙苯技术国内也取得了成功。表 3-3 为中国石油化工集团公司燕山石油化工公司采用新型分子筛催化剂改造 $AlCl_3$ 法异丙苯装置前后“三废”排放对比。从表中可知，采用分子筛固体催化剂后，彻底消灭了废酸的产生和废液的排放，废气和废渣也很少。废渣主要是废催化剂，由于无毒无腐蚀性，很容易处理。

表 3-3 分子筛改造前后 $AlCl_3$ 装置“三废”排放对比

比较项目	改造前的 $AlCl_3$ 工艺	改造后的分子筛工艺
乙丙苯产量/（万 t/a）	6.7	8.5
污水量/（t/h）	9.6	0
稀盐酸/（kg/h）	90	0
废气/（kg/h）	211	4
废渣/（kg/h）	126[中和 $Al(OH)_3$ 滤饼]	4.6（废催化剂）

目前，国内除少量厂家仍采用 $AlCl_3$ 法生产乙苯和异丙苯外，其他均已被分子筛催化剂工艺所代替。乙苯、异丙苯的生产基本上实现了过程清洁化。

最近几年来，随着人们环保意识的逐渐增强，采用绿色合成和负载合成方法已成为分子筛合成的重要方向。特别是新型分子筛的合成和应用，相信在未来的几十年内，分子筛在工业生产中具有更加广阔的应用前景。

3.4 杂多酸化合物

3.4.1 概论

1826 年，J Berzerius 将钼酸铵加到磷酸中出现黄色沉淀，成功合成出第一个杂多酸——12-钼磷酸铵$(NH_4)_3PM_{12}O_{40}\cdot 6H_2O$，1864 年 C Marignac 真正开拓了杂多酸研究的新时代，合成了硅钨酸，并用化学分析方法对其组成进行了确定，得到 SiO_2∶WO_3=1∶12 的结论。1908 年，意大利学者 A Miolati 用电位滴定的方法确定了钼磷酸含七个质子，给出了分子式 $H_7P(Mo_2O_7)_6$，Resenheim 用实验的方法得到同样的结论。1934 年，英国学者 J F Keggin 提出了 12-钨磷酸的著名 Keggin 结构。1953 年，Dawson 测定了 $K_6P_2W_{18}O_{62}\cdot 14H_2O$ 的结构，就是 2∶18 系列杂多化合物 Dawson 结构。1974 年，确定了 1∶6 的 Anderson 结构。

近年来，杂多酸化学发展迅速，除了在理论方面有所进展外，在应用方面也取得了突破性成果，1972 年，日本率先以 12-钨硅酸为催化剂进行丙烯水合工业化并获得成功；1984 年，以 12-磷钼酸催化异丁烯水合制取叔丁醇；1982 年，以 12-磷钼酸为催化剂，甲基丙烯醛气相氧化制甲基丙烯酸；1986 年，以 12-磷钨酸为催化剂，四氢呋喃制聚氧基四亚甲基乙二醇等 8 个项目工业化成功。杂多酸作催化剂的优点是反应条件温和、活性高、选择性好、是一种酸碱性和氧化还原性兼具的双功能催化剂。杂多酸对环境无污染，对设备腐蚀性小，是一类很有发展前途的绿色催化剂。

3.4.2 杂多酸化合物的定义与分类

3.4.2.1 杂多酸化合物的定义

杂多酸（Heteropoly Acid，HPA）是由两种或两种以上无机含氧酸缩合而成的复杂多元酸的总称，杂多酸的酸根是由中心原子（或称杂原子，如 P、Si、Fe、Co 等，以 X 表示）与氧离子组成的四面体（XO_4）或八面体（XO_6）和多个共面、共棱、共点的由配位原子 M（或称多原子，如 Mo、W、V、Nb、Ta 等）与氧原子组成的八面体（MO_6）配位而成。当杂多酸中的 H 被金属离子取代时，与普通盐一样形成杂多酸盐。而杂多酸化合物这一术语指杂多酸（游离酸形式）及其盐类。杂多酸化合物在固态时由杂多阴离子、阳离子（质子、金属离子或鎓离子）以及结晶水或其他分子组成。杂多阴离子（Heteropolyanion，简写为 HPAN），是由两种以上不同含氧阴离子缩合而成的聚合态阴离子（如 $PW_{12}O_{40}^{3-}$）。由同种含氧阴离子形成的聚合态阴离子称为等多聚阴离子。

3.4.2.2 杂多酸的分类

杂多酸的分类通常按分子中有无杂原子对其分类，目前已知有 70 多种元素的原子可以作为杂多酸中的杂原子，包括全部的第一系列过渡元素。在众多的杂多化合物中，有两大特点可以作为分类的基础：一是杂原子与配位原子的比值多为定值；二是杂多阴离子中的杂原子的结构类型大多呈四面体、八面体和二十面体三大类。杂多阴离子可以用通式$[X_xM_yO_x]^{n-}$表示，其中 X 为中心杂原子、M 为金属原子。M 可以是一种元素也可以是多种不同元素，如 $PW_9Mo_2O_{39}^{7-}$。

（1）四面体配位的杂多阴离子

这是一类最容易生成，而又被广泛研究过的杂多化合物。杂原子与配位原子的计量比为 1∶12。人们熟知的$[PMo_{12}O_{40}]^{3-}$、$[PW_{12}O_{40}]^{3-}$和$[SiW_{12}O_{40}]^{4-}$就是这一典型的代表。这类化合物就是所谓的 Keggin 结构，具有以下特点：Td 对称性；杂原子呈四面体配位，如 PO_4；配原子呈八面体配位；直径通常为 1～5 nm，O^{2-}半径＞M^{n+}半径，呈紧密堆积。

（2）杂原子具有八面体配位的杂多阴离子

将$[PMo_{12}O_{40}]^{3-}$、$[PW_{12}O_{40}]^{3-}$等的溶液长时间放置，则可以形成相应的2∶18系列的杂多阴离子。它是由两个等同的垂直于三重旋转轴的对称平面所连接的半单元构成。每个半单元是一个中心 XO_4 四面体（X=P、As 等），其周围围绕 9 个 MO_6 八面体（M=W、Mo 等），它们以边共用连接在一起，这些半单元，也互相共有着边和以中心 XO_4 四面体连接。

（3）杂原子具有八面体配位的杂多阴离子

此类又有两种离子，一种是八面体配位的1∶6系列杂多阴离子，如钼和碲或一些3价的金属混合物，酸化时分别形成1∶6的杂多阴离子，如$[TeMo_6O_{24}]^{6-}$，其结构由位于一个平面的7个八面体构成，6个 MoO_6 八面体围绕中心 TeO_6 八面体，形成一个环，每个 MoO_6 八面体与相邻的 MoO_6 八面体公用一个边。另一种是八面体配位的1∶9系列杂多阴离子，杂原子主要是 Mn 和 Ni，形成$[X^{n+}Mo_9O_{32}]^{(10-n)-}$的杂多阴离子，如$[MnMo_9O_{32}]^{6-}$，八面体配位的 Mn 原子，部分地为边共有的 MnO_6 八面体所围绕。

自 Keggin 首先确定了缩合比为1∶12的杂多酸阴离子结构后，在大量发现的杂多酸结构中，Keggin 结构是最有代表性的杂多酸阴离子结构，它由12个 MO_6（M＝Mo、W）八面体围绕一个 PO_4 四面体构成。此外，还有一些其他阴离子结构，它们的主要差别在于中央离子的配位数和作为配位体的八面体单元（MO_6）的聚集态不同，从而形成非 Keggin 型及假 Keggin 型等结构。表3-4、表3-5分别列出了形成典型杂多钨酸与杂多钼酸的元素、化学式及结构类型。

表3-4 钼的杂多酸及其盐的主要系列

X∶Mo	中心原子	化学式	中心基团	结构
1∶12	A：P^{5+}、As^{5+}、Si^{4+}、Ge^{4+}、Sn^{4+}、Ti^{4+}、Zr^{4+}	$[X^{n+}Mo_{12}O_{40}]^{(8-n)-}$	XO_4	已知
	B：B^{3+}、Ge^{4+}、Th^{4+}·U^{4+}	$[X^{n+}Mo_{12}O_{42}]^{(12-n)-}$	XO_{12}	已知
1∶11	P^{5+}、As^{5+}、Ge^{4+}	$[X^{n+}Mo_{11}O_{89}]^{(12-n)-}$	—	未知
1∶10	P^{5+}、As^{5+}	$[X^{n+}Mo_{10}O_X]^{(2x-60-n)-}$	—	未知
1∶9	Mn^{4+}、Ni^{4+}	$[X^{n+}Mo_9O_{32}]^{(10-n)-}$	XO_6	已知
1∶9	P^{5+}	$[X^{n+}Mo_9O_{31}OH]^{(11-n)-}$	XO_4	已知
1∶6	A：Te^{6+}、I^{7+}	$[X^{n+}Mo_6O_{24}]^{(12-n)-}$	XO_6	已知
	B：Co^{3+}、Cr^{3+}、Fe^{3+}、Ga^{3+}、Ni^{3+}、Rh^{3+}	$[X^{n+}Mo_6O_{24}H_6]^{(6-n)-}$	XO_6	已知
2∶18	P^{5+}、As^{5+}	$[X_2{}^{n+}Mo_{18}O_{62}]^{(16-2n)-}$	XO_4	已知

表 3-5 钨的杂多酸及其盐的主要系列

X∶W	中心原子	化学式	中心基团	结构
1∶12	P^{5+}、As^{5+}、Si^{4+}、Ti^{4+}、Co^{3+}、Fe^{3+}、B^{3+}、V^{5+}	$[X^{n+}W_{12}O_{40}]^{(8-n)-}$	XO_4	已知
1∶10	Si^{4+}、Pt^{4+}	$[X^{n+}W_{10}O_x]^{(2x-60-n)-}$	—	未知
1∶9	Be^{2+}	$[X^{n+}W_9O_{31}]^{(8-n)-}$	—	未知
1∶6	A：Te^{6+}、I^{7+}	$[X^{n+}W_6O_{24}]^{(12-n)-}$	XO_6	已知
	B：Ga^{3+}、Ni^{2+}	$[X^{n+}W_6O_{24}]^{(16-n)-}$	XO_6	已知
2∶18	P^{5+}、As^{5+}	$[X_2{}^{n+}W_{18}O_{62}]^{(16-2n)-}$	XO_4	已知

3.4.3 杂多酸化合物的结构与性质

3.4.3.1 杂多酸化合物初级结构和次级结构

杂多酸化合物在固态时由杂多阴离子、阳离子（质子、金属离子或鎓离子）以及结晶水或其他分子组成。聚阴离子以及其他的三维排列称为次级结构，而杂多阴离子中的排列则称为初级结构。弄清楚初级结构和次级结构对于理解固体杂多酸化合物是很重要的。

图 3-5（a）给出了以 Keggin 结构为初级结构的 $PW_{12}O_{40}{}^{3-}$。中心原子或杂原子可以是 P、As、Si、Ge、B 等处在它们周围的原子大多数是 W 或 Mo。这些外围原子称为多原子或配位原子。少数配位原子可以被 V、Co、Mn 等取代。$H_3PW_{12}O_{40}\cdot 6H_2O=[H_5O_2]_3PW_{12}O_{40}$ 的次级结构如图 3-5（b）所示，其中聚阴离子通过 $H^+(H_2O)_2$ 桥联。这种次级结构属于最密立方体心堆积（晶格常数 12Å，Z＝2）。$Cs_3PW_{12}O_{40}$ 的次级结构可认为和 $H_3PW_{12}O_{40}\cdot 6H_2O$ 相同，只是后者中每一个 $H^+[H_2O]_2$ 被 Cs^+ 取代。但 $H_3PW_{12}O_{40}\cdot 6H_2O$ 的 Na、Cu 等盐类却具有完全不同的次级结构。

杂多酸化合物的初级结构可用红外（IR）光谱表征，其次级结构可用 X-射线衍射（XRD）谱图表征。从含水量不同的十二钼磷酸（PMo_{12}）及其盐类的红外光谱和 X-射线衍射谱可得到以下结论：在固态时杂多酸化合物的初级结构相当稳定，而它的次级结构则容易转变。

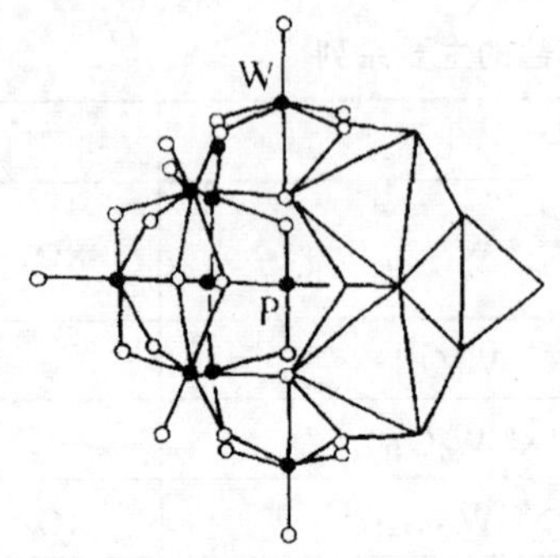

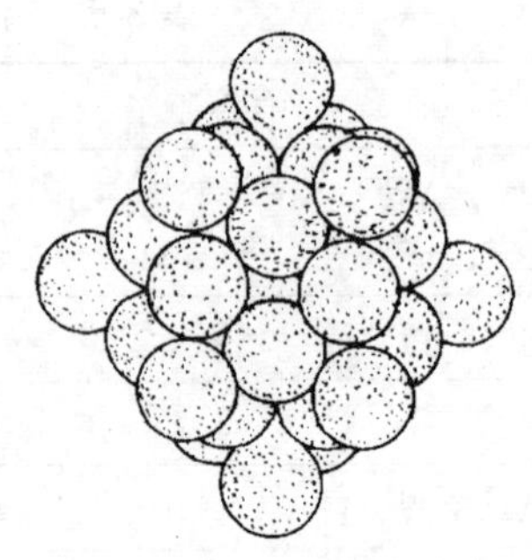

（a）具有 Keggin 结构的杂多阴离子 $PW_{12}O_{40}^{3-}$，一种初级结构

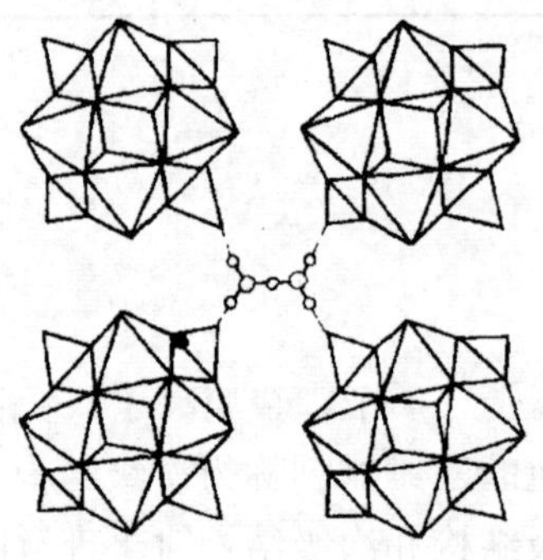
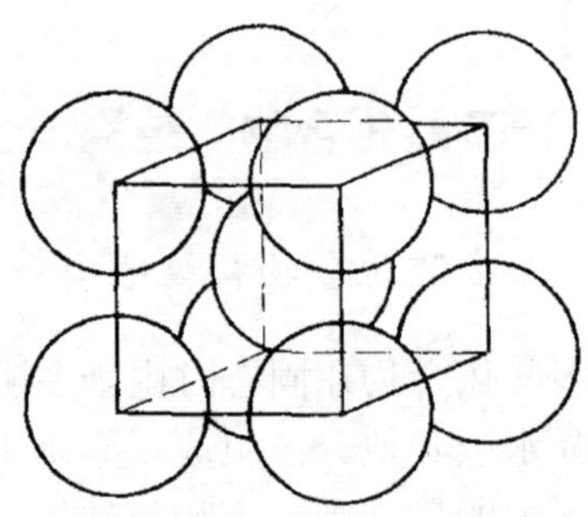

（b）次级结构的一个实例：$H_3PW_{12}O_{40}\cdot 6H_2O$（$=[H_5O_2]_3PW_{12}O_{40}$）聚阴离子按 bcc 堆积（初级结构）的方式由右边的图表示。如左图（次级结构）所示每一个$[H_5O_2]^+$与四个聚阴离子桥接

图 3-5　具有 Keggin 结构的杂多阴离子的一种初级结构和次级结构

3.4.3.2　杂多酸的性质

（1）杂多酸的一般性质

①杂多酸化合物（Heteropoly Compounds，HPC）包括杂多酸与杂多酸盐，是具有高相对分子质量（可高达 4 000）的无机电解质。其 HPAN 直径约 1.2 nm，晶体晶胞大小与结晶水含量有关，如 $H_3PW_{12}O_{40}\cdot 29H_2O$ 的晶胞参数为 2.33 nm，而 $H_3PW_{12}O_{40}\cdot 6H_2O$ 的晶胞参数为 1.25 nm。

②HPA 和多数盐极易溶于水和一般的有机溶剂中。小阳离子的盐易溶于水；大阳离子如 Cs^+、Ag^+、Hg^{2+}、Pb^{2+}及大的碱土金属盐不溶于水；NH_4^+、K^+、Rb^+盐不溶于水；生物碱或有机胺的杂多络合物不溶于水。HPA 和少数盐易溶于含氧有机溶剂，如乙醚、醇和酮。脱水盐有时溶解，而含水盐则不溶解。钼磷酸及其

盐能被完整地溶解于苯甲酸溶液中。在一定的 pH 范围内和特定的条件下，HPC 溶液通常只有一种占优势的阴离子。

③由于杂多酸及盐类的次级结构具有较大的柔性，极性分子如醇和胺类，容易通过取代其中的水分子或扩大聚阴离子之间的距离而进入其体相中。在某种意义上吸收了大量极性分子的杂多酸类似于一种浓溶液，其状态介于固体和液体之间。因此，这种状态可称为"准液相"，某些反应主要在这样的体相内进行。准液相形成的倾向取决于杂多酸化合物和吸收分子的种类以及反应条件。

④许多 HPC 颜色较深。一些 HPC（特别是 Mo 系）是强氧化剂并易变成更稳定的还原态，还原态呈深蓝色。

⑤所有 HPAN 在强碱溶液中全部分解。少数在酸性介质中存在，多数可在近中性介质中存在；仅个别的可存在于弱碱性中，通常 W 系比 Mo 系更稳定。

（2）杂多化合物的酸性

无论是在溶液中还是在固体中，HPA 都是很强的 B 酸，而它们的盐即具有 B 酸中心，又具有 L 酸中心。大竹正之等用 Hammett 指示剂测得 $H_3PW_{12}O_{40}$ 的 $H_0 \leqslant -8.2$。在水溶液中，HPA 可以完全离解。如 $H_4SiW_{12}O_{40}$ 的中和曲线只有一个拐点，说明是一种具有 4 个等价电离质子的强酸，其强度要比由相应中心原子或配位原子组成的无机酸如 H_3PO_4、H_2SiO_4 等强得多。这可能是由于 HPA 阴离子体积大，对称性高，电荷密度低的缘故。在非水溶剂如丙酮、乙醇中，则常常可以观察到某些 HPA 呈现除逐级离解的现象。HPA 的酸强度随着他们的组成变化较小，这除了阴离子体积大的原因外，还和各自的质子特性相似有关。

① 溶液中 HPA 的酸性

HPA 在水溶液中像一般的多元质子酸，所有的质子被水合且彼此是等同的，它们被连到整个阴离子上而不是个别的碱中心上，只要 HPAN 对碱水解有一定的稳定性，所有的质子均被其他阳离子置换。

在水溶液中，HPA 是强酸，头三个质子全部解离，很难观测到分步解离过程，头三个质子解离后，才由明显的分步解离过程并使溶液 pH 值升高。

在非水溶剂中，解离是分步进行的。在乙醇和丙酮中，第一个和第二个质子充分解离，第三个质子（对 $H_3PW_{12}O_{40}$ 和 $H_3PW_{11}VO_{40}$）则部分解离；在乙酸中，HPA 是较弱的电解质，仅一个质子解离。表 3-6 列出 HPA 在丙酮和乙酸中的解离常数并列入了无机酸以资比较，从表 3-6 数据不难看出，HPA 比一般的无机酸如 H_2SO_4、HCl、HNO_3 甚至 $HClO_4$ 更强。HPA 比传统酸性催化剂 H_2SO_4 低了 2～5 个 pK 单位，这正是 HPA 在均相酸催化中的重要基础。从数据还可看出，HPA 的酸性对于组成仅有很小的依赖性，中心原子特性的影响也较小，这一特点与简单无机酸明显不同。因为 H_3PO_4 和 H_2SiO_4 的 pK_i 分别为 2.12 和 9.7，两者相差颇大

（注意这是在水中的 pK_i 值）。

表 3-6 HPA 在丙酮和乙酸中的解离常数

杂多酸	丙酮		乙酸	
	pK_1	pK_2	pK_1	pK_2
$H_3PW_{12}O_{40}$	1.6	3.0	4.0	4.8
$H_4PW_{11}O_{40}$	1.8	3.2	4.4	4.7
$H_5PW_{10}V_2O_{40}$	—	—	—	4.8
$H_4SiW_{12}O_{40}$	2.0	3.6	5.3	5.0
$H_3PM_{O12}O_{40}$	2.4	2.1	3.7	5.5
$H_4PMo_{11}Mo^{V}O_{40}$	2.1	3.7	5.6	4.7
$H_4SiMo_{12}O_{40}$	2.1	3.9	5.6	4.8
$HClO_4$	—	—	5.9	4.9
H_2SO_4	6.6	—	—	7.0
HCl	4.3	—	—	—
HNO_3	9.4	—	—	10.1

简单无机酸 pK 值的差异可用静电理论解释。因为 HPAN 比简单阴离子半径大，电荷离域程度高，表面电荷密度低，它的个别质子受主中心上的有效负电荷吸引就小，因此对质子的吸引力就弱。形式上 HPAN—$PM_{12}O_{40}^{3-}$与 PO_4^{3-}、$SiM_{12}O_{40}^{4-}$与 SiO_4^{4-}的负电荷相等，但对应每个氧原子上的电荷，HPAN 却只有无机酸根离子的十分之一。

尽管组成对酸性的影响不如简单无机酸大，但还是有一定规律的，当 Mo 或 W 被 V 取代或 P 被 Si 取代以及 HPA 被还原时，酸性都降低。在丙酮中测得的酸强度顺序为：

$$H_3PW_{12}O_{40} > H_3PW_{11}VO_{40} > H_3SiW_{12}O_{40} \approx$$

$$H_3PMo_{12}O_{40} > H_4PMo_{11}VO_{40} > H_4PMo_{11}VO_{40} \approx H_4PMo_{11}VO_{40} > H_3SiMo_{12}O_{40}$$

在测定 HPAN 与水合三氯乙醛络合物的生成常数时，也得到了如下顺序：

$$H_3PW_{12}O_{40} > H_3PMo_{12}O_{40} > H_3SiW_{12}O_{40} > H_3SiMo_{12}O_{40}$$

②固体 HPC 酸性

固体酸强度定义为：指固体表面将吸附于其上的中性碱分子转变为它的共轭酸的能力。如果反应是通过表面酸原子迁移到吸附质子分子上，那么酸强度可表示成 Hammet 酸度函数 H_0：$BH^+=B+H^+$，$H_0=pK_a+\log[B]/[BH^+]$。其中[B]及$[BH^+]$

分别表示中性碱（碱性指示剂）及其共轭酸的表面浓度，pK_a则为平衡常数K_a的负对数。如果反应的进行是由于吸附质分子传送一电子对给表面，那么H_0可表示为$H_0=pK_a+\log[B]/[AB]$。式中，[AB]表示中性碱分子和表面 Lewis 酸中心或电子对受体 A 作用后生成 AB 的浓度。固体酸量一般为固体单位质量或单位表面积上所含酸中心的毫摩尔的量（mmol/g 或 $mmol/cm^2$）。可通过测量与固体酸这样的碱分子的量获得。

固体酸催化功能与其表面酸类型、酸强度及酸量密切相关，对 HPC 必须考虑“体相酸性”和“表面酸性”，因为有时反应在体相中进行。固体 HPC 的酸性对平衡阳离子的种类、置换度及 HPAN 组成元素均很敏感。

对于 HPA 盐的酸性的来源说法很多，大体有如下五种机理：

a. 酸式盐中的质子，如$H_3PW_{12}O_{40}+(x/2)Cs_2CO_3\rightarrow H_{3-x}Cs_xPW_{12}O_{40}$；

b. 在制备过程中部分水解，如

$$PW_{12}O_{40}^{3-}\rightarrow PW_{11}O_{39}^{7-}+WO_4^{2-}+6H^+\rightarrow HPO_4^{2-}+12WO_4^{2-}+23H^+;$$

c. 配位水的酸解，如$Ni(H_2O)_m^{2+}\rightarrow Ni(H_2O)_{m-1}(OH)^++H^+$；

d. 金属离子的 Lewis 酸性，如Al^{3+}（Cu^{2+}未能确定）；

e. 金属离子被还原时产生的质子，如$Ag^++1/2H_2\rightarrow Ag^0+H^+$。

可见，金属杂多酸盐的酸性，受多种因素的影响。其中最有影响的因素是：吸收性和均匀性以及聚阴离子的还原和水解作用。

（3）杂多酸化合物催化性质

杂多酸化合物作为固体酸催化剂具有很高的催化活性，它不但具有酸性，而且具有氧化还原性，是一种多功能的新型催化剂。因杂多酸独特的酸性、“准液相”行为、多功能（酸、氧化、光电催化）等优点，可用于均相或非均相反应。

①体相型和表面型催化作用

固体杂多酸化合物的酸催化作用可分为“体相型反应”和“表面型反应”两类。前一类反应在催化剂体相内进行，而后一类反应仅仅在表面上发生。醇类的脱水反应属于体相型反应，而丁烯的异构化反应则属于表面型反应。因此，催化反应的分类与反应物的吸附性质密切相关。表面型反应的活性对预处理温度更为敏感。

②酸性与催化作用的关系

通常杂多酸的催化活性序列是：$PW_{12}>SiW_{12}>PMo_{12}>SiMo_{12}$，这几乎与其溶液中的酸强度序列平行。体相型催化反应往往易发生于酸式杂多酸化合物上。当催化反应在催化剂体相，即“准液相”中进行时：a. 不仅在表面的活性中心（如质子等），而且体相中的也能参与起催化作用，从而使反应速率大大增加；b. 反应物分子或反应中间体在准液相呈某种配位状态而得到稳定，从而提高反应速率；

c. 由于准液相独特的反应环境，常常使反应具有独特的选择性。表 3-7 列出了一些高活性的杂多酸催化反应实例。

表 3-7 杂多酸与硅酸铝催化活性的比较

反应	催化剂	温度/K	比值*
2-丙醇→丙烯+H_2O	PW_{12}	398～423	30～100
乙醇→乙烯+H_2O	PW_{12}	423～493	>300
异丁烯+CH_3OH→MTBE	PW_{12}，PMO_{12}	363	300
$CH_3COOH+C_2H_5OH→CH_3COOC_2H_5$	PW_{12}/碳	423	4
异丁酸→丙烯+CO+H_2O	PW_{12}，SiW_{12}	513	4
苯+CH_3OH→甲苯	PW_{12}	523	∞
甲苯→苯+二甲苯	PW_{12}	523	∞
苯+乙烯→乙苯	PW_{12}/SiO_2	473	>6
乙酸环己烯酯→乙酸+环己烯	$Cs_{2.5}H_{0.5}PW_{12}$	373	∞

注：*杂多酸的催化活性与硅酸铝催化活性的比值。

③负载型杂多酸化合物的催化作用

杂多酸化合物可分散在载体，如硅胶、硅藻土、离子交换树脂和活性炭上。一些负载型杂多酸见表 3-8。

表 3-8 负载型杂多酸的催化反应

423 K 乙酸乙醇的酯化反应			选择性/%		
杂多酸	载体	乙酸转化率/%	AcOH	Et_2O	烯烃
$H_3PW_{12}O_{40}$	SiO_2	90.1	91	9	0
$H_4SiW_{12}O_{40}$	SiO_2	96.2	88	12	0
$H_3PMo_{12}O_{40}$	SiO_2	55.4	91	9	0
$H_3PW_{12}O_{40}$	炭	48.0	100	0	0
$H_3PW_{12}O_{40}$	Al_2O_3	9.0	89	3	8
$H_3PW_{12}O_{40}$	TiO_2	97.0	74	26	微
SiO_2-Al_2O_3		24.3	99	微	1

负载在氧化硅上的杂多酸颗粒很小。当负载量不超过 20%时，用 XRD 法无法检测出其微粒。增加表面积对表面型反应的影响远大于对体相型的影响。捕集于活性炭微孔内的杂多酸可作不溶性固体酸。这些杂多酸对气相酯化反应有很好的选择性。带有表面碱性的载体，如氧化铝，会导致聚阴离子分解。因此，在这种情况下，最好使用非水溶剂进行制备，以最大限度地减少聚阴离子的分解。

3.4.4 杂多酸催化剂在化学合成中的应用

杂多酸具有沸石一样的笼型结构，通过改变杂多酸型催化剂的平衡离子、中心原子及配位原子，可以合成出人们所需要的具有一定酸性或氧化-还原性，并且具有一定热稳定性的优良催化剂。

3.4.4.1 杂多酸催化氧化反应

在杂多酸中配位原子一般以最高氧化态存在，因此具有氧化性，常用作氧化型催化剂。杂多酸催化氧化反应的类型很多，所用的氧化剂的种类也比较多，对于均相催化氧化反应主要有：分子态氧（O_2）、过氧化氢（H_2O_2）、有机过氧化物（t-BuOOH）；所用的催化剂主要是含 Mo、W 的杂多酸或取代型杂多化合物。

（1）分子态氧

这类反应主要有二烯氧化脱氢生成芳香烃、醇脱氢生成酮、胺脱氢生成希夫碱、酚脱氢生成二苯醌、异松油烯脱氢生成对甲基异丙苯；烯烃、烯丙醇及高级烯醇的环氧化反应；苯烯的氧化溴代反应，苯烯的氧化偶联反应等。

（2）H_2O_2

杂多酸在 H_2O_2 氧化剂存在下的反应有：烯烃的环氧化反应，环己烷氧化为环己酮或环己醇，环戊烯氧化为戊二酸醛，烯烃和邻二醇的氧化裂解，苯氧化为苯酚，苯烯和酚的羟基化反应等；丙烯醇氧化为丙三醇；脂肪胺氧化为芳香胺；酚氧化为醌等。

（3）用有机过氧化物氧化

过氧化氢异丙苯（CHP）在杂多酸盐催化下使 1-己烯环氧化，反应选择性达 100%，转化率＞80%。在 t-BuOOH/CMP 体系中，醇的氧化具有化学选择性，只对仲醇催化氧化，而对伯醇不起作用，对双键也不起作用。因此 CMP/t-BuOOH 是性能优良的仲醇氧化成酮的催化氧化体系。

3.4.4.2 杂多酸的酸催化反应

杂多酸作为均相体系的酸催化剂适用于多种类型的有机反应，对烯（炔）水合、醇类脱水、环氧化物醚化或醇化、酯化、酯交换等反应，已经证明其活性比传统的矿物酸高，而且反应条件温和、操作方便、不腐蚀设备。

（1）酸催化酯化反应

由于杂多酸可以形成“假液相”的均相反应体系，而且其在非水介质中具有相当的酸度，因而可以作为酯化反应的催化剂。如：乙酸和异戊醇反应生成乙酸异戊酯，乙酸与 1-丁烯反应生成乙酸仲丁酯。另外，还有丙烯酸与丁醇的反应，乙酸与1-己烯的反应，对硝基甲苯甲酸乙酯的合成，邻苯二甲酸二异辛酯的合成等。

（2）烷基化反应

这类反应主要有：在 $H_3PW_{12}O_{40}$ 催化下的苯与辛烯的烷基化反应，在 $Cs_{2.5}H_{0.5}PW_{12}O_{40}$ 催化下的1,3,5-三甲基苯与环已烯的烷基化反应。另外，还有苯、取代苯、苯酚与长链烯烃的烷基化反应。

（3）其他类型的反应

除了上面的酯化反应、烷基化反应，还有一些其他类型的反应，主要有：聚合反应，如四氢呋喃的高分子聚合、醛或酮的三聚反应等；裂解与分解反应，如醚的裂解反应、羧酸的分解反应、环氧化物的醇解反应等；缩合反应，如丙酮与苯酚发生缩合反应生成双酚A等。

杂多酸（盐）的应用研究领域十分广阔，应用前景十分诱人。可以说对杂多酸（盐）的研究已进入一个前所未有的崭新时期。杂多酸（盐）具有确定的结构，有利于在分子或原子水平上设计与合成催化剂，开发出更多的专一的催化剂；通过对杂多酸及其盐类催化剂的酸性、氧化还原性以及假液相行为的调变、控制和协调，有效地进行有机合成领域内的催化剂设计，使得杂多酸（盐）催化剂在催化领域里得到更广泛应用。

3.5 全氟磺酸树脂

3.5.1 概述

全氟磺酸树脂是带磺酸基的全氟碳聚合物，商品名为Nafion，20世纪60年代末由美国杜邦（Du Pont）公司开发。作为催化剂使用的牌号品种有Nafion-H、Nafion-501、Nafion-XR、Nafion-425和Nafion-XR500五种，总称Nafion-H树脂。商品Nafion树脂多以钾型出厂，使用前必须转成H型。相对分子质量为1 000～50 000。

全氟磺酸树脂与聚苯乙烯型阳离子交换树脂的首要不同就是酸强度（pK_a）的差异。尽管准确测量固态酸还存在理论分歧，但一般认为Hammett酸度值（H_0）可大致比较树脂酸的强度。由于Nafion-H分子中引入电负性极强的氟原子，产生强烈的场效应和诱导效应，从而导致分子内—SO_3H 中的 H^+ 极易解离，使该树脂呈现很强的酸性，它的Hammett酸性函数值 H_0=−12～−10（100%浓硫酸为−12.3；40%硫酸为−2.4；Amberlyst15强酸树脂为−2.2）。因此，它可以代替传统无机强酸（如硫酸）作催化剂并且具有不腐蚀反应容器、产品易分离、简化工艺、减少“三废”污染，同时催化剂可以重复利用等优点。第二个差异就是酸量不同，Amberlyst15 的交换量为 4.7 mmol/g，差不多是 Nafion 的 5 倍。因此，对于无须特强酸催化的反应，如酯化，前者由于高酸量，表现出高催化活性。而需高温和强酸催化的反应如烷基化，热稳定性好的Nafion具有较大优势。1996年以前Nafion类催化剂都是没有孔隙的全氟聚合物，非极性溶剂中不能很好溶胀。自从杜邦公司开发出比表面积很大的 Nafion/SiO_2 复合材料，在非溶胀介质中也显示出很好的催化活性，从而扩展了全氟磺酸树脂的催化应用范围。Nafion 是由四氟乙烯和全氟-2-（磺酰氯乙氧基）异丙基乙烯基醚共聚而得的全氟磺酰氯树脂，经水解得到末端为—$CF_2CF_2SO_3H$ 的全氟磺酸离子交换树脂，平均分子量为 1 070，具有很好的化学稳定性和热稳定性，但 Nafion 的缺点是比表面积很小，在非溶胀溶剂和气相中的催化活性很低。新型的 Nafion/SiO_2 纳米复合材料，是将 Nafion/树脂复合在多孔的 SiO_2 网络中，根据硅源的不同，可分为硅氧烷型和硅酸钠型。改变硅源，可改变其分散度和微观结构。硅氧烷源树脂尺寸大小在 10～30 nm。改变 Nafion 的用量，可制得系列复合材料，达到调控催化的目的。

对于全氟磺酸树脂来说，如今的 Nafion/SiO_2 复合材料的确充分体现了其特有的性能，但价格昂贵和交换当量低是它的不足之处。一个期待发展的领域，就是设计一种多孔微观结构的催化剂，可根据特定反应条件的需要，引进不同强度和不同含量的酸性官能团。可以相信，Nafion/SiO_2 这种纳米复合材料催化剂在催化效果上的大幅度提高为该催化剂的发展提供了一条思路。

3.5.2 Nafion-H 树脂的合成

Nafion 树脂的全氟碳骨架保证了树脂具有类似聚四氟乙烯的良好的热稳定性和化学稳定性，最高操作温度可达 180～190℃，已广泛用于催化各种有机反应。如图 3-6 所示，全氟磺酸树脂是一种离聚物，形成一种有序的三相微观结构，其氟碳主链形成憎水的主体，磺酸基团成为亲水的离子簇，介于这两相之间是界面区。含水的离子簇分散在树脂的基体中，离子簇之间以通道相连，离子和水分子可以通过离子簇之间的通道进行传递。

用于制造全氟磺酸型质子交换膜的是全氟磺酸树脂，由四氟乙烯（TFE）与全氟磺酰烯醚单体（PSVE）共聚而成，以杜邦公司的 Nafion 为例，其结构如下：

$$-\!\!\left(CF_2=CF_2\right)_x\!\left(\underset{\displaystyle \underset{|}{}\atop{\displaystyle O\!-\!\left(CF=CF\right)_z\left(CF_2\right)_n O-SO_3H}}{C}=CF_2\right)_y$$

式中，x=3～10，y=0～1，z=0～2，n=2～5。

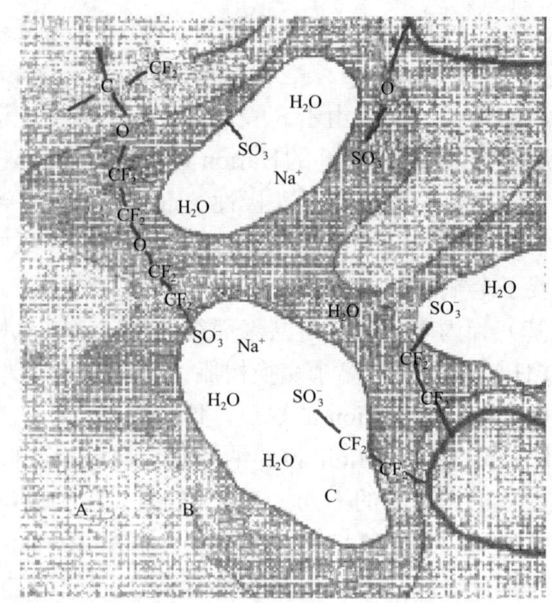

图 3-6 杜邦 Nafion 树脂的三相微观结构

全氟磺酸树脂 Nafion-H 由杜邦公司首先开发，它具有—CF_2—CF_2—SO_3H 的结构，使 Nafion 体现出非常强的酸性，酸度达到 H_0=−12，与 100%的硫酸相似。它的化学稳定性和热稳定性也是其他树脂难以比拟的。Nafion-H 全氟磺酸树脂是现在已知的最强的固体超强酸，由于其分子中引入电负性最大的氟原子，产生强大的场效应和诱导效应，酸性剧增。

Nafion-H 是由全氟（乙二醇）二乙烯基醚与亚硫酰氟制备的全氟（2-氟硫酰基-3,5-二噁-7-辛烯）与四氟乙烯共聚而得，它的化学结构及制备方法如下：

$$CF_2{=}CF_2 + SO_3 \longrightarrow \begin{array}{c} CF_2 - CF_2 \\ | \qquad\quad | \\ O - SO_2 \end{array} \longrightarrow$$

$$F-O_2S-CF_2-CO-F \xrightarrow[\text{加热}]{m\,CF_2\overset{O}{-}CF-CF_3\,/\,Na_2CO_3}$$

$$F_2C{=}CF-O\!\left(CF_2-\underset{}{\overset{CF_3}{\overset{|}{CF}}}\right)_{\!m}O-CF_2-CF_2-SO_2F \xrightarrow[\text{共聚}]{n\,F_2C{=}CF_2}$$

$$\left(CF_2-CF_2\right)_n CF_2-\underset{\displaystyle O\!\left(CF_2-\underset{CF_3}{\underset{|}{CF}}-O\right)_{\!m}CF_2-CF_2-SO_2-F}{\underset{|}{CF}} \xrightarrow{KOH} (P)-SO_3K$$

Nafion-H 催化剂的另一种制备方法：①以全氟乙烯基醚 CF_2=CF[X]$_n$ $OCF_2CF_RSO_3H$ {n=1，2；R=1～10 个碳原子的全氟烷基；X=[O（CF_2）]、[OCF_2CFY]或[OCFY CF_2]（Y=F 或 CF_3）}为单体，在全氟烷烃或环烷烃溶剂中，用全氟自由基引发进行聚合；②乙烯基醚单体与四氟乙烯或全氟α-烯烃单体进行共聚。反应式如下：

$$y\,CF_2{=}CF\text{—}(O\text{—}CF_2\text{—}\underset{\displaystyle CF_3}{\underset{|}{CF}})_n\,OCF_2CFRSO_3H + x\,CF_2{=}CF_2 \xrightarrow{\text{全氟乙烯基醚}}$$

$$\text{—}(CF_2\text{—}CF_2)_x\,CF_2\text{—}CF_2\text{—}(O\text{—}CF_2\text{—}\underset{\displaystyle CF_3}{\underset{|}{CF}})_n(OCF_2CFRSO_3H)_y\text{—}$$

Nafion-H，x/y=2～50

由于 Nafion-H 的制备工艺较复杂，实验室使用一般直接由市售的 Nafion-K 树脂制备。例如，将 50 gNafion-K 树脂先用 150 mL 去离子水煮沸 2 h，过滤，然后加入 200 mL 20%～25%HNO_3，室温搅拌 4～5 h，过滤，再用该酸处理，如此重复 3～4 次。最后用水洗至中性，过滤，105℃真空干燥 24 h 以上。

3.5.3 Nafion-H 树脂的应用

3.5.3.1 醇脱水合成醚

Nafion-H 催化脂肪醇的醚化，低温对伯醇、仲醇的气相醚化有利，100℃的转化率达 100%，较高温度下只有烯烃生成，叔丁醇即使在低温也只生成 2-甲基丙烯。液相中，二醇生成环醚，如将 1,4-二醇或 1,5-二醇在 135℃下用 Nafion-H 树脂催化脱水，可顺利得到环醚。此反应无需溶剂，产率在 86%以上，其中 1,4-丁二醇生成 90%以上的四氢呋喃；欲得到较大环醚，产率也就下降，如 1,7-庚二醇合成八元环醚产率仅为 50%。Olah 等报道了 Nafion 可有效催化纯的双分子醚化，生成的水可用甲苯共沸除去。如 145℃下，二正己基醚产率可到达 97%，二正癸基醚可达 95%，而二级醇双分子醚化产率则较低。

最近 Stanescu 等报道了 Nafion 可有效催化合成二苯甲基醚。Nafion 还能有效催化乙二醇的聚合，生成聚乙二醇，只需加热乙二醇至 140℃以上，并及时除水即可。为探求醇脱水成醚的机理，Klier 的实验小组利用 Nafion 和 Amberlyst35 做催化剂，进行了异丁醇 ^{16}O 和甲醇 ^{18}O 之间的同位素标记实验。发现主产物 MIBE（甲基异丁基醚）中保留了异丁醇的 ^{16}O，而次要产物 MTBE（甲基叔丁基醚）中保留了甲醇的 ^{18}O。表明异丁醇通过 S_N2 机理进攻质子化的甲醇得到 MIBE，而异丁醇由于空间阻碍，甲醇很难从其背后进攻。

酚类和醇类的醚化在 Nafion 树脂的催化下，经 120～150℃反应 5 h，可生成芳醚。对苯二酚在 75℃下，经 Nafion 树脂催化与异丁烯反应 2 h，其醚化产率为 66%。Nafion 树脂在 80℃下催化异丁烯与甲醇反应，产物为甲基叔丁基醚，以甲醇计算，产率为 81.8%。在 Nafion 树脂的催化作用下，将醇类与过量的二甲氧基甲烷回流加热，可制备甲氧基甲醚。

3.5.3.2 酯化反应

在酯化反应中，醇往往脱水生成醚，导致产率降低。传统工艺常用浓硫酸催化，转化率较低，副反应多，设备腐蚀严重，要经过中和、水洗等后处理，产生的废液污染环境。

Nafion 树脂作为酯化反应的催化剂用于液相反应和气相反应均可。饱和羧酸和醇的混合物在 95～125℃通过 Nafion 树脂，接触时间约为 5 min，即可获得高产率的酯。伯醇和仲醇酯化产率甚高，但叔醇产率很低，主要原因是叔醇在反应中易脱水生成烯烃。

Nafion 树脂作为一种全氟磺酸树脂，在酸催化反应中显示出了独特的催化效果，但在非极性溶剂中或在气相反应中，它的反应活性由于其表面积太小而大大减弱。有人把纳米级别分散的 Nafion 微粒嵌入多孔 SiO_2 中，将 Nafion 树脂的良好催化活性能和硅胶多孔的大表面积结合起来，从而充分展现出固体酸催化剂的优点。这种催化剂有效活性表面可达 150～500 m^2/g，在催化己酸与 1-辛醇的酯化中显示出较好的产率和较高的选择性。80℃下用 Nafion（13%）/SiO_2 纳米复合催化剂催化丙烯酸和二聚环戊二烯的酯化就可达到 91%的转化率。此后 Kazuo Okuyama 等又报道了另一种全氟磺酸树脂 Aciplex，与 SiO_2 以同样方式结合，催化羧酸与 1-丁醇的酯化反应，Aciplex（20%）/SiO_2 的催化酯化效果优于 Nafion（13%）/SiO_2。

最近 Heidekum 等报道了几个环烯烃与饱和或不饱和酸的酯化反应，催化剂分别为 Amberlyst15、Nafion 及 Nafion（13%）/SiO_2。当烯烃活性较低，尤其反应温度也较低如 80℃。Nafion 型催化剂明显优于 Amberlyst15，这主要是由于前者的酸度高于后者的缘故。对于活性高的烯烃，两种催化剂都得到较高的产率（96%）和选择性（98%）。

酯化反应大多在极性溶剂中进行，Nafion 能很好地溶胀，单纯用 Nafion 也有较高的催化活性，如苯甲酸和正丁醇用 Nafion 或 Amberlyst15 于 110℃反应 6 h，转化率达 65%。全氟磺酸离子交换树脂也能催化长碳链的酸与醇的酯化，如在 Nafion 催化下，十二酸与十二硫醇于 110℃反应 12 h，酯产率为 91%。

3.5.3.3 烷基化反应

Nafion 可催化烷基化反应，反应可在气相、液相中进行。可利用苯与丙烯的烷基化反应来比较与其他离子交换树脂的相对催化活性：100℃反应，Amberlyst15、Nafion 及 Nafion（13%）/SiO_2 的反应速率（和转化率）分别为 0.6（10.7%）、2.2（2.2%）和 87.5（16.2%）。Hasegawa 等用苯乙烯作为烷基化试剂，比较 Nafion 和 Amberlyst15 的催化性能，数据表示出 Nafion 型催化剂明显优于 Amberlyst15，有较高的催化活性。

Botella 研究了不同比表面的 Nafion/SiO_2 催化剂对异丁烷与 2-丁烯反应的影响，当 Nafion 含量同为 20%，比表面积很大时（如 158 m^2/g），转化率降为 88.7%。这可归咎于比表面积很大时，Nafion 的磺酸基团与 SiO_2 的硅氧键相互作用导致催化活性下降。Nafion/SiO_2 催化剂还可以催化苯与长链烯烃 C_9～C_{13} 的烷基化，80℃下转化率达 99%以上。产物经磺化便可得到清洁剂的原料。与 Amberlyst15 相比，Nafion/SiO_2 催化大约强 400 倍。苯酚的烷基化反应有着广泛的商业用途，阳离子交换树脂如 Amberlyst15 常用来催化此类反应，苯酚与烯烃反应，反应主要发生在对位，如 120℃下，催化苯酚与十六烯的反应，产率可达 97%，选择性为 100%。但此类反应中，由于反应温度与树脂脱磺温度接近，催化剂易失活。Nafion/SiO_2 催化剂的高热稳定性在这类反应中显示出良好的催化性能，催化苯酚与 2,2,2-三甲基-1-戊烯反应，合成出聚乙二醇表面活性剂的重要中间体 *p*-1,1,3,3-四甲基丁基苯酚，70℃下反应 5 h，产率 82.5%，110℃下反应，产率高达 97.6%。

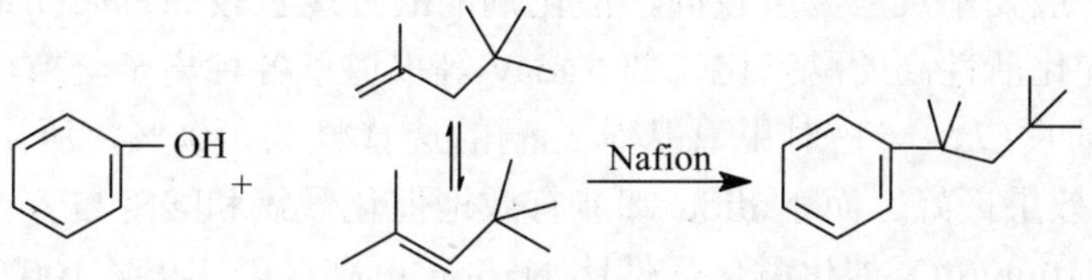

OH + ⇌ —Nafion→

Harmer 等报道了苯、对二甲苯与苯甲醇的烷基化反应，结果显示 Nafion/SiO_2 比纯 Nafion 催化活性高 2 倍，而 Amberlyst15 无法催化该反应。也有人报道了 Nafion 催化苯酚与醚发生烷基化反应，如苯酚与 MTBE 反应，生成邻对位的叔丁基苯酚。Olah 还研究了各种固体酸催化剂催化 1-溴金刚烷与取代苯的反应，Amberlyst、Nafion、Nafion/SiO_2 及 HY 等都表现出很高的催化活性，转化率达 100%，Amberlyst XN-1 010 催化产物几乎全为对位产物。对于 1-溴金刚烷与丁苯反应，Nafion 比其他弱酸催化剂选择性差些，这可归因于 Nafion 超强酸使苯-叔碳键断裂，导致叔丁基正离子和金刚烷阳离子键的交换。这也说明了寻找最佳酸催化剂及反应条件的重要性，而不必要求催化剂都是强酸。不过强酸催化剂往往在低温下可得到较理想的选择性。

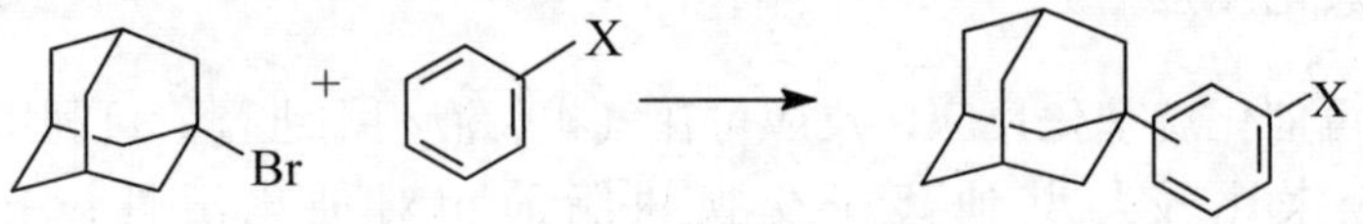

3.5.3.4 异构化及取代基转移反应

Nafion 和 Nafion/SiO_2 在乙酸酐中均可催化佛尔酮（ketoisphorone）的芳构化反应，生成相应的2,3,5-三甲基对苯二酚二乙酸酯，转化率均达94%以上。在Nafion催化下，可与长碳链烷基苯之间发生烷基转移反应，合成 1,4-二（2-十二烷基）苯。115℃下，2-叔丁基对苯二酚与甲苯反应 1 h，便得到对苯二酚和叔丁基甲苯，Nafion、Amberlyst15、Nafion/SiO_2 催化的转化率分别为55%、88%和99%。在Amoco公司的专利中，Claremberbeau和Steylaerts研究了Nafion、Amberlyst15、Nafion/SiO_2 催化的末端烯烃（C_{14}～C_{20}）的异构化。Hamer 等研究了 13%Nafion/SiO_2 催化的1-丁烯异构化，其催化能力比 Amberlyst15 高得多。

Nafion 树脂作为固体酸催化剂使用，在光照下可使反式肉桂酸乙酯光异构化，产物含顺式异构体 73%，反式异构体 27%。3-亚甲基-1,2,4,5,6,6-六甲基-1,4-环己二烯在光照和 Nafion 树脂催化下，异构化成以环戊二烯衍生物为主要组分的混合物。反应体系中无 Nafion 树脂时，则不发生光异构化反应。

3.5.3.5 酰基化反应

酰基化一般要求反应温度较高，催化剂的酸强度也较高。大孔聚苯乙烯型磺酸树脂只可催化活性高的酰基化。如 Yadav 等报道了各种离子交换树脂催化苯甲醚与乙酸酐的反应，产物对甲氧基苯乙酮的选择性为 100%，所用催化剂中以 Amberlyst36 效果最好。而 Nafion 却能有效地催化酰氯和酸酐与芳香化合物的非均相酰化。Nafion/SiO_2 催化酰化活性比 Nafion 更高（表 3-9），100℃下催化苯甲醚与酰氯的反应，转化率和选择性分别达 100%和 97%。

表 3-9 烷基苯与苯乙酰氯的催化酰化（选择性＞97%）

催化剂	产率/%			
	甲苯	邻二甲苯	间二甲苯	苯甲醚
Nafion（13%）	＜1	10	25	59
Nafion/SiO_2	7	37	58	97

Nafion 也可催化分子内酰化关环，生成环酮，产率高达 82%～95%，反应式如下：

$$\text{(邻-X-取代苯甲酸, COOH)} \xrightarrow[\text{二氯苯，82\%\sim95\%}]{\text{Nafion}} \text{(环酮, C=O)}$$

X=NH，O，CO，CH_2，CH_2CH_2 等

最近 Olah 等还报道了 Nafion 催化芳香化合物的磺酰化反应，直接用磺酸代替惯用的磺酰氯，产率达 30%～82%。将苯或烷基苯与苯甲酰氯及催化剂 Nafion 树脂混合，回流加热，即可发生酯化反应。对二甲苯的苯甲酰化在 135℃下进行，2,5-二甲基二苯甲酮的产率约为 85%。Nafion 树脂可过滤回收。

3.5.3.6 Diels-Alder 反应

Nafion 树脂的催化作用使 Diels-Alder 环加成反应能在低温下进行。例如，蒽分别和马来酸酐、对苯醌、马来酸二甲酯以及富马来酸二甲酯的反应，可在 60～80℃、在 $CHCl_3$ 或苯的回流下进行。Lewis 酸催化下，反应在室温下即可进行，但反应产物中常伴随二烯烃的聚合反应，而且催化剂用量需 2 倍于催化当量。催化当量的质子酸 Nafion 即可在较低温度下有效地催化此类反应。1,3-环己二烯与丙烯醛反应，不加催化剂于 100℃下反应 3 h，只得到 25%的产物；在 Nafion 催化下，25℃下反应 40 h，产率达 88%。60～80℃下，蒽可以和亲双烯体在苯或氯仿中回流反应。亲双烯体分别为马来酸酐、对苯醌、二甲苯马来酸、二甲基富马酸，分别反应 5 h、2 h、15 h、16 h，产率为 91%、92%、95%、94%。Nafion/SiO_2 负载的二噁唑啉-二价金属离子（Cu、Mg、Zn）也被用来催化 Diels-Alder 反应，但选择性差，这归因于复合催化剂结构中无手性中心。

3.5.3.7 Mukaiyama Aldol 反应

Vankar 等报道了 Nafion 可以很好地催化芳香亚胺的 Mukaiyama Aldol 反应（反应式如下）。对于芳香醛与硅烯醚的反应，产物停在丁间醇醛这一步，经 CF_3COOH 处理可关环；而对于芳香亚胺与硅烯醚的反应，可直接关环，得到杂原子 Diels-Alder 加成产物。当芳香醛为糠醛和 3-吡啶醛，用 CF_3COOH 处理时，发现 Mukaiyama 产物分解，而相应的芳香亚胺并无此现象。

OMe
+ ArCH═X ⟶ SXiMe$_3$O ⟶(CF$_3$COOH)
Me$_3$SiO
X Ar
X=O 或 NPh

3.5.3.8 低聚反应与聚合反应

Nafion 可催化高级烯烃（C_{10}～C_{32}）的聚合，而高级烯烃的聚合物氢化后可作润滑油。2-甲基苯乙烯（AMS）的二聚是一个很重要的反应，产物不饱和二聚物 B 是重要的工业原料，可用来调节聚合物的分子量。13%Nafion/SiO_2 及 Nafion 表现出很高的活性，在 60℃下聚合反应 65 h，Nafion/SiO_2 催化的产物以 D 为主，选择性为 91%，转化率为 98%；Nafion 催化的产物以 B 为主，选择性为 47%，转化率为 97%。Fujiwara 等报道了 MCM-41/Nafion 催化该反应，产物基本为 B，D 很少。Harmer 等还研究了在不同溶剂中的催化：以异丙基苯为溶剂，13%Nafion/SiO_2、Nafion、Amberlyst15 催化的一级反应速率常数分别为 110.1 mmol/（L·mmolH^+·h），0.1 mmol/（L·mmolH^+·h），0.6 mmol/（L·mmolH^+·h）；换作极性的对甲苯酚做溶剂，三者的一级反应速率常数分别为 106.8 mmol/（L·mmolH^+·h），2.3 mmol/（L·mmolH^+·h），0.3 mmol/（L·mmolH^+·h）。徐柏庆等也报道了 Nafion/SiO_2 催化的 AMS 二聚反应，验证了催化剂的有效性，研究了反应的动力学。

2 A ⟶ B + C + D

Nafion 树脂催化 1-癸烯进行低聚反应，低聚物总收率为 75.9%。其中二聚体占 70.6%，三聚体占 19.1%，四聚体占 3.4%。7-十四碳烯、2-辛烯、5-癸烯都可以进行低聚反应。周鹏等考察了反应温度、空速对 Nafion 催化异丁烯低聚反应的影响，探讨了催化剂在反应中的稳定性和变化特点。在 30～60℃，异丁烯的转化率随着温度的升高迅速增加，低温时液体产物以二聚体为主。当反应温度高于 60℃时，要实现转化率大于 86%，液体产物以三聚体为主，Nafion 的催化活性随着可接近磺酸基团更易接近，由温度变化引起磺酸基团浓度温度增加但可逆，经低温处理后可以复原。将 Nafion 负载在大比表面的载体上，在低温下可获得更多的异丁烯二聚体。

3.5.3.9 缩醛和缩酮反应

Nafion 树脂催化醛(酮)与二醇、原甲酸三乙酯等的反应已有很多报道。Nafion 还可催化缩醛（酮）与二硫醇反应，生成相应的硫缩醛（酮）。

形成缩醛（酮）是羰基保护的一个重要方法，可使醛、酮避免在反应中受氧化剂或碱性试剂的破坏，用 Nafion501 作催化剂进行缩醛（酮）化反应，可以得到好的收率，见表 3-10。

表 3-10 一些缩醛和缩酮反应的结果

化合物	R^1	R^2	收率/%
二甲基缩醛和缩酮	—（CH_2）—		98
	CH_3	$n\text{-}C_5H_{11}$	83
	CH_3	Ph	93
	H	Ph	87
亚乙基二硫代缩酮	—（CH_2）$_5$—		91
	—（CH_2）$_6$—		100
	PhCH	$PhCH_2$	100
	Ph	CH_3	96
	Ph	Ph	100

3.5.3.10 重排反应

（1）Pinacol 重排

此反应可用于酮类的制备，产率达 82%～92%。例如，四甲基乙二醇重排得片呐酮；四苯基乙二醇重排得三苯基苯乙酮。当温度不高时（如 60℃），Nafion 和 Amberlyst15 等可有效催化邻二醇的 Pinacol 重排反应。如 1,1,2-三苯基-1,2-乙二醇的重排，Amberlyst 催化的转化率达 96%，Nafion/SiO_2 也可达 90%。

（2）Fries 重排

用 Nafion 树脂作催化剂，以无水硝基苯为溶剂，回流加热，可将酚酯类转化为羟基苯基酮类。苯酚酯与 Nafion 在硝基苯溶剂中回流，生成邻对位的酮酚（o∶p=1∶2)。Hoeldrich 等利用 Nafion/SiO_2 作催化剂，研究了同一反应，转化率没有 Nafion 作催化剂时高，但随着 Nafion 比例的增加而增加。但是 Nafion/SiO_2 作催化剂，改变了产物的选择性，以 13%Nafion/SiO_2 催化剂为例，产物中 o∶p=3∶4。

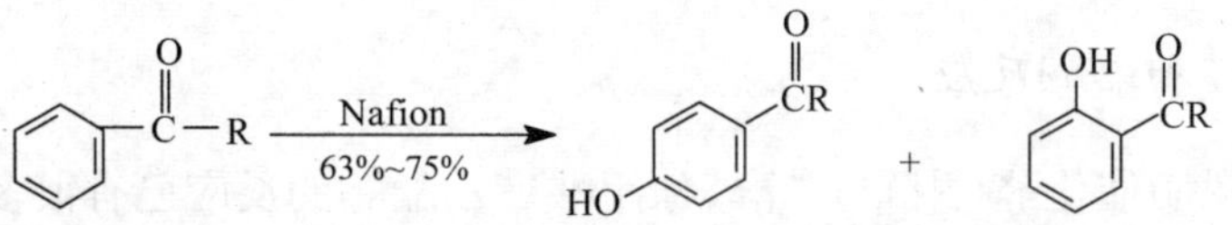

（3）Claisen 重排

气相的烯丙基醇在 170～190℃通过 Nafion 树脂层，则重排为相应的醛。80℃下，以苯作溶剂，Nafion、Nafion/SiO_2 催化烯丙基苯基醚的重排反应，反应 5 h 后，后者催化的转化率可达 41%，而前者仅为 8%。

3.5.3.11 开环反应及关环反应

在 Nafion 树脂催化下，有机物的环氧键能通过水合或醇解而打开，产率甚高。例如，用 Nafion 树脂或载体 Nafion 树脂在 92℃催化环氧乙烷水合可获得乙二醇。Olah 等报道了 Nafion 在 40℃催化苯乙烯型环氧乙烷水解生成醛类化合物，反应中先水解生成邻二醇，重排得到产物，反应 5 h，产率均可达 90%以上。有趣的是，一些环氧化物可在 Nafion 催化下与邻位的苯环进行关环反应。反应在填充柱中进行，以 CH_2Cl_2/$FCCl_3$/TEE（2,2,2-三氟乙醇）作为混合溶剂，分离简便，产率 42%～88%。前面已提及 Nafion 可催化分子内酰基化反应，生成环酮化合物。Nafion 还可催化 2,2-二羟基二苯化合物的分子内关环反应，生成二苯呋喃。类似的 2,2-二氨基二苯化合物的分子内关环生成相应的咔唑。

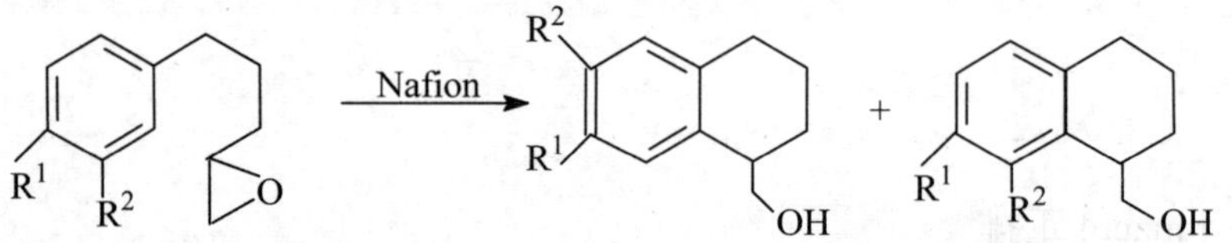

Bonrath 等报道了 Nafion 和 Amberlyst15 可有效催化三甲基对苯二酚与异叶绿醇反应合成维生素 E，产率达 90%以上。此反应中叔醇并不像预期中的那样脱水生成烯烃，而是先发生烷基化反应，紧接着分子间脱水成环，得到产物。

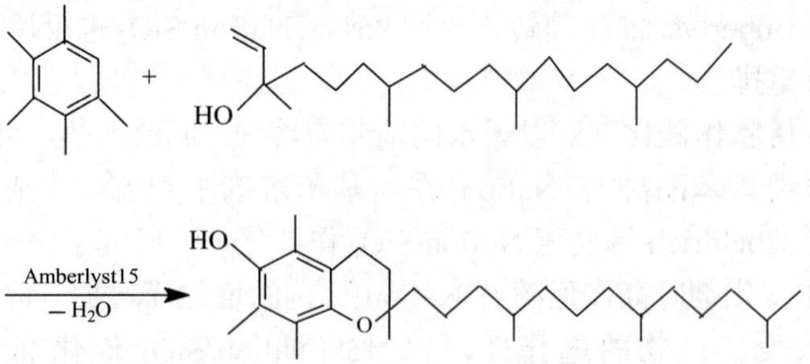

3.6 生物催化剂

生物催化（biocatalysis）又称生物转化（biotransformation），是利用酶或生物有机体对外源有机物的某一特定功能基团或部位进行特异性的结构修饰以获得有价值的不同化学产物，其本质是酶催化反应。生物催化利用生物体对底物的不确定性，充实了新化合物的资源；利用其多样性，可以获得一些化学合成难以得到的活性化合物。基于其高选择性、高效、条件温和及环境友好等特点，生物催化成为可持续发展过程中替代和拓展传统有机化学合成的重要方法。

3.6.1 生物催化剂的来源

3.6.1.1 新生物催化剂的发现

生物催化剂主要来源于微生物，尽管科学家在微生物研究方面已经取得很大的进展，但人们所了解认识的微生物相对于整个微生物库来说只是极少的一部分。生物催化的发展要求人们发现更多生物催化剂，它们应具有适用于新反应类型、转化率更高、有机溶剂耐受性更强等特性。这就需要研究人员扩大微生物来源，逐渐把目光集中到那些种类繁多、环境独特、功能多样的微生物源，如海洋和反刍动物的瘤胃。

海洋资源丰富，是人类赖以生存的后盾。在生物催化领域，研究者们已然从中筛选出了许多新的生物催化剂。肖峰等从青岛黄海海域的鱼类、海水、贝类和海泥等样品中分离得到菌株Aranicola proteolyticus XF-1，环境适应性好，为中度嗜冷细菌，所产蛋白酶为中性蛋白酶。White 等从一种已知海洋细菌生物膜上得到一种对EDTA敏感的新型蛋白酶。吕明生等首次报道了交替假单胞菌（Pseudoalteromonas Tetraodonis）产生低温右旋糖苷酶，他们筛选得到的菌株LP621，产生的右旋糖苷酶作用温度低、耐热性好，具有很大的潜在工业应用价值。此外，如产淀粉酶、酯酶和琼胶酶的海洋细菌也大量被报道。

与单胃动物相比，反刍动物具有较强的降解消化饲料的能力，这与其体内的瘤胃微生物密切相关。反刍动物的瘤胃中栖息的微生物有细菌（超过200种）、原虫（超过25个属）、真菌（5个属）和古菌。瘤胃微生物是反刍动物独特的组成部分，是目前已知的降解植物纤维素类物质最高效的天然体系。它依赖瘤胃微生物群体之间的协同作用，将天然纤维素类物质快速降解转化成一系列动物能源和营养物质。复杂有机物降解需要4种功能菌群的协同作用，包括初级发酵细菌、次级发酵细菌和2种产甲烷古菌。通过菌群的协同作用，复杂有机物最终被转化成甲烷和CO_2。瘤胃微生态系统富含的与纤维降解相关的基因能促进复杂碳水化合物的转化，在多种工业过程中具有良好的应用潜力。Duan等从水牛胃中筛选分离得到7个在pH为5.5或更低时具有较强活性的纤维素酶，为进一步工业化应用奠定了基础。

反刍动物是食草动物，草类植物当中含有丰富的糖类、生物碱类、皂苷类、黄酮类、苯丙素类和醌类等物质，反刍动物的瘤胃对这些物质都有着强大的降解转化能力。真正作用的是瘤胃微生物，尤其是瘤胃细菌。而这一切都是基于瘤胃来源酶的强大生物催化功能。可以预见，瘤胃来源酶将在生物催化领域大放异彩。

3.6.1.2 天然酶的改造

定向进化是酶分子改造常用方法。主要有3种策略：随机突变、靶向突变和DNA重组。易错聚合酶链式反应（Polymerase Chain Reaction，PCR）是在采用DNA聚合酶进行目的基因扩增时，通过调整反应条件来改变突变频率，从而以一定的频率向目的基因中随机引入突变，获得蛋白质分子的随机突变体。一般适用于较小的基因片段，突变碱基中转换高于颠换，因此应用范围有限。汤晓玲等对菌株Rhodobacter Sphaeroides 的RSP-2728酯酶基因利用易错PCR技术进行立体选择性进化研究得到突变株C8G1，对映体选择性从3.13提高到14.01，提高了4.5倍。组合设计方法是一种非理性设计方法，通过在蛋白质随机位点引入随机突变来提高蛋白质的稳定性。DNA改组是通过单个基因或多个家族基因产生同源重组突变库，其优点是不需要了解结构信息和功能关系。定点突变技术又称为理性设计，可以作为DNA重组的有益补充。实验室酶进化效率是目前亟待解决的问题，定向进化技术知名专家Reetz在2010年报道了一种为加速酶立体专一性和热稳定性的定向进化的方法：迭代饱和突变（ISM）。该研究通过将饱和突变应用于定向进化已经系统研究过的脂肪酶，严格测试了ISM的效率。结果显示，仅筛选10 000转化子就达到了没有先例的对映体选择性（E=594）。证实了ISM比传统的定向进化方法更有效。

定向进化技术都需要高通量筛选方法的支撑，高通量检测方法则根据不同反应的特性而各不相同。能否建立高通量，自动化的筛选方法成为酶定向进化乃至自然界新生物催化剂筛选的关键所在。Pohn等开发了一种高密度微克隆点阵结合光学传感和自动图像分析的筛选平台技术，可以同时对7 000个微克隆中的酶活力进行快速检测。孙艳等建立了一种以滤膜为基础的高通量筛选耐热胆固醇氧化酶的方法，将酶的热处理和酶与底物的反应分开，不需要培养单个菌落，操作简便可行，且可以衍生至其他特性筛选，具有较好的通用性。

3.6.2 酶的固（态）化

酶是一种水溶性催化剂，如以溶液形态使用，在反应完成、产物被分离出来以后，作为催化剂的酶将随废水一起排放，不仅造成浪费，而且污染环境。如果将酶固（态）化，就可以避免上述不良后果。酶的固（态）化主要有载体结合、包埋及交联等三种方法。其中以载体结合法和包埋法最常用。

3.6.2.1 载体结合法

载体结合就是将酶沉积、附着并结合在某种粒状固体载体上。用载体结合的酶，其活性较稳定，使用寿命也较长，可以连续而较长期地用于固定床或流化床反应器。对于全混流反应器，也可在反应完成后，通过过滤或离心分离将其回收并重复使用。

3.6.2.2 包埋法

包埋法是三种固（态）化方法中应用最广的一种，因为在包埋过程中酶不会受到损伤。包埋法不仅可应用于酶，也可应用于产酶细菌的固（态）化。包埋法常应用于固（态）化产生酶的细菌，因为这一方法可以省掉分离酶的过程，因而可以降低制作成本。更因为包埋的酶在细胞内是自然状态，具有较高的活性，而且被包埋的细菌如处于生存状态，仍可发育繁殖。因此，包埋法是工业发酵的一项新的发展方向。用于固（态）化的包埋材料通常有海藻酸、聚丙烯酰胺凝胶、琼脂、卡拉胶等。

3.6.2.3 交联法

交联法是采用双功能或多功能试剂，使酶分子之间或酶分子与载体之间或酶分子与惰性蛋白之间交联聚合成“网状”结构的固定化方法。戊二醛是最常用的双功能试剂。

3.6.3 生物催化剂热点应用领域

现今生物催化已经涉及大宗化学品、生物能源、食品和精细化学品及环境保护等很多领域。因其具有高度的化学、区域和立体选择性，适用于医药、食品和农药等精细化工产品的合成制备，所以在精细化学品（农药、手性化合物、香精香料、药物和化妆品等）领域呈现出无法比拟的良好发展势头。

3.6.3.1 手性化合物

大多数生物分子，如糖、氨基酸以及由它们组成的生物大分子，如蛋白质、DNA等都具有手性。这就使得生物体能够高度地选择识别特定的分子来进行各类反应。因此，利用特异的生物催化手段合成手性化合物就成为一种有效的方法，这种方法又叫作不对称合成。目前化学催化拆分或不对称合成仅局限在有限范围内，许多化学催化手性合成反应步骤多，要使用昂贵的手性试剂，环境污染重，能耗高，并且产物非天然型。生物催化手性合成已成为制备手性化合物最有前景的方法之一。目前，报道多应用于手性化合物合成的酶主要有环氧化物水解酶、酮酸脱羧酶、醇脱氢酶和氰醇裂解酶等。应用于手性化合物合成的微生物主要包括细菌、放线菌、真菌和酵母菌。如常用于还原羰基化合物生成手性醇的是面包酵母。生物催化在手性药物合成中主要有3种反应类型：不对称还原反应、不对称水解及其逆反应和不对称环氧化反应。有时一种手性化合物的合成可以应用其中不同的反应从不同的路径进行生物催化合成。例如，手性芳基邻二醇的合成主要有芳酮或芳烯的不对称氧化还原反应和芳基环氧化物的不对称酶促水解反应。

3.6.3.2 组合生物催化与新药开发

组合生物催化是指利用一种以上的具有特殊转化功能的微生物或酶，对同一个母体化合物进行组合转化，以得到化学结构的多样性，它是从已知化合物中寻找新型衍生物的有效手段。生物体内大量酶的作用导致天然产物的多样性及其结构的复杂性。应用组合生物催化方法可以实现一系列复杂的、传统化学方法难以实现的化学反应；可以生成稀有活性成分，扩大已知物种的药用价值以及丰富先导化合物筛选库。

目前国内学者大多还只是在一些综述中对组合生物催化概念及优越性进行探讨。刘永红在研究左旋肉碱的合成方法时，设想用多菌株转化一种底物的模式，探索将高转化率菌株与能转化为所需构型的高光学选择性菌株结合起来，转化同一种底物。这一设想后来正契合了孙铁然为解决天然抗病毒药物研发而提出的理念——“组合微生物转化”。也有少数实验室开始实际涉足这一领域。例如，生物反应器工程国家重点实验室生物催化与生物加工研究室尝试了用自主筛选的糖苷酶和脂肪酶以葡萄糖为出发底物建立了三维阵列的组合合成分子库。

国外学者在该领域的研究显得更为具体和深入。Rich等利用组合生物催化产生了一系列结构改良的二羟基甲基玉米赤霉烯酮类似物；Garcia-Janceda研究了多酶体系组合生物催化合成糖复合物（包括核苷酸糖、天然化合物糖基化和肽糖等）。鉴于许多具有生物活性的天然产物都是由生物体通过专门的生物合成途径生成，设想可以通过设计合理的路径来进行组合生物催化，而合理催化路径的设计就取决于合理模型的建立。国外研究者建立的模型主要有酶模块系统和固体基板：①Rupprath等开发了一个高度灵活的酶系统，第一次实现了胸苷二磷酸激活脱氧糖的原位再生。使用3个酶模块组合生物催化生成新的鼠李糖。该系统允许在脱氧糖模块中进行酶的交换以及在糖基转移酶模块中进行糖基转移酶和苷元的交换，从而生成一系列新的糖基化天然产物。该系统优点在于催化体系的灵活多变，研究者可以根据不同需求设计不同反应。②固相组合生物催化是组合化学的一种替代方法。它运用了温和反应条件下酶的高度专一性、区域及化学选择性。Brooks等首次报道了在固体基板上酶催化氧化和卤代的一系列反应。固体基板固定一系列氧化酶，可以进行乙醇氧化、酚类耦合、芳香化合物和烯烃卤代以及烯烃环氧化反应。这种方法扩大了生物催化的范围，丰富了复杂先导化合物库。天然黄酮类化合物——岩白菜素被作为一个模型底物，评估了固相组合生物催化的可行性。良好模型的建立需要更为深入地了解生物催化机理。因此，生物催化机理的研究成为整个领域中最具挑战性的理论研究方向。

3.7 纳米催化剂

纳米科学与技术的发展已广泛地渗透到催化研究领域，其中最典型的实例就是纳米催化剂（Nanocatalysts，缩写为NCs）的出现及与其相关研究的蓬勃发展。NCs具有比表面积大、表面活性高等特点，显示出许多传统催化剂无法比拟的优异特性；此外，NCs还表现出优良的电催化、磁催化等性能，已被广泛地应用于石油、化工、能源、涂料、生物以及环境保护等许多领域。

3.7.1 纳米催化剂性质

3.7.1.1 表面效应

描述催化剂表面特性的参数通常包括颗粒尺寸、比表面积、孔径尺寸及其分布等。有研究表明，当微粒粒径由10 nm减小到1 nm时，表面原子数将从20%增加到90%。这不仅使得表面原子的配位数严重不足、出现不饱和键以及表面缺陷增加，同时还会引起表面张力增大，使表面原子稳定性降低，极易结合其他原子来降低表面张力。此外，Perez等认为NCs的表面效应取决于其特殊的16种表面位置，这些位置对外来吸附质的作用不同，从而产生不同的吸附态，显示出不同的催化活性。

3.7.1.2 体积效应

体积效应是指当纳米颗粒的尺寸与传导电子的德布罗意波长相当或比其更小时，晶态材料周期性的边界条件被破坏，非晶态纳米颗粒的表面附近原子密度减小，使得其在光、电、声、力、热、磁、内压、化学活性和催化活性等方面都较普通颗粒相发生很大变化，如纳米级胶态金属的催化速率就比常规金属的催化速率提高了100倍。

3.7.1.3 量子尺寸效应

当纳米颗粒尺寸下降到一定值时，费米能级附近的电子能级将由准连续态分裂为分立能级，此时处于分立能级中的电子的波动性可使纳米颗粒具有较突出的光学非线性、特异催化活性等性质。量子尺寸效应可直接影响纳米材料吸收光谱的边界蓝移，同时有明显的禁带变宽现象；这些都使得电子/空穴对具有更高的氧化电位，从而可以有效地增强纳米半导体催化剂的光催化效率。

3.7.2 常见纳米催化剂

NCs大致可以分为负载型和非负载型两大类（表3-11）。

表 3-11 纳米催化剂分类

<table>
<tr><td rowspan="3">负载型</td><td>负载型金属 NCs</td><td>负载型贵金属 NCs
负载型过渡金属 NCs</td></tr>
<tr><td colspan="2">负载型金属氧化物 NCs</td></tr>
<tr><td colspan="2">金属配合物/分子筛复合 NCs</td></tr>
<tr><td rowspan="5">非负载型</td><td>金属 NCs</td><td>贵金属 NCs
过渡金属 NCs
合金型 NCs
金属簇 NCs</td></tr>
<tr><td>金属氧化物 NCs</td><td>过渡金属氧化物 NCs
主族金属氧化物 NCs
稀土金属氧化物 NCs
金属复合氧化物 NCs</td></tr>
<tr><td colspan="2">纳米分子筛催化剂</td></tr>
<tr><td colspan="2">纳米膜催化剂</td></tr>
<tr><td colspan="2">生物 NCs</td></tr>
</table>

3.7.2.1 贵金属纳米催化剂

Au 是贵金属中最具代表性的一种元素，其外层d轨道具有半充满的电子结构，一般不易化学吸附小分子，且很难制得高分散的Au纳米颗粒。但是，利用碳纳米管（CNTs）与负载的金属之间特殊的相互作用，有人成功地利用化学镀层技术将Au负载到CNTs上，制备了高分散的Au/CNTs NCs。

3.7.2.2 过渡金属纳米催化剂

过渡金属元素大多都含有未成对电子，因而表现出一定的铁磁性或顺磁性，且极易化学吸附小分子，如Fe、Co、Ni就是制备CNTs阵列的高效NCs。Yabe等使用由纳米Fe膜转化得到的纳米Fe颗粒，催化乙炔裂解制得CNTs阵列。Zhang等使用由纳米Ni膜经过原位预处理得到的纳米Ni颗粒，催化裂解乙二胺制得CNTs阵列。崔屾等使用经过预处理和还原的Ni膜，以低碳烷烃为碳源，可在不同反应条件下制得形态各异的CNTs薄膜。

3.7.2.3 多组分合金型纳米催化剂

多组分合金型NCs是由两种以上金属原子组成，且大多呈无定型态。合金型NCs的比表面积和配位不饱和度都很高，属极富潜能的催化剂。Bock等以比表面积较大的C为载体，将Pt、Ru沉积在其表面制得的合金NCs在甲醇电氧化反应中表现出较高的催化活性。

3.7.2.4 金属簇纳米催化剂

纳米金属簇属介观相，具有与微观金属原子和宏观金属显著不同的性质。我国科研人员在该研究领域已经取得突破性进展。据中国科学院纳米科技网报道，刘汉范等采用化学还原法制备了Pt族纳米金属簇以及Pt-Pd、Pt-Rh、Pt-Au等纳米双金属簇。该研究小组还将高分子基体效应与冷冻干燥技术相结合，实现了大量合成纳米金属簇；他们还利用微波介电加热技术实现了纳米金属簇的连续合成，并解决了纳米贵金属簇的稳定性问题。Winans等将Pt金属簇负载到硅晶片自然氧化的表面上[SiO_2/Si（111）]，得到了稳定性极高的纳米金属簇。

3.7.2.5 过渡金属氧化物纳米催化剂

过渡金属氧化物NCs主要用于工业氧化还原催化反应中，与金属单质催化剂相比，其耐热性和抗毒化性能显著提高，同时还具有一定的光敏和热敏性能。采用Sol-gel方法可以分别制得MnO_x/ZrO_2 NCs和磁性纳米固体酸催化剂

$SO_4^{2-}/TiO_2-Fe_3O_4$；前者在催化还原NO反应中表现出较高的活性，后者则可广泛应用于烯烃双键异构化、烷烃骨架异构化、烯烃烷基化、煤液化及酯化等反应。

3.7.2.6 纳米分子筛催化剂

相对于普通孔径分子筛，纳米分子筛具有更大的外表面积和较高的晶内扩散速率，在提高催化剂的利用率、增强大分子转化能力、减小深度反应、提高选择性以及降低结焦失活等方面均表现出优异性能。王岚等采用常规的水热合成技术，制备了ZSM-5纳米分子筛催化剂，其吸附能力和表面活性都比微米分子筛有明显提高。Hatori等以聚酰亚胺和硝酸镍为原料，制得的MSC（Molecular Sievecarbon）催化剂在丁烯异构体氢化反应中表现出较高的催化活性。

3.7.2.7 生物纳米催化剂

与传统的化学催化剂相比，生物催化剂最显著的优势就是反应条件比较温和，能够使用再生原料。生物催化剂多指酶催化剂，实质上是一类具有特殊结构的蛋白质分子，其尺度通常在纳米范围。酶催化剂主要包括水解酶、裂解酶、异构酶、还原酶和合成酶等，对作用底物具有高度的专一性。文献报道，甲烷单加氧酶（MMO）能在相当温和的条件下将甲烷选择性氧化为甲醇，实现了化学催化几乎不可能实现的转化。

3.7.3 纳米催化剂的应用

3.7.3.1 在催化氧化还原反应中的应用

（1）在氧化反应中的应用

以往在有机氧化反应中所采用的氧化剂大多有一定毒性，因此多年来研究者一直在寻求高性能、低成本、低（无）毒、可回收的催化剂。NCs 的出现给有机合成工业带来了前所未有的契机。Wu 等的研究结果表明，对于乙烷催化氧化脱氢反应，纳米 NiO 催化剂较之常规 NiO 可以在较低的反应温度发挥更好的催化作用。

（2）在加氢还原反应中的应用

虽然催化加氢反应代表的只是工业有机制备反应的一小部分，但却是石油工业中的原油加氢处理方面的一个必不可少的过程，该过程能够减少柴油和飞行器燃料中的部分芳香族和不饱和碳氢化合物的含量，从而显著提高燃烧效率。以硅为基底的纳米 Pt 催化剂对还原 TOF（磷酸三辛酯）33 000 和 TOF10000 均表现出超强的催化活性。负载到纳米孔内的双金属纳米颗粒（Ru_6Pd_6、Ru_6Sn、$Ru_{10}Pt_2$、

Ru_5Pt、$Ru_{12}Cu_4$、$Ru_{12}Ag_4$）在许多低温单步加氢反应中均表现出很高的催化活性，对于多烯烃的选择加氢特别有效。

3.7.3.2 在环境保护领域的应用

（1）光催化降解

NCs 可将水或空气中的有机污染物完全降解为二氧化碳、水和无机酸，已广泛地应用于废水、废气处理，并且在难降解的有毒有机物的矿化分解等方面也比电催化、湿法催化氧化技术有着显著优势。文献中报道以 Fe_3O_4 为载体，在 Fe_3O_4 与 TiO_2 之间包裹 SiO_2 制备了磁性纳米复合催化剂，既维持了光催化剂悬浮体系的光催化效率，又可利用磁性处理技术回收光催化剂。纳米 ZrO_2 也是一种很好的光催化剂，在紫外光照射下，既能杀死微生物，又能分解微生物赖以生存、繁衍的有机营养物，从而达到杀/抗菌的目的。

（2）尾气处理

CO_x 和 NO 是汽车尾气排放物中的主要污染成分。负载型 NCs Pt-γ-Al_2O_3-CeO_2 有效地解决了催化剂使用温度范围与汽车尾气温度范围不匹配的问题，催化 CO 转化率可高达 83%。Sarkar 等运用模拟实验证实，在存在氧气条件下，Pd-Rh NCs 在 CO 氧化过程中表现出很高的活性，而在无氧状态下，Pt-Rh NCs 活性更高；对于 NO 还原反应，无论氧气存在与否，Pt-Rh NCs 都表现出较高的催化活性。此外，Khoudiakov 等的研究结果表明，沉积在过渡金属氧化物 Fe_2O_3 上的纳米 Au 微粒对于室温下 CO 的氧化也具有很高的催化活性。

3.7.3.3 在电池工业中的应用

在燃料电池的开发研究中，催化剂是关键材料之一，要求其必须具有比表面积大、稳定性和活性高、不易中毒等优点。以聚合物电解质燃料电池为例，其发展一直受一些因素的束缚，如催化剂比表面积较小以及穿过 Nafion 膜的甲醇电催化反应缓慢等。通过增加碳基底上的 Pt 及其合金的比表面积，可以有效地提高催化剂表面的电化学反应速率。Prabhurum 等制备了以 Vulcan XC-72 碳为基底的纳米 Pt 催化剂，可用作燃料电池的催化剂，效果比较理想。纳米 Ag 粉、Ni 粉的轻烧结体也可作为化学电池、燃料电池和光化学电池的电极，可以有效地增大与液相或气体之间的接触面积，增加电池效率，有利于电池小型化。

4 绿色溶剂

有机溶剂是最常用的工业化学品之一，很少有绝对不使用有机溶剂的工业行业。大多数有机反应都是在溶剂中进行的，反应溶剂的使用不仅有利于反应物和催化剂的接触，也决定工作过程和处理策略的选择。在化工生产过程中，大量有机溶剂的使用和排放对人类生存环境构成了极大的威胁。据估计，世界工业排放的60%来源于有机溶剂，挥发性有机化合物排放的30%来源于有机溶剂。考虑到化学反应对环境的影响，寻找替代挥发性有机溶剂的绿色溶剂成为学术界和工业界的巨大挑战。开发并实施无溶剂过程是最理想的，但无论如何由于溶剂在溶解固体物质、传热传质、改变黏度以及分离与纯化步骤中的重要作用，溶剂的使用也是不可避免的。目前绿色溶剂的开发策略主要有两种方式：一是用来源于可再生资源的溶剂替代石油基溶剂；二是用具有较好的环境、健康和安全性质的溶剂替代有害的溶剂。根据绿色化学的十二项原则，一种理想的绿色溶剂应具有高沸点、低蒸气压、低毒等性质，还应有价廉、不易燃、可回收再利用等优点，但满足所有条件的绿色溶剂并不存在。在过去的十几年中，已找到了一些替代溶剂（水、离子液体、超临界流体、超临界二氧化碳和全氟化溶剂等）。本章介绍绿色溶剂——水、离子液体、超临界流体、氟溶剂、可调变和开关溶剂、生物基溶剂等的性能和应用。

4.1 传统溶剂的种类及危害

现今工业有机溶剂的品种已达30 000余种，按有机溶剂化学组成分为若干类，如脂肪烃、芳香烃、氢化烃、萜烯烃、卤代烃、醇、醛、酸、酯、乙二醇及其衍生物、酮、醚、缩醛、含氮化合物、含硫化合物等。

有机溶剂具有脂溶性，除经呼吸道和消化道进入机体内外，尚可经完整的皮肤迅速吸收，长期接触和使用会对人体造成严重危害。不同有机溶剂其作用的主要靶器官和作用的强弱也不同，这决定于每一种有机溶剂的化学结构、溶解度、接触浓度和时间，以及机体的敏感性。有机溶剂对生理作用产生的多种毒性作用：①损害神经的溶剂，如伯醇类（甲醇除外）、醚类、醛类、酮类、部分酯类、苄醇类等；②肺中毒的溶剂，如羧酸甲酯类、甲酸酯类等；③血液中毒的溶剂，如苯及其衍生物、乙二醇类等；④肝脏及新陈代谢中毒的溶剂，如卤代烃类等、苯的氨基及硝基化合物等；⑤肾脏中毒的溶剂，如四氯乙烷、乙二醇类等；⑥生殖毒性的溶剂，如二硫化碳、苯和甲苯等；⑦导致肿瘤的溶剂，如联苯胺致膀胱癌、氯甲醚致肺癌、氯乙烯致肝血管肉瘤。

溶剂对环境造成的影响也不容忽视，最典型的例子就是臭氧层的破坏。氯氟烃（Chlorofluocarbons，缩写为 CFCs）对人类及野生动物的直接毒性很小，并具有低的事故隐患，如不易燃烧、不易爆炸等优点，在 20 世纪得到了广泛的利用，没人怀疑其在各种用途中的有效性，但氯氟烃对臭氧层的破坏与造成的环境影响是非常严重的。

4.2 水作为反应溶剂

传统上，水并不是有机反应中受欢迎的溶剂，因为有机反应物和试剂在水中溶解性差，加之许多试剂在水中分解。然而，生命体内的大多数生物化学反应都是在水介质中进行的。近些年来因为环境和安全的原因，水相中的有机反应受到了极大的关注。因水是最清洁、廉价和安全的溶剂，以纯水为介质的反应体系最符合绿色溶剂的发展方向。与传统的有机溶剂相比，水具有许多独特的物理和化学性质，如它在很宽的温度范围内保持液态、含有大量的氢键、比热容高、介电常数大、氧溶解度高等。水相中的有机反应一方面不需要处理易燃、易爆、有毒的有机溶剂，从而减少了对环境的危害；另一方面，含有活泼氢的基团通常需要保护和去保护的处理，而水相反应克服了这些缺点，从而大大减少了有机合成反应及后处理的步骤，提高了合成的产率。要实现水介质中有机合成反应的高效进行，关键是设计高效催化剂。下面介绍一些水介质中进行的有机合成反应。

4.2.1 氧化反应

在水溶液中，经铂盐催化可以氧化芳环侧链上的甲基。在水中、Pt（Ⅱ）/Pt（Ⅳ）氧化体系下，80～120℃反应 6 h 可以成功地将对甲苯磺酸氧化成对应的醇，进一步氧化成醛。反应式如下：

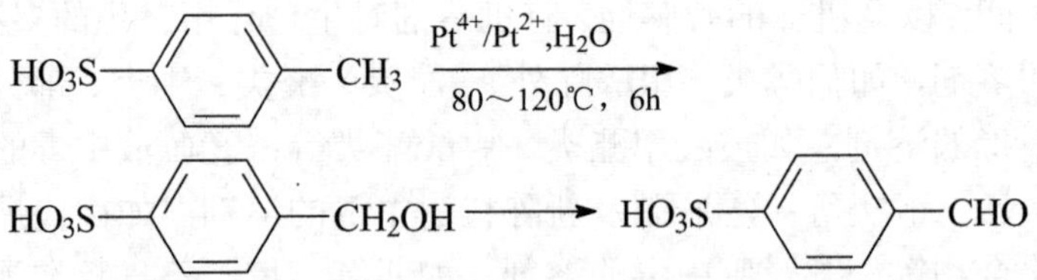

$$HO_3S-C_6H_4-CH_3 \xrightarrow[80\sim120℃，6h]{Pt^{4+}/Pt^{2+},H_2O} HO_3S-C_6H_4-CH_2OH \longrightarrow HO_3S-C_6H_4-CHO$$

多烯化合物氧环的形成一般需要在无水条件下进行，最近研究发现，在 V（水）：V（二甲氧基甲烷）：V（乙腈）＝2∶2∶1 体系下，多烯化合物中的某双键也可高选择性地氧化成不对称的环氧化合物。如下反应：

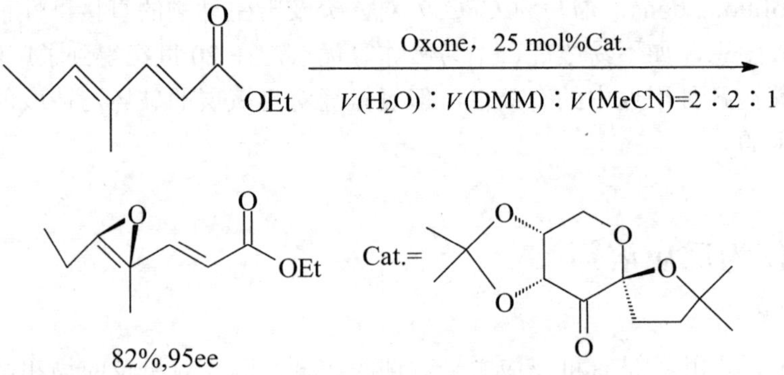

Oxone，25 mol%Cat.

$V(H_2O)$：V(DMM)：V(MeCN)=2∶2∶1

OEt

82%,95ee

Cat.=

（注：ee 值是对映体超量，是衡量一种催化剂对反应的选择性好坏的指标。95ee 表示对映体超量达到 95%。）

4.2.2 还原反应

在水中进行的还原反应已有报道。例如，在水中、硼氢化钠六水合氯化钴体系下，叠氮化合物可还原为相应的伯胺，产率较好。如果叠氮化合物有手性，还原产物仍保持其手性，这就为合成手性胺提供了有效方法。

$$R-N_3 \xrightarrow[H_2O]{NaBH_4/CoCl_2\cdot 6H_2O} R-NH_2$$

有机化合物在不同溶剂中还原会得到不同的产物。例如，2-甲基-5-异丙烯基-2-环己烯-1-酮，在锌-六水合氯化镍体系中还原，用不同溶剂或不同方法会得到不同结果。例如，在 1 mol/L 氯化铵和氨水缓冲溶液中 30℃下超声辐射 1.5 h，得到的是环中碳碳双键还原产物（95%）。而在水-醇溶液中 30℃下超声辐射 3 h 得到的是环内外碳碳双键全部还原的产物（96%）。在水-醇溶液中 40℃、0.1 MPa 下加氢气 6 h，得到 88%的环外碳碳双键和 12%的全部还原产物。由此可见，在水中可以进行选择性还原反应。

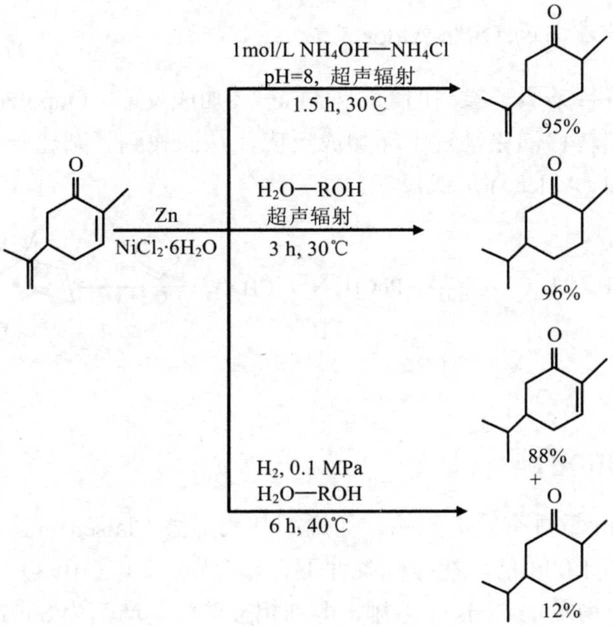

Zn

$NiCl_2 \cdot 6H_2O$

1mol/L $NH_4OH—NH_4Cl$
pH=8，超声辐射
1.5 h, 30℃

95%

$H_2O—ROH$
超声辐射
3 h, 30℃

96%

H_2, 0.1 MPa
$H_2O—ROH$
6 h, 40℃

88%
+
12%

4.2.3 环加成反应

4.2.3.1 Diels-Alder 环加成反应

Diels-Alder 环加成反应是最早在水中进行的有机反应。在水中反应与在有机溶剂中相比，反应速度明显加快。如环戊二烯与 3-丁烯-2-酮的 Diels-Alder 反应，在水中的反应速度是在乙醇中的 60 倍，在水中反应产物 endo：exo[①]为 20 以上，而在乙醇中的反应产物 endo：exo 仅为 8.5。由此可见，水不仅能促进此反应的反应速度，而且还能提高此反应产物的 endo：exo 比值。反应如下：

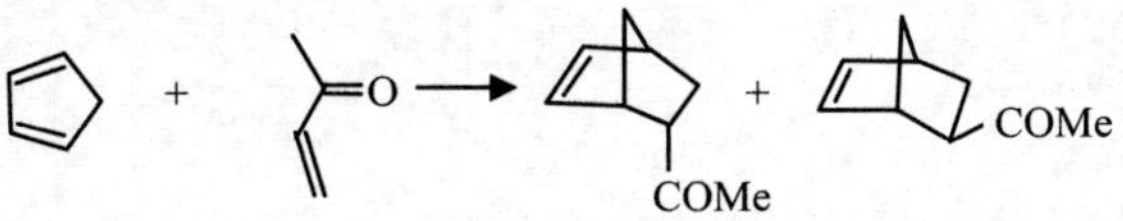

COMe　　COMe

	endo	:	exo
水	21.4		1
乙醇	8.5		1

①在双环化合物中，取代基位于主桥相反的位置或位于环内障碍较大的位置，则称此化合物为内型异构体，其名称前冠以“内型”或 endo；若取代基位于靠近主桥的位置或位于环外障碍较小的位置，则称此化合物为外型异构体（exo isomer）其名称前冠以“外型”或 exo。

4.2.3.2 杂原子参与的 Diels-Alder 反应

水中还能进行杂原子参与的 Diels-Alder 环加成反应。Oppolzer 等报道了水作溶剂季铵盐为相转移催化剂发生环加成反应，从而找到了杂原子化合物作为亲二烯体参与的 Diels-Alder 环加成反应。

$$PhCH_2\overset{+}{N}H_3\overset{-}{Cl} \xrightarrow[H_2O]{HCHO} PhCH_2\overset{+}{\underset{|\atop H}{N}}{=}CH_2 \xrightarrow[H_2O,3\,h,r.t.]{\text{环戊二烯}} \text{(N-苄基氮杂双环产物)}$$

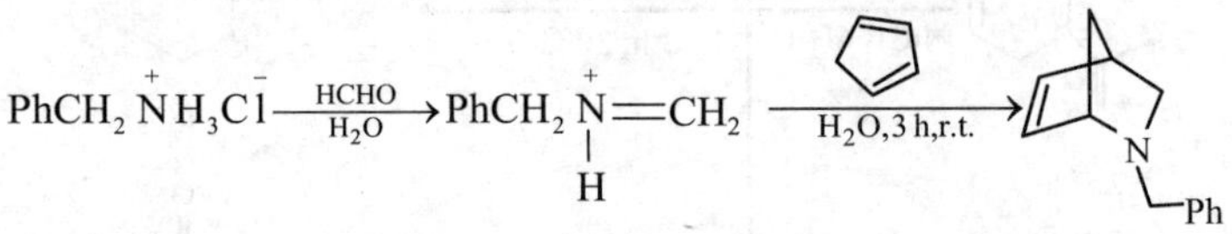

（注：r.t.表示室温。）

4.2.4 Claisen 重排

水对 Claisen 重排有较大影响，如烯丙基乙烯醚 Claisen 重排在水中的反应速度是在气相中的 1 000 倍。在碱性条件下、V（水）：V（甲醇）＝2.5：1 混合溶液中，下列化合物发生 Claisen 重排，得到相应的醛，产率为 85%，而分子中的羟基不受影响。

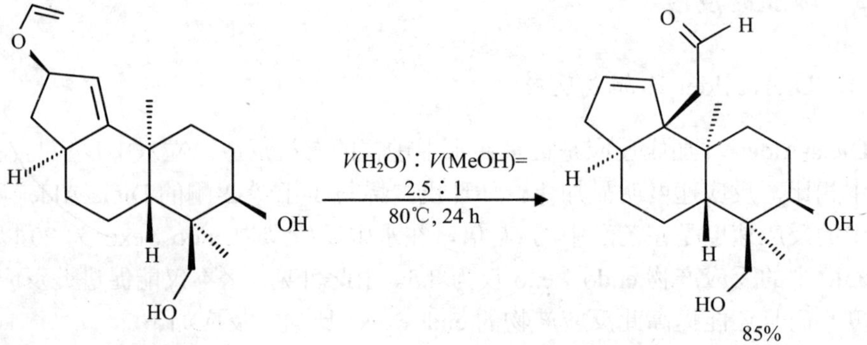

$$\xrightarrow[80℃,\ 24\,h]{V(H_2O):V(MeOH)=2.5:1}$$

85%

4.2.5 缩合反应

4.2.5.1 羟醛缩合反应

在水中进行的羟醛缩合反应与在有机溶剂中相比，水中发生此类反应具有很好的立体选择性。Boron 等发现在水/十二烷基硫酸钠（SDS）体系中，摩尔分数为 10%的二苯基硼酸催化，醛和烯醇三甲基硅醚（siliyl enol ehers）反应，高选择性地得到顺式取代的β-羟基酮（80%～94%）。

$$\text{PhCHO} + \text{R}^1\text{CH}{=}\text{C(OSiMe}_3\text{)R}^2 \xrightarrow[30^\circ\text{C},\ 24\ \text{h}]{\text{Ph}_2\text{BOH/SDS, H}_2\text{O}} \text{PhCH(OH)CH(R}^1\text{)COR}^2\quad 51\%\sim93\%$$

4.2.5.2 安息香缩合反应

Breslow 等发现氰基催化的苯甲醛 Benzoin 缩合反应，在水中的反应速度是在乙醇中的 200 倍。由此可见水是 Benzoin 缩合反应的优良溶剂。

$$2\ \text{PhCHO} \xrightarrow[\Delta]{\text{H}_2\text{O, CN}^-} \text{PhCOCH(OH)Ph}$$

除上述反应外，有文献还报道了很多以水为反应介质可进行的清洁有机合成反应，如偶联反应、自由基反应和金属有机反应等。作为绿色化学的一个重要分支，水介质中清洁有机合成反应已成为有机化学、物理化学和催化领域研究的热门课题，在过去的几十年间，尽管取得重要的进展，但要真正实现其工业应用，还需发展环境友好、反应活性更高的催化体系，特别是适用于纯水相的高效、廉价、易于分离和循环使用的催化体系。

4.3 超临界流体（SCFs）

超临界流体（SCFs）技术是近年来涌现的最富有可持续发展的技术之一。超临界流体（SCFs）兼有气体、液体两者的特点，密度接近于液体，具有与液体相当的溶解能力，对大多数固体有机化合物都可以溶解，使反应在均相中进行；同时又具有类似于气体的黏度和扩散系数，有助于提高超临界流体（SCFs）的运动速度和分离过程的传质速率。二氧化碳和水是最常用的超临界流体，其中超临界二氧化碳（$scCO_2$）最著名和最有影响力的应用是 20 世纪 60 年代利用 $scCO_2$ 从咖啡中提取咖啡因。由于超临界流体表现出诸多优异的理化性质，人们一直在努力探索其应用领域。目前，超临界流体技术已发展成为包含萃取分离、材料制备、环境治理、生物工程、催化反应等多项综合技术。随着超临界流体技术理论的日趋成熟，其工业应用将更加广泛。

4.3.1 超临界流体的特性

超临界流体是指物质的温度和压力分别处在其临界温度和临界压力之上时的一种特殊的流体状态。图 4-1 是单组分物质的相图，可以看出，当把处于气液平衡的物质升温升压时（图中延 *TC* 线变化），热膨胀引起液体的密度减小，压力升高使气相密度增大。当物质的温度和压力达到某一点（*C* 点）时，气-液界面消失，*C* 点就称为临界点。与该点对应的温度和压力分别称为临界温度（T_C）和临界压力（P_C）。如二氧化碳的 T_C 和 P_C 分别为 304.265 K 和 7.185 MPa，水的 T_C 和 P_C 分别为 374℃和 21.76 MPa。临界点代表物质达到气液平衡的最高温度和压力。图中高于临界温度和临界压力的有阴影线的区域就属于超临界流体状态。超临界流体的重要益处和特性在临界点附近很明显，流体的性质对温度和压力的变化极为敏感，微小的温度和压力变化就会引起超临界流体性质极大的改变。

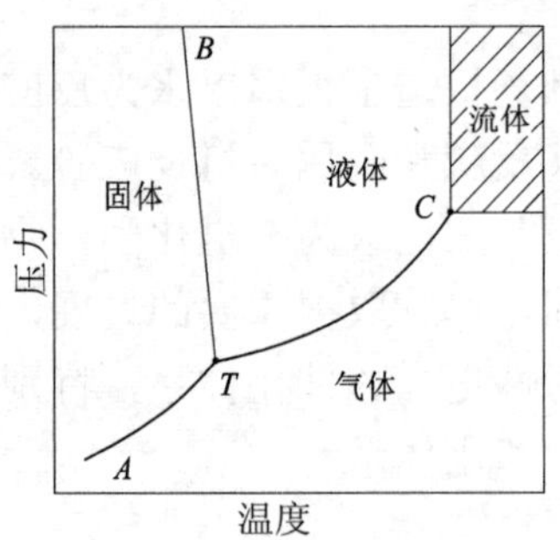

图 4-1 单组分物质的相图

（1）密度：一般气态物质的密度为 0.2～2.0×10^{-3} g/cm^3，液态物质的密度为 0.6～1.6 g/cm^3，而超临界流体的密度为 0.2～0.9 g/cm^3，介于气体与液体之间。随着压力的升高，同一超临界流体的密度可从类似气体的密度值连续地改变到类似于液体的密度值，且密度将随温度和压力的改变而发生很大的变化。

（2）黏度：黏度是超临界流体的又一特殊性质，在超临界状态下流体的黏度既不同于气体，也不同于液体，黏度值为（1～9）$\times10^{-5}$Pa·s，大于气体物质[黏度为（1～3）$\times10^{-5}$Pa·s]，小于液体物质[黏度（2～3）$\times10^{-2}$Pa·s]。由于物质在超临界状态下流体的密度与液体的密度相近，当压力升高时，流体分子运动的平均自由程已很小，与液体相比，分子的运动更多地被限制在邻近分子所形成的“笼子”范围内，其共振效应变得明显起来。所以超临界流体的黏度值向液体靠近。

（3）扩散系数：没有对流或从外界引入机械搅拌下物质的传递为扩散，如果把扩散限制在因浓度差而引起时，则在扩散流和扩散势间的比例常数称为扩散系数。超临界流体的扩散系数值为（0.2～0.7）$\times 10^{-3}$ cm^2/s，小于气体三个数量级（气体扩散系数 0.1～0.4 cm^2/s），高于液体 100 倍[液体扩散系数(0.2～2.7)$\times 10^{-5}$ cm^2/s]。

（4）可压缩性：超临界流体具有很大的可压缩性，如前所述，温度或压力的较小变化就会引起超临界流体密度的极大变化。而其对溶质的溶解能力主要取决于流体的密度，大致可认为随超临界流体密度的增大而增大；密度降低，溶解能力减弱，甚至丧失溶解能力。因此，可借助调节系统的温度和压力，在较宽的范围内改变超临界流体的溶解能力。

（5）无毒性和不燃性：超临界流体（如 CO_2、H_2O 等）一般是无毒的，它们的大量使用有利于安全生产，而且来源丰富、价格低廉，便于推广使用。

4.3.2 超临界二氧化碳的应用

超临界二氧化碳具有合适的临界温度和临界压力（$T_C = 304.265$ K，$P_C = 7.185$ MPa），并且还具有对人体和动植物无害、不燃烧、没有腐蚀性、对环境友好、原料易得、价格便宜和处理方便等优点，是目前使用最多的一种超临界流体。主要应用于热敏性物质和高沸点组分的萃取分离、超细粉体材料的制备及特殊化学反应的介质等方面。表 4-1 概括了超临界二氧化碳作为溶剂的主要优点和不足之处。

表 4-1 超临界二氧化碳作为溶剂的主要优点和不足之处

优点	不足之处
无毒	需要特定的设备
无废溶剂产生	如果使用不合适的设备，则高压条件可能较危险
价廉且易得	需要能量来压缩 CO_2
不可燃	对极性底物的溶解度较低
反应活性低	会与亲核性强的试剂反应
产品加工的潜在应用	
超临界溶液快速膨胀过程（RESS）	
气体抗溶剂结晶过程（GAS）	

4.3.2.1 超临界流体萃取

超临界流体的密度对温度 T 与压力 P 的变化很敏感，而其溶解能力在一定压力范围内与其密度成比例，故可通过对 T 与 P 的控制而改变物质的溶解度，特别是在临界点附近 T 与 P 的微小变化可导致溶解度发生几个数量级的突变，这正是 SCF 萃取的依据。具体工业方法是在高压条件下使之与待分离固体或液体混合物接触，控制体系的压力和温度使待分离组分溶解在其中，然后通过降压或升温的方法，降低超临界流体的密度，待分离物析出，即可完成萃取过程。

与一些传统的分离方法相比，超临界萃取有许多独特的优点。如：①超临界流体萃取能力取决于流体密度，因而很容易通过调节温度和压力来加以控制；②溶剂回收方便简单，节省能源。通过等温降压或等压升温，被萃取物就可与萃取剂分离；③由于超临界萃取工艺可在较低温度下操作，故特别适合于热敏组分的萃取；④可较快达到平衡。

超临界流体萃取应用领域包括高纯天然香料和药物成分等的萃取，见表 4-2。

表 4-2 超临界流体萃取领域

鲜花类	天然香料	食用香料	其他	药物成分	生物分子
茉莉花 玫瑰花 薰衣草花	杏仁 黑胡椒 啤酒花	生姜 当归 小茴香	柑橘 甜橙皮 檀香木	精神病药物 环孢多肽 A 抗抑制剂	蛋白质等

（1）从咖啡豆中脱除咖啡因

咖啡是最早西方国家喜欢的饮品，现已成为遍布全世界受人喜欢的主要饮料品种之一。但咖啡中所含的少量咖啡因是一种兴奋剂，于是人们致力于将其脱除。由于超临界二氧化碳具有前述的特性，被最早开发应用并实现工业化，工艺流程如图 4-2 所示。

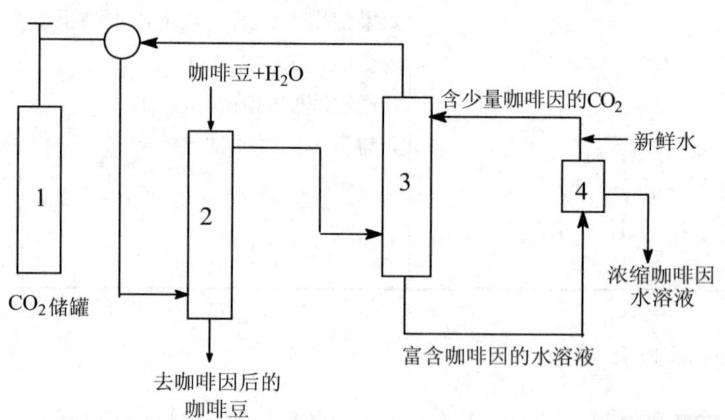

1—CO_2 气源；2—咖啡萃取塔；3—水喷淋塔；4—反渗透装置

图 4-2 用超临界二氧化碳从咖啡豆中脱除咖啡因工艺流程

这是一个半连续操作过程，是一个先进工艺，把技术、经济和环保都结合在一起称为绿色的清洁生产工艺：先将含水咖啡豆加入萃取塔 2 中（1 kg 咖啡豆要加入 3～5 L 水），用超临界二氧化碳进行脱除咖啡因。超临界二氧化碳从底部连续通入，带有咖啡因的高压二氧化碳流体从萃取塔上部离开，进入水喷淋塔 3 的底部，并将水从塔的上部喷淋而下，吸收咖啡因。从塔底部流出富含咖啡因的水，进入反渗透装置 4，分离出一部分水，得到浓缩后的水溶液从反渗透装置 4 中排出。从此分离出的水与新鲜的补充水合并，重新回到水喷淋塔的上部。从水喷淋塔的顶部排出的二氧化碳，其中可能还有少量的咖啡因，与二氧化碳气源出来的二氧化碳合并通过管线进入咖啡因萃取塔，用作萃取剂进行循环萃取，实现二氧化碳的循环，芳香物没有损失。咖啡因浓溶液从蒸馏装置底部排出，以便精制。经过上述过程的连续循环萃取后，咖啡因基本上全部进入水相。在原料咖啡豆中含有 0.9%～3%咖啡因，处理后咖啡豆中的咖啡因含量在 0.02%～0.08%以下。在此流程中固体物料是间歇进入萃取塔，与连续的超临界流体相接触。在水喷淋塔内液体和超临界流体是逆流连续接触。所谓半连续过程，指的是咖啡豆间歇地加入萃取塔中，但是在加料过程中循环 CO_2 并不断流，加料是在有压力负荷的条件下进行，脱咖啡因过程也是在连续不断的条件下得以实现的。

（2）从植物中提取香精油

香精油主要用作化妆品的调香剂、食品添加剂等。香精油的种类繁多，生产量较小，但它关系到产品的风味、特色，随着人们生活水平的提高，对香精油的需求不断增加。过去对香精油的提取方法有水蒸气蒸馏法、有机溶剂萃取法。前者由于水的存在加之提取的温度较高，容易导致产品的受热分解、水解和水溶作用，降低产品的产量和质量。后者萃取出的产物比较复杂，某些色素及其他成分也同时被萃取，分离过程中有机溶剂的残留，会导致产品的气味改变，从而影响产品质量。将超临界二氧化碳流体用于香精油的萃取，由于其具有的良好的低温溶解性能和压力的可调节性，可得到高品质的产品。

苏克曼等采用超临界二氧化碳从树兰干花直接制备树兰净油，工艺简单，制得的树兰净油，保持天然植物香料的品质。树兰又称米仔兰，多生于我国南方和东南亚地区，在 6—8 月开花结果，花呈黄色，散发令人愉快的极其浓郁的香味，纯净的树兰净油呈橙黄色透明液体。具体萃取过程为：将树兰干花装入萃取器，用超临界二氧化碳（温度 35～40℃，压力 12～14 MPa）连续萃取数小时后，经蒸馏塔蒸馏分离出树兰油的粗制品，然后，在−5℃下保持数小时，加入相当于树兰油粗制品 4～5 倍体积的乙醇溶解粗品，经过滤得到树兰净油产品，呈橙黄色透明液体，具有纯天然树兰花的香味，产品经评香鉴定结论为“香气较完全、透发、天然感、新鲜感好”。一般传统工艺是采用石油醚作萃取剂萃取树兰干花，然后将石油醚溶剂分离，得到的树兰油呈暗绿色，并且具有石油醚的气味和类似植物油氧化腐败后的酸臭味。经 GC—MS 和气相色谱分析，采用超临界二氧化碳萃取取得的树兰净油中α-石竹烯和β-石竹烯的含量均高于传统工艺产品 10%左右，这说明采用超临界二氧化碳萃取的产品具有较高的品质。

β-胡萝卜素是一种脂溶性的橘红色的天然色素，也是人体内新陈代谢的重要物质——维生素 A 的一种前体物质。最近几年的研究发现，β-胡萝卜素还具有增加免疫力和抗癌作用。天然植物如胡萝卜、棕榈叶及真菌和细菌内存在大量β-胡萝卜素。M L Cygnarowicz 对超临界二氧化碳萃取β-胡萝卜素进行了优化设计，其装置流程见图 4-3。

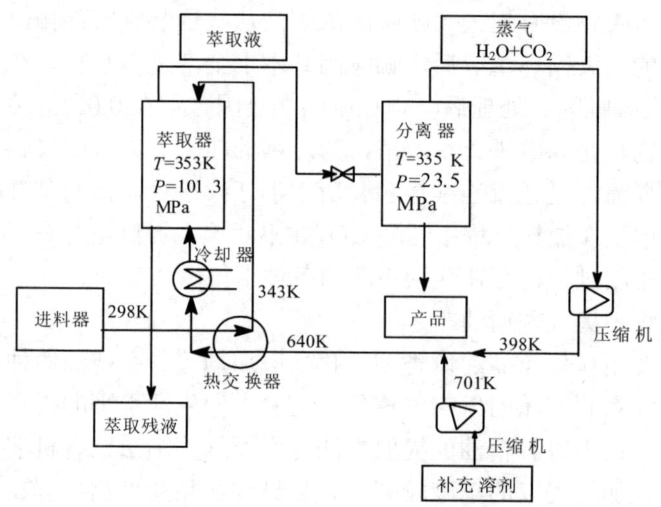

图 4-3 SC—CO_2萃取β-胡萝卜素流程

4.3.2.2 作为反应溶剂的应用

用超临界流体作为化学反应溶剂的优点之一是可以通过压力变化，在“准液相”和“准气相”之间调节流体的性质，即通过压力变化，使其性质在接近于气体性质或接近于液体性质之间变化，这样为更好地实现化学反应提供了方便。超临界流体的密度与液体接近，溶剂强度也接近于液体，因而，可以是很好的溶剂。使用超临界流体，可通过调节压力来改变其密度，从而调节一些与密度相关的溶剂性质，如介电性和黏度等，这样就增大了控制化学反应能力和改变化学反应选择性的可能性。同时，超临界流体又具有某些气体的优点，如低黏度、高气体溶解度和高扩散系数等，这对快速化学反应，尤其是扩散抑制化学反应或包含有气体反应物的反应是十分有利的。

用超临界 CO_2 作溶剂的另一优点是：CO_2 不可能再被氧化，因而是理想的氧化反应的溶剂。另外还可以利用超临界 CO_2 中浓度高这一性质，使 CO_2 作为反应物的反应在超临界 CO_2 中进行，从而提高反应速率，甚至开发新的反应。

近来的一些研究表明，超临界流体溶剂有优于普通溶剂的特性。例如，Desimone 等发现可用超临界 CO_2 取代传统溶剂氟里昂，作为氟代丙烯酸酯单体自由基聚合反应的溶剂，其产率高，而且产物易于分离；Noyori 等发现，在三乙胺或三乙胺/甲醇存在下 CO_2 催化加氢合成甲酸或甲酸衍生物的反应在超临界 CO_2 中进行时，其反应速率明显大于在其他溶剂中进行时的速率；Matsuda 等研究发现，脂酶催化醋酸丙烯酸酯与外消旋体 1-对氯苯基-2,2,2-三氟乙醇的有选择性酯化，可得到 R 构型的产物。

溶剂性涂料一般是由成膜物质和用于溶解成膜材料的有机溶剂组成。由于涂料中使用的挥发性有机溶剂，不仅危害施工人员的健康，而且会污染大气和水源，严重威胁人类的生存环境。使用环境友好的超临界 CO_2 代替传统喷漆过程中的快挥发溶剂，而仅保留原溶剂总量 1/5～1/3 的慢挥发溶剂，可获得良好的喷漆质量。实践证明，这种新的喷漆系统能大大减少对环境有污染的挥发性有机溶剂的排放，同时改善施工环境，有利于操作人员的身体健康，具有广阔的应用前景。

4.3.2.3 超临界二氧化碳在超细微粒制备中的应用

超细微粒特别是纳米级粒子的研制，在当前的高新技术中已成为一个热门领域，在材料、化工、轻工、冶金、电子、生物医学等领域得到广泛应用。超细微粒的制备方法有多种，一般是溶质从过饱和的溶液中沉积出来，形成结晶的或无定形的粉体。将超临界流体应用于超细微粒的制备过程中是正在研究中的新技术。在超临界状态下，降低压力可以导致过饱和的产生，而且可以达到高的过饱和率，固体溶质可从超临界溶液中结晶出来。由于这种过程在准均匀介质中进行，能够更准确地控制结晶过程。因此能够生产出平均粒径很小的细微粒子。目前常用的比较成熟的超临界流体沉积技术主要是有两种，即超临界溶液快速膨胀过程（RESS）和气体抗溶剂结晶过程（GAS）。

RESS 过程是将物料溶解在超临界二氧化碳中制成超临界溶液，然后在高压下通过喷嘴以极高的流速喷射进入常压空间，超临界溶液即刻发生快速膨胀，这时候超临界状态立即消失，超临界溶液分离成气液两相，溶质在瞬间的相变激发下，形成超晶态，以微米或纳米级的超细粉末沉淀下来。RESS 过程的流程见图 4-4。

RESS 过程可用于超细粒子、超细粉末和微纤维、微薄膜的制备，特别适用于热敏性、易分解、难分散、不能采用研磨粉碎的精细化工产品的制备。据报道，在含有乙醇的超临界二氧化碳中溶解聚合物和药物，用这种超临界溶液通过上述方法，可以制备外表包裹聚合物、内核是药物的缓释微颗粒药剂。表 4-3 列出了近年来二氧化碳 RESS 过程的研究情况报道。

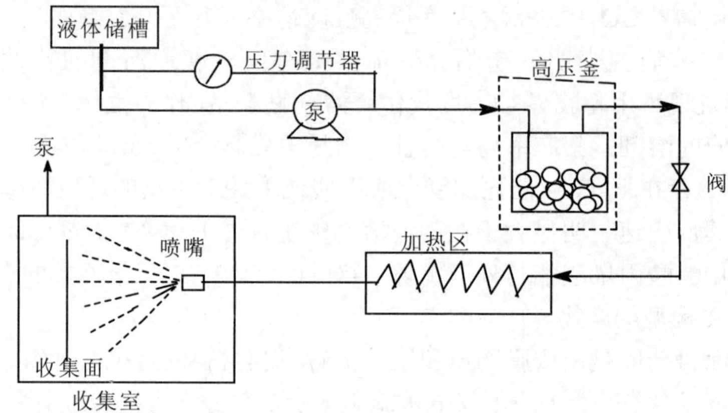

图 4-4 RESS 过程的流程

表 4-3 近年来二氧化碳 RESS 过程的研究报道

物　料	萃取压力/MPa	萃取温度/℃	膨胀前温度/℃
有机物/药物			
十二烷醇内酰胺（dodecanola-ctam）	34.5	55	
二茂铁（Ferrocene）	34.5	55	
β-雌甾二醇（β-estradiol）	34.5	55	
海军蓝染料	34.5	55	
大豆卵磷脂（soy beanlecithin）	34.5	55	
非那西汀（phenacertin）	60.0	60	
洛伐他丁（lovastatin）	37.9	55	105～135
萘	14.9～36.2	35～55	110～170
菲	28.0～37.5	14～17	100～140
水杨酸	20.0～26.0	20	60～140
聚合物			
聚-1-丁烯	35.2	130	80
聚己内酰胺	41.4	40.90	80
聚丁二酸二乙酯	27.6	40	80
聚（L-乳酸）	25.0	55	70
聚癸二酸六亚甲酯	41.4	40	80

除了 RESS 过程以外，在新材料制备过程中还常用到的是气体抗溶剂结晶过程（GAS），也称气体反萃结晶过程。其基本原理是当超临界流体压入溶液时，使

其中的溶剂发生膨胀，于是降低了溶质在其中的溶解度，导致该溶质的结晶析出。由于超临界流体具有相对高的扩散系数和较低的黏度，加之分子能量高，因此结晶体中溶剂含量要比常规结晶低得多，晶体纯度也大大提高。但用于GAS过程的超临界流体需满足两个条件：第一，结晶溶质不溶于该超临界流体；第二，该超临界流体在溶剂中有很大的溶解度。该过程的装置流程见图4-5。

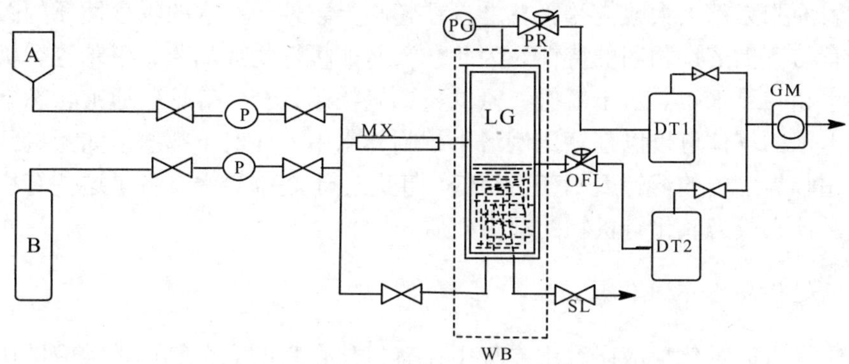

A—加料罐；B—CO_2钢瓶；P—泵；MX—混合罐；PG—压力计；
LG—结晶或沉降器；PR—压力调节器；OFL—溢流线；SL—样品线；
WB—水浴；DT1、DT2—干冰井；GM—量气计

图4-5 GAS过程装置

GAS过程首次应用于炸药微粒的制备上，把旋风炸药（环三亚甲基三硝铵）制成无空隙的微粒，后来又扩大到其他微粒炸药微粒的制备。目前已扩大到有机的、无机的药物、精细化工产品以及生物制品等领域。表4-4列出了GAS过程的部分研究实例。从表中实例可见，GAS过程已应用于很多领域，不仅改变了产品的形态，还赋予了产品某些新的性能。

表4-4 GAS过程的部分研究实例

溶　质	溶　剂	结晶温度/℃	结晶压力/MPa
旋风炸药	环己酮	—	—
硝基胍	*N*-甲基吡咯烷酮，二甲基甲酰胺	30	0.5～5.0
对乙酰氨基酚	甲苯	—	4.0～6.0
柠檬酸	丙酮	30	2.745～5.294
胰岛素	二甲基亚枫，二甲基甲酰胺	35	8.62
聚L-乳糖	二氯甲烷	—	—
胆红素	二甲基亚枫	—	10.0～15.0
聚苯乙烯	甲苯	22	7.0

4.3.3 超临界水的应用

超临界水是指温度在 374℃以上，压力超过 21.76 MPa 时，水就进入到了超临界状态。和超临界 CO_2 一样，超临界区的水表现出许多独特的性质。如超临界状态下的水密度大大高于气体，黏度比液体大为减小，扩散速度接近于气体，溶解度和表面张力都大大改变等。总之，在超临界条件下，水的物理性质的改变使得它具有与有机溶剂相同的特性。因此，一些非极性物质如苯、甲苯等有机物能完全溶于超临界水中。对于氧气、氮气、二氧化碳、空气等这些通常状态下只能少量溶于水的气体可以以任意比例溶于超临界水中。而对于那些诸如无机盐类物质，在超临界水中的溶解度则变得很低。正是由于超临界水具备了这些有机溶剂的特性，使它成为氧化有机物的理想介质。

4.3.3.1 超临界水中氧化反应

超临界水的氧化反应研究主要集中在有机化合物的完全氧化，常应用在有机废物的去除方面。在 SCWO（超临界水氧化）过程中，由于超临界水所特有的性质，对有机物和氧气都有很好的溶解性，一般反应氧气的供应量都是充足的，因而反应在富氧的均相中进行，各种物质和热量传递如同在同一相面中不会受到任何限制。同时，反应是放热反应，产生的高温也加快了反应速率，可以在几秒钟内对有机物达到极高的破坏率，使 SCWO 的反应迅速且彻底。有机废物在超临界水中进行氧化反应，概略地可以用以下化学式表示：

$$\text{有机化合物}+O_2 \longrightarrow CO_2+H_2O$$

$$\text{有机化合物中杂原子} \longrightarrow \text{酸、盐、氧化物}$$

$$\text{酸}+NaOH \longrightarrow \text{无机盐}$$

目前，对许多化合物包括硝基苯、尿素、氰化物、酚类、乙酸和氨等进行了超临界水氧化的试验，证明全部有效。此外，对火箭推进剂、神经毒气及芥子气等的氧化也有报道，它们都可以通过超临界水处理成无毒的最简单的小分子。

4.3.3.2 超临界水氧化技术的应用

近年来在国内外研究者对超临界水氧化技术进行了更多的研究，也取得了显著的成果；有些成果已经应用于生产实践，如污水处理和废弃物的回收等。

（1）高分子聚合物的回收和处理

高分子聚合物的回收利用一直是世界性的问题，特别是回收过程和工艺的绿色化，到目前为止还没有很好地解决。此前报道了在直接热分解状态下的废塑料回收研究工作，据称在 448℃以上进行直接热分解，每千克废塑料可以获得约 1 kg

的燃料油，并已经小规模生产，但成本较高。只能作为环境保护产业的一种示范和导向，还远没有走向市场化。另外，该工艺本身也存在很多不足之处，如高温下废聚合物容易发生结焦、反应时间过长、燃油回收率较低等。如改用超临界水来分解废弃的高分子聚合物，效果非常显著。超临界水能溶解高聚物，并且有催化作用，能将高聚物降解成小分子量和低分子量化合物，甚至降解为聚合物单体。陈克宇等在这一领域做了大量研究工作，他们认为，该技术的主要优点是成本低，不结焦，反应快，收率高，同时不污染环境，是一种有工业化应用前景的绿色化学技术。

（2）有毒有害有机物的处理

随着现代工业的发展，人们生活质量的提高，产生了大量的工业废弃物、生活垃圾和很多有毒有害物质。由于这些有毒有害物质、生活垃圾、生物污泥和复杂的有机物质用传统和常规的工艺难以将其转化成无害的能被人们回收利用的物质，而用超临界水却将它们氧化成无害物质，同时放出大量热量，这些热能可供进一步利用，整个工艺过程对环境没有污染，符合绿色化学原则。

以卤代有机化合物为例，经超临界水处理后卤原子成为卤化物的离子，而不生成卤素气体或以二肟为代表的有害副产物；同样有机物中的氮原子则生成硝酸根和亚硝酸根离子或 N_2 气体。因为在排出气体中不含 SO_2 或 NO_x，故没有必要安装排出气体的处理装置，减少了超临界水氧化的投资。美国 Modar 公司提供了氯代有机物经超临界水处理后的结果（表 4-5），反应条件为 600～650℃、25 MPa。由表 4-5 可见，如 PCB 那样的氯代有机物，在超临界水过程中，几乎全部分解。Modar 公司称，含 PCB 的废料在 918 K 和停留时间仅 5 s 时，有 99.99%以上的物料被分解。

表 4-5 氯代有机物经超临界水处理后的结果

化合物名称	分解的结果 /%	化合物名称	分解的结果 /%
二噁英	＞99.999	CCl_4	99.53
氯代甲苯	99.998	多氯代联苯（PCB）	99.999 99
DDT	99.997	1,1,1-三氯代乙烷	99.999 9

据报道，美国于 1995 年建成一座商业性的超临界水氧化装置，处理一些长链有机物和胺类化合物，去除率高达 99.999 9%。目前正在建设一座日处理 5 t 市政污泥和一座日处理 23 m^3 含氯有机物废水的超临界水氧化工厂。德国医药联合体的一座日处理 5～30 t 有机物的超临界水氧化工厂也于 1994 年开始使用。在日本多座超临界水氧化技术的装置也正在运转。大量研究表明，在超临界水中含氮化

合物、含氧化合物、含硫化合物、羧酸类化合物以及氰化物、卤代物等都能转化成无毒无害的小分子化合物。另外，人们利用超临界水能溶解非极性的有机化合物和在相当高的压力下使氧或空气与有机物在超临界水中互溶的特点，将超临界水应用于污水处理。其工艺流程见图 4-6。

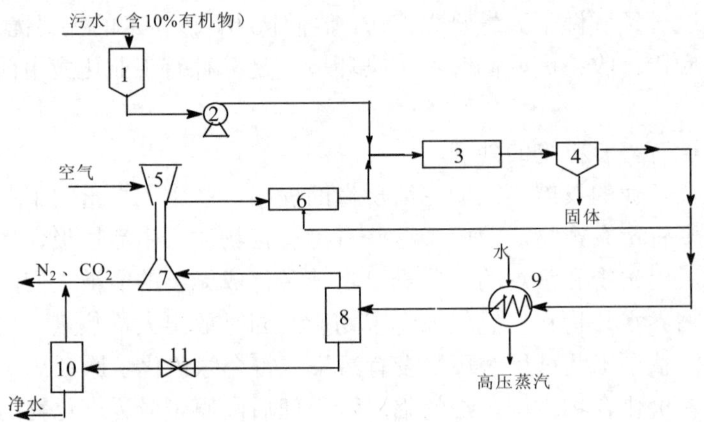

1—污水槽；2—污水泵；3—氧化反应器；4—固体分离器；5—空气压缩机；6—循环用喷射泵；7—膨胀机透平；8—高压气液分离器；9—蒸汽发生器；10—低压气液分离器；11—排出阀

图 4-6 超临界水氧化处理污水流程

4.4 室温离子液体

4.4.1 概述

离子液体是一种新颖的溶剂，其具有很多有用的性质。近年来，离子液体吸引了大批的科学家和工程师的注意，与有机溶剂相比，离子液体获得了“绿色”溶剂的称号，而被广泛应用于催化化学、有机反应、电化学和分离过程，可以说开辟了化学研究的新方法，并有望对面临环境污染、生存安全等重要问题的现代工业带来突破性进展。

所谓的离子液体（ionic liquids），又称为室温离子液体（ambient temperature ionic liquids）、室温熔融盐（room temperature melting salts），是指由有机阳离子和无机或有机阴离子构成的在室温或近室温下呈液态的盐类化合物。离子液体是一类盐，它们具有很多分子溶剂不可比拟的独特性能。1914 年，第一个离子液体硝酸乙基铵$[EtNH_3]NO_3$被发现。20 世纪 80 年代初期，K Seddon 研究组、英国 BP 公司和爱国 IFP 等研究机构开始较系统地探索离子液体作为溶剂与催化的可能性。1990 年代后，从传统的三氯化铝体系，到对水稳定的阴离子的引入以及今天涌现的大量功能化的离子液体，离子液体家族正快速地发展与壮大。一系列性能稳定的离子液体的成功合成使其在催化与有机合成领域的应用研究逐渐活跃起来，利用离子液体选择溶解的特性，德国 BASF 公司于 2002 年成功开发了制备烷氧基苯基膦的 BASIL（biphasic acids cavenging utilizing ionic liquids）工艺。它主要是利用 *N*-甲基咪唑作为酸性物质（HCl）的捕获剂，得到熔点为 75℃的[Hmim]Cl（氯化-1-甲基-3-咪唑盐，操作温度下为液体），所产生的这种离子液体同产物不混溶而分层，便于产物的分离。目前该工艺已经达到数吨级生产规模，这也是目前为止离子液体实现规模化应用的唯一实例。特别是近几年来，离子液体充当一种“需求特定”（task-specifi）或“量体裁衣”（tailor-making）的“绿色”溶剂或液固催化剂的“液体载体”，在催化剂和有机反应中发挥了独特的作用，正在受到人们的关注，可以说离子液体研究的潜在价值已经得到了各国化学工作者的广泛认同。

4.4.2 离子液体的组成及制备方法

4.4.2.1 组成与分类

自 1914 年第一个离子液体硝酸乙基铵$[EtNH_3]NO_3$被发现后，由于有机盐类的大量出现，研究人员相继制备了一些熔点更低、性能更稳定的离子液体。迄今为止，研究人员已合成出 200 余种离子液体，并根据阴、阳离子的不同进行了分类。

离子液体的阳离子包括四类（见图 4-7）：烷基季铵离子$[NR_xH_{4-x}]^+$、烷基季磷离子$[PR_xH_{4-x}]^+$、1,3-二烷基取代的咪唑离子（或称 *N,N'*-二烷基取代的咪唑离子，简记为$[R^1R^3mim]^+$，若 2 位上还有取代基 R^2，则简记为$[R^1R^2R^3mim]^+$以及 *N*-取代的吡啶离子，记为$[Rpy]^+$。

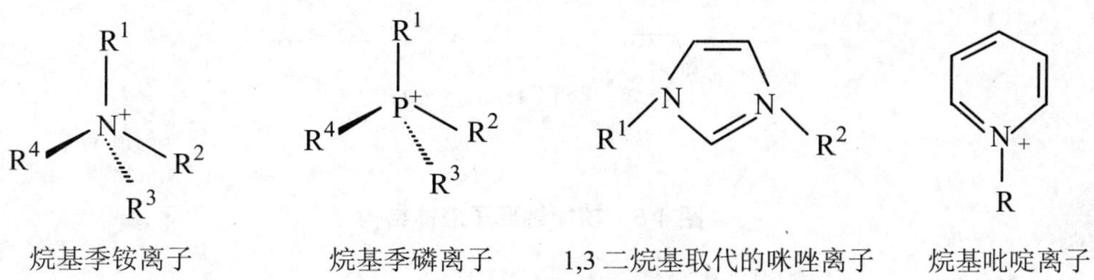

图 4-7 离子液体阳离子结构

离子液体的阴离子主要有两类：一类是卤化盐（阳离子仍为上述四种）和 $AlCl_3$，其中 Cl 也可被 Br 取代，例如[C_4mim] Cl-$AlCl_3$ 也可记为[C_4mim] $AlCl_4$，当 $AlCl_3$ 含量（摩尔分数）x=0.5 时，这类离子是电中性的；x＜0.5 时为碱性，x＞0.5 时为酸性。此类离子液体具有离子液体的许多优点。而其缺点是对水极为敏感，要在完全真空或惰性气氛下进行处理和应用。氢质子和一些氧化物杂质的存在对在该类离子液体中的化学反应有决定性的影响；另一类离子液体不同于 $AlCl_3$ 型离子液体，其组成是固定的，而且其中许多品种对水和空气是稳定的。该类离子液体的阳离子多为烷基取代的咪唑离子[R^1R^3mim]$^+$，阴离子多用 BF_4^-、PF_6^-，也有 $CF_3SO_3^-$、$(CF_3SO_2)_2N^-$、$C_3F_7COO^-$、CF_3COO^-、$(CF_3SO_2)_2C^-$、$(C_2F_5SO_2)_2N^-$、SbF^-_6、AsF^-_6、$CB_{11}H_{12}^-$（及其取代物）和 NO_2^-等。

尤其值得注意的是，近期研究人员在原有氯铝酸型离子液体的基础上，又成功合成出很多功能型的酸性离子液体，最早的酸性离子液体见于 1989 年，Smith 等向[C_2mim] Cl-$AlCl_3$ 体系中加入 HCl 气体，得到了超强酸体系，2002 年，Cole 等首次报道了具有较强 Bronsted 酸酸性的离子液体的合成，其结构式见图 4-8（a）和 4-8（b）。阳离子中引入了磺酸基团的离子液体可以成功地用于酯化、成醚、频哪醇重排等酸催化反应，进而从理论上来说制备兼具 Lewis 酸和 Bronsted 酸的酸性离子液体是可行的。北京大学绿色催化实验室成功合成了含羧酸基团的 Bronsted 酸酸性离子液体及其前体，其结构见图 4-8（c），它们可以进一步与酸性的[C_4mim] Cl-$AlCl_3$ 离子液体互溶，用于烷基化及其他有机或催化反应的研究。尽管这是一个混合物，但却是第一个兼具 Lewis 酸和 Bronsted 酸酸性的完全由离子构成的液体体系。

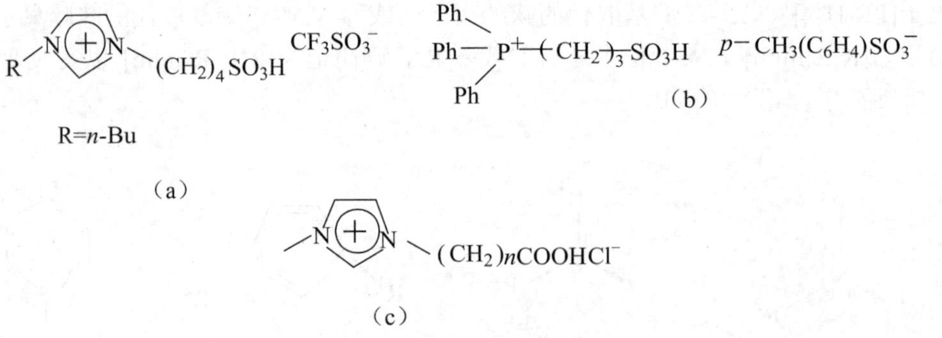

R—N⊕N—$(CH_2)_4SO_3H$ $CF_3SO_3^-$

R=n-Bu

（a）

Ph_3P^+—$(CH_2)_3SO_3H$ p-$CH_3(C_6H_4)SO_3^-$

（b）

—N⊕N—$(CH_2)n$COOHCl$^-$

（c）

图 4-8 功能性离子液体结构

4.4.2.2 制备方法

目前，离子液体的制法有两种：一种是一步直接反应法，另一种是两步合成法。

直接反应法是通过酸碱中和反应或季铵化反应一步合成离子液体，操作经济简便，没有副产物，产品易纯化。例如，硝基乙胺离子液体就是由乙胺的水溶液与硝酸发生中和反应一步制得。具体操作过程是将中和反应完成后的液体，在真空下除去多余的水，为了确保离子液体的纯净，再将其溶解在乙腈或四氢呋喃等有机溶剂中，用活性炭处理，最后再真空除去有机溶剂即得到离子液体。另外，通过季铵化反应也可一步制备出多种离子液体，如[C_4mim] Cl 等。采用新蒸馏的氯代正丁烷与甲基咪唑回流反应数十小时可得到[C_4mim] Cl 粗品，粗品经乙酸乙酯洗涤数次后，真空旋转蒸发即可得到纯度较高的[C_4mim] Cl。

如果采用一步法难以得到目标离子液体，就必须使用两步合成法。两步合成法首先通过季铵化反应制备出含目标阳离子的卤盐（[阳离子]X 型离子液体），然后用目标阴离子 Y^-置换出 X^-或加入 Lewis 酸 MX_y 来得到目标离子液体。

在第二步置换反应中，使用金属盐 MY（常用的是 AgY 或 NH_4Y）时，产生 AgX 沉淀或 NH_3、HY 气体容易除去；加入强质子酸 HY，反应要求在低温搅拌条件下进行，然后多次水洗至中性，用有机溶剂提取离子液体，最后真空除去有机溶剂得到纯净的离子液体。如合成离子液体[C_2mim]BF_4 和[C_2mim]PF_6 的反应：

$$[C_2mim]\,Cl + AgBF_4 \rightarrow AgCl + [C_2mim]BF_4$$

为降低成本，不采用 Ag 盐的方法，也可合成[C_2mim]BF_4 和[C_2mim]PF_6 离子液体：

$$[C_2mim]\,Cl + NH_4BF_4 \rightarrow AgCl + [C_2mim]BF_4$$

离子液体[C_2mim]PF_6（熔点为 58℃）的合成为：

$$[C_2mim]\,Cl + HPF_6 \rightarrow HCl + [C_2mim]PF_6$$

应该注意的是：在用目标阴离子（Y^-）交换 X^-的过程中，必须尽可能地使反应进行完全，确保没有 X^-阴离子留在目标液体，因为离子液体的纯度对于其应用和物理化学特性的表征至关重要。高纯度二元离子液体合成通常是在离子交换器中利用离子交换树脂通过阴离子交换来制备。另外，直接将 Lewis 酸（MX_y）与卤盐结合，可制备[阴离子][M_nX_{ny-1}]离子液体。如一些氯铝酸盐离子液体的制备就是利用这个方法。可以说，离子液体合成的具体操作都可在传统的有机实验中完成。Wasserscheid 等设计并合成了三种阴离子具有“手性碳”的室温手性离子液体（图 4-9），虽然这类离子液体的稳定性较常规离子液体差，但有可能在不对称催化和手性拆分等领域取得较好的应用。可以说，它的合成在一定程度上可以根据实际需求进行设计，通过改变阳离子、阴离子或它们之间的配比，理论上可以合成出多种满足需要的离子液体。

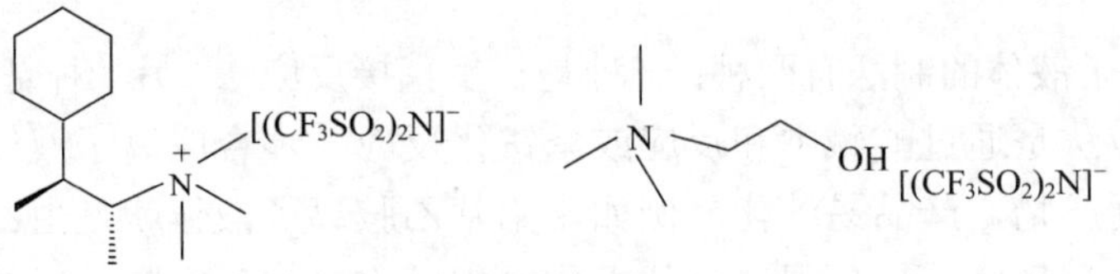

(a) (b)

图 4-9 手性离子液体的结构

4.4.3 离子液体的性质

离子液体的组成决定了其性能，通过选择合适的阴、阳离子，以不同的配比结合，可以在较大的范围内调变离子液体的物理化学性能，设计并合成出所需的离子液体。离子液体具有很多有机溶剂或催化剂无法比拟的独特性能。例如，无色、无臭、不挥发和低蒸汽压；有较长的温度范围，较好的化学稳定性及较宽的电化学电位窗口；可进行阴阳离子的设计，故可调节其对无机电解质、水、有机物和无机物及聚合物的溶解性；离子液体的溶解性较强而其配位能力弱，不会使催化剂失活，可作为催化剂的液体载体；对于酸性离子液体，可对其酸度进行调变至所需的酸强度。由于离子液体的上述特性，使其可以在许多化学反应过程中代替易挥发且有毒的有机溶剂使用。

4.4.3.1 离子液体的热稳定性

离子液体的热稳定性分别受杂原子与碳原子之间的作用力和杂原子与氢原子之间作用力的限制，因此与组成离子液体的阳离子和阴离子的结构和性质密切相关。如咪唑类离子液体，对同一种阴离子而言，咪唑盐阳离子 2 位上有取代基时，离子液体的起始分解温度会明显地提高；而 3 位氮原子上取代基为线型烷基时，热稳定性较高。相应的阴离子部分稳定性顺序为：PF^-_6＞BF^-_4＞AsF_6^-＞I^-、Br^-、Cl^-。同时，离子液体的含水量对其热稳定性也存在一定影响。

4.4.3.2 离子液体的熔点

熔点是作为离子液体的关键数据之一，是离子液体的一个重要参数。一般地，离子液体的熔点大都在 1～100℃，它的大小主要取决于阴离子和阳离子的种类和结构。在咪唑类离子液体中，咪唑盐阳离子的烷基取代基的碳数和对称性对咪唑类离子液体的熔点有很大影响。如六氟磷酸或四氟硼酸 1-烷基-3-甲基咪唑盐熔点随着烷基取代的碳数的增加，其熔点先降后升。几乎在所有的离子液体中，熔点随着阴离子体积的增大而降低。一些研究者还发现，很多离子液体在−80～100℃表现出较宽温度范围内的玻璃态，这说明它们的结晶速度很慢，并具有相当长的液程。同时，阳离子结构的对称性越低，离子键相互作用力越弱，阳离子电荷分布均匀，则其熔点越低；阴离子体积增大，也会促进熔点降低。可以说低熔点离子液体的阳离子具备下述特征：低对称性、弱的分子间作用力和阳离子电荷的均匀分布。

4.4.3.3 离子液体的黏度

离子液体的黏度同传统有机化合物一样，取决分子间的氢键和范德华力，常温下离子液体的黏度较大，随着温度的升高，其黏度随之降低。对于咪唑型离子液体，当阳离子相同时，分子间的范德华力随阴离子碳数的增加而增加，从而使得其黏度增加；当阴离子相同时，黏度随着烷基取代基碳链长度的增加而增加；阴离子为$[N(CO)_2]^-$的离子液体的黏度普遍降低。对于氯酸铝类的离子液体，当离子液体为碱性时，即 x（$AlCl_3$）＜0.5 时，因存在大量的氯离子使咪唑类阳离子上的氢离子与氯离子之间的氢键作用加强，而导致离子液体的黏度增大；当离子液体为酸性，即时 x（$AlCl_3$）＞0.5 时，因存在的氯离子很少，使咪唑类阳离子上的氢离子与氯离子之间的氢键作用减弱，此时离子液体的黏度下降。对于阳离子相同而阴离子不同的离子液体，其黏度随着阴离子体积的增大而增大。

4.4.3.4 离子液体的酸性

离子液体的酸碱性实际上由阴离子的性质决定。在许多离子液体中，具有 Lewis 酸性质的离子液体重要特性是其酸碱性随着其组成的不同而有很大的差别。例如，在氯酸铝类离子液体中，当 x（$AlCl_3$）＜0.5 时，离子液体为碱性；x（$AlCl_3$）=0.5 时，离子液体为中性；x（$AlCl_3$）＞0.5 时，离子液体为酸性，此时阴离子多以 $Al_2Cl_7^-$ 或 $Al_3Cl_{10}^-$ 二聚或三聚形式存在，导致离子液体的酸强度有明显的增强，甚至呈超强酸性。

$$\text{R–N}\diagup\!\!\!\!\!\!\text{\ \ }\text{N–R}' \xrightleftharpoons{AlCl_3} [\text{R–N}\ \ \text{N–R}']\,AlCl_4^- \xrightleftharpoons{AlCl_3} [\text{R–N}\ \ \text{N–R}']\,Al_2Cl_7^-$$

4.4.3.5 离子液体的溶解性

几乎所有的离子液体都有良好的溶解性，能够溶解有机物、无机物甚至聚合物等不同物质，这也是其被作为一类环境友好的绿色溶剂或催化剂的“液体载体”应用于许多反应中的主要原因。离子液体的溶解性与其阳离子的种类、组成和结构密切相关、利用离子液体的良好碱性，可将一些极性强的质子酸和 Lewis 酸以及金属络合催化剂溶解，达到催化剂循环使用的目的，以解决传统催化剂难以重复回收使用、易失活和易流失等问题。

1-烷基-3-甲基取代的咪唑阳离子上的烷基取代基的链长影响离子液体的亲水亲油性。对四氟硼酸类阴离子而言，在 25℃时，烷基取代基的碳数超过 5 时，该离子液体不溶于水，当其碳数低于 5 时，离子液体则与水互溶。对于六氟磷酸阴离子的烷基取代的咪唑类离子液体。其疏水性随着阳离子烷基链长的增加而逐渐增大。Swatlosk 等研究发现，在 $H_2O/[C_4mim]PF_6$ 组成的双相体系中，引入第三组分也会影响各相之间的溶解性，这为调解物质在离子液体与其他溶剂之间的溶解性提供了广阔的空间，从这一点可以看出，通过设计和调节离子液体，可实现其取代挥发性的有机分子溶剂从水溶液中萃取分离一些有机化合物。

表 4-6 概括了离子液体溶剂的优点和不足之处。

表 4-6 离子液体溶剂的优点和不足之处

优点	不足之处
无蒸汽压	难纯化、产品质量多变
不可燃	黏度高
可调节性强	价格昂贵
产物易分离、催化剂易回收	毒性未被彻底消除
气溶性强	与强亲核性试剂反应

4.4.4 离子液体的应用

4.4.4.1 用于催化科学

环境和资源的压力迫切要求发展低能耗、环境友好的绿色催化过程来取代传统的化学合成以及化工生产过程。开发高活性和高选择性的催化剂是实现这一目标的重要内容。传统的多相催化剂比均相催化剂更容易实现产物分离及催化剂的循环，但由于固体催化剂上传质和传热的限制，导致了催化剂的活性偏低，并且难以实现化学选择性和立体选择性。离子液体催化剂结合了多相催化和均相催化的优势，应用于反应过程，获得了高活性和高选择性，方便了反应物和产物与催化体系的分离及催化体系的循环使用。常见的烷基化反应，如异丁烷与丁烯的反应，目标产物是生成高辛烷值烷基化汽油。传统方法以 H_2SO_4、HF 为催化剂，是典型的“非绿色”过程，并存在冷却和分离困难、操作费用高以及安全性等问题。杨雅立等研究了［Bmim］Cl/$AlCl_3$（1-甲基-3-丁基咪唑氯铝酸盐）离子液体催化异丁烷与丁烯的烷基化反应，在异丁烷与丁烯物质的量比为 12～13、$AlCl_3$ 物质的量分数 0.60、反应温度 0℃、反应压力 1.0 MPa、反应时间 3 h 的反应条件下，产物中 C_8 组分占 59.2%。Huang 等通过添加 CuCl、$ZnCl_2$、$NiCl_2$、$SnCl_4$ 等金属卤化物，合成了一系列改性的离子液体催化剂，大幅度提高了 C_8 的产率。其中，经 CuCl 改性的离子液体催化效果最好，C_8 组分的选择性由 59.2%提高到 74.8%。Friedel-Crafts 烷基化和酰化反应在精细化工、医药及农药中间体生产等领域中占有重要的地位，传统的催化剂是 $AlCl_3$、FeCl、$ZnCl_2$ 或 H_2SO_4 等，这些催化剂在使用过程中会产生大量的废酸，造成设备腐蚀、环境污染及产物分离困难等问题。也有研究采用固体催化剂，如分子筛、固体超强酸等催化剂，但这些固体酸催化剂会快速失活，难以实现商业化生产。1976 年，Koch 等首次报道了离子液体作为溶剂和催化剂用于 Friedel-Crafts 反应。随后，离子液体催化作为环境友好催化工艺受到了广泛关注。邓友全等研究了少量 HCl 调变的氯铝酸盐离子液体超强酸催化体系中苯与烯烃的烷基化反应，与纯 $AlCl_3$ 作催化剂相比，催化活性显著提高。Song 等研究了含有 $Sc(OTf)_3^-$的离子液体催化多种烯烃和苯的 Friedel-Crafts 烷基化反应，烯烃转化率均在 99%以上，其单烷基化产物选择性在 65%～93%。但在同等条件下的多种极性溶剂和水中，烷基化反应不能进行。

4.4.4.2 用于电化学

电化学是离子液体最先应用的领域。离子液体体系中均为离子，由于这种独特的全离子结构，使其拥有宽阔的电化学电位窗、良好的离子导电性等电化学特性，在电池、电容器、晶体管、电沉积等方面具有广泛的应用前景。电解液的种类很大程度上影响着电池能量的贮存和释放，早在 20 世纪 70 年代，Osteryoung 等开始对离子液体作为电解液在电池中的应用进行了深入的研究，DIME 双嵌式熔融盐电池便是将离子液体用作电池的电解液，从而避免使用任何有机溶剂和挥发物质。Macfarlane 等设计的离子液体为塑晶网格，可将锂离子掺杂其中。由于这种晶格的旋转无序性，且存在空位，锂离子可在其中快速移动，其导电性好，使离子液体在二次电池上的应用很有前景；Yasushi 等将[Emim]Cl-$FeCl_2$-$FeCl_3$ 体系应用于电池中，该体系具有低熔点及可逆的氧化还原反应特征，有望在充电电池中得到进一步应用。电化学电容器不依赖化学反应，而是利用电极/电解质界面的双电层快速充放电原理，用比表面高的多孔电极能贮存较多的电能。它主要用浸渍导电聚合物的各种类型的碳材料和金属氧化物作电极材料，用水溶液、非水溶液和固体聚合物作电介质。非水溶液在电容器中的使用更为广泛，它能得到宽的电化学窗口，从而增加电容器的能量密度。Lewandowske 等研究了 $EMIBF_4$、$EMINTF_2$、$BMIBF_4$、$BMIPF_6$ 等离子液体—聚合物电解质的电化学特性，发现采用高比表面积活性炭材料时，比电容为 45～180F/g，当用上述离子液体作为超级电容器电解质时，通过加入环丁砜（TMS）作为增塑剂和离子液体稀释剂，提高了电解质的电导率，其中，$PANEMIBF_4$-TMS（PAN 为聚丙烯腈）的电导率为 15 mS/cm（相同条件下，纯 $EMIBF_4$ 离子液体的电导率为 13.8 mS/cm）。

众所周知，电解铝是世界上最大的电化学工业应用项目，目前铝的精炼主要采用三层液高温熔盐制备方法，存在温度高、操作复杂、能量消耗高、设备腐蚀严重等缺点。将离子液体用于金属的电沉积，室温下即可得到在高温熔盐中才能电沉积得到的金属或合金，没有高温熔盐的强腐蚀性，且能耗大大降低。因此，使用离子液体进行电沉积可以减少设备腐蚀和环境污染，实现冶金过程的绿色生产。Endres 等报道了在物质的量分数为 55%的路易斯酸性离子液体 $[EMIM]Cl_2$-$AlCl_3$ 中沉积微米和纳米级的金属铝。在离子液体中加入有机添加剂烟碱酸即可得到纳米级的金属铝，微粒平均在 14 nm 左右；如果不加入烟碱酸，阶跃电流沉积和恒电位沉积时得到的铝微粒均在 100 nm 以上。实验结果表明，恒电流沉积时，可以得到 10 nm 以下的纳米微粒；通过改变电解液的组成和沉积过程的电化学参数，可以得到平均 10～100 nm 的纳米微粒，且粒径分布较窄。

4.4.4.3 用于材料科学

离子液体与材料科学两热门研究领域的联合，为现代化学提供了令人瞩目的空间。材料的创新与发展是其他相关科学技术发展的前提和保障。因此，材料的合成一直是材料科学领域的研究热点和前沿。目前，在离子液体中已经合成出纳米金属材料、氧化物、分子筛、润滑剂、储能材料和光学材料等。纳米金属粒子具有许多独特的催化性能，但金属纳米粒子因热力学和动力学因素导致易聚集成块，其优越性得不到充分发挥。通过研究，张晟卯等在 1-甲基-3-丁基咪唑四氟硼酸盐中合成出了纳米银颗粒。其制备的过程如下：首先 Ag^+ 被还原为 Ag，Ag 粒子均匀分散在离子液体中，由于新生成的 Ag 纳米微粒的表面活性较大，很容易在 Ag 纳米微粒的表面形成一层离子液体的修饰层，修饰层阻止了 Ag 的进一步聚集，即阻止了 Ag 纳米微粒粒径的增大，同时也阻止了 Ag 纳米微粒之间的团聚。与传统的制备方法相比，离子液体作反应溶剂，既能控制粒径的尺寸、几何学、形态学等特性，又具有实验装置简单、易于操作等优点。Morris 等提出用离子液体取代常规的水或者有机溶剂作为反应介质的分子筛合成方法，被称为离子热合成法。最主要的特点是离子液体在作溶剂的同时还作为结构导向剂，减少了溶剂—骨架结构的作用和结构导向剂—骨架结构作用的竞争，更容易得到目标产物，合成反应可在常压下进行，反应容器也相对简易，这样可以消除因反应过程中产生的高压而带来的安全隐患。刘维民等首先发现离子液体作为润滑油和固体润滑薄膜使用能降低多种偶件的摩擦系数。研究了1-己基-3-甲基咪唑四氟硼酸盐离子液体和1-己基-3-乙基咪唑四氟硼酸盐离子液体的润滑效果，并与传统的润滑剂效果进行了对比，发现在钢/钢摩擦副上离子液体的承载最大负荷可达到1 000 N，而传统润滑剂在400 N和500 N时就会发生卡咬，并且由于离子液体对水和空气稳定性好，溶入少量水的离子液体（小于5%）可以改善抗磨能力。2种离子液体的摩擦系数均低于传统润滑剂。

4.4.4.4 用于环境科学

离子液体作为一类新型的环境友好介质和软功能材料受到了广泛的关注，离子液体的特殊结构决定了其具有独特的性质，使其应用领域不断拓宽。近年来，随着环境问题和能源危机的日益突出，离子液体的使用不断向环境科学领域迈进。如今，工业化生产排放出大量的CO_2成为人们亟待解决的问题。从环境角度上，CO_2是一种温室气体，但从资源化角度看，它又是一种丰富的碳资源，所以将工业排放的CO_2固定利用已经成为世界范围内的一个研究热点。由于离子液体独特的物理、化学性质，离子液体在对CO_2的吸收、固定与转化利用中得到了前所未有的发展。离子液体吸收CO_2有2种途径：一种是常规离子液体利用其特有的氢键网络结构及阴离子与CO_2的特殊作用，将CO_2置于离子液体的网状空隙中而被固定，其吸收机理为物理吸收；另一种是功能化离子液体，它是根据CO_2的酸性特征而设计的特殊结构的离子液体，吸收机理为化学吸收。Bates等合成了含有—NH_2官能团的功能化离子液体［apbim］BF_4［1-（3-丙胺基）-3-丁基咪唑四氟硼酸盐］，发现它对CO_2的吸收较常规离子液体效果好。在常温常压下，该离子液体吸收CO_2高达7.4%（质量分数），即CO_2的物质的量分数xCO_2=0.5，CO_2在该离子液体中的吸收为化学吸收，具有可逆性，在一定温度（353～373 K）下可以释放出CO_2，离子液体则可循环利用。

CO_2固定的目的是将其再利用，包括直接利用或转化成有用的化学品。由于离子液体的优良特性，常被用作一些反应的介质或催化剂。目前，研究较多的是以离子液体为催化剂代替传统催化剂，使CO_2与环氧化合物的环加成反应合成含有羰基的环状碳酸酯，生成的环状碳酸酯是纺织、印染、高分子合成及电化学方面较好的溶剂，也是在药物和精细化工中常见的药物中间体。

纤维素是植物细胞壁的主要成分，我国生物质资源相当丰富，每年产生的农作物秸秆总量就有7.2亿t。随着石油、煤炭等不可再生资源的日益短缺，将纤维素等可再生资源用于工业生产制备新型材料，已越来越受到重视。Swatloski等率先开展了离子液体用作纤维素溶剂的研究，发现 1-丁基-3-甲基氯化咪唑（[C_4mim]Cl）作为纤维素溶解剂有很好的效果，并探讨了不同阴阳离子结构的离子液体对纤维素溶解性能的影响。研究发现，当离子液体中阴离子为强氢键接受体（如 Cl^-）时，离子液体能够溶解纤维素，[C_4mim]Cl 中 Cl^-的浓度和活性最高，对纤维素的溶解性最好，Swatloski 认为这可能是 Cl^-与纤维素分子上的羟基形成了氢键而使纤维素分子间或分子内的氢键作用减弱，从而导致纤维素溶解；而当阴离子为配位型阴离子（如 BF_4^-、PF_6^-）时，离子液体则不能溶解纤维素。他还指出，阳离子结构对纤维素的溶解性能也有重要影响，取代烷基碳链越长，对纤维素的溶解能力越差，并将此归因于 Cl^-有效浓度的降低。另外，水与纤维素羟基之间存在竞争性的氢键作用而阻碍了离子液体对纤维素的溶解，因而离子液体中含水会显著降低纤维素的溶解性。

4.4.4.5 用于分离技术

离子液体具有传统有机和无机化学试剂不可比拟的优点。因此，离子液体在分离领域中的研究日渐深入，在样品预处理、毛细管电泳、气相色谱等方面正在逐步取代传统溶剂成为新型的环境友好型溶剂。以往样品预处理操作过程中选择溶剂的标准基本以提取效果为衡量标准，而对环境因素考虑较少，因此，给环境带来许多问题。如在液相微萃取技术（Liquid Phase Microextraction，LPME）中经常使用的氯仿等传统有机溶剂，不仅悬滴体积较小，会导致检测灵敏度较低，而且不与反相液相色谱（RPLC）兼容。离子液体由于黏度较大，能够以较大的悬滴体积悬于针头，因此富集倍数高。此外，离子液体作为提取相，还易与 RPLC 兼容，且回收率高。张慧等采用离子液体 1-丁基-3-甲基咪唑六氟磷酸盐（1-butyl-3-methylimidazolium hexafluorophosphate，[bmim]PF_6）为 LPME 技术的萃取剂，建立了纺织品中 22 种致癌芳香胺的提取新方法。提取后直接进入 HPLC 系统检测，减少了液—液萃取过程中样品的处理损失和杂质峰干扰。毛细管电泳（CE）具有柱效高、分析速度快、样品和溶剂消耗量少等优点，近年来，离子液体在改善 CE 的样品分离能力方面显示出优势。许多功能类似于阳离子表面活性剂的新型长烷基链咪唑型离子液体被用于胶束电动色谱毛细管电泳模式（Micellar Electrokinetic Capillary，Hromatography MEKC）。Niu 等使用 NaH_2PO_4 和溴化 1-十六烷基-3-甲基咪唑（1-hexadecy-3-methylimidazoliumdazo-lium，[C_{16}mim]Br）离子液体混合物作为 MEKC 的缓冲液，在 15 kV 的电压下实现了对苯二酚、间苯三酚等 6 种酚类化合物的分离。

近年来，人们的兴趣主要集中于研制适用气相色谱（GC）的新型离子液体，以期提高色谱柱的高温稳定性和柱效。李凯慧等合成了甲基咪唑哑铃型离子液体

（Geminal Dicationic Ionic Liquids，GDIL），并以二氯甲烷为溶剂与传统固定相OV-1（100%聚甲基硅氧烷）按1∶3的质量比混配后，采用静态涂渍法，获得了耐高温的高效毛细管柱。Anderson对上述方法进行了改进，采用混配的方式将咪唑型离子液体的二元混合物作为GC固定相，不仅显著改善了对一些化合物的分离能力，而且提高了涂层的稳定性。

4.5 氟溶剂

全氟溶剂（perfluorous solvent），也称为氟溶剂（fluorous solvent）或全氟碳（perfluorocarbons），是一种新兴的绿色溶剂，它是碳原子上的氢原子全部被氟原子取代的烷烃、醚和胺。常见的主要有全氟烷烃、如全氟己烷、全氟环己烷、全氟甲基环己烷、全氟甲苯和全氟庚烷等；全氟二烷基醚，如全氟2-丁基四氢呋喃等；全氟三烷基胺，如全氟三乙基胺等。氟溶剂具有：①毒性低、不破坏臭氧、温室效应非常低；②反应活性低、化学稳定性好、通常反应条件下是惰性的；③在室温下，高氟代碳链化合物与大多数通常的有机溶剂如丙酮、四氢呋喃、甲苯、乙醇等的混溶性都很低，通过两相分离，易于将有机物从氟溶剂中分离出来，并且氟溶剂易于回收和重复使用；④气溶性好，有利于气体参与的反应；⑤含氟物质对氟溶剂具有高亲和力，使得含氟物质（如催化剂）易于分离和循环使用。所以含氟溶剂被认为在绿色溶剂中占有重要地位。表4-7概括了氟溶剂的优点和不足之处。

表4-7 氟溶剂的优点和不足之处

优点	不足之处
毒物低	价格昂贵，需要功能化的配体
易于回收和重复利用	对很多有机物的溶解性差
通常反应活性低	低沸点化合物易于挥发
密度大，会形成多相	后处理可能会麻烦

氟溶剂与非氟溶剂的混溶性受温度的影响非常大。两者在室温下通常会分作两层，加热到一定温度它们就互溶成一相。氟溶剂与非氟溶剂组成液-液两相体系，即氟两相体系（Fluorous Biphase Systems，FBS），其独特之处在于在较高温度下，氟两相体系中的氟溶剂相能与有机溶剂相很好地互溶成单一相，从而为在其中进行的化学反应提供优良的均相反应条件。反应结束后降低温度，体系又恢复为两相，含氟产物和不含氟产物的有机相可以方便地分离开来。另外，氟溶剂相与水

不混溶，在室温下能大量地溶解很多种气体，还可以作为非水相与水形成两相体系，并能用作有气体参与的反应介质而扩大了应用范围。在提高反应效率、方便地进行相分离、使均相催化剂多相化而提高反应物和催化剂的利用率及减少环境污染等方面，氟两相体系都具有不可比拟的优点。氟两相体系用于有机合成时无需用诸如结晶、沉淀、过滤等费时的分离技术便可以方便快速地把有机主产物与氟试剂和氟催化剂分离开来，且由于环境友好而更受重视。

4.5.1 氟两相体系的原理

氟两相体系包括 3 个基本元素：氟溶剂（相）、与氟相不溶或极有限混溶的有机或无机溶剂（相）以及在氟溶剂（相）中可溶的试剂和催化剂。将催化剂固定在氟相，反应物溶于有机相，在合适的全氟溶剂/有机溶剂体系中，加热使两相体系变成均相，从而使反应在均相中进行。反应完成后，降低温度，又分成两相，通过简单的相分离就能方便地分出产物（有机相）和回收催化剂（氟相），不需进一步处理就可将含催化剂的氟相用于新的反应循环。

氟两相体系最关键的问题是氟试剂和氟催化剂的开发。氟试剂，尤其是氟催化剂应能全部或绝大部分溶解在氟相中，所以它们也应该是氟代碳链化合物或氟代碳氢化合物，其分子内含有足够多的氟代部分，使其能在氟相中有足够的溶解度。氟试剂和氟催化剂可通过对碳氢化合物的氟代修饰、氟代碳链化合物的功能化或新的合成来制备。新的试剂和催化剂可以从一开始就设计制备成氟相可溶的，同时“亲碳氢”的试剂或催化剂，可以通过在其分子的适当位置上联接上数量、形状和大小都适合的氟代分支部分而转化成具有“亲氟”特性。经常使用的氟代分支是全氟代己烷基（C_6F_{13}）和全氟代辛烷基（C_8F_{17}），带支链的全氟代烷基一般较少使用。对碳氢部分的适当屏蔽作用可以减少其内部相互间或与非氟相部分的相互吸引作用，将能增加配合物催化剂的氟相分配系数，提高其氟相溶解度。

4.5.2 氟两相体系中的催化反应

有机催化反应以均相催化比多相催化效果更好。均相催化剂活性高，反应速率快，但由于和反应物料处于同一相态，难以从反应体系中分离出来。最常用的改进方法是把均相催化剂固载化，即把均相催化剂负载在合适的固体上。这样的处理虽然解决了均相催化剂的分离问题，但是催化剂的催化活性大大下降。利用带有氟尾的氟代均相催化剂能溶于氟溶剂的特点，在氟两相体系中进行催化反应，既保持了均相催化剂的高活性，又能在反应结束后降低温度，通过简单的静置分层，就能把均相催化剂从反应体系中分离出来。

4.5.2.1 烯烃的氢甲酰化反应

烯烃氢甲酰化反应是工业上以烯烃、一氧化碳和氢气为原料，通过均相催化来合成醛的一项重要的羰基化工艺。要使该工艺经济可行，对催化剂的有效回收是至关重要的。1994 年第一次报道了氟两相体系在氢甲酰化反应中的成功应用。Horváth 等以全氟甲基环己烷和甲苯为氟两相体系进行 1-癸烯的氢甲酰化反应，由 $Rh(CO)_2(acac)$和 $P[CH_2CH_2(CF_2)_5CF_3]_3$ 原位制备 $HRh(CO)\{P[CH_2CH_2(CF_2)_5CF_3]_3\}_3$ 膦-铑催化剂。化学反应可能发生在氟相或者在两相的界面。反应结束后铑催化剂可以方便地从甲苯或从产物醛中分离出来。这不仅解决了过去催化剂难分离的问题，而且也解决了在水相中高级烯烃不易溶于水而难以发生反应的问题。该催化剂是第一个能同时催化高级烯烃和低级烯烃氢甲酰化并极易回收的催化剂。

4.5.2.2 氧化反应

由于全氟溶剂对氧气的溶解性好，而且氧化剂在其中很稳定，再加上氧化反应一般都得到高极性的产物，从而有利于产物的分离，因此 FBS 很适合进行氧化反应。氟溶钴/酞菁络合催化的环己烯氧化反应、Mn/三-N-$[(CH_2)_2(CF_2)_7CF_3]_3$-1,4,7-三氮杂环壬烷络合催化的烃氧化反应以及 $K[Ru(C_7F_{15}COCHCOC_7F_{15})_2]$的烯烃氧化反应都取得了满意的结果。在循环过程中，仅有微量的催化剂流失。

4.5.2.3 Friedel-Crafts 反应

Friedel-Crafts 反应是化工生产中最重要的反应之一。它一般在有毒或有害的二氯甲烷、CS_2 等有机溶剂中进行，同时使用等当量的催化剂 $AlCl_3$，而且反应后排出的酸性废水容易造成对环境的污染。因此寻找高效、易回收循环使用的催化剂非常重要。Kitazume 改用 $ZnCl_2$ 为催化剂，在氟溶剂中进行 Friedel-Crafts 反应。发现在有毒溶剂四氯乙烷中反应回流温度高，以全氟 2-丁基四氢呋喃和全氟三乙基胺作溶剂时，回流温度大幅度下降，前者为 99～107℃，后者为 70℃，而反应收率相当。

OMe / Bu^t + PhCOCl $\xrightarrow[\text{回流 40 h}]{ZnCl_2(10mol\%)}$ OMe / COPh / Bu^t

（注：Bu^t 表示叔丁基。）

4.5.2.4 Diels-Alder 反应

Diels-Alder 反应是形成六元环最有效的反应之一。Mikami 等以 $Sc[C(SO_2C_8F_{17})_3]_3$ 和 $Sc[N(SO_2C_8F_{17})_3]_3$ 为催化剂（5 mol%）[①]，在全氟甲基环己烷（5 mL）与 1,2-二氯乙烷（5 mL）氟两相体系中，2,3-二甲基-1,3 丁二烯与甲基乙烯基酮在 35℃反应 8 h，通过简单的相分离得到乙酰基环己烯，催化剂几乎全部回收（回收率达到 99.9%）。催化剂连续套用四次，收率均在 94%～95%（$Sc[C(SO_2C_8F_{17})_3]_3$）和 91%～92%（$Sc[N(SO_2C_8F_{17})_3]_3$）。

2 mmol + 2 mmol —— Cat.（5mol%），35℃, 8 h；$CF_3C_6F_{11}$ 5 mL，$(CH_2)_2Cl_2$ 5 mL →

4.5.2.5 烯烃的硼氢化和氢硅烷化反应

烯烃的硼氢化反应可以用过渡金属来催化，催化剂为 Rh、Pd、Ti 等金属络合物。但是反应得到的产物是可燃的，又难于提纯。催化剂也易被通常的氧化气氛所破坏。Jerrick 等把常用的 Wilkinson 催化剂 $RhCl(PPh_3)_3$ 经氟尾修饰制得氟溶性催化剂 $RhCl\{P[CH_2CH_2(CF_2)_5CF_3]_3\}_3$。在全氟甲基环己烷和甲苯形成的氟两相体系中，只用 0.01～0.25 mol%催化剂，烯烃和儿茶酚硼烷的反应得到烷基硼烷，转化数高达 8 500。烷基硼烷极易与带氟尾的 Rh 催化剂分离开来，随后加入 H_2O_2/NaOH，烷基硼烷再被氧化为醇。

+ HB(O)(O) —— Rh-Cat., 40℃，甲苯/$CF_3C_6F_{11}$ → B(O)(O) —— H_2O_2，NaOH → OH

$RhCl\{P[CH_2CH_2(CF_2)_5CF_3]_3\}_3$ 也可以作为烯酮的氢硅烷化反应的催化剂。Dinh 和 Gladysz 先合成了这个带有氟尾的 Wilkinson 催化剂，在甲苯和 $CF_3C_6F_{11}$ 的氟两相体系中，烯酮与 $PhMe_2Si$ 发生氢硅烷化反应，60℃反应 10 h 后，得到 1,4-氢硅烷化产物为主的烯醇硅醚（1,4-异构体与 1,2-异构体摩尔之比为 92∶8）。冷却到室温就可以顺利分出产物和催化剂，回收的催化剂直接套用三次，收率变化较小（分别为 90%、88%和 86%）。

① 5mol%表示摩尔分数 5%，其余同解。

$$\text{2-环己烯-1-酮} + PhMe_2SiH \xrightarrow[60^\circ C,\ 10\ h]{CF_3C_6F_{11}/\text{甲苯}} \text{(1-OSiMe}_2\text{Ph-环己烯)} + \text{(3-OSiMe}_2\text{Ph-环己烯)}$$

92 : 8

氟两相体系和含氟尾的均相催化剂在有机合成中的应用还有许多，例如，烯丙位取代反应、环丙烷化反应、Heck 反应、C-C 交叉偶联反应等。随着氟化学研究的深入，新的反应、新的氟催化剂将不断涌现，从而推动绿色有机合成迅速向前发展。

虽然氟反应体系仍处于初始阶段，许多研究成果表明氟催化剂和氟反应物在有机合成上的应用潜力巨大。FBS 特殊的物理和化学性质对合成反应产生积极影响，能提高产率，增强反应活性和选择性。更重要的是它可在温和的条件下实现反应物或催化剂与目标产物的完全分离，大大拓宽了过渡金属催化剂在工业过程中的适用性。据此可设计合成高选择性催化剂和新型反应物，或者对现有催化剂及反应物改性使之适用于氟相反应体系。在引入合适数目、适当大小的氟化链后，许多反应物和催化剂可溶于 FBS。为了减弱或消除 F 原子的强吸电子作用，必须在氟化片断前插入 2～3 个次甲基基团，以维持反应活性或催化活性不变。

但目前仍存在一些问题，如 PFC（全氟化合物）的应用可能对环境造成影响（PFC 在空气中的寿命长达千年）；氟代催化剂中氟尾的结构类型很少，如何有效地引入结构多样性的氟尾对催化剂或试剂的研究是十分有益的。随着进一步的深入研究，氟两相体系将会在有机合成上获得更广泛的应用。

4.6 开关型溶剂

性能可以调节或改变的溶剂可被称为智能溶剂（smart solvent）。智能溶剂的最大优点是可以根据需要剪裁或改变溶剂的某种特定性质，这类溶剂基本上可以分为两大类，一类称作可调溶剂（tunable solvents），一类称作开关溶剂（switchable solvents）。可调溶剂是指外界参数的变化可以导致溶剂性质在一定的范围内发生变化；开关溶剂是指通过外界的刺激可使溶剂的某种性质打开或者关闭，溶剂体系内就像存在一个开关一样。有关智能溶剂的报道中，有极性改变的极性开关溶剂、表面活性改变的表面活性开关溶剂、挥发性改变的挥发性开关溶剂。

4.6.1 极性开关溶剂（Switchable Polarity Solvents，SPS）

最早报道的SPS是室温离子液体（Room Temperature Ionic Liquid，RTIL），通过外界的刺激，某些RTIL可在分子液体和离子液体之间可逆转化，体系的极性相应地在非极性和极性之间变化。加拿大女王大学的Jessop 研究小组在极性开关RTIL方面做了一系列开创性的工作。2005年Liotta-Eckert 和Jessop 等最先报道了一种具有极性开关的RTIL，被称为DBU-基RTIL。他们发现，在1,8-二偶氮杂双螺环[5.4.0]-7-十一烯（1,8-Diazabicyclo[5.4.0]undec-7-ene，DBU）和醇组成的体系中通入CO_2 时形成离子液体，这种转化是可逆的，在上述体系中再次通入氮气、氩气等惰性气体或将其加热至50～60℃，排除其中的CO_2，体系又会从离子液体转变为分子液体[图4-10（a）和（b）]。分子液体和离子液体的转变意味着体系极性的巨大转变，分子液体的极性如非极性的氯仿，离子液体的极性如极性的DMF，因此可通过通入或排除CO_2来打开或关闭极性的开关。癸烷在体系中的溶解变化形象地显示了这种极性的变化[图4-10（c）]，在N_2氛围下，癸烷溶于体系中，为均相体系，在CO_2氛围下，癸烷不溶于体系中，均相体系变为两相。DBU-基RTIL体系与其他体系相比的最大优势是开关引发条件温和，形成离子液体的CO_2压力只需1atm即可，转化为分子液体时也只需室温条件。在形成DBU-基RTIL时，醇的选择是至关重要的，因为很多烷基碳酸盐不是液体的，不能形成上述的溶剂体系，如甲醇、乙醇和DBU在CO_2氛围下形成的碳酸盐是固体，而丙醇、丁醇、已醇、辛醇、癸醇和DBU在CO_2氛围下形成的碳酸盐是液体。Jessop小组将DBU-丙醇RTIL体系用作苯乙烯聚合的溶剂（图4-11），以过硫酸钾为引发剂，50℃下在分子液体中进行聚合反应。反应结束后，通入CO_2使分子液体变为离子液体，聚苯乙烯由于不溶而沉淀出来，过滤，固体为产品聚苯乙烯，滤液通入N_2转变为分子液体后重复使用，溶剂重复使用4次得到聚苯乙烯的总产率达到97%，从而证明了SPS在简化反应后续操作中的巨大潜力。除DBU外，Jessop小组发现胍和醇体系也可用同样的方法形成具有DBU-基RTIL同样性质的SPS（图4-12）。除醇体系外，Taisuke Yamada等报道了脒类物质（DBU也属于此类）与脂肪族伯胺形成的RTIL类型的SPS，与醇体系一样，脒与伯胺在CO_2作用下形成RTIL，排除CO_2又可逆地转化为分子液体（图4-13），在他们研究的6种脒类物质与8种伯胺组合的48种体系中，有23种可以在分子液体和离子液体之间转换，能形成内在的极性开关。由于脒和胍价格比较贵，为开发更经济的SPS体系，Lam Phan等研究了一元组分的SPS，报道了4种可与CO_2形成液体碳酸盐因此可用作SPS的二烃基胺，*N*-乙基正丁胺、*N*-乙基正丙胺、二丙胺和*N*-苄基甲胺，这些RTIL的极性比DBU-基RTIL低。随后，他们将*N*-乙基正丁胺体系用于环氧环已烷和CO_2的催化聚合反应的后处理中，反应结束后放出CO_2，固体物质用*N*-乙基正丁胺溶解，然后通入CO_2改变溶剂的极性，此时聚合物从溶液中析出，催化剂留在溶液中，过滤分离，固体聚合物再用同样的方法纯化，滤液蒸馏除去CO_2和胺后回用。此种纯化方法与传统的二氯甲烷/盐酸/甲醇处理方法相比，不仅步骤简单，使用的溶剂少，而且催化剂可以回用，产品质量也相当，既使用了绿色的溶剂又可降低成本。

（a）DBU 和醇的可逆转换

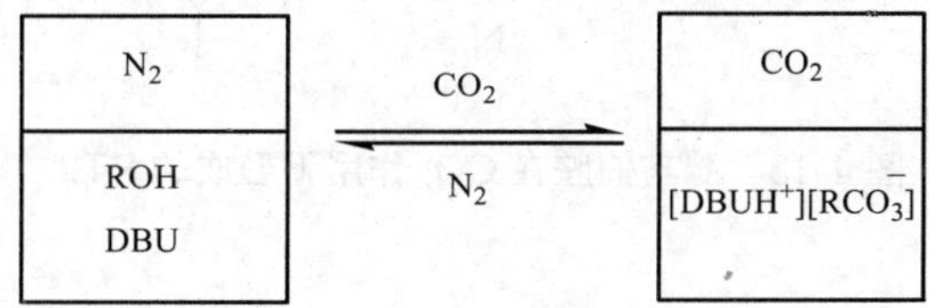

（b）反应（a）中的极性变化

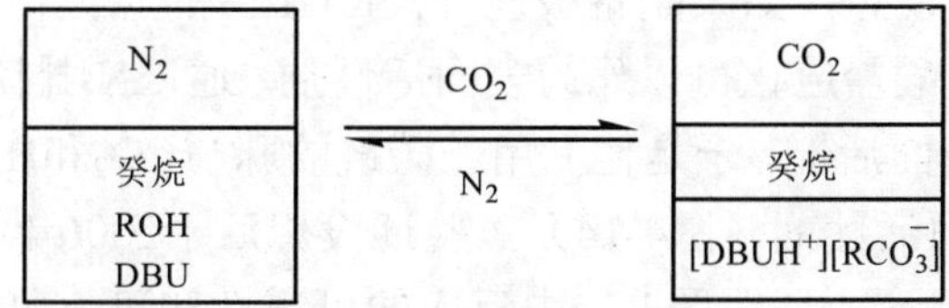

（c）癸烷在体系中的溶解变化：氮气氛围下溶解，CO_2氛围下分层

图 4-10　开关溶剂的开关性

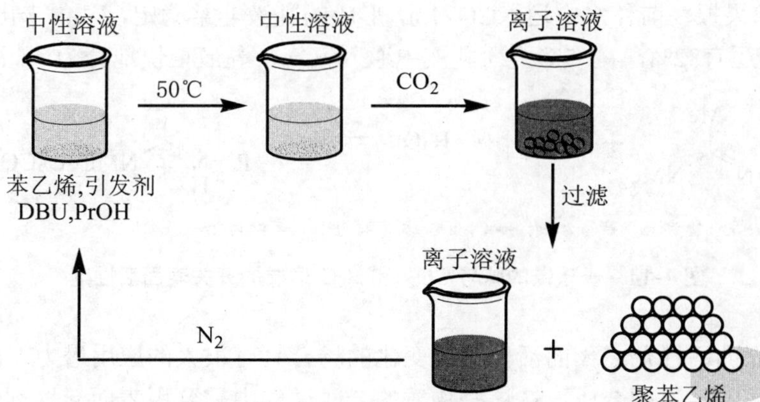

图 4-11　DBU 和正丙醇开关溶剂中的苯乙烯聚合反应

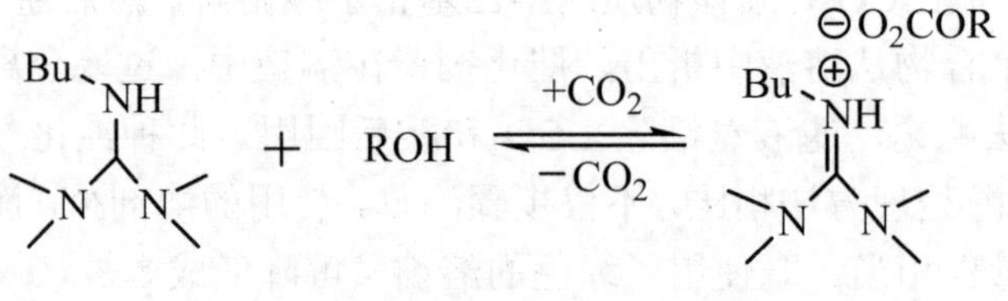

$$\text{Bu-NH-C}(\text{NMe}_2)=\text{NMe} \ (\text{guanidine}) + \text{ROH} \underset{-CO_2}{\overset{+CO_2}{\rightleftharpoons}} [\text{Bu-NH}^{+}=\text{C}(\text{NMe}_2)_2]\ {}^{-}O_2COR$$

图 4-12 胍和醇体系组成的开关溶剂

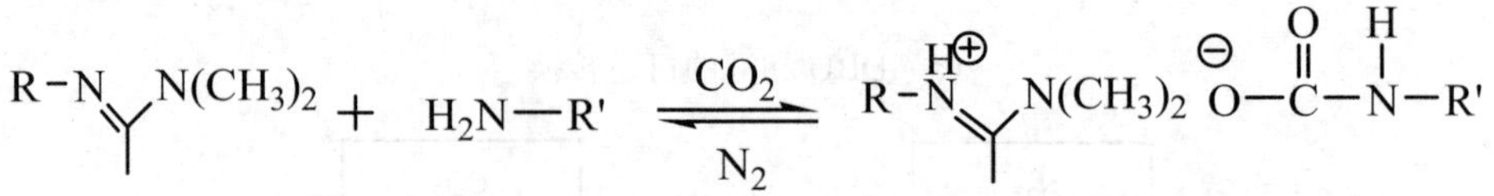

$$R-N=C(CH_3)-N(CH_3)_2 + H_2N-R' \underset{N_2}{\overset{CO_2}{\rightleftharpoons}} R-N^{+}H=C(CH_3)-N(CH_3)_2\ \ {}^{-}O-C(=O)-NH-R'$$

图 4-13 脒与伯胺在 CO_2 作用下形成的 RTIL

4.6.2 开关表面活性剂（Switchable Surfactants）

Jessop研究小组设想，如果制备极性开关RTIL中的脒类物质中含有长碳链，与CO_2反应生成的碳酸盐应该可以作为表面活性剂，通入N_2排除CO_2，碳酸盐还原为脒类物质，失去表面活性，于是他们用长碳链的脒与CO_2和H_2O制备了表面活性可以改变的开关表面活性剂（图4-14），验证设想后于2006年在Science杂志上发表了他们的研究成果。为证明图4-14中反应的可逆性和可重复性，他们将1a溶于二甲基亚砜溶液中，周期性地通入CO_2和N_2，测定溶液电导率的变化，发现通入CO_2时电导率上升，通入N_2时电导率下降；为证明表面活性的变化，将1a加入十六烷和水体系中，振荡混匀，虽然也可形成乳液，但停止振荡5 min内乳液就会分成两层，如果振荡前体系中通入CO_2 1 h，形成的乳液非常稳定，3 h内未出现分层，1天后乳液还有82%，在65℃下向乳液中通入氩气，乳液很快地分为清晰的两层。

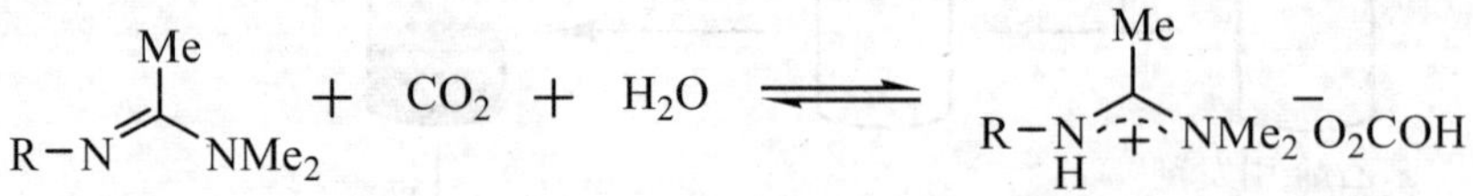

$$R-N=C(Me)-NMe_2 + CO_2 + H_2O \rightleftharpoons R-NH\cdots C^{+}(Me)\cdots NMe_2\ \ {}^{-}O_2COH$$

注：R=$C_{16}H_{33}$，反应物为 1a，产物为 2a；R=$C_{12}H_{25}$，反应物为 1b，产物为 2b

图 4-14 长碳链的脒与 CO_2 和 H_2O 形成的开关表面活性剂

开关表面活性剂在表面活性需要变化的场合具有很大的应用潜力，比如纳米粒子、胶体或乳液的合成，在这些物质的合成过程中需要用表面活性剂保护粒子的表面以防止团聚，合成完成后又需要去除表面活性剂或者终止表面活性。为证明开关表面活性剂在这些场合的优越性，Jessop 小组将 2b（图 4-14）应用于苯乙烯的乳液聚合反应，以偶氮基自由基为引发剂，苯乙烯的自由基聚合反应在 2b 和 CO_2 形成的表面活性剂作稳定剂的苯乙烯-水乳液体系中进行，反应结束后，65℃通入氩气或者 N_2 并冷却至室温，加水，聚合物发生沉降，相应地，如果反应后不通入氩气或者 N_2，即使离心，聚合物放置 3 天也未出现沉降现象。目前苯乙烯乳液聚合工业上采用的分离方法是加盐使乳液聚沉，过滤除去表面活性剂，然后再加盐洗涤聚合物，其缺点是加盐洗涤效果较差，导致聚合物亲水性较强而影响应用，与目前的方法相比，开关表面活性剂的使用可大大简化分离过程和分离效果。

4.6.3 挥发性开关溶剂（Switchable Volatility Solvents）

在溶剂选择中，有机物与无机盐反应体系的溶剂是最困难的，因为有机物与无机盐为不互溶的体系，通常用两种方法解决两者的互溶性问题，一是选用偶极非质子溶剂，二是选用混合溶剂加相转化催化剂。第二种方法应用非常有限，因为相转化催化剂很难分离和回收；第一种方法成本很高，因为大多数偶极非质子溶剂的沸点都比较高，很难用蒸馏的方法除去，如二甲基亚砜（DMSO）的沸点为 189℃，二甲基甲酰胺（DMF）为 153℃，六甲基磷酰胺（HMPA）为 235℃，所以实际应用中这些溶剂基本不回收，造成了很大的浪费和污染，近年来制药行业一直在期盼 DMSO 的替代溶剂的产生。Jessop 研究小组同样在这方面取得了突破性的进展，2007 年他们报道了一种可以替代 DMSO 的开关溶剂——间戊二烯砜（Piperylenesulfone，PS）。PS 本身是一种偶极非质子溶剂，熔点-12℃，室温下是液体，挥发性很低，但是加热后可以分解为低沸点的反式—1,3-戊二烯（沸点 42℃）和 SO_2 气体，而且这种变化是可逆的，反式—1,3-戊二烯和 SO_2 很容易生成 PS[图 4-15（a）]，这种挥发性的巨大转变就像在体系内存在一个挥发性开关一样，所以称为挥发性开关溶剂。

Jessop 小组测定了 PS 作为偶极非质子溶剂时的物性常数，并与 DMSO 进行了比较，发现两者的性质非常相似，比如 E_T（30）值完全一样，介电常数ε值相差很小。之后，为证明 PS 可以替代 DMSO，Jessop 小组测定了氯化苄与一系列亲核试剂发生的阴离子亲核反应在 PS 和 DMSO 中 40℃时的二阶速率常数，总体上在 PS 中的反应速率低于 DMSO 中的，这是因为 DMSO 吸引阳离子的能力强于 PS，使得阴阳离子对更易分开，阴离子的亲核能力就比较强。虽然如此，PS 作为偶极非质子溶剂，简化了产品的分离过程，而且溶剂可以循环使用，这一点是 DMSO 无法相比的，所以 PS 是具有优越性能的绿色溶剂，必将成为 DMSO 的替代溶剂。PS 作为反应介质时的溶剂循环使用过程如图 4-15（b）所示。

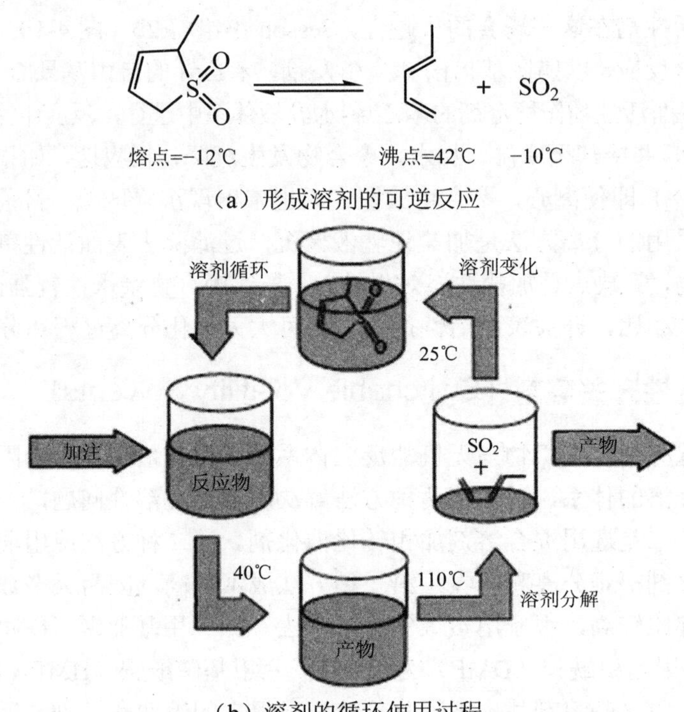

（a）形成溶剂的可逆反应

（b）溶剂的循环使用过程

图 4-15 间戊二烯砜用作替代 DMSO 的绿色溶剂

醇氧化生成醛的反应是制备许多中间产物和精细化学品的基本反应，许多此类反应用无机氧化物如 CrO_3、MnO_2、SeO_2 作为氧化剂，不仅成本高而且产生有害的副产物，醇空气氧化法是普遍认可的解决上述问题的一种绿色工艺，它以低成本、安全的分子氧作为氧化剂，最终的副产物为 H_2O，以过渡金属或过渡金属与 2,2,6,6-四甲基哌啶氮氧自由基（TEMPO）联合使用为催化剂，其特点是过渡金属和 TEMPO 可在室温条件下将醇选择性地氧化成醛。Jessop 小组将铜催化的醇空气氧化生成醛反应溶剂 DMSO 换成 PS，测试了 PS 替代 DMSO 的应用可行性，结果表明，一系列的伯醇均以较高的转化率和收率选择性地被氧化为相应的醛。在 Jessop 小组的这些开创性工作的引导下，将来会出现更多有关的研究报道，PS 作为溶剂的优越性会更完全地显现出来。

4.7 气体膨胀液体

气体膨胀液体（GXLs）是一类新的、用途广泛的环境友好溶剂，它通常是由有机液体和高压气体组成的混合物。GXLs 多年来一直扮演气体抗溶剂的角色，是在超临界流体（SCFs）研发基础上发展起来的。GXLs 用作溶剂介质的四个优势如下：①较高的扩散系数和较低的黏度减少了传质的限制；②溶剂性质很容易由压力来调节；③下游产品处理和溶剂去除更为简便；④提供了取代传统有机溶剂的环境友好的介质。在液体溶剂中通入高压气体后，由于高压气体的大量溶解，导致液体的体积膨胀。常用的 GXLs，通常其体积膨胀率可达 5～10 倍。在压力 0～8 MPa 范围内，气体 CO_2 可以溶解于许多醇、酮、醚及其酯类有机溶剂中，所以相对于 SCFs 而言，GXLs 可在非常温和的压力条件下有效地调节体系的极性、介电常数、溶解度等物理化学性质。尽管 GXLs 的密度与常规液体近似，但由于气体组分的存在，通过调节气体的压力，可事先设计 GXLs 的诸多性质，从而使它们的溶剂强度及传输性质等介于常规液体和 SCFs 之间。上述这些特点无疑使得 GXLs 成为兼具液体与气体功能特性的理想介质。相对于 SCFs 过程而言，GXLs 具有更为宽广的应用范围，且操作条件更加温和；尤其是在传统工业过程中通过选择 GXLs 取代有机溶剂，高达 90%的挥发性溶剂可被削减，因而有望减少环境污染，降低工业过程的成本。

多年来尽管人们对使用GXLs颇感兴趣，但对其微观结构的研究、溶剂化特性的表征还远不能满足GXLs在化学反应、材料制备、过程处理等方面的需要。现有的溶剂化实验数据，主要来自与CO_2 抗溶剂的颗粒制备过程有关的有机固体溶解度的测量。分子水平的溶剂化信息，如溶质周围的局域环境的组成，局域溶剂组成与溶剂的本体组成有何不同等，研究工作相对较少。而从分子水平上获得GXLs的动态及稳态结构信息，对于进一步了解和阐述GXLs的各种溶剂特性，更有效地利用GXLs和拓宽其应用范围意义重大。

4.7.1 气体膨胀液体的定义

气体膨胀液体（GXLs）是由有机液体和高压气体（比如CO_2）组成的混合物，且其温度和压力均低于该混合物的临界点。在GXLs中，一些特别令人感兴趣的性质如气体溶解度的增强通常发生在富含CO_2的区间，而另外一些性质如扩散能力的显著改变却发生在较低的膨胀率区间（＜50%的体积膨胀率）。以酸性催化剂甲酸甲酯的生成反应$CO_2 + CH_3OH \longrightarrow HCOOCH_3$为例，由$CO_2$与$CH_3OH$生成甲酸甲酯的反应即发生在15 bar的低压下，其对应的体积膨胀率仅为10%～15%。在GXLs中发生的最重要的物理变化是由气体压力增加引发的体积膨胀率的加速变化，由GXLs区间向SCFs区间过渡，体积膨胀率将随压力的增加而显著增大。GXLs区间主要是指汽-液平衡（VLE）条件下的饱和液相区，即沿着混合物的VLE的泡点线；而当GXLs接近该混合物的临界区域（通常CO_2组分约90%），汽相及液相融为一体，这时的混合物即被称作共溶剂修饰的SCFs而不属于通常所指的GXLs。

4.7.2 气体膨胀液体的应用

4.7.2.1 作为化学反应介质

由于许多化合物在SCFs，特别是超临界二氧化碳（$ScCO_2$）中的溶解度较小，很大程度上限制了SCFs的应用。通过加入共溶剂，虽可改善化合物在$ScCO_2$中的溶解度，但其影响有限，而且1%～5%的共溶剂的加入很大程度上提高了混合体系的临界压力，不可避免地增加了工业过程的成本；相比之下，GXLs具有超强的溶解能力，它可在较低的压力区间允许溶解高达10%～50%的有机溶剂，这也使其作为化学反应介质独具优势。

4.7.2.2 过程处理溶剂

GXLs的溶剂性质的高度可设计性对于便利实现溶剂-溶质以及产物-反应物的分离至关重要。任何化学过程不可避免地牵涉到产物与反应物等的分离或产物的提纯，其中分离或纯化通常占到化学过程总成本的60%～80%，而GXLs的最重要的优势之一则是可以使分离过程易于实现，且分离成本大为降低。由于GXLs具有常规液体无可比拟的流动性和超强的溶解力，使其优势得以在很多分离过程及高效液相色谱、各种清洗行业得以充分发挥。

4.7.2.3 纳米材料制备

传统的基于有机溶剂的纳米制备技术，其中大量挥发性溶剂的使用，会造成较大的环境污染；而使用 $ScCO_2$ 的颗粒制备过程，相应的颗粒应用范围较窄，并且操作压力和温度也较高；尤其是该方法还需使用较为昂贵的、在环境中难于降解的含氟化合物，因而对环境不友好。制备金属纳米材料有多种途径和方法，例如，基于溶液制备技术的反相胶束合成法、两相拟制沉淀法等，这些溶液制备技术虽然方法简单，但存在的问题是：所生成的金属颗粒的平均粒径的分布区间过于分散，从 2 nm 到 12 nm 不等。这些方法为了获得分布较窄的粒径，必须使用一些后合成方法，如 Sigman 等使用乙醇作为抗溶剂，再结合离心手段以获得理想的窄分布纳米颗粒。Sigman 等的抗溶剂/离心法用于颗粒分离，虽然颗粒粒径分布的区间较窄，但其重复性不易控制，而且粒径分布非常依赖于溶剂的强度和制备过程时间的控制，要想获得理想的粒径非常耗费时间；而且大量有机溶剂作为抗溶剂使用，对环境有害。总之，使用上述方法，一方面试图简单地通过控制溶剂/抗溶剂的组合难以获得预期或理想的粒径分布，另一方面颗粒的重复性较差。为了解决上述技术的局限性，McLeod 等研制了一种新的抗溶剂沉淀技术：运用 CO_2 气体膨胀液体方法，将纳米金颗粒的多分散度由 26% 降至 11%。由于在较低压力范围内可便捷地调节 GXLs 的许多相关性质（诸如溶剂强度等），因而在微米及纳米颗粒制造方面，GXLs 作为抗溶剂用于诱导沉淀显示出非常重要的实用价值。

4.8 生物基溶剂

近年来为了用温和的、环境友好的、可生物降解的溶剂替代石油基溶剂，用天然的或可再生资源开发绿色溶剂得到了极大的关注。依据生命周期分析，由天然的或可再生资源得到的生物基溶剂是符合绿色溶剂要求的，在此以丙三醇和低共熔溶剂为例，介绍生物基溶剂的性质和工业应用前景。

4.8.1 丙三醇作为溶剂

丙三醇是生物柴油工业最主要的副产物，具有低毒、高沸点、非可燃、非腐蚀、难挥发、化学性质稳定、可生物降解性的特性，这些性质符合理想绿色溶剂的大部分要求。同时，丙三醇作为溶剂使用，既有原料保障又没有消耗石油资源，完全符合当前发展可持续化学过程的要求。丙三醇具有较大极性，能形成较强的氢键作用，能与水、短链醇混溶，微溶于许多常见的有机溶剂（乙酸乙酯、二氯甲烷、乙醚等）而不溶于烃类等性质，其突出的优点是能与不溶于水的有机化合物互溶。丙三醇与许多疏水性溶剂是不溶的，如醚类、烃类等，这样使得产品能使用简单的液液萃取法便可分离出。近年来，以丙三醇作为绿色新型溶剂，实现了很多有机反应，包括加成、还原、偶联、多组分反应等。在部分的有机反应中，使用丙三醇作为绿色溶剂，不仅能够提高反应的产率或改变反应的选择性，同时还可以实现溶剂的回收循环使用。下面介绍丙三醇作溶剂的有机合成反应。

4.8.1.1 非催化反应

丙三醇分子的三个羟基与水有非常类似的较强的分子间与分子内氢键作用，因此水相有机反应的很多经验值得借鉴。此外，丙三醇的三个碳原子导致其具有较强亲水性的同时还有一定的亲酯性。顾彦龙等利用丙三醇的这些特点探索了几种已经被证明可以在水相中实现，但是不得不使用催化剂的有机反应。他们研究的第一类反应是胺或者吲哚与α,β-不饱和化合物之间的 Michael 或者 aza-Michael 加成。这些反应往往需要使用 Lewis 或者 Bronsted 酸催化剂，而水作为反应介质尽管能够完成一些活泼底物间的反应，但是不得不借助 SDS 等表面活性剂。如图 4-16 所示，4-甲氧基苯胺与丙烯酸丁酯之间的 aza-Michael 加成在没有使用任何催化剂或者助剂的前提下可以顺利地在丙三醇中进行，而相同条件下无溶剂或者在其他溶剂中，如甲苯、DMF、DMSO、1,2-二氯乙烷、水等都难以完成这一模型反应。丙三醇在吲哚和β-硝基苯乙烯之间的 Michael 反应中也表现除了类似的趋势。丙三醇作为反应介质不但可以提高反应速率，而且还可以改进反应的选择性。例如，环氧苯乙烯和 4-甲氧基苯胺开环反应的区域选择性可以从水中的 76%提高到丙三醇之中的 93%。此外，由于丙三醇和乙酸乙酯等弱极性有机溶剂不混溶，上述所有反应完成后就可以通过萃取的方式实现产物分离以及丙三醇的回收。

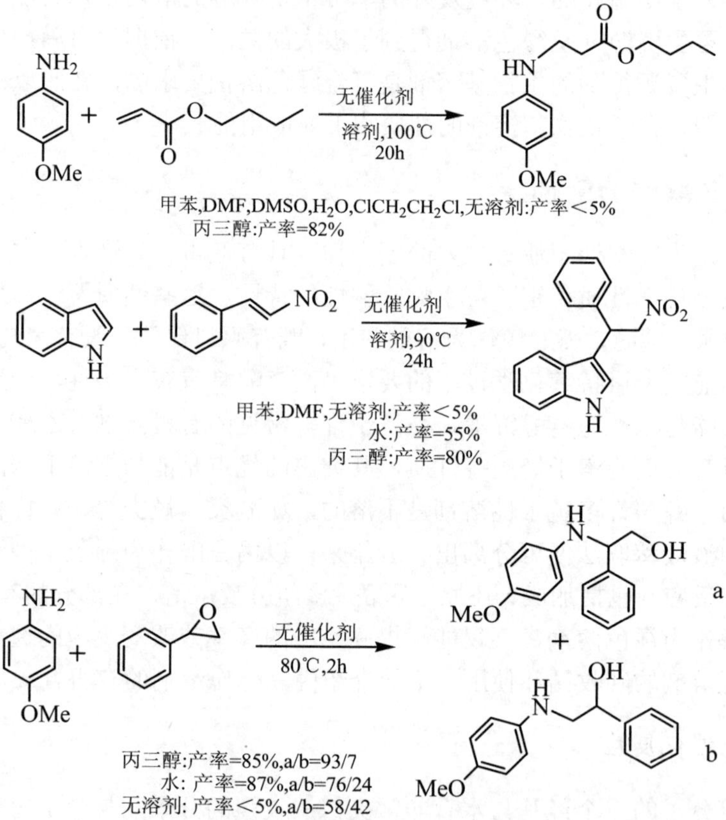

NH_2 OMe + O O HN O O OMe

无催化剂

溶剂,100℃ 20h

甲苯,DMF,DMSO,H_2O,$ClCH_2CH_2Cl$,无溶剂:产率＜5%

丙三醇:产率=82%

N H + NO_2 NO_2 N H

无催化剂

溶剂,90℃ 24h

甲苯,DMF,无溶剂:产率＜5%

水:产率=55%

丙三醇:产率=80%

NH_2 OMe + O H N OH MeO a + OH H N MeO b

无催化剂

80℃,2h

丙三醇:产率=85%,a/b=93/7

水: 产率=87%,a/b=76/24

无溶剂: 产率＜5%,a/b=58/42

图 4-16 胺、吲哚与α，β-不饱和化合物之间的 Michael 或者 aza-Michael 反应

Somwanshi 研究小组采用丙三醇作为在醛、胺和 2,3-二氢呋喃的亚胺 Diels-Alder 一锅反应的促进和循环溶剂，获得了完全内型的非对应立体选择性的产物呋喃并喹啉。该反应如下所示：

R-C_6H_4-NH_2 + ArC(=O)H + 呋喃 $\xrightarrow[82\%\sim92\%产率]{丙三醇，90℃，3h}$

R=H;Ar=Ph,4-C_6H_4F,4-C_6H_4OMe
R=4-OMe,3,5-$(OMe)_2$;Ar=4-C_6H_4F
R=4-Me;Ar=4-C_6H_4Cl

4.8.1.2 催化反应

Wolfson小组在2007年报道了利用丙三醇作为均相催化剂的溶剂，在传统油浴加热和微波辐射条件下，考察了一系列的Heck和Suzuki-Miyaura类型的C-C偶联反应。近来发现在声化学条件下，利用$PdCl_2$、$Pd(OAc)_2$和Pd/C作为钯的来源，4-碘苯甲醚和$PhB(OH)_2$作为反应原料，Suzuki-MiyauraC-C偶联反应的效果能够大为改善。采用丙三醇作为溶剂，能够获得更大的声空化效应，使得反应物最大限度地分散在介质之中，从而能够缩短反应时间并获得较高产率。Mata等报道了在钯氮杂环碳烯的催化下，超声波对C-C偶联反应的正效应。该反应在脉冲超声波（P-US）作用下明显比传统的油浴加热（OB）效果更好。反应如下所示：

MeO-C_6H_4-Br + C_6H_5-$B(OH)_2$ $\xrightarrow[丙三醇，40℃，30\ min]{a\text{-}d\ (1mol\%),\ K_2CO_3(3.5equiv.)}$ MeO-C_6H_4-C_6H_5

R=*n*-Bu(a)
R=trimethoxybenzyl(b)

R=*n*-Bu(c)
R=Me(d)

催化剂	产率
a	21%(OB);80%(P-US)
b	43%(OB);83%(P-US)
c	53%(OB);91%(P-US)
d	51%(OB);84%(P-US)

（注：equiv 表示当量；P-US 表示脉冲超声波；OB 表示油浴加热；trimethoxybenzyl 表示三甲氧基苄基。）

4.8.1.3 生物催化反应

毫无疑问，水是最好的生物溶剂，但许多有机分子具有疏水性的特点，所以往往会遇到一些预料不到的问题，如会水解反应以及产品难以分离等缺点。尽管有机溶剂对环境有负面影响，但其通常会用来克服上述问题。2006年，Wolfson等报道了丙三醇作为绿色溶剂，出色地完成了在游离酵母和固定海藻酸微球催化下的有机生物反应。

近年来，Wolfson 小组采用乙酰乙酸乙酯的不对称还原反应作为反应模型，比较水和不同丙三醇衍生物做溶剂条件下，考察了其对固定化面包酵母（Immobilized Baker's Yeast，IBY）的适应性、反应活性及产品的萃取率的影响。结果表明，水在适应性和反应活性方面更具有优越性，而丙三醇衍生物具有容易分离的特点。反应如下所示：

IBY/葡萄糖
溶剂，37℃，48 h

溶剂	含量	ee
水	74%	>99%
丙三醇	45%	>99%
三乙酸甘油酯	52%	97%
甘油三丁酸酯	50%	90%

（注：*表示不对称碳原子。）

4.8.2 低共熔溶剂

低共熔溶剂（Deep Eutectic Solvents，DESs）是一种新型的绿色溶剂。2003年，Abbott 等发现氯化胆碱和酰胺类化合物形成的液体具有特殊的溶剂性质，首次提出了低共熔混合物（Eutectic Mixtures）的概念，开辟了低共熔溶剂应用的先河。后来，研究者发现一系列有机盐均可以与羧酸、酰胺、醇等氢键供体形成低共熔混合物，发展并逐步形成了低共熔溶剂的概念。低共熔溶剂和离子液体类似，也具有电化学稳定窗口宽、蒸汽压低、不可燃、导电性优良等特点，同时还有低成本、合成路线简单、无毒环保等优点。由于与离子液体在物理化学性质相似，现有文献中也有人将其称为"配位离子液体""离子液体类似物""低共熔离子液体"等。目前，低共熔溶剂已引起了世界各国研究者的广泛重视，并在分离过程、化学反应、功能材料和电化学等领域显示出良好的应用前景。

4.8.2.1 低共熔溶剂的组成

低共熔溶剂由盐类与有机分子组成，盐类大多是季铵盐、氯化胆碱或者季磷盐，有机分子通常为尿素、1,6-己二醇、乙酰胺、羧酸和多元醇等可以作为氢键供体的化合物，两者以一定的化学计量数比组合而成。比如，化学计量数比为 1∶2 的氯化胆碱-尿素低共熔溶剂可以表示为 $HOCH_2CH_2N^+(CH_3)_3Cl^-\cdot 2(NH_2)_2CO$。

4.8.2.2 低共熔溶剂的性质

（1）凝固点

凝固点（T_f）是低共熔溶剂的一个重要物理特征，低共熔溶剂的凝固点首先取决于它的组成分子及它们的物质的量之比，此外，官能团对熔点也有较大影响。

低共熔溶剂的凝固点大多在−38～150℃，明显低于高温熔盐，这是由于低共熔溶剂中的氢键给体与季铵盐的阴离子形成了氢键的缘故。研究表明，阴离子与氢键给体形成氢键的能力越强，低共熔溶剂的凝固点越低。如 F^-、NO_3^-、Cl^-、BF_4^- 与尿素形成氢键的能力依次递减，这 4 种阴离子的季铵盐与尿素形成低共熔溶剂的凝固点依次增高，分别为 1℃、4℃、12℃和 67℃。

（2）溶解性

低共熔溶剂具有良好的溶解性，能够溶解金属氧化物、CO_2 等无机物以及难溶于水的有机物等不同物质。Morrison 等发现苯甲酸、达那唑、伊曲康唑、灰黄霉素和 AMG517（AMG-517 是一种有效的、选择性的 TRPV1 拮抗剂）等 5 种药物在氯化胆碱类低共熔溶剂中的溶解度比在水中高 5～22 000 倍。由此可见，低共熔溶剂在药物增溶领域有着潜在的应用价值。

（3）黏度

与离子液体相似，低共熔溶剂的黏度大多在 10～5 000 厘泊，且受温度的影响较大，黏度随温度升高而降低。此外，低共熔溶剂的黏度还与其组成和配比有关，对于氯化胆碱和多元醇所组成的低共熔溶剂，当氯化胆碱的含量由 5%增加到 33%时，氯化胆碱/乙二醇体系的黏度从 10 厘泊增加到 36 厘泊，而氯化胆碱/丙三醇体系的黏度则从 998 厘泊降低到 376 厘泊。

（4）表面张力

与高温熔盐和离子液体相似，低共熔溶剂的表面张力（γ）较大，这与其具有较高的黏度有关。如氯化胆碱/丙二酸（摩尔比 1∶1）和氯化胆碱/苯乙酸（摩尔比 1∶2）低共熔溶剂的表面张力分别为 65.68 $mN \cdot m^{-1}$（25℃）和 41.86 $mN \cdot m^{-1}$（25℃）。

（5）导电性

低共熔溶剂具有良好的导电性，其电导率一般在 0.1～10 $mS \cdot cm^{-1}$，并且电导率的大小与低共熔体系的组成和温度有关。

（6）电化学窗口

大部分低共熔溶剂的电化学稳定窗口为 3 V 左右，稍小于离子液体（4 V 左右），但低共熔溶剂的还原电势较负，一般在−（1.5～2）V（相对 Ag/AgCl 电极）。

4.8.2.3 低共熔溶剂的应用

（1）在化学反应中的应用

有关低共熔溶剂在化学反应中的应用，目前研究较多的是取代传统的有机溶剂在有机反应中充当反应介质。作为反应介质，与其他有机溶剂相比，低共熔溶剂具有蒸汽压低、无毒性、可生物降解、溶解性能独特、反应产物分离简单等优点。近年来，以低共熔溶剂为介质，已成功合成出一系列重要的有机化合物。

Phadtare 等在不使用任何其他催化剂或有机溶剂的条件下，以氯化胆碱/尿素低共熔溶剂为介质，实现了 1-氨基蒽-9,10-醌的溴化反应。与传统方法相比，该法的反应条件简单、反应时间短、产率高、适用范围广，而且避免了有害有机溶剂和有毒催化剂的使用，为重要的工业染料中间体卤化 1-氨基蒽-9,10-醌的绿色合成提供了新的思路。

除充当反应介质外，由于组成低共熔溶剂的脲在高温（150～200℃）时不稳定，其分解产物可充当反应模板。Liu 等以氯化胆碱/乙烯脲低共熔溶剂为模板释放剂，采用离子热法成功合成了具有三维 DFT 拓扑结构的磷酸锌盐。Parnham 等以脲及其衍生物和氯化胆碱组成的低共熔溶剂为模板释放剂，采用离子热法合成了具有沸石结构的磷酸铝和磷酸镓盐。然而，脲在高温下并非总能发生分解。当 Himeur 等以氯化胆碱/二甲基脲低共熔溶剂为介质，采用离子热法合成 $La(C_9O_6H_3)[(CH_3NH)_2CO]_2$、$Nd(C_9O_6H_3)[(CH_3NH)_2CO]_2$ 和 $Eu(C_9O_6H_3)[(CH_3NH)_2CO]_2$ 等 3 种新型异质同构材料时，发现二甲基脲并未分解，依然保持完整的结构而成为最终产物的一部分。

此外，低共熔溶剂在某些有机反应中还可以充当催化剂。Zhu 等以分子筛负载氯化胆碱/尿素低共熔溶剂来催化各种环氧化合物和 CO_2 合成环状碳酸酯，其反应式为：

$$\text{R-环氧乙烷} + CO_2 \xrightarrow[110℃]{HO\diagup\diagdown\overset{\oplus}{N}Me_3\overset{\ominus}{Cl},2Urea\ (负载于分子筛上)} \text{环状碳酸酯(R取代)}$$

（注：Urea 表示尿素。）

结果表明，该催化剂具有较高的活性和选择性，且其中的氯化胆碱和尿素在催化过程中表现出协同效应。其反应机理如下：

H O N⊕ ⊖Cl(2Urea) → (R-环氧乙烷) → H…O(环氧)…N⊕ ⊖Cl(2Urea) → ⊖O…H O N⊕ Cl(2Urea) (R) → (CO_2) → O=C(O⊖)…H O N⊕ Cl(2Urea) (R) → 环状碳酸酯 (R) + H O N⊕ ⊖Cl(2Urea)

（2）在纳米材料制备中的应用

纳米材料的传统合成方法多用到各种有机溶剂，并且对合成条件的要求也比较高。与传统溶剂相比，低共熔溶剂在合成过程中体现出了很多优势，且所得的产物也不同，为纳米材料的制备开辟了一条新途径。Dong 等利用氯化胆碱/尿素低共熔溶剂为溶剂，以乙醇/去离子水混合物为反溶剂，通过调节反溶剂中的乙醇含量以及 ZnO 低共熔溶剂溶液的注入时间来控制生长不同形状的 ZnO 纳米结构。Liao 等在没有使用任何表面活性剂或晶种的条件下，以氯化胆碱/尿素低共熔溶剂为介质，通过调节低共熔溶剂中水的含量，成功实现了星形金纳米颗粒的形状控制合成，它对 H_2O_2 的电还原活性远远高于其他形状的金纳米颗粒和多晶金。

（3）在分离过程中的应用

低共熔溶剂由于具有独特的物理化学性能，而在安全且环境友好的分离技术中受到重视。Abbott 等以低共熔溶剂溶解 ZnO、PbO_2、CuO、NiO 和 Ag_2O 等金属氧化物组成的混合物，利用各金属在低共熔溶剂中的还原电势差异，通过电化学方法可以选择性地分离出各金属。此外，他们还利用低共熔溶剂萃取生物柴油中的甘油，取得了理想的分离效果，为化工分离提供了一种优良的萃取剂。

低共熔溶剂具有独特的物理化学性质，并且可以通过选择合适的组成和配比来调节其性能，达到不同的目的。与传统溶剂和离子液体相比，具有制备简单、原料易得、合成过程对环境友好等诸多优点，是一种真正的绿色溶剂。

5 生物质资源的利用

作为人类主要能源和有机化工原料的煤、石油和天然气，曾经为人类经济的繁荣、社会的进步和生活水平的提高做出了很大的贡献。但是，由于煤、石油和天然气等矿物资源不可再生，因此它们不是人类所能长久依赖的理想资源。再者目前地球所面临的环境危机直接或间接地与矿物燃料的加工和使用有关，比如这些矿物燃烧后放出大量的 CO_2、SO_x、NO_x，被认为是形成局部环境污染、产生酸雨以及温室气体等地区性环境问题的根源。因此，选择更为清洁的能源和化工原料新资源，自然成为以消除污染、实现可持续发展为目标的绿色化学的研究内容。

从绿色化学的角度来考虑，作为人类能够长久依赖的未来资源和能源，它必须储量丰富，最好是可再生的，而且它的利用不会引起环境污染。生物质是自然界最丰富的含碳有机大分子功能体，利用生物质开发可循环和再生的功能化产品（如生物基燃料、生物基材料、生物基化学品等），将为未来新一代的生物及化工产业提供通用原料。

5.1 生物质资源与生物炼制

绿色植物利用叶绿素通过光合作用把空气中的 CO_2 和 H_2O 转化为葡萄糖并将太阳光的光能储存在其中，然后葡萄糖再进一步聚合成淀粉、纤维素、半纤维素和木质素等多糖并构成生物体。因此，生物质可理解为由光合作用产生的所有生物有机体的总称，包括：①各种速生的能源林、薪炭林、灌木林、木材及森林工业废弃物；②农作物秸秆、稻壳、稻秆、蔗渣等农业废弃物；③水生植物；④油料植物；⑤城市生活垃圾、工业有机废弃物等。生物质资源不仅储量丰富，而且可以再生。据估计，作为植物生物质的最主要成分——木质素和纤维素每年以约 1 640 亿 t 的速度不断再生，如以能量换算，相当于目前石油年产量的 15～20 倍。如果这部分能量能得到利用，人类就相当于拥有了一个取之不尽、用之不竭的资源宝库。而且，由于生物质来源于 CO_2（光合作用），燃烧后产生 CO_2，但不会增

加大气中的 CO_2 含量，因此生物质与矿物质燃料相比更为清洁。

生物质资源的加工利用过程是将组成植物体的淀粉、纤维素、半纤维素、木质素等大分子物质转化为葡萄糖等低分子物质，进而生产各种化学品、燃料和生物基材料。这一过程称为生物炼制（biorefinery）。1980 年代初在国际上首次提出"生物炼制"的概念之后，引起国际上科技人士重视，2007 年在北京举行首届生物炼制国际学术讨论会。随着能源、资源、环境问题的日趋严峻，生物炼制已经成为世界各国的战略研究方向。生物炼制技术（biorefinery techniques）涉及面很广，既有传统性，又有现代性，应用面非常广泛。生物炼制是以可再生生物质资源为原料，替代化石资源，生产能源、化工产品和生物材料的低碳型工业模式，通过开发新的化学、生物和机械技术，大幅提高可再生资源原材料的利用水平，将成为环境可持续的化学工业和能源经济转变的重要手段。以生物炼制为核心的工业生物技术，是人类生物技术发展史上继医药生物技术、农业生物技术之后的第三次浪潮，其发展将解决人类社会目前所面临的资源、能源与环境等诸多重要问题。

5.1.1 生物炼制的概念

生物炼制是以生物可再生资源为原料，利用生物转化技术和工艺，生产能源、化工产品和材料，替代或部分替代传统的以化石资源为原料的化工加工过程。生物炼制技术的发展始于 19 世纪，当时已经出现了大规模利用可再生的生物资源加工生产各类产品：纸浆、人造丝、微晶纤维等；同时也建立了各种生物质加工技术，如糖精炼技术、淀粉加工技术、榨油技术、蛋白分离技术等。随着现代发酵技术的出现，一大批生物过程技术应用于化工产品的开发，如乙醇、乙酸、乳酸和柠檬酸等，形成了生物转化平台。热化学处理是生物炼制的另一个重要技术平台，主要包括生物质气化、热解、液化和超临界萃取等技术，衍生出多种化学品和液体燃料，如直链烷烃、生物油、芳香族化合物等。近年来，随着基因组学、蛋白质组学等生物技术的飞速发展，大大地推动了生物炼制技术在生物能源（乙醇、生物柴油、丁醇等）、化工产品、生物材料（聚乳酸、木塑复合材料等）等领域的应用。

生物转化和热化学转化是生物炼制的两个基本平台。基因组学、蛋白组学及合成生物学构成了未来生物转化技术发展的学科基础，生物质气化技术、热裂解技术和化学催化技术是热化学主要技术手段。图 5-1 为以生物质为原料制备大宗化学品的基本技术路线图。

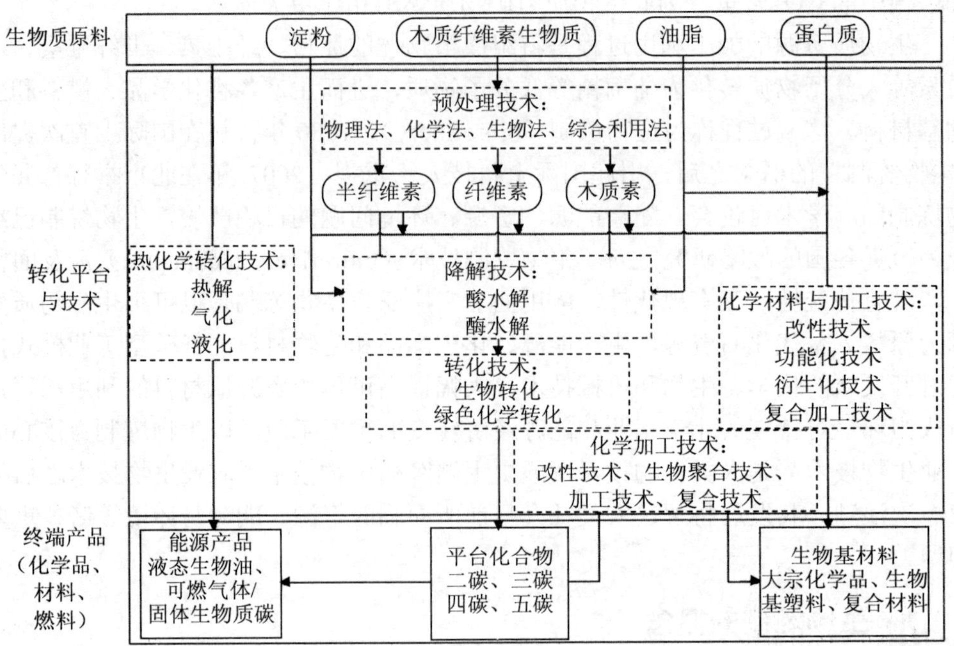

图 5-1　以天然生物质为原料制备大宗化学品的技术路线

对于生物质原料，工业生化分离技术是改变原有生物质单纯生产单一产品的生产利用模式，充分利用原料中的每一种组分，将其分别转化为不同的产品，实现原料充分利用、产品价值最大化的真正意义上的生物炼制过程的基础。以微生物细胞或者酶的手段，通过一系列的生物化学途径，高效转化各类生物质原料为燃料、材料或平台化合物等各类化学品是生物炼制过程的核心。分子机器、细胞工厂是实现强化这一过程的技术核心。为了提高自然界中的微生物或酶对生物质资源的利用能力和产物转化效率，从而满足工业生产的需要，借助基因组学、系统生物学和合成生物学等学科基础，构建分子机器或者细胞工厂。生物质热化学技术可将生物质最大限度地作为原料转化为液体燃料、合成气、化学品等，借助催化裂化以及加氢等化学手段，可以将这些产物进一步加工为高品位、高附加值的化工产品和燃料。图 5-2 勾画出了生物炼制过程蓝图。

生物炼制的本质是将所使用的多种原料，根据其不同的化学成分组成分解为糖、蛋白质以及脂肪等不同的成分，再采用发酵等生物方法转化为各种化学品。它覆盖了包括食品、服装、药品、材料、燃料、纸制品、化工产品等诸多领域，转变了人类依赖石油炼制的生活模式，将为人类社会解决目前面临的资源、能源与环境等诸多重要问题做出巨大的贡献。

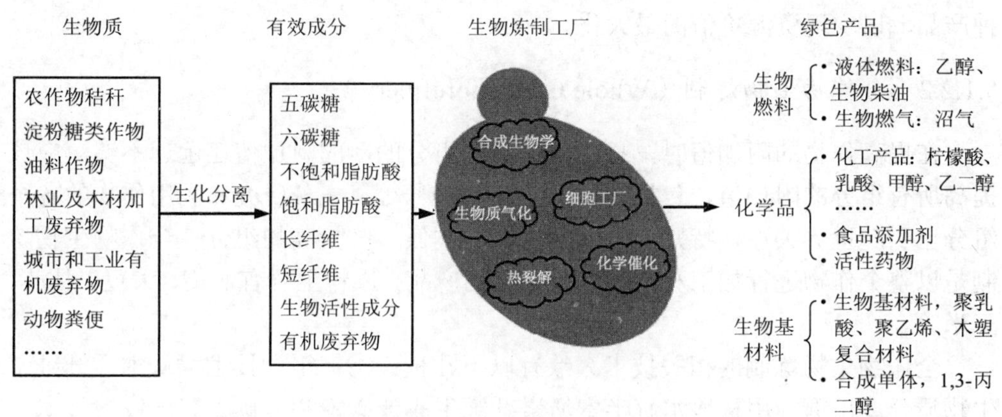

图 5-2 生物炼制产业全过程

5.1.2 生物炼制的类型

根据近来研究开发的不同情况，可再生资源的生物炼制分为 3 种系列：①木质纤维素生物炼制：用自然界中干的原材料如含纤维素的生物质和废弃物做原料；②全作物生物炼制：用油料作物、谷物或玉米做原料；③绿色生物炼制：用自然界中湿的生物质如青草、苜蓿、三叶草和未成熟谷类做原料。

5.1.2.1 木质纤维素（LCF）生物炼制

木质纤维素生物炼制主要以玉米秸秆或麦秆为原料，通过化学消解或酶水解分解成三种组分：半纤维素、纤维素和木质素。从 3 种主要的木质纤维素能衍生出不同的化学品：纤维素断开为葡萄糖，葡萄糖发酵制乙醇、有机酸或溶剂；半纤维素可水解成木糖，木糖是糠醛和呋喃树脂的前体；木质素含有相当数量的单芳烃。

Biofine 公司研究并实现将木质纤维素生物质转化成化学品，主要是乙酰丙酸、甲酸、糠醛等。早在 1990 年 Biofine 就申请了二步法专利。在第一步中，含水的酸化木质纤维素淤浆（216℃）在柱塞流反应器中进行降解生成糠醛，生成的混合物在 193℃的搅动槽式反应器中进行第二次酸降解，生成乙酰丙酸。1 t 处理纤维素可生成约 0.5 t 乙酰丙酸。该公司在纽约 Glenn Fall（格伦福尔斯）有 2 t/d 的示范装置、在意大利有 50 t/d 的装置。目前，纤维资源生物炼制的核心技术是纤维素酶的生产和纤维素水解，而妨碍木质纤维素资源酶法生物转化技术实用化的主要障碍，就是纤维素酶的生产效率低和成本高。纤维素乙醇生产的突破口必须瞄向生物炼制，充分利用纤维素资源的多原料组分，采用多技术集成，生产多种产品，以实现资源价值的最大化。

5.1.2.2 全作物生物炼制（Whole Crop Biorefinery）

在提高作物的附加值时，只靠开发一种组分的新的附加值还远远不够，应该提高所有组分的附加值，包括种子、饼粕和秸秆等。充分研究和利用作物的各个组分已引起世界关注，特别是组分复杂、成本低、产量高的组分。全作物生物炼制是以整个作物进行加工和消耗获得有用的产品，原料主要有油菜、大豆、甘蔗、玉米等。

全作物生物炼制的相关技术大致有以下几种：①糖平台技术，从木质纤维素生物质分离出糖。用稀酸水解半木质素纤维生成 5 碳糖和 6 碳糖。②发酵技术，将糖或混合糖转化生成燃料和化学品，已开发了转化混合糖为乙醇的酶，用基因组合方法可以有效地转化水解淀粉在有氧条件下生成 1,3-丙二醇（PDO）。③酯化与酯转化技术，将甘油三酸酯、游离脂肪酸有效地转化为生物柴油。④研磨技术，可以粉碎秸秆芯，生成糖，同时开发了淀粉液化和糖化技术。油料作物收获后，经过贮藏、运输、干燥和分离后得到种子和秸秆。种子经物理、化学或酶处理后得到油脂、蛋白、糖浆和壳，秸秆粉碎后得到秸秆芯和粉，得到的产品进一步应用在食品工业、发酵工业、饲料工业、生物柴油和可降解材料（表 5-1）。

表 5-1 油料作物全作物生物炼制产品和利用

产品	利用
秸秆芯 秸秆粉	合成工业；纸浆工业；包装业；能源
菜籽油	食品工业；能源；生物柴油；生物降低润滑剂；油漆和涂料工业
菜籽蛋白	饲料业；发酵工业；食品业
糖浆	饲料业；食品业
菜籽壳	能源

5.1.2.3 绿色生物炼制

绿色生物质包括草、苜蓿、三叶草和未成熟谷类作物等绿色农作物。绿色生物炼制首先要去除无关的物质，然后将作物精制和分离为两部分：高蛋白液汁和干燥的纤维。纤维可以用作燃料为生物炼厂提供能源，还可用于纸张、复合物、绝缘和包装材料等。液汁可用作动物饲料蛋白混合物，或进一步炼制成第二代产品，如颜料、有机酸和钾盐等。

5.1.3 生物炼制的产品案例

目前工业化的生物炼制的产品主要有三类：化学品（乳酸、乙烯、丙烯酸、丙烯酰胺、1,3-丙二醇、1,4-丁二醇、琥珀酸等），生物燃料（乙醇汽油、生物柴油、沼气等）和生物基材料（PLA、PHAs、大豆蛋白改性纤维等）。

5.1.3.1 生物质化学品

将生物质原料实现向可再生资源的转换，首先面临把生物质转化为化学品，需要的技术包括生物化学和发酵基础知识和有关过程技术。乳酸是天然存在的α-羟基酸，可由石油化工合成或发酵制得。PURAC 生物化学公司是世界上最大的乳酸生产商，该公司在荷兰、西班牙、巴西、美国建有工厂。未来乳酸需求增长主要来自两方面：聚乳酸（PLA）和乳酸酯溶剂。20 世纪 80 年代后期以来，从玉米芯中得到右旋葡萄糖，经微生物发酵生产乳酸的工艺获得成功，发酵法生产乳酸的成本远远低于合成法。发酵法的优势在于原料的利用及转化率高，而且原料来源广泛。几乎所有碳水化合物富集的物质都有可能通过发酵得到乳酸，乳酸可以从再生资源中发酵获得，本身又是一种可再生资源，使其在当今世界格外受到青睐，具有广阔的应用前景，目前已进入商品化生产阶段。丙烯酰胺、1,3-丙二醇和 1,4-丁二醇等化合物也越来越引起重视，目前 1,3-丙二醇已经在国内有了生产示范性基地。

5.1.3.2 生物质能源

发酵制得的乙醇作为车用燃料添加剂可改善辛烷值和降低尾气排放，因此市场需求量增长迅速。美国已研制了加工量为 2 000 t/a 干玉米秸秆的乙醇生产装置，可年产乙醇 6 900 万加仑。该设计项目研究的核心技术是预水解、糖化和共发酵，美国能源部（DOE）已在中试装置上作示范，但还未实现工业化生产。为了提高乙醇生产的可行性，降低乙醇的生产成本，还可销售残存的固体和木质素以增加收入，如木质素和其他有机副产物可以燃烧产生蒸汽或用于发电，但这需要约 2 000 万美元或更多的投资。

生物柴油是脂肪酸与低碳醇在催化剂的作用下，发生酯化反应，形成脂肪酸甲酯或乙酯，可代替柴油燃烧。生物柴油环境友好，无需对现有柴油发动机进行任何改造即可使用，且对发动机有保护作用。生物柴油近几年发展迅速，德国、法国、美国等相继成立了专门的生物柴油研究机构，投入了大量的人力物力。目前，欧洲、美国、日本正在研究开发生物酶法和超临界法转化生物柴油的技术。与欧美国家相比，我国在发展生物柴油方面还有相当大的差距，由于经济和技术的原因，目前真正实现了生物柴油工业化生产的企业为数极少，仅有几家千吨级规模示范性生产厂，还没有实现生物柴油的产业化生产，产品在动力燃料方面的使用也是试验性的，很少有产品投入实际使用。

沼气是有机物在隔绝空气和一定的温度、湿度、酸碱度等的条件下，经过沼气细菌的作用产生的一种可燃气体。目前，世界各国已经开始将沼气用作燃料和用于照明。近年来，中国沼气事业获得了迅速发展，在农村，除用沼气煮饭、点灯外，还办起了小型沼气发电站，利用沼气能源作动力进行脱粒、加工食料、饲料和制茶等，解决了一些农村的电力问题。

5.1.3.3 生物基材料

生物基塑料是利用生物质为原料，通过生物化工技术生产的树脂。这种生物基塑料既具有石油基树脂的可塑功能，又可在自然环境里被微生物（细菌、真菌、藻类等）完全降解，降解生成的 CO_2 和 H_2O，通过光合作用被植物利用，进入生态链。开发生物降解塑料作为解决石油资源枯竭和治理白色污染的有效途径也得到越来越多的重视。武汉大学利用榨油后的豆渣为原料成功制备出大豆分离蛋白塑料片材和大豆渣塑料片。同时，将工业木质素、TiO_2 纳米粉、陶瓷纳米粉和纤维素粉添加到大豆分离蛋白中制备出各种塑料，有效地提高了抗水性、强度、断裂伸长率，而且赋予其新功能。同时，还制备出蛋白弹性材料，其伸长率达 250%。这些蛋白塑料埋在土壤或江湖中可完全生物降解，即使被动物误食也可消化掉。用来生产塑料的蛋白质有酪蛋白、玉米醇溶蛋白、大豆球蛋白和花生球蛋白，其中大豆蛋白的价格低廉，产量丰富，具有良好的应用前景。

聚-β-羟基丁酸酯（PHB）和聚乳酸（PLA）是目前可开发的生物基高分子材料。聚-β-羟基脂肪酸酯（Polyhy-droxyalkanoates，PHAs）以其特殊的生物可降解性、生物相容性、光学活性及生物合成过程中可利用再生原料等特性，在医学领域及许多高技术、高附加值领域具有广阔的应用前景。PHA 是许多原核微生物处于非平衡生长状态下合成的细胞内贮藏性聚合物，作为细胞内的碳源和能源的储备物，由相同或不相同羟基脂肪酸单体组成。同细菌发酵系统相比，农作物具有可利用自身丰富的碳源、不需要昂贵的发酵底物、生产成本低、可对真核蛋白进行正确翻译后加工、形成具有活性的分子和不需要复杂的发酵后加工过程等特点，使人们逐渐看到农作物作为生物反应器的巨大潜力。因此，通过基因工程方法改变农作物的代谢途径，使碳源流向 PHA 合成途径，利用转基因农作物生产 PHA，可降低 PHA 的价格。将获得的短链与中链 PHA 合成酶基因向拟兰芥、油菜等作物中转化，使 PHB（短链 PHAs）含量大幅度提高，利用农作物资源生产 PHAs 前景非常乐观。

聚乳酸是以乳酸为单体的聚酯，是一类可完全生物降解的合成高分子物。它具有良好的生物相容性、生物可降解性，主要用于微电子工业作为电路板和电子原料的清洗剂。另外，聚谷氨酸（γ-PGA）是一种由微生物生物合成的聚氨基酸，它由 D-或 L-谷氨酸单体以γ-羧基与氨基相缩合而成，在生物体内，γ-PGA 生物相容性良好，可以降解为谷氨酸而直接被生物体吸收，广泛应用于食品包装、功能保健食品、医药、化妆品和环境污水处理等方面。日本的原敏夫教授采用纳豆中的聚谷氨酸生产聚谷氨酸树脂取得了进展，浙江大学和中国农业科学院油料作物研究所也开始了相关研究。

大豆蛋白纤维可称为新世纪的“生态纺织纤维”，其主要原料是来自于自然界的大豆粕，原料数量大且具有可再生性，不会对资源造成掠夺性开发。豆粕浸泡后提取其中的蛋白质，蛋白质经提纯取出其中的球型蛋白，球型蛋白与羟基高聚物（PVA）通过引发剂进行接枝，制成一定浓度的蛋白质纺丝溶液，经湿法纺丝而成。另外，在大豆蛋白纤维生产过程中也不会对环境造成污染。由于所使用的辅料、助剂均无毒，提纯蛋白后留下的残渣还可以作为饲料，因此其生产过程完全符合环保要求。大豆纤维作为一种性能优异的新型纤维，是生产各种高档纺织品的理想材料，具有极为广阔的市场前景。

5.1.4 生物炼制过程实例

5.1.4.1 微生物发酵法生产 1,3-丙二醇

1,3-丙二醇（l,3-propanediol，PDO）是一种重要的化工原料，一般应用于聚酯和其他有机化合物的合成中，也可作为有机溶剂用于耐高压润滑剂、染料、油墨、防冻剂等行业。1,3-丙二醇可以与对苯二甲酸聚合生产聚对苯二甲酸丙二醇酯（PTT）。PTT 是新一代聚酯产品，是继 1950 年代聚对苯二甲酸乙二醇酯（PET）、1970 年代聚对苯二甲酸丁二醇酯（PBT）之后新研发出的一种极有发展前途的新型聚酯高分子材料，1998 年被美国评为六大石化新产品之一。与 PET、PBT 相比，PTT 具有高弹性、良好的连续印染特性、抗紫外线、抗内应力、低吸水性、低静电以及良好的生物降解性、可循环利用等多种优良特性，因此在地毯工业、服装材料、工程热塑料等众多领域应用前景十分广阔。

PTT 纤维生产的关键在于单体原料 PDO 的来源，其成本直接影响了 PTT 的工业化生产和应用规模。目前，仅有 DuPont 和 Shell 公司采用化学合成法进行 PDO 的小规模工业化生产，技术路线分别是德国 Degussa 公司的丙烯醛合成法专利技术和 Shell 公司自行开发的环氧乙烷合成法。化学合成法设备投资大、工艺要求严格、操作条件苛刻、副产物多、产品提取难度大、“三废”处理成本高。此外，化

学合成法的最初原料是不可再生的石油。微生物发酵法生产PDO以可再生资源——淀粉（糖）为原料，具有操作简便、反应条件相对温和、副产物少、污染少且容易处理等优点，引起了国内外相关企业和研究单位的高度重视。近年来德国生物工程研究中心（GBF）、美国DuPont公司、Genencor公司、清华大学、大连理工大学、抚顺石油化工研究院等单位对生物法生产PDO进行了广泛深入的研究，研究工作集中在菌种代谢机理、关键酶、动力学特性、基因工程菌构建等方面，目标是将发酵法生产PDO这一先进工艺早日实现产业化。美国DuPont公司因在微生物发酵法生产PDO的出色工作，获得了2003年美国"总统绿色化学挑战奖"。

（1）菌种及PDO生成机理

经自然分离获得的菌种只能以甘油为底物发酵生产PDO。在厌氧条件下，除基因工程菌外只有几种兼性厌氧肠细杆菌，如克雷伯式肺炎杆菌（Klebsiella Pneumoniae）、弗式柠檬酸菌（Citrobacter Freudii）、絮凝肠细杆菌（Enterobacter Agglomeran）以及完全厌氧菌丁酸梭菌（Clostrium Butyricum）等可将甘油转化为PDO。

由于Klebsiella Pneumoniae生产PDO的能力、产率较高，国内外对其代谢机理、代谢过程所涉及的酶以及代谢影响因素等进行了广泛深入的研究。甘油转化成PDO的代谢途径为：在厌氧条件下，甘油扩散进入细胞后，一部分被甘油脱水酶催化成3-羟基丙醛和水，接着3-羟基丙醛在PDO氧化还原酶的作用下被还原为终产物PDO；另一部分甘油在脱氢酶的作用下转变为二羟基丙酮，然后经磷酸化脱氢，再进入丙酮酸代谢，生成副产物。PDO的形成主要是为了平衡微生物代谢的氧化还原状态，消耗氧化支路产生的还原当量（NADH）。甘油代谢过程涉及的各种酶中，甘油脱水酶是限速酶，决定了甘油的消耗速率，主要是因为其产物3-羟基丙醛的积累会对细胞造成毒害；甘油脱氢酶在有氧时不具有活性；PDO氧化还原酶在有氧时失活，并可被二价阳离子螯合物抑制，其生理意义在于将氧化途径产生的NADH氧化为NAD^+，用以平衡体内电子代谢；二羟丙酮激酶的作用是使二羟丙酮磷酸化，进入丙酮酸代谢，为细胞生长提供能量。

（2）发酵工艺

PDO发酵需要在厌氧条件下进行。对于上述菌种的发酵过程，PDO的生长模型基本相同。从文献报道来看，发酵液中PDO最终浓度为55～73 g/L。研究表明，底物甘油对PDO发酵有抑制作用，因此为了提高最终产物浓度，降低产品提取成本，选择流加发酵较为合适。Saint-Amans等采用检测CO_2的量来进行连续流加，以确保底物不过量，产物浓度可达65 g/L，产率为1.21 g/（L·h），转化率为0.56 mol/mol。Reimann等根据碱与底物消耗的关系，通过检测发酵液pH的变化来进行连续流加，产物浓度达到70 g/L，生产强度为1.8～2.4 g/（L·h）。

采用连续发酵可得到较高的生产强度。Menzel 等采用 klebsiella Pneumoniae 在稀释率为 0.1 h^{-1} 的条件下进行连续发酵，PDO 生产强度可达 3.3～4.8 g/（L·h），发酵液最终 PDO 浓度为 48 g/L，转化率为 0.63 mol/mol。后两项指标与分批发酵结果相当。

另外，为了缩短菌体生长时间、提高细胞重复使用率以获得高生产能力，Pfugacher 等对细胞固定化发酵、Reimann 对细胞循环连续发酵进行了研究。生产能力都可达到批式发酵生产强度的 3～4 倍，但是 PDO 浓度相对较低，只有 19～26.5 g/L。所以，如何提高产物浓度是细胞循环连续发酵工艺研究要考虑的重点。

（3）产品提取

由于发酵液中 PDO 浓度较低，采用传统的浓缩、精馏方法提取产物，能耗很高，而 PDO 亲水性很强，一般的液液萃取也很难将其从水相中分离。清华大学化工系利用二元醇可与乙醛反应生成缩醛的原理，提出并研究了将 PDO 转化为 2-甲基-l,3-二噁烷后，用适当有机溶剂将其从水相中萃出，再在弱酸性条件下将 2-甲基-l-3-二噁烷水解得到 PDO，从而达到分离、提纯的目的，研究取得了较好的结果。

此外，采用渗透汽化等膜分离技术对去除菌体后的发酵液进行选择性透过来浓缩 PDO，也是当今的研究热点。

（4）选用廉价碳源作底物的研究

目前，从自然界分离获得的菌种只能以甘油为碳源，虽然甘油在西欧市场过剩，但是甘油的价格还是高于糖，因此选用更廉价的碳源，比如葡萄糖为底物直接发酵生产 PDO 成为当前该领域的另一个研究热点。直接利用糖生产 PDO 以降低微生物发酵的成本主要有 3 种策略：

①以葡萄糖为辅助底物，利用 PDO 产生菌进行发酵。H Biebl 对 Clostrium Butyricum 和 Citrobacter Freundii 的双底物发酵进行了研究，结果表明，葡萄糖优先被菌体消耗，在产生大量生物体的同时为 PDO 的生成提供能量 ATP，最终甘油的转化率可达到 0.9 mol/mol。但由于高浓度葡萄糖对菌体生长有抑制作用，所以只能在较低浓度下流加葡萄糖，这在一定程度上限制了终产物浓度的提高。

②采用混合菌或两步法发酵，即由甘油生产菌将葡萄糖转化为甘油，再由 PDO 生产菌将甘油转化为 PDO，实现葡萄糖到甘油的直接转化。Hagnie 等采用 S.cerevisiae 和 Citrobacter Freundii 或 Klebsiella Pneumoniae 进行了混合菌发酵研究，PDO 的浓度仅为 4.78 g/L。主要是因为两种菌种的培养条件存在差异，给优化控制带来一定的困难，因此相关研究仍需进一步深入。

③基因工程菌的构建，这也是最有发展前景的一种方法。目标就是将生成甘油的基因和生成 PDO 的基因重组克隆到一个宿主细胞中，实现将葡萄糖一步发酵

生成 PDO，主要有 3 种手段：①将可把甘油转化为 PDO 的基因 dhaB 和 dhaT 克隆到甘油生产菌中；②将可把糖转化为甘油的基因 GPP1/2 克隆到 PDO 生产菌中；③将 dhaB、dhaT、GPPl/2 克隆到其他以葡萄糖为底物的微生物细胞中进行表达，比如大肠杆菌。美国 DuPont 公司和世界第二大酶生产商 Genencor 联手，积极开展基因工程菌的研究，并在全球范围内申请了专利。他们还进一步与 Tate＆Lyle 公司联手，建立了年产 10 万磅的中试发酵装置并已投入运转，预计不久后实现以湿磨玉米为原料，利用基因工程菌商业化生产 PDO。

（5）前景展望

与化学法相比，生物法生产 1,3-PD 是以“绿色”为特征的，符合可持续发展的需要，具有传统石油工业无法比拟的优越性。为增加甘油发酵生产 1,3-丙二醇的经济竞争力，通过基因工程和代谢工程等近代分子生物学技术来培育和构建新的生产菌株也至关重要，新菌株的构建不仅应考虑提高发酵时 1,3-丙二醇的浓度，增加底物的转化效率和生产强度，还应该考虑到后续提纯工艺的简化，获得一条经济、高效的后提取工艺路线，以提高其对石化合成路线的竞争力。

5.1.4.2 蔗渣的生物炼制

蔗渣的生物炼制就是充分利用其物理、化学、生物属性，制成社会需要的产品，并在利用过程把废物在生产过程资源化，而不是当作废物排放。例如，蔗渣过去只是利用其可燃性作为燃料或利用其纤维造纸或造人造板，但以现代新技术发展水平剖析，蔗渣就其化学成分，具含量 20%以上的半纤维素、50%左右的纤维素（α、β、γ三种纤维素）、20%以上的木质素、含有机物质和二氧化硅（蔗渣灰中含 60%～80%）无机物质；就其物理性质为多孔性、疏松性、比容小（水分 11%的蔗渣现密度为 80 kg/m^3）、吸附力强、微原纤维有一定长度的聚合链（3 000～21 000 单位的聚合链）、纤维的长宽比为 30～70（蔗髓只为 3～6）；绝干蔗渣的热值为 19 049～19 510.49 kJ/kg，故是很好的生物能。根据近代生物炼制概念和近年对木质纤维素研发的进展，越来越有条件和必要进行规划，蔗渣除作燃料、造纸、人造板外，还可以开发经济效益更好、市场和环境治理更需要的产品多层次的利用，以期获得更好的经济、环境、社会效益。

（1）产业链产品及工艺流程

该产业链至少产生4种价值产品，而且废渣能利用。工艺流程为蔗渣用稀酸水解，使蔗渣中的半纤维素降解为五碳糖液（含木糖70%～80%，阿拉伯糖20%～30%），经清净、浓缩或结晶，可分别制得木糖及阿拉伯糖产品；半纤维素水解后的第1次残渣主要成分为纤维素，再用稀酸水解，则多缩已糖可转化为乙酰丙酸水解液，经清净、萃取、浓缩后为乙酰丙酸产品；第2次水解后的残渣再加酸处理成邻醌植物激素，图5-3为工艺流程示意。

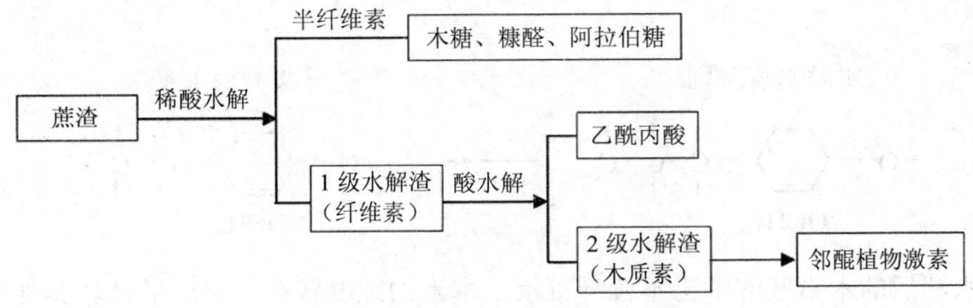

图 5-3 产业链产品工艺流程示意

（2）原理和方法

第 1 级水解为蔗渣的半纤维素即多缩戊糖的降解，用较温和的稀酸在低压下使多缩戊糖降解为五碳糖液，该液所含的木糖及阿拉伯糖均为五碳单糖（其中木糖占 80%～85%，阿拉伯糖占 15%～20%），水解过程如果条件改变五碳糖脱水也可以生产糠醛，但产值不及木糖、阿拉伯糖高。第 2 级水解为纤维素即多缩已糖的降解，条件比半纤维素降解条件略高，使多缩已糖降解为葡萄糖，在水解过程葡萄糖又脱水为 5-羟甲基糠醛，最后转化为乙酰丙酸和甲酸，反应式为：

$$\underset{\text{纤维素}}{(C_6H_{10}O_5)_n}+nH_2O \longrightarrow \underset{\text{葡萄糖}}{nC_6H_{12}O_6} \longrightarrow \underset{\text{乙酰丙酸}}{nCH_3COCH_2CH_2COOH}+\underset{\text{甲酸}}{nHCOOH}$$

第 2 级水解残渣为“稀酸凝缩木素”。工业木素的种类很多，有浓硫酸水解木素、稀硫酸水解木素、亚硫酸盐法木素、碱木素、盐酸水解木素等。木素的分子结构非常复杂，各种木素各有其不同的结构，其基础结构一般为苯丙基单体，有时以愈创木酚或焦儿茶酚的形式存在。并不是所有木素都能制取邻醌植物激素，如用稀硝酸蒸煮草本植物时，降解产物中就没有邻醌结构的物质存在。过去曾用糠醛残渣纤维木素、浓硫酸水解木素、二次水解制酒精后的残渣木素和水解乙酰丙酸木素等进行过试验，结果最好的原料是水解乙酰丙酸后的残渣木素。生产邻醌植物激素的原料应是“稀酸凝缩木素”，在稀酸加压二次水解时，随着水解反应的逐渐深化，纤维素不断溶解，在高温和压力下，木素苯丙基结构的某些位置上产生凝缩反应（如脱水反应等），使原来苯环上的某些碳氢键被碳碳键所代替，得到“稀酸凝缩木素”。“稀酸凝缩木素”的经典制备方法是用稀硫酸在 180～190℃处理 14～16 h。而生产乙酰丙酸的条件是：稀硫酸浓度 5%，固液比 1∶4，水解操作压力 1.28～1.32 MPa，反应温度 190～200℃，反应时间 1 h，加上水洗过程的反应时间，木素在稀酸高温下起凝缩反应，产生的“酸凝缩木素”与经典法制备的相类似，其化学活性较一般天然木素低。凝缩过程可用如下的示意方程式表示：

水解木素基因　　　　稀酸凝缩木素

$$-O- \quad -C-C-C \longrightarrow -O- \quad -C-C-C$$

OCH_2　　　　OCH_3

水解后的木素残渣中已不含纤维素，木素的纯度较高，化学活性较其他木素低，但可用稀硝酸逐步降解氧化，最后能完全溶解，生成具有邻醌结构的物质。激素有效成分在苯环上含有五个取代基，除邻位醌外，还有 1 个硝基和 1～2 个羟基。如果木素未经“稀酸凝缩”则不能生成这种结构的产物。水解制酒精的残渣木素，虽然也可用稀硝酸降解氧化法制取邻醌植物激素，但溶液中含有效成分的浓度低，溶液中还含固体纤维素残渣。因为二次水解制酒精时的条件为硫酸浓度 1%、操作压力 1.13～1.18 MPa，纤维素的水解深度较生产乙酰丙酸时低得多。试验使用其他木素制取邻醌植物激素，未得到满意的结果。因此认为，制邻醌植物激素最适宜的原料是乙酰丙酸残渣木素。

（3）产品用途

①木糖。较大量用于加氢氢化后生产木糖醇；木糖醇广泛用于医药、糖尿病人代糖甜味剂、防龋齿甜味剂、化妆品、化工（涂料等）代替甘油，食品、牙膏等用量也不少。木糖还用于染料、制革、微生物培养基、试剂等。②阿拉伯糖。用于医药、微生物培养基、化学试制等。过去从树胶水解和右旋葡萄糖酸钙与过氧化氢反应合成而制得，产品价比木糖高，属高附加值产品。③乙酰丙酸。在化工用途较广，如制双酚酸（制水溶性滤油纸树脂、耐酸耐硫两用罐头内壁涂料、水溶性环氧酯粉末涂料）。医药用于制果糖酸钙制剂（片剂、注射液），甲基吡咯烷酮及多种制药工业的中间体。④邻醌植物激素。用于对种子处理和幼苗移栽，能促进种子发芽和幼苗根系发育，可用于作物秧苗的培育和移栽。应用于水稻、棉花、三麦、茶叶、绿肥及块根、块茎类作物，有一定增产效果。

5.1.4.3　利用纤维素原料生产单细胞蛋白

纤维素质原料是自然界中存在量最大的一类可再生资源，由于这类资源含木质纤维素高，含蛋白质量少，一般动物不易消化吸收，长期以来大都被烧掉或还田。为了充分、合理、有效地利用纤维质资源，使其转化为营养价值较高的饲料，许多国家都致力于研究其加工处理的方法，其中利用该类资源生产单细胞蛋白已成为开辟蛋白质资源最有发展前景的途径。

利用秸秆等纤维质原料生产单细胞蛋白工艺流程如下：

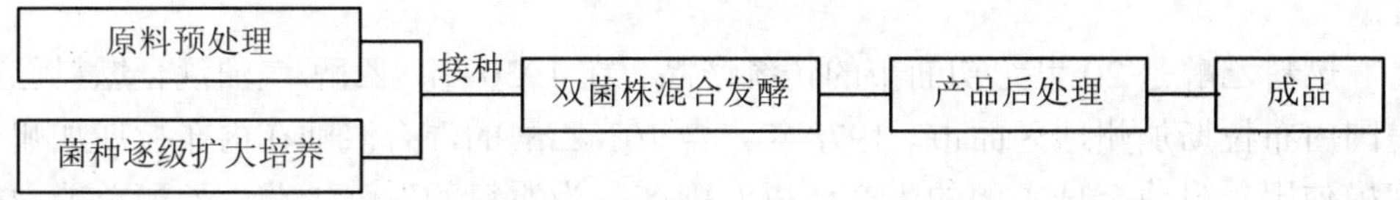

本工艺共分 4 部分：原料预处理、菌种逐级扩大培养、双菌株混合发酵及产品后处理。

①原料预处理。纤维质原料粉碎后，经高压蒸汽爆破处理，配以辅料，水润湿、拌匀后，蒸汽灭菌。

②菌种逐级扩大培养。纤维素分解菌和单细胞蛋白生产菌，分别按各自培养条件进行茄子瓶（三角瓶）、饭盒种曲、曲盘种曲逐级扩大培养。

③双菌株混合发酵。将培养好的纤维素分解菌和单细胞蛋白生产菌先后接种在已灭菌并降温至 35℃左右的物料上，进行双菌株固态通风发酵，以获得含有较高活性纤维素酶、淀粉酶、蛋白酶以及高蛋白质含量的发酵产物。

④产品后处理。发酵产物经低温干燥、粉碎、配料混合，即得单细胞蛋白产品。

高酶活单细胞蛋白是用生物技术生产的具有较高酶活性、高蛋白质含量和多种生物活性物质的新型饲料添加剂，具有提高畜禽体重明显、节省饲料消耗、减少动物疾病等功效。

5.2 燃料乙醇

5.2.1 概述

自 20 世纪 70 年代以来，生物燃料乙醇作为车用燃料的研究和产业化受到广泛重视，被认为是未来最重要的可再生燃料之一。燃料乙醇一般是指体积分数达到 99.5%以上的无水乙醇，是良好的辛烷值调和组分和汽油增氧剂。燃烧乙醇汽油在减少 CO、HC、NO_x、颗粒物和苯系物等有毒物质排放方面具有显著功效，可以减少环境污染物的排放，显著改善空气质量。使用乙醇汽油可补充化石燃料资源。更重要的是乙醇是太阳能的一种表现形式，在整个自然界这个大系统中，乙醇的整个生产和消费过程可形成无污染和非常清洁的闭路循环过程，是一种非常理想的绿色能源。

5.2.1.1 燃料乙醇的发展

燃料乙醇是20世纪初面市的传统产品。在1930年，乙醇/汽油混合燃料已在美国内布拉斯加州地区面市。1978年，含10%乙醇的混合汽油在内布拉斯加州大规模使用。目前全球乙醇的生产，以农副产品为原料的发酵工艺占乙醇总能力的95%以上。

美国和巴西是世界上两大乙醇生产和消费大国。目前美国市场上同时销售不含乙醇的汽油、E10和E15汽油。美国主要以玉米为原料生产乙醇，2012年总产量为4 027万t。巴西是第二大燃料乙醇生产国，其销售的汽油中均含有20%～25%的乙醇。巴西以甘蔗为主要原料，约有50%的甘蔗用于生产燃料乙醇，燃料乙醇供应了其国内轻型乘用车38%的燃料需求。2012年总产量为1 689万t。

2001年我国做出实施车用汽油添加燃料乙醇的决定，同时国家质量技术监督局颁布了“变性燃料乙醇”和“车用乙醇汽油”两个国家标准。我国2014年燃料乙醇产量227万t，成为继巴西、美国之后第三大燃料乙醇生产国和消费国。但相比美国、巴西等燃料乙醇大国来说，市场空间仍有很大。生物燃料乙醇产业是我国国家战略性新兴产业，燃料乙醇作为再生能源成为了政府重点推广的新型能源。从未来趋势看，发展燃料乙醇要从粮食为主的原料路线向非粮转变，即重点开发利用“不与人争粮、不与粮争地”，且经济性较好的薯类、甜高粱及纤维素等资源，形成非粮为主的原料结构。

5.2.1.2 乙醇的燃料特性

乙醇的燃料特性见表5-2。

表5-2 燃料乙醇的特性

项目	数值	项目	数值
密度（20℃）/（kg/L）	0.789 3	流程/℃	78
辛烷值	100～112	热值/（kJ/L）	21.26
闪点/℃	13	汽化潜热/（kJ/kg）	854

作为替代燃料，燃料乙醇具有如下的特点：①乙醇燃烧过程中所排放的CO_2和含硫气体均低于汽油燃烧所产生的对应排放物，燃烧过程比普通汽油更安全，CO可减排19.7%，HC减排16.4%。②乙醇是燃油氧化处理的增氧剂，使汽油增加氧，燃烧更充分，达到节能和环保的目的。而且具有极好的抗爆性能，可有效提高汽油的抗爆指数。③因乙醇汽油的燃烧特性，能有效地消除火花塞、燃烧室、气门、排气管消声器部位积碳的形成，优化工况行为，避免了因积碳形成而引起

的故障，延长部件使用寿命。

燃料乙醇也存在以下不足：①对含水量的要求非常苛刻，一旦乙醇汽油的含水量超标，就会造成分层现象，影响使用效果。因此，对乙醇汽油的贮存和运输条件要求非常严格。②在车用乙醇使用过程中也会产生其他问题。目前，我国正在使用的车型较多，其中一些老车型的部分橡胶零部件有可能被燃料中的乙醇腐蚀，需更换成金属、陶瓷、尼龙等材质部件。

5.2.2　燃料乙醇的生物质原料

燃料乙醇的生产方法主要分为化学合成法和生物法。但目前较大规模燃料乙醇生产企业几乎都采用生物法。生物发酵制燃料乙醇分为生化法和合成气发酵法两种。生化法是先将生物质原料转变成葡萄糖和木糖等可发酵型糖，然后再用酵母将其发酵成乙醇。生化法是目前制取燃料乙醇的最主要方法。合成气发酵法指将整个木质纤维素原料完全气化，然后利用微生物或化学催化剂将合成气转化成乙醇。

从工艺的角度来看，生物质中只要含有可发酵性糖（如葡萄糖、麦芽糖、果糖和蔗糖等）或可转化成可发酵性糖的原料（如淀粉、菊粉和纤维素等）都可以作为乙醇的生产原料。然而从实用的角度考虑，目前在生产中所采用的生物质原料可分为以下几类：

（1）淀粉原料。淀粉原料是制造生物乙醇的主要原料，主要有甘薯、木薯、玉米、马铃薯、大麦、大米、高粱等，约占各种生物原料的80%，如玉米（占35%）、薯类（占45%）。

（2）糖质原料。主要是甘蔗、甜菜，还有糖蜜。糖蜜是制糖工业的副产品，甜菜糖蜜的产量是加工甜菜量的3.5%～5%，甘蔗糖蜜的产量是加工甘蔗量的3%左右。

（3）纤维素原料。纤维素原料（包括半纤维素）是地球上最有潜力的乙醇生产原料，主要有农作物秸秆、森林采伐和木材加工剩余物、柴草、造纸厂和造糖厂含有纤维素的下脚料、城市生活垃圾的一部分等。不同纤维素原料的具体组成见表5-3。

表5-3　纤维素原料的组成　　单位：%

原料	纤维素	半纤维素	木质素
硬木（杨木、柳木和桦木）	40～50	20～40	18～25
软木（松、杉等）	40～50	25～35	25～35
玉米芯	45	35	15
麦秸	30	35～50	15
草	25～40	80～85	10～20
树叶	15～20	20～40	0

5.2.3 燃料乙醇的生产工艺

燃料乙醇生产技术目前分成了 3 类：以玉米等粮食作物为原料的 1 代燃料乙醇生产技术、以甜高粱茎秆和木薯等非粮作物为原料的 1.5 代燃料乙醇生产技术、以纤维素和其他废弃物为原料的第 2 代燃料乙醇生产技术。下面简要介绍 1 代和 2 代燃料乙醇生产技术。

5.2.3.1 1 代粮食燃料乙醇

1 代燃料乙醇在以玉米、小麦等粮食作物为原料。玉米燃料乙醇的生产过程包括预处理、脱胚制浆、液化、糖化、发酵和乙醇蒸馏步骤。具体工艺流程见图 5-4。

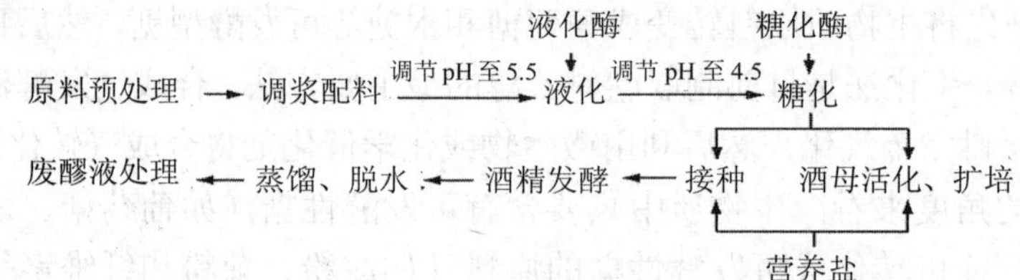

图 5-4 第 1 代燃料乙醇生产工艺流程

（1）淀粉质原料的预处理

为了破坏植物组织，使其胞内淀粉释放，需要将原料粉碎成一定粒径的粉末，从而增加原料受热面积，提高热处理效率，缩短热处理时间；另外，粉末状原料加水混合后易于流动输送，利于工业化生产。但原料中常伴有一些杂质如砂石、金属杂质、编织物等，这些杂物特别是铁片、石子等，容易使粉碎机的筛板磨损，使机器发生故障，机械设备的运转部位由于磨损而坏掉。因此，在粉碎之前需要对原料进行一定的预处理。生产上一般通过筛选法、风选法、比重分选法和磁选法清理原料中编织物、砂、石、铁等异物，根据原料存在的鲜、干状态分别采用湿法和干法进一步粉碎处理。原料粉碎时首先要求物料应达到一定的粉碎度，其次要尽量保证颗粒均匀一致，一般要求颗粒直径为 1.5～2.5 mm，才能保证蒸煮和糖化醪的质量。

（2）淀粉质原料的蒸煮

淀粉通常以颗粒的形式存在于细胞质中，一般称为淀粉粒。淀粉粒是白色微小颗粒，由直链淀粉和支链淀粉和少量矿物质和脂肪酸整齐排列而成。淀粉是一种亲水物质，当淀粉与水接触时水分就会渗入淀粉颗粒的内部，使淀粉巨大分子链发生扩张，体积膨大且质量增加，这一过程随温度的升高速度加快，当淀粉颗粒的体积增加到 50～100 倍时淀粉分子之间的作用被削弱，使淀粉颗粒解体，形成溶解态的糊溶液（醪液），同时借助高温、高压的作用也对原料进行了灭菌处理。

蒸煮工艺分为连续蒸煮和间歇蒸煮。间歇蒸煮设备简单，操作容易，但蒸汽消耗量大，设备利用率低。现多采用连续蒸煮工艺，经常使用的包括罐式连续蒸煮、柱式连续蒸煮和管道式蒸煮等方式。图 5-5 是圆形罐式连续蒸煮糖化流程，搅拌桶依据规定的加水比例加入 55～60℃的热水和适宜的粉状原料，并进行搅拌，通入蒸汽或分离器分离出来的二次蒸汽。预热至 70～75℃，通过粉浆泵将其输送至蒸煮罐，经蒸汽加热约 90 min，罐内压力为 0.196～0.245 MPa，温度为 130～135℃。醪液从罐的上部流出并从后熟器底部进入，后熟器压力为 0.078～0.118 MPa，温度为 118～120℃，时间为 60 min，然后从上部流出并以切线方向进入蒸汽分离器，压力立即下降到 0.019 MPa，排出大量的二次蒸汽供使用。醪液从底部排出，经冷却、糖化送去发酵。

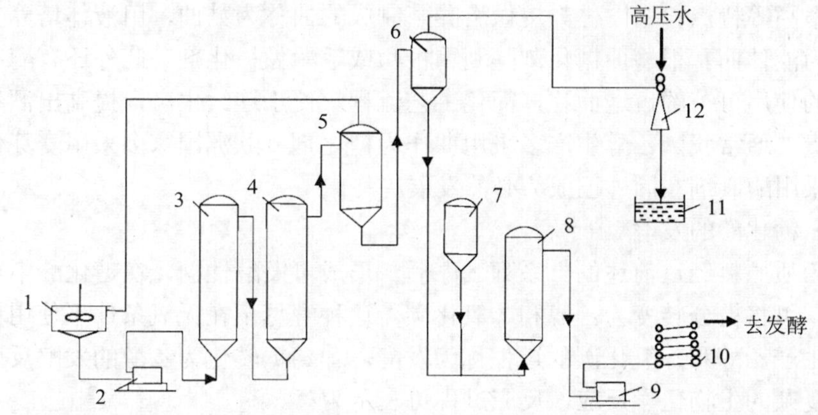

1—粉浆搅拌桶兼预蒸煮锅；2—粉浆泵；3—蒸煮罐；4—后熟器；5—蒸汽分离器；6—真空冷却器；7—液体曲罐；8—糖化锅；9—糖化醪泵；10—喷淋冷却器；11—热水箱；12—水力喷射器

图 5-5 圆筒形罐式连续蒸煮糖化流程

（3）蒸煮醪的糖化

淀粉属于一种多糖，D-葡萄糖是它的基本组成单位，分子式可表示为 $(C_6H_6O_6)_n$。淀粉原料经过蒸煮后由颗粒状态变为溶解状态，但还不能被酵母菌直接发酵生成乙醇，因此，淀粉质原料发酵之前需在醪液中加入一定量的糖化剂，使其变成可发酵性糖（糖化醪），才能被酵母菌发酵生成乙醇。这种将淀粉转化为糖的过程称为糖化，糖化可以降低蒸煮醪液的黏度，有利于酵母菌的发酵和醪液的输送。

在具体的糖化过程中首先将蒸煮醪液冷却至糖化温度（称为前冷却），然后将冷却好的醪液与糖化剂均匀混合，在规定的温度下进行糖化（糖化过程），糖化结束后将糖化醪冷却至发酵温度（后冷却），最后将糖化醪泵至发酵工艺处理。

（4）糖化剂及制备

糖化过程中使用的催化剂称为糖化剂，其作用是将淀粉分子中的糖苷键水解，生成糊精、麦芽糖和葡萄糖。糖化剂一般可分为酸糖化剂和淀粉酶糖化剂两大类。酸糖化剂主要为无机酸（如盐酸或硫酸等），其水解淀粉能力强，且速度快，能直接将淀粉转化为葡萄糖；但对设备腐蚀性强，水解费用高、出酒率低，目前国内外已经很少采用。

淀粉酶糖化剂依据淀粉酶来源的不同可分为麦芽、曲、根酶和酶制剂等四类，麦芽糖化剂是采用发芽的大麦制成的糖化剂，需要一套复杂的设备，生产成本较高。曲糖化剂以黄曲霉或黑曲霉等培养物作为糖化剂，具有设备简单、原料简单及出酒率高等特点。用固体麸皮做培养基制成的曲称为麸曲，用液体培养基制成的曲称为液体曲。根酶曲糖化剂是利用根酶或毛酶做糖化剂。此外还有酶制剂，酶制剂的使用可节约占地面积，简化工艺流程，便于连续生产，提高出酒率，但价格较贵。通常我国乙醇生产多采用曲作为糖化剂，欧洲国家多采用麦芽作为糖化剂，采用酶制剂在国外已成为必然发展趋势。

（5）糖化醪的发酵

淀粉质原料经过前述的一系列工序后，形成可发酵性糖，在糖化醪中加入酵母菌后，可将糖分转变为乙醇和二氧化碳。这种酵母菌在无氧条件下使用糖作为基质，生产乙醇和二氧化碳的过程称为发酵。葡萄糖转化为乙醇的发酵反应是一个十分复杂的生物化学反应，反应过程可表示为：

$$C_6H_{12}O_6 \longrightarrow 2C_2H_5OH+2CO_2$$

通过上述反应过程，可以计算出 100 kg 糖在理论上产出 51.11 kg 的乙醇和 48.89 kg 的二氧化碳。在实际生产过程中，因为酵母繁殖和新陈代谢需要消耗一部分糖，二氧化碳溢出时会携带一部分液体，所以只能接近上述理论产量。

在发酵过程中需要将酵母菌进行扩大培养，以获得含有足够数量的酵母菌的培养液，供乙醇发酵使用。这种含有大量的酵母菌的醪液称为酒母，这种酵母菌的扩大培养过程被称为酒母的制备。将培养成熟酒目接种于糖化醪，便开始发酵，完成发酵的发酵醪称为成熟醪。

发酵方式分为间歇式、半连续式和连续式。间歇发酵操作比较简单，无菌条件要求低。半连续发酵的主发酵阶段采用连续方式，而后发酵阶段采用间歇方式，不需要经常制备酒母，缩短了发酵时间。连续发酵的各个阶段在不同的发酵罐内进行，整个操作过程是连续进行的，具有高生产率，可为微生物的生长提供恒定环境，且能提高转化率。

连续发酵的工艺流程可分为循环连续发酵法和多级连续流动发酵法。国内多采用多级连续流动发酵生产工艺（图 5-6）由 9～10 个发酵罐串连在一起，组成连续发酵罐组，各罐间的连续方式是由前一罐上部经一连通管流至下一罐底部，将酒母或以活化的活性干酵母压入罐 1，同时向罐 1 加入糖化醪，保持发酵状态。罐 1 装满后，一次加入罐 2、罐 3，同时保持发酵状态。罐 3 装满后醪按次序依次流入以下各罐。当醪液从罐 9 流出时，已经发酵成熟，然后进入计量罐 10 或计量罐 11 进行计量后，进成熟醪泵去蒸馏。发酵产生的二氧化碳由总导管导入泡沫捕捉器分离泡沫后进入洗涤塔。

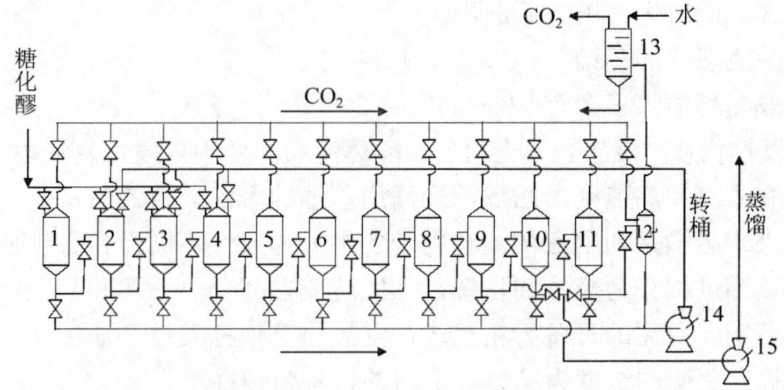

1—酵母繁殖罐；2～9—发酵罐；10、11—计量罐；12—泡沫捕捉器；

13—二氧化碳洗涤器；14—转桶泵；15—成熟醪泵

图 5-6　多级连续流动发酵生产工艺

（6）酒母的制备

发酵的实质是酵母通过酵母细胞所含酶的生化作用将可发酵性糖发酵成乙醇和二氧化碳，然后透过细胞膜将这些产物排出。于是糖分不断地被消耗，乙醇逐渐地积累，直到发酵完成为止。

酵母菌是一类细胞微生物，繁殖方式以出芽繁殖为主，细胞呈圆形、卵圆形、椭圆形或腊肠形等形态，在乙醇生产过程中常用的酵母菌属于真酵母菌属，淀粉质原料发酵常用啤酒酵母及其变种。酵母细胞内含有十分复杂的酶系统，可以完成一系列复杂的生物化学反应。酵母细胞中含有与乙醇发酵关系密切的酶主要有水解酶和酒化酶两大类。

①水解酶类。它能将简单的碳水化合物、含氮化合物等进行水解，生成更简单的物质，主要包括蔗糖酶、麦芽糖酶和肝糖酶，蔗糖酶能将蔗糖转化为葡萄糖和果糖，所有的酵母都含有此酶，含量与菌种有关。麦芽糖酶能将麦芽糖

分解为二分子葡萄糖，发酵速度较快，所有的酵母都含有此酶，含量与菌种有关。当环境中的营养耗尽，肝糖酶可将细胞内贮存的肝糖分解为葡萄糖而继续发酵。

②酒化酶类。直接参与乙醇发酵的各种酶和辅酶的总称，包括糖磷酸化酶、氧化还原酶、烯醇化酶和磷酸酶等。酒化酶的质量是影响发酵效率的重要因素。

制备酒母的设备是酒母糖化罐和酒母培养罐，其制备的工艺流程包括培养基的制备和酵母菌的扩大培养等过程。培养基是指酵母菌生长、繁殖和发酵提供所需各种营养物质的培养物，在酵母前几代扩大培养时多采用麦芽汁或曲汁，而后几代扩大培养时，多采用酒母糖化醪。酵母菌的扩大培养包括三角瓶培养、酒母罐培养等过程，最后生产出成品酒母。

（7）发酵成熟醪的蒸馏

在发酵成熟醪中除了含有 7%～11%的乙醇外，还含有大量的水分、纯、醛、酸、酯类挥发性物质、浸出物、无机盐、酵母泥和其他不挥发性物质以及夹带物。如果想得到高浓度和高纯度的乙醇，则需用蒸馏的方法，将乙醇从其他挥发性杂质中分离出来。蒸馏是利用液体混合物中各组分挥发性不同而将各组分分离的方法。乙醇的蒸馏过程分为蒸馏和精馏，从发酵成熟醪分离乙醇和其他挥发性杂质的过程为粗蒸馏，所用的设备为粗馏塔；继续将其他挥发性杂质中和一部分水除去，进一步提高乙醇的浓度为精馏，所用的设备为精馏塔。

乙醇蒸馏通常采用结构简单的单塔式或二塔式蒸馏流程。二塔式蒸馏流程有气相过塔和液相过塔两种流程，气相过塔产生的乙醇蒸气直接进入精馏塔，节约了冷却水和蒸汽，生产成本较低，但操作技术要求高，适用于谷类淀粉质原料。液相过塔产生的乙醇蒸气先冷凝成液体，然后进入精馏塔，消耗的蒸汽和冷却水较多，生产费用高，但操作稳定，成品质量好，适用于薯类、野生植物及糖蜜原料。

二塔式气相过塔蒸馏流程见图 5-7，成熟醪用泵自醪池直接送到预热器，与精馏塔出来的乙醇蒸气进行热交换，成熟醪被预热后进入粗馏塔，塔底直接用蒸汽加热，塔顶约 50%的乙醇直接进入精馏塔，废液从塔底排出。精馏塔也用蒸汽直接加热，粗乙醇经浓缩精馏后，蒸汽由塔顶进入预热器，未冷凝的气体再进入第一级、第二级冷凝器，冷凝液全部流回精馏塔中，部分还未冷凝的气体进入第三级冷凝器，因其含杂质较多，可作为工业酒精，没有冷凝的低沸点的醛、酯类杂质排出。成品乙醇在塔顶以下第四—第五块塔板以液相方式提取，经冷却器和检验器得到成品。余下的废水从塔底排出。杂油醇在进料层以上第二—第六块塔板以液相的方式提取，经冷却器和杂油醇分离器分离出杂油醇。

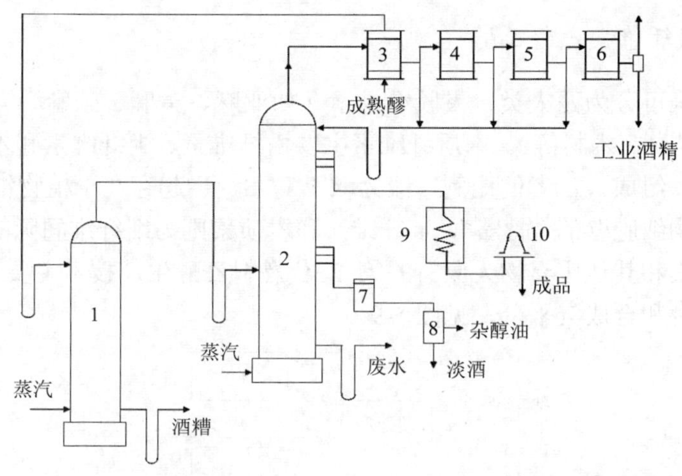

1—粗馏塔；2—精馏塔；3—预热器；4、5、6—冷凝器；7—冷却器；8—分离器；9—冷却器；10—检验器

图 5-7　二塔式气相过塔蒸馏流程

目前淀粉质原料的最新工艺还有节能强化发酵工艺。通常在一个发酵罐里只发酵到含酒精 14%，超过 14%就会出现问题，酵母菌就会死掉。这样，在一个发酵罐里，只能够有最高 14%的酒精。要终止这个流程，才能进行提取，消耗太大。河南省天冠公司开发了连续法发酵生产燃料乙醇工艺（图 5-8）。因为发酵过程中会有二氧化碳排出，很干净。他们把二氧化碳压缩回去，再打到发酵罐里，再用循环的二氧化碳把酒精带出来。这样，就可以不断地发酵生成代谢物酒精，酒精又由二氧化碳不停地带出来。低浓度的酒精经过精馏可获得燃料乙醇。这样，这个工艺就可以大大地提高酒精的发酵强度。

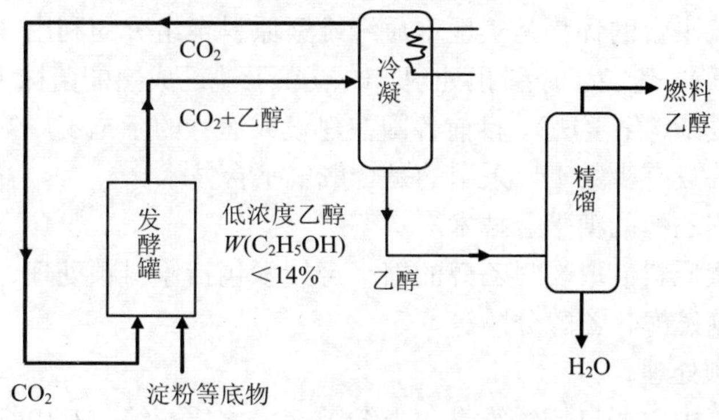

图 5-8　连续法发酵生产燃料乙醇工艺

5.2.3.2　2 代纤维素燃料乙醇

植物纤维可分为两大类：果胶纤维素（如亚麻、黄麻、苎麻等）和木质纤维素（如植物秸秆、木材等）。木质纤维素主要由纤维素、半纤维素和木质素（也称木质或木素）组成，三者的比例一般为 4∶3∶3，一起存在于植物细胞壁中。纤维素形成植物细胞壁的“骨骼”，半纤维素和木质素则为细纤维间隙的填充物。目前，以纤维素和其他废弃物为原料的第 2 代燃料乙醇生产技术主要有两个平台，分别为糖平台和合成气平台，见图 5-9。

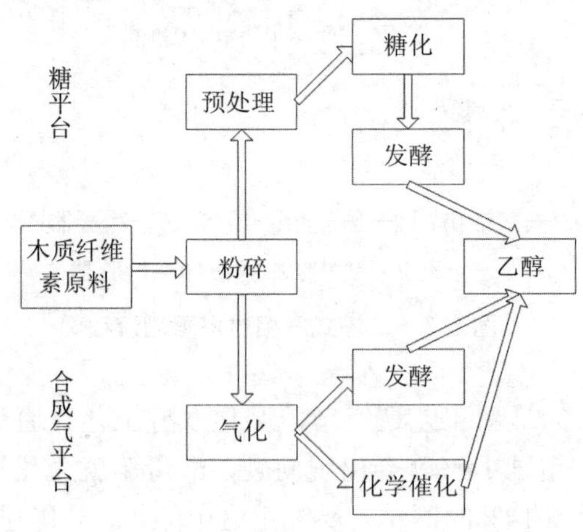

图 5-9　木质纤维素原料生产乙醇的两个平台

糖平台是先将纤维原料转变成葡萄糖和木糖等可发酵型糖，然后再用酵母将其发酵成乙醇。合成气平台是指将整个木质纤维素原料完全气化，然后利用微生物或化学催化剂将合成气转化成乙醇。与合成气平台相比，糖平台研究较多，相对成熟。合成气平台的优势是实现木质纤维素原料全组分的利用（包括糖平台无法利用的木质素），避免了原料预处理，缺点在于缺乏成熟的菌株（微生物法）和高能耗与产物复杂（化学法）。目前各国在建设或运行的示范工厂绝大部分都是采用糖平台技术，只有少数工厂采用的是合成气平台技术。

（1）纤维素乙醇的糖平台技术

木质纤维素原料制取燃料乙醇的糖平台技术包括原料预处理、纤维素水解、五碳糖与六碳糖发酵、乙醇分离等。

①原料的预处理

木质纤维素中主要包括纤维素、半纤维素、木质素等，其中纤维素和半纤维素可以转化成可发酵糖进而发酵生成乙醇，而木质素在纤维素周围形成保护层从而阻碍了酶对纤维素的水解作用。原料预处理的主要作用是去除木质素和半纤维素，降低纤维素结晶度以及提高基质的孔隙率，并避免抑制水解和发酵的副产物的产生，同时保证较好的经济性。

目前预处理的方法主要有物理法（球磨法、热水法）、化学法（酸法、碱法等）、物理化学法（蒸汽爆破法、氨蒸汽爆破法）等。

蒸汽爆破法的原理是纤维质物料在高温 160～260℃、高压 0.69～4.83 MPa 下蒸煮一段时间，高压蒸汽通过扩散作用进入木质纤维细胞壁内部，这样纤维结构的牢固性减弱，待处理结束时迅速降压降温，植物内部的高压气体释放出来，最终实现纤维物料膨胀破裂。

氨纤维爆破法类似于蒸汽爆破法，工艺也基本相同，只是在蒸煮过程中需要加入液氨，并要考虑氨的回收再利用，液氨可使木质素发生解聚反应，同时破坏木质素与糖类间的连接，部分脱除木质素，从而改变植物纤维的结构。

酸水解包括浓酸预处理和稀酸预处理，浓酸预处理对设备有腐蚀作用，处理后必须回收，增加了生产成本，因此稀酸应用更广泛。稀酸水解一般在高温（160～220℃）高压（0.1 MPa）条件下进行，造成纤维素内部的氢键破坏，从而有利于纤维素的水解且稀酸水解木聚糖到木糖转化率很高，糖转化率达 80%～100%。虽然稀酸水解法较其他方法相比有更高的水解率，但 Selig 等的研究表明采用稀酸 130℃以上预处理木质纤维生物质时，温度超过木质素的相转换温度时会发生液化现象，在纤维素表面可能会形成一些由木质素和木质素与碳水化合物复合物形成的球状液滴，对酶糖化作用有 5%～20%的抑制作用。

碱预处理可有效破坏木质素与碳水化合物之间的连键，破坏生物质的结晶区，使木质素溶于碱溶液从而使酶水解易于进行。NaOH、$Ca(OH)_2$、NH_4OH 是应用较多的预处理试剂。

热水预处理利用高温高压下水穿透生物质的细胞壁使得生物质中的半缩醛键断裂生成酸，从而促进醚键的断裂。高温时水就会发生自电离，介电常数较低有利于其对有机化合物的溶解；同时有很高的电离常数，为整个体系提供酸性介质，这样通过水解醚键和酯键以及有利于半纤维素的水解从而促进生物质的转化。

②纤维素水解

纤维素水解为可发酵的糖，即糖化。纤维素的结构单位是 D-葡萄糖，是无分支的链状高分子，结构单位之间以糖苷结合而成长链，分子式可表示为$(C_6H_{12}O_6)_n$。纤维素经水解可生成葡萄糖，该反应为：

$$(C_6H_{12}O_5)_n + n\,H_2O \longrightarrow n\,C_6H_{12}O_6$$

a. 酸水解

纤维素分子中的化学键在酸性条件下是不稳定的。在酸性水溶液中纤维素的化学键断裂，聚合度降低，其完全水解产物是葡萄糖。纤维素酸水解的发展已经经历了较长时间，水解常用无机酸（硫酸或盐酸）可分为浓酸水解和稀酸水解。

浓酸水解在 19 世纪时提出，将纤维素置于 41%～42%盐酸或 65%～70%硫酸或 80%～85%磷酸中水解，伴有葡萄糖分解的产物，同时有水解生成的葡萄糖重新结合的产物出现。纤维素在浓酸中的水解过程是均相反应，其水解过程为：

纤维素—质子化中间体—低聚糖—葡萄糖

稀酸水解中的酸度为 0.3%～3%，温度为 100～200℃，与浓酸水解不同的是，纤维素在稀酸中的水解为多相反应，其水解过程为：

纤维素—水解纤维素—可溶性多糖—低聚糖—葡萄糖

在酸性条件下半纤维素容易水解，所以水解反应一般可分两步进行。首先在较低的温度条件下，半纤维素发生水解，产生五碳糖；然后在较高的温度条件下纤维素水解为葡萄糖。近年来，人们还研究了助催化剂的作用，即用某些无机盐（如氯化锌、氯化铁等）来进一步促进水解。

b. 酶水解

在酸水解过程中，使用了大量的酸、氧化剂和敏化剂等化学试剂，水解条件较为苛刻，后续处理困难，且生成许多副产品。酶水解是生化反应，实用的是微生物产生的纤维素酶，生产工艺包括酶的生产。原料处理和纤维素水解等步骤。酶水解选择性强，可在常压下进行，反应条件温和，微生物的培养与维持仅需少些原料，能量消耗小，可生成单一产物，糖转化率高（95%），无腐蚀，不形成抑制产物和污染，是一种清洁工艺。

纤维素水解所用的酶通常称为纤维素酶，主要成分包括内切 *B*-葡聚糖酶、外切 *B*-葡聚糖酶和 *B*-葡糖苷酶。20 世纪 80 年代中期开始大规模生产，主要以固态发酵为主，即微生物在没有游离水的固态基质上生长，但是较高的成本阻碍了纤维素制取乙醇工艺的实用化。进入 21 世纪，随着基因技术的发展，对纤维素酶及菌株的研究已经发展到基因层面。国外使用基因技术将纤维素酶基因克隆到细菌、酵母、霉菌甚至植物中，以便在新酶生产中改进酶的产量和提高酶的活力。

③乙醇发酵工艺

燃料乙醇发酵工艺主要分为 4 种，包括分步水解与发酵工艺（SHF）、同步糖化发酵工艺（SSF）、同步糖化共发酵（SSCF）和直接微生物转化工艺（DMC）。

分步水解与发酵工艺（SHF）是最先开发和应用最广的纤维素乙醇技术，SHF 工艺是纤维素酶法水解与糖发酵分步进行，即先用纤维素酶水解木质纤维素，再将酶解产生的糖液作为发酵碳源，纤维素的酶解和酶解液的发酵分别在不同的反应器中进行，其示意图见图 5-10。其主要特点是水解与发酵分别都可在它们的最适条件下进行，酶解主要工作条件为 50～60℃，pH 值 3～5；发酵主要工作条件为 30～40℃，pH 值 6～8。在纤维素酶解过程中，纤维二糖的积累会抑制内切和外切葡聚糖酶的活性，葡萄糖的积累对于β-葡萄糖苷酶的催化也有一定的抑制作用。随着水解过程中葡萄糖浓度的不断升高，酶解反应很快就因为产物抑制作用而使反应速度降低，反应进行不完全，这样导致酶解糖化效率不高，从而影响后续发酵的乙醇得率。可以通过补加β-葡萄糖苷酶，减少纤维二糖的积累从而降低对外切葡聚糖酶的抑制作用，或者将反应器内糖化生成的葡萄糖通过超滤膜分离出去，从而消除产物抑制，提高反应速度，但超滤膜的大规模应用带来成本的显著增加。目前绝大多数商业装置都采用 SHF 工艺，如加拿大 Iogen、杜邦 DDCE 等。

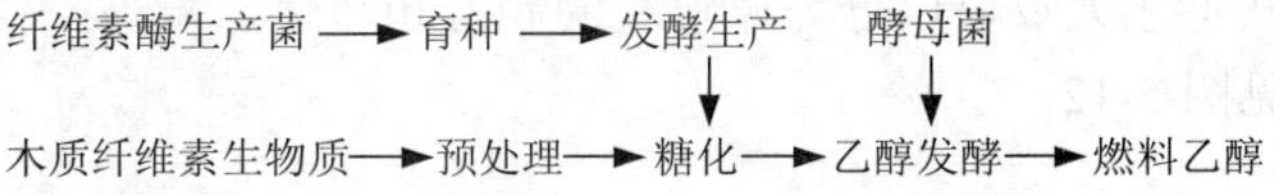

纤维素酶生产菌 ⟶ 育种 ⟶ 发酵生产　　酵母菌
　　　　　　　　　　　　　　↓　　　　　↓
木质纤维素生物质 ⟶ 预处理 ⟶ 糖化 ⟶ 乙醇发酵 ⟶ 燃料乙醇

图 5-10　分步水解与发酵工艺（SHF）示意

同步糖化发酵工艺（SSF）是目前木质纤维素生物转化乙醇研究中运用最多的一种方法，是纤维素酶法水解与发酵同步进行，其示意图见图 5-11。该工艺无需独立的纤维素水解反应器，减少了反应器的数量，并且在加入纤维素酶的同时接种乙醇发酵的酵母菌，可使生成的葡萄糖被酵母菌发酵成乙醇，解除了酶解产生的糖的反馈抑制作用，提高了酶解的效率。该工艺中由于纤维素酶解条件和发酵条件不匹配，尤其是反应适宜温度的不匹配（酶解适宜温度 50℃，发酵适宜温度 30℃），导致发酵周期长。为了使 SSF 工艺的温度达到最佳的酶解温度，缩短发酵时间，可采用嗜热酵母和细菌作为乙醇发酵菌株，选择耐高温酵母菌有利于 SSF 技术的应用。Krishna 等采用酿酒酵母同时进行糖化和发酵时的最佳温度为 38.5℃，而美国国家可再生能源实验室（NREL）使用酿酒酵母菌发酵的最佳条件是 38℃，在最佳的酶、酵母和最适反应条件下，可将 80%以上的纤维素转化为乙醇。

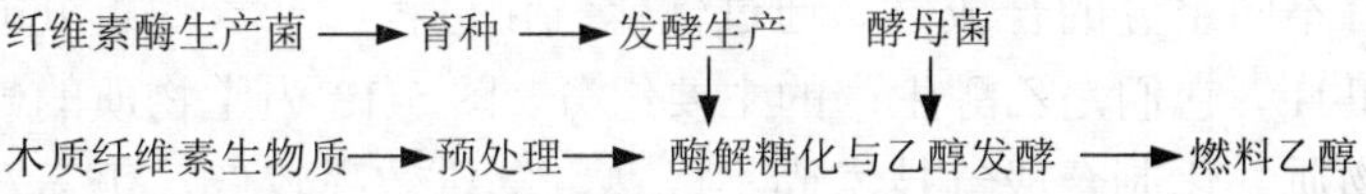

纤维素酶生产菌 ⟶ 育种 ⟶ 发酵生产　　酵母菌
　　　　　　　　　　　　　　↓　　　　　↓
木质纤维素生物质 ⟶ 预处理 ⟶ 酶解糖化与乙醇发酵 ⟶ 燃料乙醇

图 5-11　同步糖化发酵工艺（SSF）示意

同步糖化和共发酵工艺（SSCF）是在 SSF 工艺的基础上发展起来的，与 SSF

工艺相比，该工艺是纤维素酶法水解与己糖和戊糖发酵同时进行，且是在同一个发酵罐中采用发酵菌种对己糖和戊糖进行发酵。使用该工艺不仅可以节省设备投资费用、有效缓解葡萄糖对纤维素酶的反馈抑制作用，而且还可以提高木质纤维素乙醇发酵液中的乙醇浓度。

直接微生物转化工艺（DMC）也称为统合生物工艺（CBP），把生物质制乙醇过程传统工艺各单元进行整合，即将纤维素酶的生产、酶解糖化和乙醇发酵三个单元耦合在一步同时进行，该工艺要求微生物或微生物群既能产生纤维素酶，又能利用可发酵糖类生产乙醇。这样既简化了工艺，又降低了成本。但到目前为止，研究的菌种耐乙醇浓度差，副产物多，乙醇浓度和得率低。

（2）纤维素乙醇的合成气平台技术

纤维素乙醇的合成气平台技术有两种：化学催化法和厌氧发酵法。

化学催化法工艺大致可以分为原料气的制备和净化、压缩、合成和蒸馏四个工序，工艺图见图 5-12。

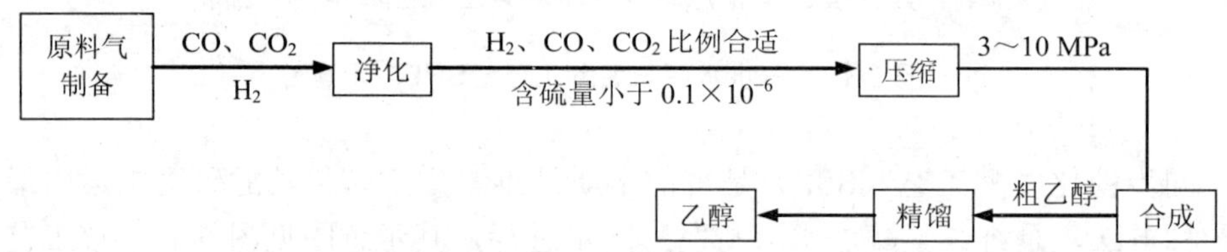

图 5-12 化学催化法工艺流程

厌氧发酵法先利用气化装置将生物质气化得到合成气，这种合成气一般包含 H_2、CO、CO_2、CH_4 以及少量的 NO_x、硫化物、C_2 化合物和焦油等，得到合成气后，再通过微生物发酵将其转化为乙醇。

①生物质的气化

生物质气化过程需要在一定的温度和缺氧条件下进行，以免产生大量灰渣及过分燃烧，合成气中不能含有 O_2（影响后面的发酵过程）。生物质的气化包括 3 个步骤：a.干燥，将原料去湿；b.在氧化物存在且温度范围为 300～500℃的条件下高温分解产生气体、焦油、生物油和固体焦；c.在含氧条件下将高温分解产物气化得到含有不同组分的合成气。通过优化气化过程，产气的组分能够被缩小到主要含 CO 和 H_2，它们是乙醇生产的主要组分。图 5-13 为生物质的气化工艺流程图。目前生物质气化制合成气技术尚不成熟，气化效率较低，仍需对技术进行不断改进。

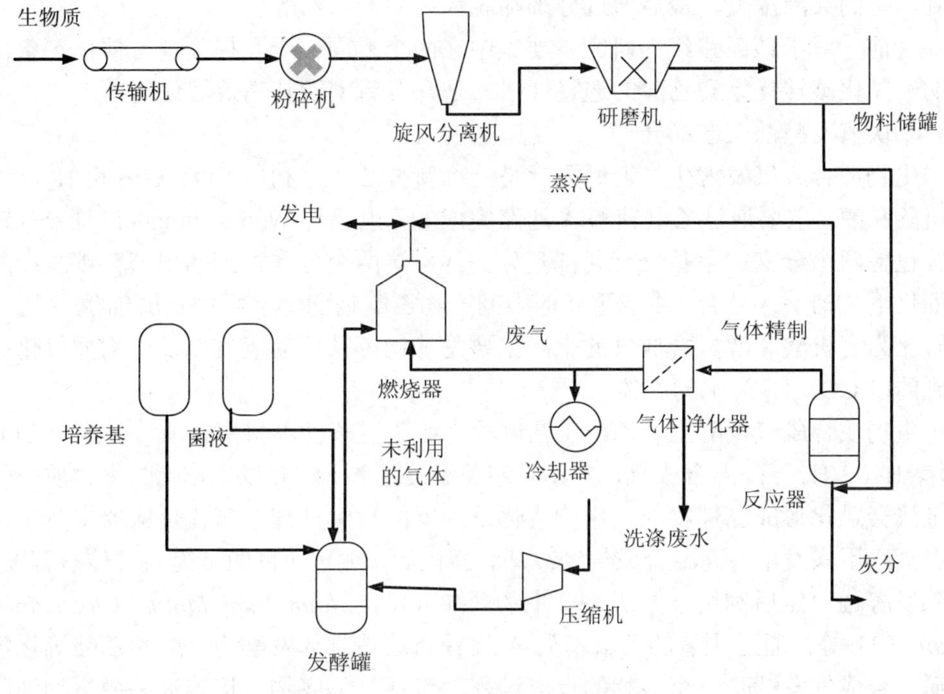

图 5-13 生物质的气化工艺流程

②化学催化法工艺简介

a. 原料气的制备和净化。首先将合成气压缩至 2 MPa，进入脱硫工序，由于硫的形态和含量不一，一般采用干法脱硫，使用 Fe_2O_3 和钴钼催化剂，要确保总硫不大于 0.1×10^{-6}。

b. 合成气压缩。来自净化的原料气，进入二合一机组。该机组为蒸汽透平驱动，可以同时压缩原料气和循环气，出口的压力为 3～10 MPa。

c. 合成过程。压缩后的气体温度为 40℃左右，首先进入换热器升温至 750～800℃，然后进入乙醇合成器。合成器一般为管壳式等温反应器，在催化剂作用下，进行乙醇合成。反应过程主要为：

$$2CO+4H_2 \longrightarrow CH_3CH_2OH+H_2O$$

$$2CO_2+6H_2 \longrightarrow CH_3CH_2OH+3H_2O$$

d. 乙醇精馏。合成的粗乙醇降压到 0.5 MPa 后入闪蒸槽，释放出溶解在粗乙醇中的大部分气体，出来的粗乙醇则进入精馏塔。精馏系统采用双塔蒸馏流程，其中一个塔为粗馏塔，另一个为精馏塔，两塔之间不直接连通，互相影响较小，操作方便。乙醇混合液首先通过蒸发得到一定浓度的乙醇溶液，再通过精馏系统达到乙醇的共沸浓度，最后通过分子筛脱水得到无水乙醇。

目前，对于该条路线的研究主要集中在两个方面：一是提高现有催化剂条件下的一氧化碳转化率和乙醇的选择性；二是开发新型铜基高效催化剂。

③厌氧发酵法工艺简介

生物质合成气发酵生产乙醇无疑是一种新方法，它利用 CO、CO_2 和 H_2 产生有机酸和醇，主要通过乙酰辅酶 A 通路完成的，也就是 Wood-Ljungdahl 通路。该途径包含两个分支：甲基分支和羰基分支，由这两个分支得到的甲基和羰基在酶的催化下与辅酶A结合，生成重要的中间产物乙酰辅酶 A，再由乙酰辅酶 A进一步转化为有机酸和醇。合成气的来源主要是炼钢炼铁厂的废气以及生物质气化后得到的以 CO、H_2 为主的气体。

生物质合成气发酵生产乙醇工艺过程为在高温条件下将生物质气化成为 CO、CO_2、H_2、CH_4 等高温合成气，操作时避免温度达到 850℃以上，此时生物质中的碱金属会融化形成黏性物质，影响气化反应器的后续处理。气化反应器中产生的高温蒸汽用来发电。高温合成气经冷却、净化后，加压（目的是提高气体溶解度）送入发酵罐，然后利用一些厌氧微生物（如 *Clostridium ljungdahlii*，*Clostridium strain P*11 等）通过厌氧的乙酰辅酶 A 途径将这些气体发酵为乙醇和乙酸等化学物质。合成气发酵是一个多相的反应过程，包括气体底物、培养液和微生物细胞等气、液、固三相。发酵过程结束后，通过膜分离系统将菌株回收再利用。实际上，含有乙醇的发酵液通过 3 个不同的过程可得到无水乙醇：首先通过蒸发系统得到浓度为 7%的乙醇溶液；再通过精馏系统达到乙醇的共沸浓度；最后通过分子筛脱水得到无水乙醇。

厌氧发酵法制乙醇的研究热点主要集中在：一是新型菌株的培育与测试；二是优化发酵过程工艺，以提高一氧化碳的转化率，并进行商业化放大。朗泽科技股份有限公司（LanzaTech Inc.）培育了新的专利菌株，该菌株可以消耗不含 H_2 的 CO 气流，该过程中所需的 H_2 可在 CO 脱氢酶（CODH）催化的 CO 变换反应过程产生，因此该工艺中 CO 和 H_2 都可以被利用。发酵过程中首先 CO 在 CO 变换反应中通过 CO 脱氢酶被氧化为 CO_2，然后 CO_2 与甲基结合，通过双功能复合酶 CO 脱氢酶/乙酰辅酶 A 合成酶（CODH/ACS）的作用下，与另一个 CO 分子结合生成乙酰辅酶 A。该工艺可以利用含有一氧化碳和/或氢气的气流生产燃料（如乙醇）和化学品（如 2,3-丁二醇），并且具有很高的产能。而且，菌株具有很高的选择性，可以通过其生产特定产品，并有很高的收益，如微生物可以生产 2,3-丁二醇的单一对映体，这就避免了分离与销售副产物的麻烦。朗泽科技股份有限公司在 2012 年与宝钢集团合作，使其技术首次实现商业化运作，2015 年获美国总统绿色化学挑战奖。

5.3 生物柴油

5.3.1 概述

生物柴油是可再生的油脂资源（如动植物油脂、微生物油脂以及餐饮废油等）经过酯化或酯交换工艺制得的主要成分为长链脂肪酸甲酯的液体燃料，素有“绿色柴油”之称，其性能与石化柴油非常相似，是优质的石化燃料替代品。随着化石能源的日益减少以及燃烧化石燃料所造成的环境污染加剧，近年来，生物柴油作为化石能源的绿色替代品备受关注。欧洲是全球最大的生物柴油生产地，总产量约占世界的 80%，2011 年、2012 年总产量稳定在 900 万 t 左右。生物柴油在美国的商业应用始于 20 世纪 90 年代，2011 年年产量增加至 280 万 t。巴西和阿根廷生物柴油产业在世界上占有举足轻重的地位。巴西生物柴油产量 2012 年约为 240 万 t。阿根廷生物柴油产量 2012 年达到了 300 万 t。我国生物柴油的起步较晚但发展速度较快，总产量 2010 年为 50 万 t。可以说生物柴油在我国乃至世界都还处于起步阶段。

5.3.2 生物柴油的燃料特性

生物柴油的含碳量 18～22，与柴油（16～18）基本一致，相对分子质量为 280 左右，与柴油 220 接近，根据相似相溶的原理，它与柴油相溶性极佳，而且能够与国标柴油一样混合或者单独用于汽车及机械。与石化柴油相比，由于二者的结构不同而在燃烧时也表现出不同的性能。生物柴油与石化柴油的特性比较见表 5-4。

表 5-4 生物柴油与石化柴油的特性比较

主要燃料特性	生物柴油	石化柴油	主要燃料特性	生物柴油	石化柴油
冷滤点（CFPP）/℃			十六烷值	≥56	≥49
夏季产品	−10	0	热值（MJ/L）	32	35
冬季产品	−20	−20	燃烧功效（柴油=100）/%	104	100
相对密度	0.88	0.83	S（质量分数）/%	＜0.001	0.2
运动黏度（40℃）/（mm^2/s）	4～6	2～4	O（体积分数）/%	10	＜0.2
闭口闪点/℃	＞100	60			

从表中数据可以看出，生物柴油在冷滤点、闪点、燃烧功效、含硫量和含氮

量等项指标优于普通柴油，而其他指标与石化柴油相当。与石化柴油相比，生物柴油具有多方面优越性：①它具有较好的低温发动机启动性能，无需添加剂冷滤点即可达−20℃；②不含芳香烃、具有较高的十六烷值，燃烧性能和抗爆性能均优于石油柴油；③闪点较石油柴油高，不属于危险品，有利于安全运输和储存；④具有较好的运动黏度且含硫量低，这使得生物柴油在不影响燃油雾化的情况下，更容易在气缸内形成一层油膜，从而提高运动机件的润滑性，降低喷油泵、发动机缸体和连杆的磨损率，延长使用寿命。⑤含氧量高于石油柴油，可达 10%，在燃烧过程中所需氧气量少，可促进燃烧点火效果，减少排烟。⑥同时，它既可作为添加剂与普通柴油以任意比例混合后使用，本身又是燃料，具有双重效果。⑦它还是一种对人畜无毒的物质，使用环境友好。在生物柴油燃烧后逸出的废气中，有毒有机物排放量仅为石油柴油的 1/10，生物分解性能良好，健康环保性能好。

当然，生物柴油也有一些缺点：①NO_x 排量高。众所周知，富氧是 NO_x 生成的条件之一。而生物柴油氧含量较高，燃用时会使柴油机的 NO_x 排放量明显增加，这也是生物柴油排放特性中唯一差于石化柴油的指标。②黏度大、安定性差。生物柴油黏度较大且分子中含有不稳定的双键，长期使用会在油路中发生聚合反应，生成大分子胶状物质，引起燃料系统结胶，滤清器和喷油嘴堵塞。这两个问题极大地限制了生物柴油的实际应用。③对器件的腐蚀性强。若生物柴油质量不达标，残留的微量甲醇与甘油容易腐蚀金属材料和密封圈、燃油管等橡胶零件。另外，生物柴油对合成橡胶和天然橡胶有软化和降解作用，使其与汽车油路、油箱和油泵系统密封件的相容性差。

5.3.3 生物柴油的原料

发展生物柴油最关键的问题是原料油的问题，在制备生物柴油的过程中，原料成本占总成本的70%以上，因此如何获得规模供应、廉价、可作为能源用途的油料资源是生物柴油产业化必须解决的核心和关键问题。根据目前国际上各个国家发展生物柴油产业的不同情况，生物柴油的生产原料主要有植物油脂、动物油脂、微生物油脂和废弃油脂四大类。各类原料之间的优缺点见表5-5。

表 5-5 生物柴油原料来源及其优缺点比较

原料来源	代表举例	优点	缺点	产业化情况
草木植物油脂	大豆油	产地集中，利于大规模生产，技术成熟	占用耕地，造成粮食短缺，导致成本大幅上升	已经产业化
木本植物油脂	棕榈油	含油量高，不占耕地	产地分散	已经产业化

原料来源	代表举例	优点	缺点	产业化情况
动物油脂	鱼油	来源广泛	来源分散，原料易腐烂	研究、小试阶段
微藻油脂	藻油	不占土地，生产周期短	技术要求高	研究、小试阶段
废弃油脂	地沟油	成本低廉，来源广泛，废物利用，利于环保	油品质量不稳定，杂质多，处理工艺繁琐	小规模产业化

5.3.3.1 植物油脂

植物油脂又分为草本植物油脂和木本植物油脂两类。例如，菜籽油、大豆油、花生油等都属于草本植物油类，主要由棕榈酸、硬脂酸、油酸和亚油酸组成，既可食用也是制备生物柴油最理想的原料之一。目前，美国的生物柴油主要是以转基因大豆油为原料，欧洲的生物柴油主要以菜籽油为原料。而棕榈树、麻风树、黄连木、光皮树、文冠果、油茶、乌桕等都属于木本植物，其果实或茎干都有很高的含油率（40%以上），油中C_{16}～C_{18}的脂肪酸组成含量高，也是生物柴油的理想原料。目前，东南亚的许多国家，如印尼、马来西亚等，以当地盛产的棕榈油为主要原料生产生物柴油。

5.3.3.2 动物油脂

动物油脂是指从动物身上获得的脂肪酸等，如鱼油、猪油、牛油等，主要来自屠宰场废料和食用后的剩余油脂。这些油脂的C_{16}～C_{18}脂肪酸比例很高，且主要是固体油脂，是生物柴油的潜在优良原料。美国、欧洲国家和日本已开始利用动物油脂生产生物柴油。但目前我国对这一生物柴油原料的利用尚处于试验阶段，还没有工业化的应用。

5.3.3.3 废弃油脂

废弃油脂是制造生物柴油最廉价的原料，主要是指餐饮废油、地沟油、煎炸后废油等。此外，还有皮革行业的脱脂油、造纸行业的塔尔油、城市生活垃圾无害化回收油、污水处理厂回收油、战备的陈库油等，产量十分巨大。这部分废弃油脂暴露在空气和水中极易造成大气、水源的污染。动植物油脂经高温烹饪煎炸，饱和脂肪酸越来越多，但85%以上仍为棕榈酸、硬脂酸、油酸和亚油酸。废油脂作为替代燃料与石化柴油相比，尽管存在黏度大、挥发性差、与空气混合效果不佳、易发生热聚合等问题，但经过酯交换能够完全满足柴油代用理想品所具备的性能。目前我国和日本的许多生物柴油生产厂主要以废弃油脂为原料。

5.3.3.4 微生物油脂

微生物油脂又称单细胞油脂，是由酵母、霉菌、细菌等微生物在一定的条件下产生的，其脂肪酸组成与一般植物油相近，以C_{16}和C_{18}系脂肪酸如油酸、棕榈酸、亚油酸和硬脂酸为主。一些产油酵母菌能高效利用木质纤维素水解得到的各种碳水化合物，包括五碳糖和六碳糖，胞内产生的油脂可达到细胞干重的70%以上。

5.3.3.5 微藻油脂

藻类光合作用转化效率可达10%以上，含油量可达50%以上。美国的研究人员从海洋和湖泊中分离得到3 000株微藻，并从中筛选出300多株生长速度快、脂质含量较高的微藻。在各种藻类中，金藻纲、黄藻纲、硅藻纲、绿藻纲、隐藻纲和甲藻纲中的藻类都能产生大量不饱和脂肪酸。小球藻为绿藻门小球藻属Chlorella单细胞绿藻，生态分布广、易于培养、生长速度快、应用价值高。小球藻细胞除了可在自养条件下利用光能和二氧化碳进行正常的生长外，还可以在异养条件下利用有机碳源进行生长繁殖，可以获得含油量高达细胞干重55%的异养藻细胞。

5.3.4 生物柴油的制备方法

当前，工业生产生物柴油主要采取酯交换法，因其反应条件温和、工艺简单、产出的生物柴油与矿物柴油相近，十六烷值高达 50 以上，从而成为最常用的生物柴油制备方法。酯交换法是以各种油脂和甲醇、乙醇等短链醇为原料，以酸、碱作催化剂进行转酯化反应，生成相应的脂肪酸甲酯或乙酯，再经洗涤干燥得到生物柴油的方法。酯交换法制备生物柴油根据有无催化剂及催化剂的类型可分为化学催化法、酶催化法和超临界法。反应方程式如下：

$$\begin{array}{l} CH_2OOCR_1 \\ | \\ CHOOCR_2 \\ | \\ CH_2OOCR_3 \end{array} + 3CH_3OH \xrightleftharpoons{\text{Catalyst}} \begin{array}{l} R_1COOCH_3 \\ \\ R_2COOCH_3 \\ \\ R_3COOCH_3 \end{array} + \begin{array}{l} CH_2OH \\ | \\ CHOH \\ | \\ CH_2OH \end{array}$$

在生物柴油制备过程中，传统的催化剂主要有游离酸和游离碱，考虑到这两种催化剂容易引起废液污染、易发生皂化反应及本身的过程不够环境友好，所以目前更多的研究者致力于固体催化剂、酶催化剂、无催化剂的超临界和离子液体工艺过程的开发。

5.3.4.1 均相酸碱催化酯交换法

均相碱催化酯交换法使用的催化剂一般有氢氧化钠、氢氧化钾、各种碳酸盐、钠和钾的醇盐、有机胺类、胍类化合物等；均相酸催化酯交换法使用的催化剂一般有硫酸、磷酸、盐酸或磺酸。当原料含水率低于 0.06%时，均相碱性催化剂活性一般比均相酸性催化剂催化活性高。当原料含水率高于 0.06%，酸值高于 1 mg/g 时，均相碱性催化剂常常会发生中毒现象，与原料发生反应生成皂，影响油脂的转化率，这时采用均相酸性催化剂比较合适。但酸性催化剂的催化活性较低，反应需要较高的温度和醇油比，反应速度慢，产物转化率也不高，一般只是将其用于高酸值动植物油脂预酯化以降低原料酸值，消除游离脂肪酸对下一步碱催化酯交换反应的影响，提高原料的转化率。

5.3.4.2 非均相酸碱催化酯交换法

均相酸碱催化剂价格低廉，但对原料要求苛刻，副反应多，反应后产物不易分离，在后续操作过程中产生大量的污水，易造成环境污染，且均相酸碱催化剂不能重复利用。非均相酸碱催化剂在很多方面具有均相酸碱催化剂所不具备的优点，它不受原料水分和游离脂肪酸含量的影响，不腐蚀设备，稳定性好，使用寿命长，可以降低生产成本。非均相酸碱催化剂的另一个优点是便于从产物中分离，不存在回收过程中的环境污染问题。因此，采用非均相酸碱催化剂制备生物柴油成为近年来的研究热点。非均相酸碱催化剂包括固体酸催化剂和固体碱催化剂。固体酸催化剂主要包括无机盐类（如硫酸氢钠、四氯化锡）、磺酸（如对甲苯磺酸、氨基磺酸）、强酸性阳离子交换树脂（如 DH 树脂、732 型树脂）、碘等。李连华利用固定床反应器，以固体酸苯乙烯系大孔强酸树脂为催化剂催化桐油进行预酯化反应，得出最适宜反应条件：醇油物质的量比为 6∶1，反应时间为 88 min，床层温度为 65℃。此条件下，桐油的酸值可降至 0.8 mg/g。固体碱催化剂主要包括氧化物本征固体碱、负载型固体碱和碱性离子交换树脂。氧化物本征固体碱包括碱金属、碱土金属氧化物和复合氧化物。负载型固体碱的碱性强、比表面积大、孔径均匀、制取方法简单，因而负载型固体碱是使用最多的一种催化剂。负载型固体碱的载体有氧化铝、氧化锆、分子筛等。

随着人们环保意识的加强，发展环保型固体催化剂的前景将更加广阔。但固体催化剂的制备条件较苛刻，在制作过程中极易被污染。关于固体催化剂的催化活性、表征手段、选择性机理及与之相关的影响因素还有待进一步的研究探索。

5.3.4.3 酶催化法

酶催化法是以动植物油脂和低碳醇为反应物，通过脂肪酶进行酯交换反应，制备脂肪酸甲酯的方法。酶催化法具有反应条件温和、醇用量少、不破坏油脂的有效成分、工艺简单无污染、对原料的选择性小等特点，因而成为近年来的研究热点。脂肪酶是一类可以催化甘油三酯合成和分解的酶的总称，可同时催化酯化和酯交换反应，常用的脂肪酶主要有动物脂肪酶和微生物脂肪酶，来源于真菌、细菌和真核细胞，主要包括根酶脂肪酶、毛酶脂肪酶、酵母脂肪酶和猪胰脂肪酶等。

目前，利用酶催化法制备生物柴油还存在一些问题，如脂肪酶价格昂贵，反应时间长，催化效率低，使用寿命短，作为底物的短链醇及副产物甘油对脂肪酶有一定的毒性，易导致脂肪酶失活。采用分步添加方法，使短链醇的浓度维持在较低水平，可减轻短链醇对脂肪酶的毒性作用；采用多级酶反应器及时分离反应副产物甘油，可以减轻甘油对脂肪酶的毒性作用。

5.3.4.4 超临界法

超临界法是指在超临界流体条件下进行酯交换反应制备生物柴油的方法。采用超临界法制备生物柴油具有反应速率快，产物得率高的特点，原料所含杂质对反应影响小，无须进行预处理。用超临界法生产出来的生物柴油黏性小于用一般制备方法生产的生物柴油，从而减少了雾化，降低了安全隐患。在传统的转酯化反应制取生物柴油的过程中，脂肪酸和水的存在会产生皂化反应，从而降低反应速度，并对下游分离产生影响。在超临界体系中，脂肪酸和水的存在不会影响生物柴油的产率，一定量的脂肪酸和水反而会提高转化率。因为含水的原油在超临界体系下，可同时发生转酯化反应、甘油三酯的水解反应和游离脂肪酸的酯化反应，故超临界条件下对原油要求较低。Rathore V 在不添加任何催化剂和超临界条件下制备生物柴油，发现反应进行 10 min 后，反应物转化率已高达 80%；反应进行 40 min 后，酯交换反应基本完成；以 Novozym-435 脂肪酶为催化剂，在超临界 CO_2 条件下制备生物柴油，反应 8 h 后酯交换转化率仅仅为 60%～70%。Demirbas A 以 CaO 为固体催化剂，在超临界甲醇条件下以葵花籽油为原料制备生物柴油，结果表明，CaO 具有很高的催化活性，醇油物质的量比为 41∶1，反应温度为 252℃，CaO 用量为原料油质量的 3%的条件下，反应 6 min 就能获得最大的转化率。一些研究人员通过添加适当的助剂来降低反应体系的临界点，使超临界反应在较为温和的条件下进行。虽然超临界法制备生物柴油对原料要求低，反应时间短，转化率高，但苛刻的反应条件使反应系统设备投资增加，反应醇油比升高，回收甲醇的能量消耗增多。

均相酸、碱催化法是目前生物柴油产业化的主要生产方法，存在的主要问题是过量的醇必须回收，废酸/碱液造成环境污染。以地沟油为原料，酸催化的酯化率和碱催化的转酯率均需提高，并需避免皂化现象发生，而且产品往往需要脱色。固体酸碱催化剂能克服液体酸碱催化剂面临的困境，如催化剂可循环使用、产生的废液减少、对设备的腐蚀性降低、操作安全性提高、产品质量提高等。随着环保、廉价、高效、稳定的固体催化剂的研制，连续生产生物柴油的新工艺必将走向产业化。生物酶法和超临界法都是相对绿色的生产方法。目前生物酶法产业化面临的主要问题是：①酶易中毒，催化活性不稳定；②脂肪酶的价格昂贵，造成生产成本较高。超临界甲醇能与油脂均匀混合，改善了传质性能，提高了反应速率，能获得优质产品。添加少量催化剂可以显著降低操作温度和压力，将脂肪酶与超（亚）临界相结合是一项极具挑战性的研究课题，将超临界二氧化碳应用于生物柴油制备也是值得探索的课题。

5.3.5 第 2 代生物柴油的制备

第 2 代生物柴油是指以动植物油脂为原料，通过对原料的加氢脱氧和临氢异构得到与石化柴油非常类似的烷烃组分。第 2 代生物柴油的制备可直接利用石化柴油的生产工艺，与石化柴油相比，原料来源更丰富，原料中的硫含量更低，燃烧后对环境污染小，并且油品具有较低的密度和运动黏度，较高的十六烷值，因此第 2 代生物柴油的研发受到广泛重视，目前已逐渐开始工业化推广，如芬兰 Neste 公司、美国 UOP 和意大利 ENI 公司、丹麦 Topsoe 公司、巴西 Petrobras 公司等已研发出成熟的动植物油催化加氢工艺。

5.3.5.1 加氢脱氧反应机理

加氢脱氧反应是指在高温和高压下，脂肪酸或脂肪酸甘油酯中的不饱和键通过加氢转变为饱和键，同时脱除其中的氧形成水，脂肪酸或甘油酯最终生成饱和烷烃。在加氢脱氧反应过程中也伴随有加氢脱羧或脱羰反应，即脱除其中的氧和碳形成 CO_2 或 CO。加氢脱氧反应生成的饱和直链烷烃的特点是十六烷值高，但是其低温流动性差。可以采用临氢异构化的方法降低产品的浊点和凝点，提高产品的低温流动性。因此，在高温、高压下动植物油经历的主要反应有热裂解、加氢脱氧、加氢脱羧、加氢脱羰和异构化。

5.3.5.2 加氢脱氧反应主要工艺

目前，较成熟的生产第 2 代生物柴油的工艺主要有两种：①加氢脱氧再异构工艺，该工艺以动植物油脂为原料，经过加氢脱氧和异构化两步制备生物柴油，其产品突出的特点是异构烷烃含量高，低温流动性好；②石化柴油掺炼工艺，该工艺原料由动植物油脂和石化柴油混合而成，其特点体现在可直接利用柴油加氢精制路线和设备，节省投资，并且产品密度小，十六烷值高。

（1）加氢脱氧再异构工艺

典型的生产工艺为芬兰 Neste 公司设计的 NexBTL 工艺，该工艺的第一段在 200～500℃、2～15 MPa 下，以 NiMo 或 CoMo 为催化剂，对菜籽油、棕榈油等进行加氢脱氧反应制备正构烷烃，并脱除硫、氮等杂质；第二段用 Pt 催化剂，催化异构化反应制备异构烷烃。产品的低温流动性好，十六烷值高，硫含量低。2011 年，Neste 公司在荷兰投产 80 万 t/a 的生产装置。2012 年，他们将首批 NexBTL 可再生柴油销往美国市场。

此外，美国 UOP 公司和意大利 ENI 公司合作研发了 Ecofining 工艺，该工艺的第一段在 300℃、2.8～4.2 MPa 下，以大豆油、菜籽油等为原料，NiMo 或 CoMo 为催化剂，进行加氢脱氧反应；第二段用 Pt 催化剂将正构烷烃加氢异构化。产品含有石蜡基煤油，低温流动性好。2009 年，在意大利和葡萄牙各投产一套约 30 万 t/a 的示范装置。2012 年，ENI 公司投资约 1 亿欧元将威尼斯炼油厂改为基于 Ecofining 工艺的生物炼制厂。

（2）石化柴油掺炼工艺

典型的有巴西 Petrobras 公司开发的 H-Bio 工艺，该工艺采用混合加氢技术，在 340～380℃、5～8 MPa 下，利用 NiMo 或 CoMo 催化剂加氢裂解豆油、蓖麻油等制备烷烃，植物油的转化率达到 95%以上，产品密度低，十六烷值高。目前，巴西已有 5 座以上 H-Bio 工艺装置投产，使其国内柴油进口量锐减。

可以看出，上述两种工艺都能获得低温流动性好、十六烷值高的优质油品，并且催化剂在两种工艺过程中起到关键作用。但两种工艺也都存在不同的问题，前者增加异构化步骤，使反应流程变长，操作更复杂；后者油脂的脱氧反应和石化柴油的脱硫反应存在一定的竞争，对油品的精制程度可能会有一些影响。

6 绿色化学品

绿色产品是指既能够满足用户的功能要求，又能在其生命周期过程（原材料制备、产品设计和制造、包装和运输、安装和使用维护、回收处理以及再利用）中节省资源和能源，减少或消除环境污染，并对劳动者（生产者和使用者）健康具有良好保护作用的产品。绿色化学产品应该对人类健康和环境无毒害，这是对一个绿色化学产品的基本要求。当产品的原始功能完成后，它不应该原封不动地留在环境中，而是以降解的形式，或是作为其他产品的原料循环，或是作为无毒的物质留在环境中。这就要求在绿色化工产品设计中，产品功能与环境影响并重。对已暴露出来的一些化工产品污染问题，人类已经找到或正在研究解决办法。例如，为保护大气臭氧层，国内外研究出了几种氟氯烃的替代品作制冷剂。开发可降解塑料是解决“白色污染”的可行方法，国内外现已开发、生产出多种可降解塑料。

6.1 化学品的生命周期评价

随着绿色产品日益成为市场的主流，绿色产品制造企业需要对其产品在整个生命周期活动中的评价进行研究，评价包括产品及其过程或行动的整个生命周期。

生命周期评价是评估贯穿一个产品整个生命的环境后果的一种工具。生命周期评价可表述为：对一种产品及其包装物、原材料、工艺过程、能源或其他某种人类活动行为的全过程，包括原材料的采集、加工、生产、包装、运输、消费和回收以及最终处置等，进行资源和环境影响的分析与评估。

最早提出生命周期评价（Life Cycle Assessment，LCA）概念框架的是国际环境毒理与环境化学学会（SETAC）。该学会于 1993 年制定的生命周期评价大纲依然是目前国际学术界和工业界开展生命周期影响评价工作的主要指南。一个完整的生命周期评价包括四个有机组成部分：目标与范围的确定、清单分析、生命周期影响评价和改善评价。

ISO 于 1997 年 6 月颁布了 ISO 14040（环境管理—生命周期评价—原则和框

架）标准，在原来 SETAC 框架的基础上作了一些改动，成为指导企业界进入 ISO 14000 环境管理的一个国际标准。ISO 14040 将生命周期评价分为互相联系的、不断重复进行的四个步骤：目标与范围的确定、清单分析、生命周期影响评价、生命周期解释。ISO 对生命周期评价的技术框架的一个重要改进是去掉了改善评价阶段，认为改善是开展生命周期评价的目的，而不是它本身的一个必须阶段。同时，增加了生命周期解释环节，对前三个互相联系的步骤进行解释。

生命周期评价对经济社会的运行、可持续发展战略、环境管理系统带来了新的要求和内容。生命周期评价的主要意义可归纳如下：①对产品生命周期评价（LCA）的研究，有利于提高环保的质量和效率，提高人类生活品质。②对产品生命周期评价（LCA）的研究，有利于工业企业实现生产、环保和经济效益三赢的局面。③通过对产品生命周期评价（LCA）的研究，可以加强与现有其他环境管理手段的配合，以更好地服务于环保事业。④通过对产品生命周期评价（LCA）的研究，可以使政府和环境管理部门借助于生命周期评价进行环境立法、制定环境标准和产品生态标志。

6.1.1 生命周期评价（LCA）方法的具体步骤

6.1.1.1 目的与范围确定

生命周期评价的第一步是确定研究目的与界定研究范围。确定目的与范围的重要性在于它决定为何要进行某项生命周期评价（包括对其结果的应用意图），并表述所要研究的系统和数据类型。研究的目的、范围和应用意图涉及研究的地域广度、时间跨度和所需要数据的质量等因素，它们将影响研究的方向和深度。

6.1.1.2 清单分析

清单分析是 LCA 基本数据的一种表达，是进行生命周期影响评价的基础。清单分析是对产品、工艺或活动在其整个生命周期阶段的资源、能源消耗或向环境的排放进行数据量化分析，形成全生命周期清单表。清单分析的核心任务是建立一份以产品功能单位表达的所研究产品系统的输入和输出清单。清单分析是一个不断重复的过程。

6.1.1.3 生命周期影响评价

为了将生命周期评价应用于各种决策过程，就必须对这种环境交换的潜在影响进行评估，说明各种环境交换的相对重要性以及每个生产阶段或产品每个部件的环境影响贡献大小，这一阶段称为生命周期影响评价（LCIA）。LCIA 作为整个生命周期评价的一部分，可用于：识别改进产品系统的机会并帮助确定其优先排序；对产品系统或其中的单元过程进行特征描述或建立参照基准，通过建立一系列类型参数对产品系统进行相对比较，为决策者提供环境数据或信息支持。具体的技术步骤为：①影响类型、类型参数和特征化模型的选择；②分类；③特征描述；④比较评估。

6.1.1.4 生命周期解释

生命周期解释的目的是根据 LCA 前几个阶段的研究或清单分析的发现，以透明的方式来分析结果、形成结论、解释局限性、提出建议并报告生命周期解释的结果，尽可能提供对 LCA 或 LCIA 研究结果易于理解的、完整的和一致的说明。

6.1.2 生命周期评价（LCA）方法的应用实例

以高分子材料作为原材料的塑料产品一直以其体轻、性价比高、价格低廉等优点而广为应用，因而使得塑料工业能成为我国的 4 大支柱材料产业而得到突飞猛进的发展。近几年来，我国塑料工业更是以每年平均 10%以上的速度发展。然而，塑料工业除了能给社会提供便利的服务外，也有可能给人们的生活带来负面的影响。聚乙烯（polyethylene，PE）、聚丙烯（polypropylene，PP）、聚苯乙烯（polystyrene，GPPS）、聚氯乙烯（polyvinyl chloride，PVC）是工程塑料中最典型的高分子材料。下面利用生命周期评价方法（LCA）讨论 PE、PP、GPPS 及 PVC 4 种高分子材料的环境影响问题。

6.1.2.1 目的与范围确定

采用 LCA 方法比较 PE、PP、GPPS、PVC 四大通用工程塑料的环境影响，以便更好地选用材料，为塑料制品工业的生态设计提供参考。

在评估四大材料生命周期的环境影响时，范围为原油的开采、原油的运输、原油的提炼、聚合体的生产、废物处置方面。废物处置则选择了环境影响较大的填埋方式。而这种填埋方式也是在我国城市固体废弃物处置中被普遍采用的。能源生产中所带来的环境排放按照各阶段的能耗比计入其中。评价范围选用的功能单元是 1 000 kg，采用的是 LCA 的简化模型。此外，所研究的材料涉及多产品系统，将各产品系统的输入和输出数据按照质量比例进行了分配。

6.1.2.2 清单分析

（1）工艺流程的确定

根据以上所定义的系统边界和假设，给出 4 种材料的实际工艺流程图，见图 6-1。

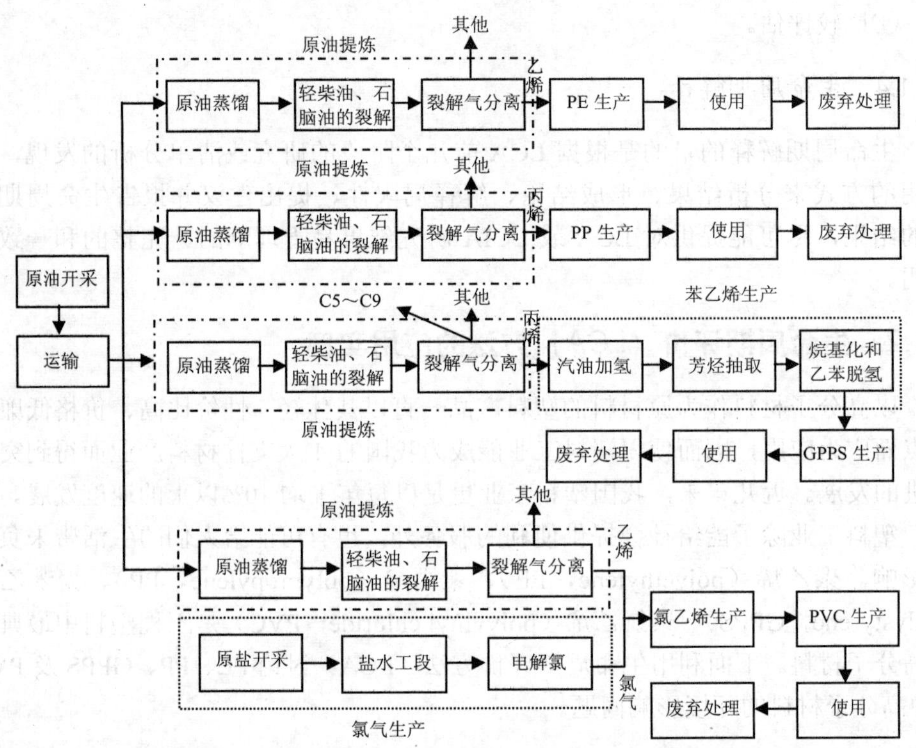

图 6-1 4 种材料的工艺流程

（2）编目数据的收集

根据图 6-1 所示的工艺流程图，整理每一生产过程的数据，可得到资源消耗、能耗和环境排放数据，见表 6-1 和表 6-2。

表 6-1 制备 1 000 kg PE、PP、GPPS、PVC 的资源消耗 单位：kg

化合物	消耗的资源		化合物	消耗的资源	
	原油	原盐		原油	原盐
PE	1.507	—	GPPS	1.975	—
PP	1.443	—	PVC	0.73	0.56

表 6-2 制备 1 000 kg PE、PP、GPPS、PVC 的能耗与环境排放

材料	工序	CO_2/kg	SO_2/kg	其他/kg	废水/t	废渣/kg	能耗/MJ
聚乙烯	原油开采	372.11	2.51		9.05	23.80	388.48
	原油运输	107.59	0.77				117.88
	原油分馏	92.74	0.40	NO_x：4.7×10^{-5}	0.24	3.44	736.42
	石脑油等裂解	1 482.67	4.61	NO_x：0.002	0.647	34.67	15 231.72
	裂解气分离	3 153.08	22.35			213.43	7 524.65
	PE 生产	1 191.53	11.89	乙烯：2.017	5.286	213.93	8 428.77
	废弃填埋	8.78		NO_x：0.17 CH_4：13.0			118.81
聚丙烯	原油开采	347.3	2.3		8.43	22.21	364.06
	原油运输	102.0	0.73				111.75
	原油分馏	86.59	0.37		0.23	3.23	687.68
	石脑油等裂解	1 384.61	4.29	NO_x：0.002	0.6	32.35	14 223.56
	裂解气分离	2 944.61	20.83			199.31	7 017.39
	PP 生产	1 207.34	12.05	烃类：2.774	5.53	217.48	8 591.2
	废弃填埋	8.78		NO_x：0.17 CH_4：13.0			118.81
聚苯乙烯	原油开采	493.51	3.31		11.94	31.49	515.37
	原油运输	140.98	1.01				157.94
	原油分馏	123.01	0.514	NO_x：4.87×10^{-5}	0.317		977.68
	石脑油等裂解	1 966.60	6.09	NO_x：0.002 8	0.86	45.98	20 201.69
	裂解气分离	4 177.61	29.58			282.79	9 969.48
	芳烃提取	788.75	5.50		0.91	53.19	4 518.32
	乙烯和苯烷基化	2 303.67	16.23			155.36	12 159.16
	乙苯脱氢	6 908.30	43.73		5.79	434.01	38 224.43
	GPPS 生产	343.69	5.638	NO_x：0.146	4.14	51.69	3 500.81
	废弃填埋	8.775		NO_x：0.171 CH_4：13.0			118.81
聚氯乙烯	原油开采	164.04	1.21		4.36	11.46	187.71
	原油运输	66.95	0.37				57.40
	原油分馏	44.65	0.19		0.116	1.66	354.67
	石脑油等裂解	713.97	2.22	NO_x：0.001	0.312	16.69	7 334.6
	裂解气分离	1 518.33	10.76			102.78	3 623.41
	氯气生产	2 279.87	20.18	Cl_2：7.6×10^{-5}	4.665	314.5	17 096.34
	氯乙烯生产	2 440.23	24.61	EDC：4.93 CO:1.03	13.37	471.99	17 035.06
	PVC 生产	1 451.78	14.64	VCM：0.34 PVC：0.01	14.3	264.27	10 135.0
	废弃填埋	8.775		NO_x：0.171 CH_4：13.0			118.81

6.1.2.3 影响评价

（1）编目数据分析

将材料的编目数据划分为资源消耗、能源消耗、废气、废水、废渣排放5个方面。分别针对PE、PP、GPPS、PVC这4种材料进行了比较，结果见图6-2至图6-4，GPPS在资源消耗、能源消耗和废气排放中最大，PVC在能源消耗、废气排放中居其次，但其废水排放量最高，PVC废渣排放略高于GPPS，资源消耗最小。PE与PP在这5项分类中影响相差不大，这种差别不仅源于资源的消耗不同，而且还与其各自的生产工艺相关。PE与PP、GPPS同为石油化工的加工产品，由于PE与PP的上级原料乙烯、丙烯其化学结构相似，根据质量分配原理分配物耗，可知单位质量的乙烯和丙烯所消耗的原油基本相同，PE和PP化学结构相似，生产过程也相似，因而相同质量的PE和PP生产中消耗的乙烯与丙烯相近，其能耗及环境排放物也相似；而GPPS生产中所使用的上级原料是苯乙烯，苯乙烯是乙烯联产品C6成分的深加工产品，在质量分配中相同质量的苯乙烯和乙烯消耗原油之比约为1.4∶1，由此可知产品质量相同时，GPPS原油消耗约是PE的1.4倍。能耗方面，生产GPPS时，由于其苯乙烯生产工艺（主要是能耗大的乙苯脱氢工序）的加入，使得GPPS的能耗剧增，在这4种材料中能耗居于首位。由于在实际生产中大量使用的是二次能源（如电、水蒸气等），相应地由这些二次能源所带来的废气、废水、废渣排放量也随之增多；PVC生产的主要原料是乙烯和氯气，其原料各占其生产物耗的43.6%和56.6%，生产中乙烯量的降低引起原油消耗的降低，这样使得生产相同质量的产品时，PVC的原油消耗量显著低于其他材料。PVC废水排放量的突增除了一部分是由氯气生产及氯乙烯生产环节所需大量电力生产带来的废水排放外，另一部分则是由于其独特的悬浮聚合工艺导致耗水量较大，因而使其整个生命周期阶段的废水排放总量在这4种材料中居于首位。由此可见，资源消耗量越大，工艺环节越多，则材料生产过程中的能耗以及废气、废水、废渣排放量也越高。

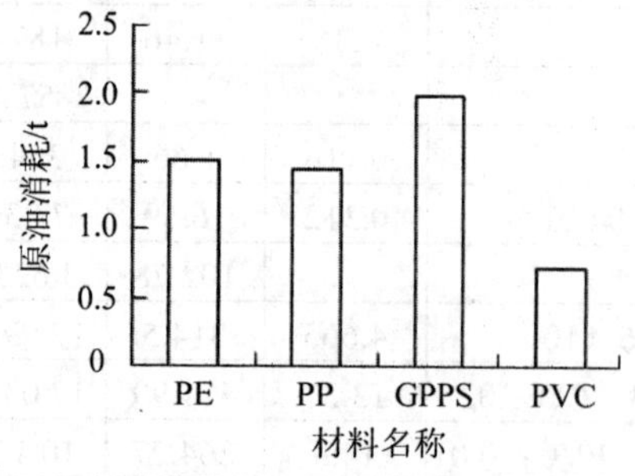

图6-2 4种材料资源消耗的比较

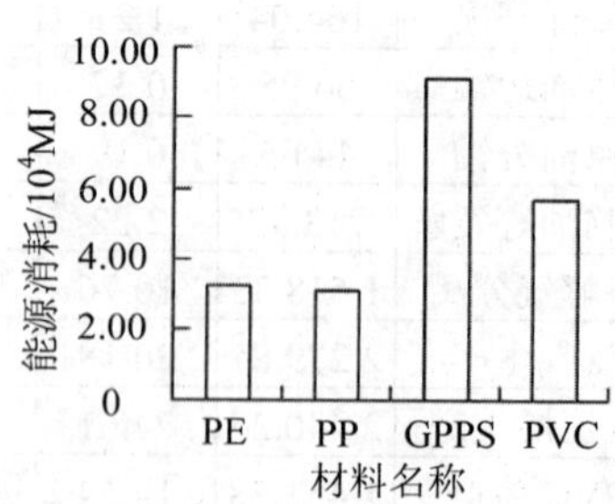

图6-3 4种材料能源消耗的比较

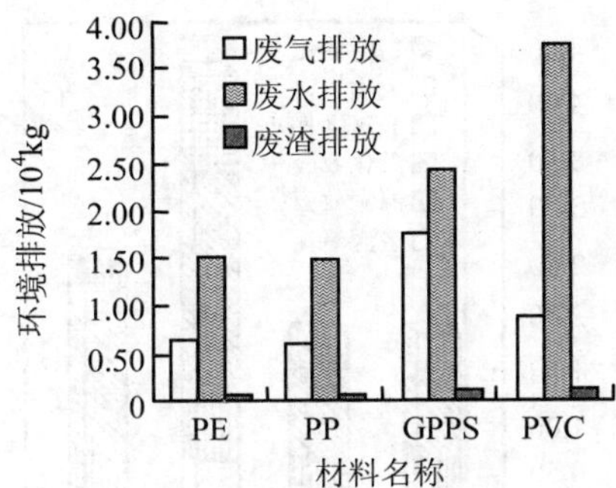

图 6-4　4 种材料环境排放的比较

（2）4 种材料环境负荷值的比较

为了能使环境影响表现得更加直观，采用不同的 LCA 方法将 4 种材料的环境影响表示为单一的环境负荷值，鉴于采用的影响因子需具有可比性，选取了瑞士的 Ecopoint 97 方法、荷兰的 CML2 baseline 2000 及丹麦的 EDIP/UMIP96 方法。上述 3 种方法均采用 SETAC LCA 的思想将环境影响进行分类表征，归一化后取权重，从而得到单一的环境负荷值。按照这 3 种方法计算后，得到结果见图 6-5 至图 6-7。由图 6-5 至图 6-7 看出，当使用这 3 种不同的方法进行环境负荷评价时，这 4 种材料的排列顺序大致为：GPPS＞PVC＞PE＞PP。只是当采用 Ecopoint 方法时，由于固体废弃物的归一化因子与权重的影响，使得固体废弃物成为决定环境负荷大小的决定性因素，从而使得废弃物排放量最大的 PVC 成为四大材料中环境负荷最高的材料，但是由于 GPPS 材料生产的 CO_2、SO_x 的排放及能源消耗造

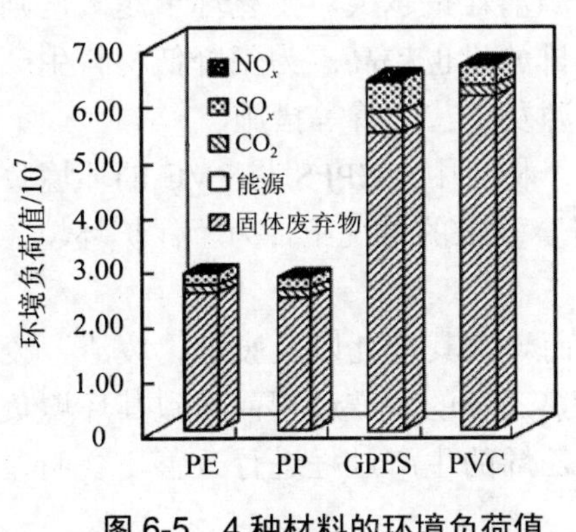

图 6-5　4 种材料的环境负荷值

（Ecopoint 97 方法）

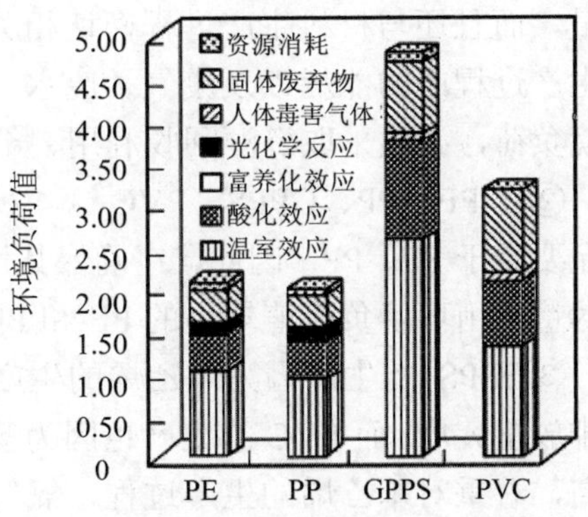

图 6-6　4 种材料的环境负荷值

（EDIP/UMIP96 方法）

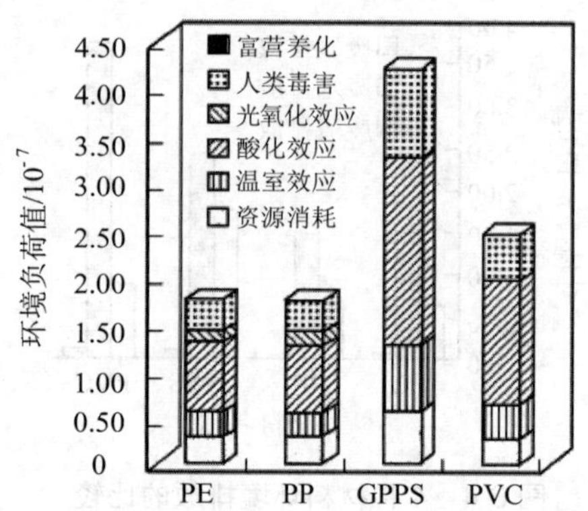

图 6-7　4 种材料的环境负荷值（CML2 baseline2000）

成的环境负荷高于 PVC，这样使得 GPPS 的环境负荷与 PVC 的环境负荷差别不大；而当采用 EDIP/UMIP96 方法和 CML2 baseline2000 方法计算时，GPPS 的环境负荷远高于 PVC 的环境负荷，这是因为此时采用的归一化因子及权重系数使得温室效应、人体毒害、酸化效应及资源消耗等影响因子共同决定总体环境负荷的大小，由于 GPPS 的这几项环境影响因子均高于 PVC，使得其环境负荷在这 4 种材料中也居于首位。考虑到工业废渣可以回收利用，这样可以使得废渣对环境造成的负荷值减小，由此可以按照 EDIP/UMIP96 方法和 CML2 baseline2000 方法得到的结论判断这 4 种材料环境负荷的高低，即 GPPS＞PVC＞PE＞PP。

6.1.2.4　生命周期解释

①材料生产的能耗、废气、废水、废渣排放量的高低，不仅取决于资源的消耗量，而且还与材料生产过程密切相关。资源消耗量越大，工艺环节越多，则材料生产过程中的能耗以及废气、废水、废渣排放量也越高。为了降低材料生产的环境负荷，必须采取资源回收利用、节约能源及工艺改善等措施。

②在 PE、PP、GPPS、PVC 这 4 种高分子材料中，GPPS 与 PVC 的环境负荷明显要高于 PE、PP。因此，在确保其性能符合要求的情况下，为了保护环境，建议尽量采用环境负荷值较小的 PE 和 PP。

③GPPS 的生产因为苯乙烯的生产过程而导致其能耗以及废水、废渣、废气的排放量突增；而 PVC 的生产也因为氯气和氯乙烯的生产过程而导致其环境负荷增高，着重对苯乙烯的生产过程、氯气和氯乙烯的生产过程进行改善，会明显降低这两种材料的环境负荷。

6.2 ODS 替代品

6.2.1 ODS 及其对臭氧层的破坏作用

臭氧（O_3）是地球大气组成成分之一，现在地球大气中的臭氧量约为 3×10^9 t。地球上 90%的臭氧集中在离地表 15～50 km 的大气平流层中。围绕地球臭氧浓度相对较高的空气层（浓度最高值通常出现在地表上空 25 km 左右处）就是臭氧层。大气平流层中的臭氧保护层可以吸收太阳辐射中过多的有害紫外线，从而保护地球生物免受过强紫外线所造成的伤害。相反，臭氧层的任何耗损及破坏，如气层中臭氧总量减少 1%，地表 280～320 nm 波段的紫外辐射强度将增加约 2%，这必然会给人类和生物带来灾难（波长为 200～280 nm 的紫外线对人与生物的损伤力最强，但这类紫外线几乎全部被大气平流层中的臭氧所吸收，一般不容易到达地球表面）。此外，臭氧层还是限制地球变暖的一个重要因素，它可以吸收太阳辐射，防止大气平流层变暖。故臭氧层是影响人类生存非常重要的地球环境要素之一。

自 20 世纪 70 年代以来，科学家发现地球上空臭氧的含量开始下降，臭氧层像被撕开了大口子。臭氧含量的减少带给地球的最大危害是紫外线辐射量的增加。大气中臭氧含量每减少 1%，地面受到的紫外线辐射量就会增加 2%，基础细胞癌变率可能增加 4%，恶性黑瘤发病率会提高 2%。过量的紫外线能够破坏人体的免疫系统，增加呼吸系统疾病感染的可能性，引发皮肤和眼睛的病变。还有一些植物对紫外线十分敏感，如大豆、棉花等，过量的紫外线会使其叶片受损、产量降低。此外，紫外线可穿透 10 m 深的水层，过量就会引起海洋浮游生物及虾、蟹幼体和贝类的大量死亡，影响水生生物链。

自 20 世纪 30 年代开发并生产出氯氟烃以来，由于这些化合物具有无毒、不燃、化学惰性等优良特性，因而被广泛地用作制冷剂、发泡剂、喷雾剂以及电子元件和精密零件的清洗剂，其使用范围遍及家庭和各行各业，成为现代化生活不可缺少的一类化学物质。许多科学研究证明，大量生产和使用的全氯氟烃、全溴氟烃等物质，具有极高的化学稳定性，在大气中的平均寿命达数百年，不易分解破坏，滞留在大气层中，其中大部分停留在对流层，小部分升入平流层。在对流层的氯氟烃分子很稳定，几乎不发生化学反应。但是，当它们上升到平流层后，受到强烈的太阳紫外线 UV-C 的照射，分解出 Cl 自由基和 Br 自由基，这些自由基很快地与臭氧进行连锁反应，每一个 Cl 自由基可以摧毁 10 万个臭氧分子。根据资料统计，2003 年臭氧空洞面积已达 2 500 万 km^2。人们把这些破坏大气臭氧层、危害人类生存环境的物质称为“消耗臭氧层物质”，简称 ODS。目前认为 ODS 包括下列物质：CFCs、哈龙、四氯化碳、甲基氯仿、溴甲烷以及 HCFC、HBFC 等。

不同的 ODS 对臭氧层的破坏力是不同的。当它们逸入大气时，由低空（对流层）逐渐向高空（平流层）扩散。一些全氯氟烃在对流层不发生变化，但至平流层中的臭氧层，受到短波紫外线照射分解，引发了破坏臭氧的反应；而一些含氢的氯氟烃，在对流层已与大气中富含的 HO 自由基发生反应而分解。它们在大气对流层中的存在寿命不长，因而能够扩散到臭氧层的数量很少，对臭氧层破坏的机会就很小。为了表示和比较这些 ODS 破坏臭氧的能力，引用了臭氧耗减潜能值（Ozone Depletion Potential，ODP）的概念。以 CFC-11 为基准作为比较物，设定其 ODP 值为 1。其他 ODS 的 ODP 值按其损耗臭氧能力比 CFC-11 大或小的分数值表示。此外，这些 ODS 在大气中都产生温室效应，使地表和近地面大气温度增高，造成使全球气候变暖的环境问题。为了表示和比较 ODS 气体对全球气候变暖的影响能力大小，引用全球变暖潜势（Global Warming Potential，GWP）的概念。以 CO_2 为基准比较，其他 ODS 的 GWP 值按其导致全球变暖的能力比 CO_2 大或小的分数值表示。各种主要 ODS 气体在大气中的存在寿命、ODP 值和 GWP 值见表 6-3。

表 6-3　主要 ODS 气体在对流层中的存在寿命、ODP 值和 GWP 值

ODS	在对流层中的存在寿命/a	ODP 值	GWP 值
CFC-11	60	1	4 000
CFC-12	120	1	8 500
CFC-113	90	0.8	5 000
CFC-114	200	0.7	9 300
CFC-115	400	0.4	9 300
HCFC-22	13.3	0.04	1 700
HCFC-141b	12	0.11	569
HCFC-142b	19.5	0.055	2 000
HFC-134a	13.8	0	1 300
HFC-152a	2	0	120
Halon-1211	18	3	1 300
Halon-1301	110	10	5 600
Halon-2402	2.3	6	—
CCl_4	40	1.1	1 400

注：GWP 值为相对于 CO_2 的 GWP 值为 1，时间尺度为 100 年的值。

6.2.2 ODS 替代品

大气臭氧层的保护是当今世界环境保护的重大课题之一。1985 年国际社会签署了《保护臭氧层国际公约》，1987 年联合国环境规划署又制定了《关于消耗臭氧层物质的蒙特利尔议定书》（以下简称《蒙特利尔议定书》），提出了削减消耗臭氧层物质（ODS）具体安排，经多次修正和调整，为发达国家和发展中国家分别制定了不同的淘汰 ODS 时间表。《蒙特利尔议定书》首要目的是淘汰 ODS 产品，它包括了氯氟烃（CFCs）、哈龙和四氯化碳等高臭氧损耗潜值（ODP）的 ODS 产品，如 CFC-11、CFC-12、哈龙-1211 和哈龙-1301 等。发达国家淘汰时间为 1996 年 1 月 1 日，发展中国家为 2010 年 1 月 1 日。我国于 1989 年和 1991 年分别签署了《保护臭氧层维也纳公约》和《关于消耗臭氧层物质的蒙特利尔议定书》（伦敦修正案），并于 1991 年成立国家保护臭氧层领导小组，1993 年编制了《中国逐步淘汰消耗臭氧层物质国家方案》，并经国务院批准实施。根据目前进程，我国已于 2007 年 7 月 1 日全面停止生产和进口 CFCs 和哈龙产品，提前 2 年半实现了第一阶段履约目标（原料与必要用途产品除外）。到 2007 年，通过议定书各缔约方的共同努力，全球已成功地削减了 95%的消耗臭氧层物质，《蒙特利尔议定书》也被公认为迄今最成功的国际环境公约之一。

为减轻因 ODS 的生产和使用限制而造成的影响，国际上自 1970 年代以来就积极开展关于 ODS 替代品的研制、生产和相关应用技术的研究。

一般而言，ODS 替代品的选择要求：①符合环境保护的要求；②符合使用性能的要求；③满足实际可行性的要求。从环境保护的角度来看，要选择 ODP 和 GWP 两者均低的品种作为替代品，最好是 ODP 为零、GWP 尽可能低的化合物来做 ODS 替代品。从使用性能要求来看，必须考虑到替代品的热力学性质和应用物性等，与 CFCs 性能相似，能符合制冷、发泡、清洗等性能要求。诸如对于制冷剂，替代品的沸点是个重要参数。用来代替 CFC-12 的替代品的沸点应在−30℃左右。特别是替代物必须满足可行性的要求，尽量避免可燃性的问题，生产工艺成熟可行及用户可以接受的销售价格等。

6.2.2.1 CFCs 替代品

经过多年的研究开发与应用研究，对 CFCs 替代品品种的认识渐趋一致。目前国际上 CFCs 替代品的研究开发已经历了三代：第一代为氢氯氟烃（HCFC），ODP 和 GWP 均不为零，但比 CFCs 小；第二代为氢氟烃（HFC），ODP 为零，但 GWP 不为零；第三代为含杂原子 N、Si 的氢氟醚（HFE）和氟碘烃（FIC），ODP 为零，GWP 低。

目前国际上使用的ODS替代品主要为：

（1）氢氯氟烃（HCFC）：包括HCFC-22、HCFC-123、HCFC-124、HCFC-141b、HCFC-142b；

（2）氢氟烃（HFC）：包括HFC-32、HFC-23、HFC-134a、HFC-143a、HFC-152a、HFC-227ea、HFC-236fa、HFC-245fa、HFC-365mfc；

（3）全氟烃（PFC）：全氟乙烷（PFC-116）和全氟丙烷（PFC-218）。

氢氯氟烃主要用于制冷、空调、消防、气雾剂等行业，但由于其对大气臭氧层有破坏作用，被列为消耗臭氧层物质。目前对一些ODP值仅为CFCs10%的低ODP值的氢氯氟烃（HCFC）产品，如HCFC-22、HCFC-123、HCFC-141b、HCFC-142b等，目前作为过渡替代品使用，最终也将被禁止使用。联合国环境规划署执行主任施泰纳2007年9月22日在加拿大蒙特利尔宣布，将于2030年在世界范围内彻底停止生产和使用破坏臭氧层的氢氯氟烃，这比原计划提前了10年。发达国家将从2010年开始削减氢氯氟烃的生产和使用，并于2020年全面停止生产和使用；发展中国家将从2015年开始削减氢氯氟烃的生产和使用，并于2030年全面停止生产和使用。

HFC类产品作为ODS替代品的地位也受到挑战，因为HFC类产品中有的品种GWP值很高，如八氟环丁烷的GWP值为8 700、HFC-23的GWP值为11 700（CO_2为1）。1997年在日本京都举行国际会议，鉴于全球气候变暖，提出了《关于全球气候变化的框架协议》，将HFC、PFC都列为限制排放的气体。

目前，含氟醚类和氟碘烃产品作为第三代ODS替代品正在开发和研究，其中小分子产品、沸点较低者适合作为发泡剂和制冷剂，沸点略高些的适合作为清洗剂。其与HFC的主要环境性能差异在于GWP值较低，能否成为较理想的ODS替代品，值得关注。

HFE有与CFCs等物质相似的物理性质，多数HFE的大气寿命短（1～5年）、GWP低、ODP为零、热稳定性好、不燃、毒性小，符合替代品的要求。日本、美国在20世纪90年代就已开展氢氟醚的研究开发，经过十年左右的发展，日本已开发出HFE-S7（HFE-347pc-f，结构为$CF_3CH_2OCF_2CF_2H$）、美国开发出HFE-7100（结构为$C_4F_9OCH_3$）等产品，目前都已推向市场。美国3M公司研发成功的HFE-7100的ODP为零，大气滞留时间很短（5年），全球变暖潜势不高（GWP为397，CO_2的GWP为1，时间区间为100年），毒性低、无腐蚀性，不具可燃性，不产生烟尘，可用于电子、电脑和金属零件的清洗及次级环路热传导系统和电子零部件维修时喷雾式溶剂。我国辽宁氟材料研究院用自己生产CTFE的副产物三氟乙烯开发出HFE-356，经过实际使用，表明具有良好的清洗性能和清洗效果。目前HFE之所以没有广泛推广的主要原因是制造成本比较高，无法与第二代产品和 HFC 竞争，但是从发展趋势来看，HFE 必然会替代其他一些清洗产品。

氟碘烃是含氟碘代烷烃的总称，具有与 CFCs 相似的物化性能，分子中不含消耗臭氧的溴和氯原子，臭氧损耗潜值（ODP）几乎为 0，且在紫外线照射下易发生光解反应，大气寿命短，温室效应潜值（GWP）也很低，被认为是氟代烃（HFCs、HCFCs）和 Halons 的理想替代品之一。三氟碘甲烷（Trifluoroiodomethane，缩写为 FIC-1311）作为 FICs 基础且重要的品种，由于其良好的环境性能、无毒、阻燃、油溶性和材料相容性很好，具有其他替代品无可比拟的优势，已被联合国列为第三代环保制冷剂的主要组元。FIC-1311，分子式为 CF_3I，分子量 196，无色无味气体，沸点−22.5℃，不溶于水，饱和蒸气压曲线与 CF_2Cl_2（CFC-12）相近。由于 FIC-1311 分子的 ODP 为 0，20 年 GWP 低于 5，且在大气中的寿命很短，只有 1.2 天，而从地面到达同温层大概需 60 天，故其在平流层已发生光分解反应而不能到达同温层，所以对大气无破坏作用，对温室效应的影响也可忽略，并且具有很低的急性毒性。FIC-1311 的燃烧产物同氟代烃和哈龙相似，只是 HF、HBr 变为 HI。卤化氢都为强酸，对感官有强烈的刺激作用，而 HI 对健康的长期影响要比 HF、HBr 小，因为人体能有效利用和排泄碘，以化合物形式存在的碘是人体营养物质的重要组成部分，相反，人体对氟、溴却不能代谢。常温下 FIC-1311 具有良好的水热稳定性。当分子受热时，由于碳碘键比碳溴键弱，所以稳定性比相应的 Halons 差。但因其分子中含有 3 个氟原子，氟原子的强键合力、强电子合力使得碳碘键稳定性大大增强，毒性大为减弱。曾有人研究过 FIC-1311 的热分解，发现其非常稳定，置于金属上加热到 170℃仍不分解。FIC-1311 不损耗臭氧层，温室效应可以忽略，对环境破坏作用较小，是新一代的 ODS 替代品，在制冷、灭火、发泡、医药、表面活性剂等领域有广阔的应用前景。

6.2.2.2 哈龙替代品

哈龙 1211 和 1301 作为灭火剂灭火效果好、毒性相对小，且对被保护对象不会造成二次污染，是较为理想的灭火剂。但哈龙 1211 和 1301 消耗臭氧能力强，因此研究清洁高效、对环境友好的哈龙替代品的工作尤为迫切。一般来讲，目前国际上公认的哈龙替代物有以下 8 点要求：

（1）对环境（大气）无危害，不破坏臭氧层，要求 ODP≤0.05，最好 ODP=0；不产生温室效应或温室效应较小，要求 GWP≤0.1。

（2）对人体无毒性危害，或仅有轻微影响，最好是相当于哈龙 1301 的微毒级，能应用于有人场所。要求哈龙替代物的设计灭火浓度小于或等于无副作用最高浓度（NOAEL）值。

（3）不可燃，灭火效能高，设计灭火浓度低。要求应接近于哈龙 1301；即设计灭火浓度5%左右，且能在10 s内灭火。

（4）喷射后能全部汽化，在封闭空间内各向分布迅速、均匀，无固、液相残留物，不导电，不污损、腐蚀、破坏被保护现场设备。

（5）应属可液化的气体或具有与液化气体相类似的物化特性，平时可以液态存贮。为此，其沸点和临界温度比较低，临界压力和蒸汽压适中。

（6）存贮稳定性（包括其耐热稳定性和化学稳定性）良好。

（7）与弹性密封元件的相容性良好。

（8）成本低。

目前，国内外正在研制和使用的哈龙替代灭火剂主要分为卤代烃系列和非卤代烃两大类。卤代烃系列的灭火剂有：氢氟碳类、全氟化碳类、氟碘烃类等，其中比较成熟的哈龙替代物主要为七氟丙烷（HFC-227）灭火剂和三氟甲烷（HFC-23）。HFC-227灭火剂是由美国大湖公司开发的，特点是无色无味，在常温下以液相保存，不导电，毒性小，对臭氧层耗损值为零；属于清洁型灭火剂，灭火后在现场不会留下痕迹；具有电绝缘性，可以扑救电气火灾。缺点是HFC-227腐蚀性大，长期储存时会产生有毒气体，且价格较高。三氟甲烷（HFC-23）是无色、几乎无味、不导电的气体，无二次污染，对臭氧层没有破坏作用，也是一种较理想的哈龙替代品。三氟甲烷作为灭火剂毒性很小，其不可见有害作用浓度值NOAEL为30，最低可见有害作用浓度值LOAEL＞50，而设计灭火浓度值远小于NOAEL。因此，可以说三氟甲烷作为灭火剂是安全的，作为固定灭火系统可用在有人工作的场所。但是，三氟甲烷在灭火过程的高温下其分解产物HF毒性较大。国外研究表明，缩短喷放时间和提高灭火设计浓度可抑制分解产物HF的生成量。在绝大多数情况下，卤代烃类灭火系统的设计要求与哈龙相似，可以直接替换现已使用的哈龙灭火系统中的哈龙灭火剂，应用时可以不改动原哈龙灭火系统的设备，仅仅更换灭火剂。这也是卤代烃类哈龙替代品相比于其他替代品的优势之一。至今为止，还没有找到一种能在灭火性能和适用范围上可完全取代哈龙的高效无害灭火剂。

6.2.2.3 溴甲烷替代品

溴甲烷是全球广泛应用的一种熏蒸气体杀虫剂，具有高效、穿透性强、快速、杀虫谱广等优点，特别适用于检疫处理、厂房和建筑物杀虫。但它和许多其他已被淘汰的熏蒸剂一样，属于消耗臭氧层物质。此外，溴甲烷对熏蒸操作人员有毒害作用；溴甲烷残存于粮食中，人吃多了也会影响中枢神经。因此，它被列为逐步淘汰的物质已在国际上取得共识。

硫酰氟作为溴甲烷熏蒸剂的替代品的研究是近年来才兴起的。2005年年初，美国环境保护局已率先批准硫酰氟用于熏蒸粮食和其他多种干果，并发布了相应的残留标准。其后，欧盟国家也开始陆续批准硫酰氟的应用。

硫酰氟分子式为 SO_2F_2，在常温常压下是无色、无味、不可燃的气体，沸点为−55.2℃。硫酰氟具有较好的热稳定性，就是在密封管里将其加热到 150℃也不与水反应，常温时对非金属通常是惰性的。液态硫酰氟的自然蒸汽压很大，如 5℃时的蒸汽压要比 40℃时的溴甲烷高 3 倍，10℃时为 1.23 MPa，25℃时为 1.8 MPa，其扩散速度要大大强于溴甲烷。硫酰氟易于解吸，一般熏蒸后散气 8～12 h 后就难以检测到药剂了。其毒性中等，约为溴甲烷的 1/3。

硫酰氟具有沸点低、不易燃、无闪点、穿透性强、吸附性低、广谱杀虫，在许多熏蒸条件下性能稳定，而且在熏蒸后散气快等特点，是目前溴甲烷（甲基溴）的重要替代品之一。在美国、德国、意大利、法国、瑞士和英国的面粉厂经过 30 多次实验证明，硫酰氟的杀虫效果与溴甲烷相同甚至更好，无需延长处理时间；对敏感的电子控制设施无影响；对干果和坚果的气味无影响，也不影响小麦的营养品质。

硫酰氟水解后主要分解为氟化物和硫化物，与工业废气排放到大气中的大量硫化物相比，其对环境的影响是微不足道的。研究表明，硫酰氟全球变暖潜势 GWP 接近于零，是 CO_2 的万分之一，臭氧耗损潜能值 ODP 为零，对大气臭氧层无影响。因此，硫酰氟代替溴甲烷用于熏蒸剂正日益受到重视。

6.3 可降解塑料

随着高分子工业的迅速发展，合成高分子材料已在众多领域取代了传统的金属、玻璃、陶瓷、木材等材料，尤其在包装行业，应用更为广泛。高分子材料的出现，虽然极大地方便了人们的生活，由于其质量轻，体积大，数量多，难以降解，降解时间为 100～150 年，废弃后对环境污染的严重性已引起世界各国政府、环保组织、科技界和社会公众的广泛关注。地膜、餐盒、包装袋和一次性垃圾袋等所造成的“白色污染”是继温室效应之后，成为威胁人类生存环境的新焦点。因此，可降解塑料的开发和应用，为解决“白色污染”最有效的途径，已越来越引起人们的重视。

6.3.1 可降解塑料的种类

可降解塑料是指一类其制品的各项性能可满足使用要求，在保存期内性能不变，而使用后在自然环境条件下，在 10～15 年内能降解成对环境无害的物质的塑料。因此，它也被称为环境降解塑料，也可称为“绿色塑料”，将是 21 世纪应用极其广泛的一类“功能聚合材料”。

在大多数情况下，聚合物材料的降解主要是高分子中主化学键断裂反应引起的。在不同的环境条件下聚合物降解的方式和程度都不同。根据各种环境条件引发降解的原因的不同，有不同的降解方式，主要包括：水解降解、氧化降解、微生物降解和机械降解。但从实际应用的角度来讲，所谓的“可降解塑料”一般是特指光降解塑料、生物降解塑料和光-生物双降解塑料。

（1）光降解塑料——在塑料中掺入光敏剂，在日照下使塑料逐渐分解掉。它属于较早一代的降解塑料，其缺点是降解时间因日照和气候变化难以预测，因而无法控制降解时间。目前，已被采用的光降解技术有合成型和添加型两种。前者是在烯烃聚合物主链上引入光敏基团，后者是在聚合物中添加有光敏作用的化学助剂。

（2）生物降解塑料——指在自然界微生物（如细菌、霉菌和藻类）的作用下，可完全分解成为低分子化合物的塑料。它的特点是贮存运输方便，只要保持干燥，不需要避光，应用范围较广，不但可用于农用地膜、包装袋，而且还可以广泛用于医药领域中。

（3）光、生物降解塑料——光降解和微生物降解相结合的一类塑料，它同时具有光和微生物降解塑料的特点。

在这三种降解塑料中，生物降解塑料能保持塑料特性，即使用中的稳定性、各种应用性、易处理性以及经济性，其在塑料材料领域有着广阔的前景，成为研究开发的新一代热点。

6.3.2 可降解塑料的降解机理

6.3.2.1 光降解机理

光降解是聚合物在吸收紫外线等辐射能后，容易形成电子激发态，而产生光化学过程，使聚合物破坏，在大气环境中，聚合物往往还要同时受到氧的影响，造成光氧降解。其具体过程是：聚合物通过光的物理吸收过程而引起光化学反应，脱出聚合物分子链上的氢原子而形成自由基。直链聚合物降解后不再形成新的基团，而交联聚合物则在降解过程中又可能形成新的基团，这是简单的光降解机理。通常形成的自由基在有氧存在的条件下便发生氧化反应，形成过氧化基团以维持降解过程。过氧化基团和氢原子作用形成过氧化氢并脱出。过氧化物只需吸收光线中比紫外线稍低的能量，通过聚合物中残留的微量金属的催化作用很快便可分解。光降解原理如图 6-8 所示。

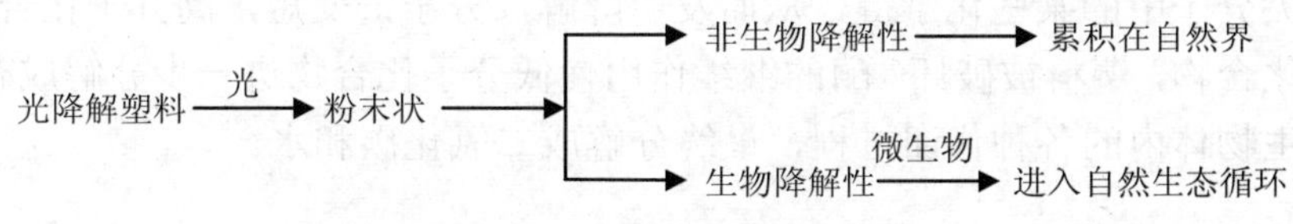

图 6-8 光降解原理示意

太阳的波谱为 200～10 000 nm，但实际到达地球表面的太阳波谱绝大部分范围在 290～3 000 nm，其中，引起聚合物光降解作用的主要是波长 290～400 nm 的紫外光（尤其是波长 290～320 nm 的紫外光），波长越短，对聚合物的破坏越大。到达地面的紫外光的能量足以使某些聚合物的化学键发生断裂。但是，各种聚合物吸收光波的波长是不同的。各种聚合物最易吸收的光的波长见表 6-4。聚合物的光降解涉及两种反应，光化学降解和光氧化降解。聚合物内的杂质包括聚合反应过程中残存的催化剂、添加剂及残余溶剂，如钛的络合物、四氢呋喃（THF）、甲基酮等，以及一些聚合物的取代基如羰基、芳烃环、共轭双键、羧基、过氧化物等都可促进光降解过程的进行。

表 6-4 各种聚合物的光吸收波长

聚合物	波长/nm	聚合物	波长/nm
聚乙烯	290～320	聚醋酸乙烯酯	280
聚丙烯	300	聚甲醛	300～320
聚氯乙烯	310	聚碳酸酯	295
聚苯乙烯	260～318	聚甲基丙烯酸甲酯	290～315
聚酯	325	硝酸纤维素	310
乙烯-醋酸乙烯共聚物	322～364	醋酸丁酸纤维素	295～298

6.3.2.2 生物降解机理

生物包括植物、动物和微生物。微生物是一类形体微小、构造简单又极为多样的微小生物，包括细菌、霉菌、酵母菌、放线菌、立克次体、螺旋体、支原体、衣原体、病毒、藻类等。生物降解是专指微生物降解。无光、高湿（水）、合适的温度等环境因素，以及碳源和合适的矿物质是微生物生长的必要条件，也是影响塑料生物降解的因素。因此，凡适合于微生物生长的环境因素均有利于塑料的生物降解。

微生物降解的方式分为有氧降解和无氧降解两种。塑料的生物降解过程如图 6-9 所示，首先微生物分泌的酶附于塑料表面；然后，由酶的作用，顺序切断组成塑料的大分子中的某些化学键，从而发生降解，分子链变短，高分子化合物变为低分子化合物，塑料被破坏。酶的继续作用使低分子化合物进一步分解成有机酸，并经微生物体内的各种代谢过程，最终分解成二氧化碳和水。

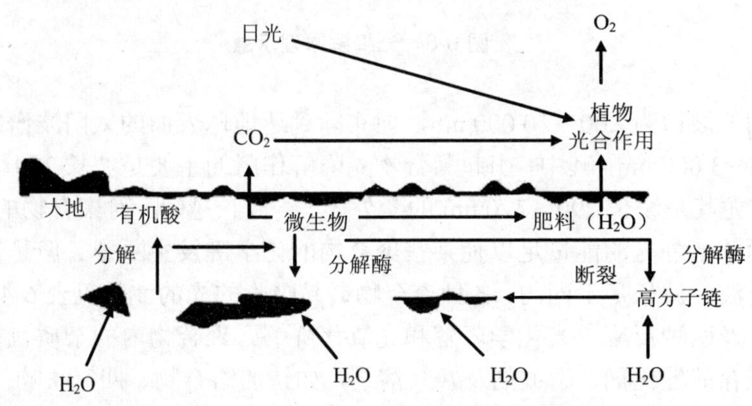

图 6-9　塑料的生物降解过程示意

微生物对生物降解材料的作用大致有 3 种：①生物的物理作用。由于生物细胞的增长使聚合物组分水解、电离质子化而发生机械性破坏，分裂成低聚物碎片；②生物的化学作用。微生物侵蚀后，其细胞的增长而使聚合物产生新的物质（CH_4、CO_2和 H_2O）；③酶的直接作用。微生物酶的本质是蛋白质，而蛋白质是由 20 种氨基酸组成的，氨基酸分子里除含有氨基和羧基外，有的还含有羟基或巯基等，这些基团既可作为电子供体，也可作为氢受体，它们能和材料分子或氧分子发生吸附作用。这些带电质点构成了酶的催化活性中心，使被吸附材料分子和氧分子的反应活化能降低，从而加速了材料的生物降解反应。由于微生物降解具有高度的专一性，对许多种聚合物的降解机理，至今也不完全清楚。

6.3.3　光降解塑料

光降解塑料是该塑料在日光照射下吸收紫外线后发生光引发作用，使键能减弱，长链断裂，成为较低分子量的碎片，较低分子量的碎片在空气中进一步发生氧化作用，降解成能被生物分解的低分子量化合物，在微生物作用下重新进入生物循环。一般光降解塑料的制备方法有两种：一种是把含有发色基团的光敏化物质或光分解剂混入聚合物材料中，如金属氧化物、盐、有机金属化合物、多核芳香化合物、羰基化合物等，由这些物质吸收光能后（主要是紫外线）产生自由基，或者将激发态能量传递给聚合物材料使其产生自由基，然后促使高分子材料发生氧化反应达到劣化的目的。另一种方法是将适当的光敏感基团（如—C=O）通过共聚的方式引入聚合物材料的分子结构中，而赋予高分子材料光降解的特性。光降解塑料的研究开发已有 20 余年的历史，在农业、包装方面应用非常广泛，它的技术较为成熟。

6.3.3.1 合成型光降解塑料

目前合成的光降解聚合物，主要是烯烃和一氧化碳或烯酮类单体的共聚物。这样就可以得到含有羰基结构可以发生光降解的聚乙烯（PE）、聚苯乙烯（PS）、聚丙烯（PP）、聚氯乙烯（PVC）、聚酰胺（PA）等。国外已经实现工业化的合成型光降解塑料有乙烯/CO 共聚物、乙烯酮共聚物（Ecolyte）、引入光活性基的接枝共聚物（EcolyteⅡ）等。美国和加拿大合作开发的 Ecolyte 是丙烯、氯乙烯、苯乙烯和乙烯基酮的共聚物，据称不仅可以使 PP、PVC、PS 等塑料具有光降解性，并且可以调节乙烯基酮的含量来控制光降解的时间。

6.3.3.2 添加型光降解塑料

通过添加各种光敏剂或光分解剂来促使聚合物材料加快光降解。光降解添加剂主要有下述几种：①羰基甲基酮类。羰基甲基酮类作为促降解剂用于控制降解特种聚合物。属于这种添加剂的主要有：二苯甲酮、对苯醌、1,4-萘醌、1,2-苯并蒽醌醇和 2-甲基蒽醌醇等。②金属化合物。金属盐、氧化物和络合物特别是过渡金属的络合物常用作光热氧化降解的促进剂。往往和芳基甲基酮配合使用。在过渡金属氯化物中，氯化铁是最有效的光敏剂。常用作促降解剂的金属盐是硬脂酸铁。③含有芳烃环结构的物质。这类添加剂主要有：蒽（Ⅰ）、菲（Ⅱ）与六氢芘（Ⅲ）等。已有技术采用多核芳烃作为光降解组分。④过氧化物。过氧化物和偶氮化合物可以热分解产生自由基，也可以在光照条件下分解产生自由基。所以过氧化物可用作自由基引发剂，进而被用作促降解剂。但这类化合物主要的应用是利用它的较低的热稳定性。⑤卤化物。碳-卤（氯化物、溴化物）键比碳-碳键或碳-氢键更弱，很容易断裂。如 PS 的溴化反应会增强α-C 键对光的吸收能力。有机卤化物可作促降解剂。所以卤化物和二茂铁（双环戊二烯铁）联合使用可加速光降解作用。⑥颜料等添加剂。塑料制品必须加入不同添加剂以改进其性能。颜料对降解速度也起一定作用，如以二氧化钛为主的金红石便是一种光敏剂。国外已经实现工业化的添加型光降解塑料生产技术有添加芳香酮、添加金属络合物增感剂（Fe）、添加络合物取代二苯甲酮、添加金属络合物（Ni-Fe）、添加光增感剂（polygrade）、添加金属抗氧剂游离金属离子（plastigone）等。

6.3.4 生物降解塑料

生物降解塑料按降解机理和破坏方式可分为完全生物降解型和生物破坏性塑料两种。目前正实用化的生物可降解塑料可分为聚酯和多糖系两大类，具体有聚乳酸及其共聚物、聚丁二酸丁二醇酯/丙二醇酯、聚丁二酸丙二醇酯/己内酰胺、聚丁二酸丙二醇酯/对苯二甲酸酯、聚己内酯、聚羟基丁酸酯/戊酸酯、细菌纤维素、纤维素酯、纤维素/壳聚糖、淀粉/合成聚合物等。

6.3.4.1 完全生物降解型塑料

完全生物降解型塑料主要采用天然高分子材料如淀粉、废糖蜜和具有生物降解性的合成高分子材料或水溶性高分子材料以及利用微生物发酵法制备的可降解塑料。

（1）天然高分子型生物降解塑料

天然高分子型生物降解塑料是利用淀粉、甲壳质、纤维素、蛋白质等天然高分子材料制备的生物降解材料。这类物质来源丰富，可完全生物降解，而且产物安全无毒性，因而日益受到重视。

利用纤维素制备生物降解塑料是方法之一，纤维素是存在地球上的植物在生命活动中产生的天然高分子物质之一，是构成包裹植物细胞外层细胞壁的主要成分，是地球上产量最大的天然高分子。纤维素可为自然界中的微生物分泌的酶降解，而成为植物或微生物的营养源。棉纤维就是一种较纯的纤维素，一般含量在90%以上；木、竹、麦秆、稻草等也含有大量纤维素，精制后同样可得到较纯的纤维素原料。

纤维素是由葡萄糖分子多个相连而成的物质。作为纤维素的结构单位的葡萄糖是人类及动物的营养物质，等同于淀粉或贮存物质的糖原（动物淀粉）。但是，两者葡萄糖的连接方式，即相邻的葡萄糖的键的组合方式不同，为此，得到的聚合物的性质也极为不同。纤维素的分子式结构式如下：

纤维素由规则排列的结晶部分和无序排列的非结晶部分组成，结晶结构随生成条件的不同有 4 种变化，并由此呈现出各种不同的性质。纤维素无熔点和玻璃化转变温度，加热不熔融，只溶于特殊的溶剂，为此，需特殊的加工方法。

以纤维素和纤维素衍生物为原料，再配合一些有利于生物降解的添加剂，可以制成半透明的塑料切片，其拉伸强度和弯曲性能与常用塑料相似，但延伸率较低，此类塑料两个月左右即可完全降解。使用纤维素与其衍生物如醋酸纤维素、丙酸纤维素等共混，可根据不同要求选择加工工艺如注射成型、流延成膜等，得到各种成型制品或膜材，可用于食品、化妆品、洗涤剂和日用品的包装。

对纤维素与其他高分子单体共聚也进行了广泛的研究，如将纤维素与二甲苯二异氰酸酯、甲苯二异氰酸酯等制成纤维素的聚氨酯。在纤维素的支链上接枝改性，其产物也具有明显的生物可降解性能，如纤维素接枝丙烯酸甲酯、丙烯酸等产物。

天然高分子材料更具有完全生物降解性，但是它的热学、力学性能差，往往不能满足工程材料的性能要求，因此目前的研究方向是通过天然高分子改性，得到有使用价值的天然高分子降解塑料。

（2）合成型生物降解塑料

合成型生物降解塑料大多是在分子结构中引入酯基结构的脂肪族聚酯，在自然界中其酯基易被微生物或酶分解。目前开发的主要产品有聚乳酸（PLA）、聚羟基脂肪酸酯（PHA）等。

聚乳酸（PLA）也称聚内交脂，是以微生物发酵产物乳酸为单体化学合成的，分子式如下：

$$\left[\begin{array}{c} CH_3 \\ | \\ CH \end{array} - \begin{array}{c} O \\ \| \\ C \end{array} - O \right]_n$$

PLA 是以乳酸为单体聚合而成，但由于乳酸的提取、精制均较困难，生产成本较高。聚乳酸熔点为 175℃，稍高于熔点时即分解，它们在适宜的环境条件下可分解成低分子，再被微生物生物降解成二氧化碳和水。聚乳酸在生物体内可为酸碱催化作用水解成乳酸和乙酸，并经酶代谢为二氧化碳和水，目前作为医用材料已经商品化。

聚乳酸经拉伸等二次加工可制得力学性能优异的纤维和薄膜，强度几乎与尼龙纤维和聚酯纤维相同，柔软性优异，可作为新的纤维材料用于妇女的内衣和长筒袜等。但是，聚乳酸在室温下长期保存时，物性会降低，所以，需要研究保存和稳定聚乳酸的方法。

美国 Cargill Dow 公司利用玉米转化成的葡萄糖为原料，再通过全新合成工艺制得聚乳酸（PLA）用于制造纤维，性能上可弥补天然纤维和合成纤维的不足，用于食品包装、农业和农业用薄膜，性能可与普通塑料媲美。该工艺所需矿物燃料比普通塑料减少 20%～50%，其制品用后在一定环境条件下可生物降解或水解为乳酸回收利用。2002 年 Cargill Dow 公司已建成了年产 14 万 t 的装置并正式投产，并于同年荣获美国总统绿色化学挑战奖。日本尤尼其卡公司利用聚-L-乳酸，采取熔融混合法，即把耐热性高的层状（厚度为 1 nm）硅酸盐均匀地分散到聚乳酸上，制造出可以耐高温降解塑料，这种塑料即使放在电烤箱里加热，也不会变形，其使用温度可达 140℃。

聚羟基脂肪酸酯（PHAs）是近年来迅速发展起来的一种新型生物可降解高分子材料，由含有羟基的脂肪酸单体组成，单体的羧基与相邻单体的羟基之间形成酯键，其分子结构通式如下式：

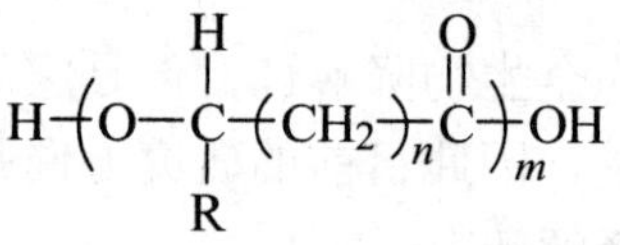

$$H\!\left[O-\underset{R}{\overset{H}{\underset{|}{\overset{|}{C}}}}\left(CH_2\right)_n-\overset{O}{\overset{\|}{C}}\right]_m\!OH$$

$R=H,CH_3,C_2H_5,C_4H_9,COOH$

PHAs 具有 150 多种单体结构，其中包括含有 3～16 个 C 原子的各种饱和、非饱和、直链或支链的 3-羟基、4-羟基、5-羟基、6-羟基脂肪酸，具有脂肪族或芳香族的侧链，也可能具有甲基、卤原子、羟基、环氧基、氰基、羰基、苯基、苯腈基、硝基苯基和酯化羰基等取代基。根据 PHAs 的单体组成，可将其大致分成以下 3 类：单体组成在 3～5 个 C 原子的 PHAs，称为短链 PHAs（short chain length PHAs，scl-PHAs）；单体组成在 6～16 个 C 原子的 PHAs，称为中长链 PHAs（medium chain length PHAs，mcl-PHAs）；由短链和中长链单体共聚形成的短链中长链共聚 PHAs（scl-mcl-PHAs）。目前 PHAs 可用可再生资源合成，合成的方法主要有生物合成法和化学合成法两类。生物合成 PHA 由微生物大规模发酵生产，迄今为止，数种 PHAs，包括聚-3-羟基丁酸酯（PHB）、3-羟基丁酸和 3-羟基戊酸共聚物（PHBV）、3-羟基丁酸和 4-羟基丁酸共聚物（P3HB4HB）、3-羟基丁酸和 3-羟基己酸共聚物（PHBHHx）及中长链 PHsA（mcl-PHAs）均实现大规模生产。化学合成 PHAs 的方法主要有内酯开环聚合法、羟基酸直接缩聚法和自身酯交换聚合法。

与石油基塑料相比较，PHAs 具有的优点为：①生物降解性。与传统塑料相比，PHAs 具有生物可降解性，其废弃物在生态环境中可以很容易被微生物分解为水和二氧化碳，不污染环境。而且在 PHAs 的合成和降解过程中碳通量是平衡的，因此 PHAs 不会加剧全球变暖。②不依赖于化石资源。PHAs 由可再生资源产生，因此不会依赖于化石资源的供应，PHAs 生产过程所需的能量也可来源于可再生资源，整个生产过程完全不依赖于化石燃料。③生物相容性。PHAs 因具有生物相容性，比石油基塑料优势明显，可以作为细胞生长的支架和体内的植入材料，生物体对其不具有强烈的排斥作用。因此，PHAs 被认为是一种环境友好的“绿色塑料”。

聚羟基脂肪酸酯 PHAs 具有与石油基塑料如聚乙烯、聚丙烯等类似的材料学性质，同时由于 PHAs 多种的单体结构，能生产多种性能的材料，从坚硬质脆的硬塑料到柔软的弹性体，因此，具有替代传统不可降解塑料的广阔前景。

6.3.4.2 生物破坏性塑料

生物破坏性塑料是对材料水平而言的，主要是天然高分子与通用型合成高分子通过共混或共聚而制成的降解塑料。其组合方式有以下几种：①用熔融和溶液共混的方法；②将一种高分子材料分散于另一种高分子的水溶液中，形成悬浮体系，最后制成各种复合物；③将天然高分子材料分散或溶解在可进行聚合反应的体系中，进行均聚和共聚合反应，使体系中的单体聚合，得到含天然高分子的复合材料；④将天然高分子在适当的条件（如酸性或碱性等）下进行适当的降解，并使降解后的分子链段与其他单体聚合反应，从而制备具有生物降解性能的新型共聚物。

（1）淀粉基塑料

淀粉作为一种天然高分子化合物，其来源广泛，品种繁多，成本低廉，且能在各种自然环境下完全降解，最终分解为 CO_2 和 H_2O，不会对环境造成任何污染，因而淀粉基降解塑料成为国内外研究开发最多的一类生物降解塑料。它可以通过与其他高分子共混或者与单体共聚的方式得到淀粉基降解塑料。填充型淀粉塑料又称生物破坏性塑料，其制造工艺是在通用塑料中加入一定量的淀粉和其他少量添加剂，然后加工成型，淀粉含量不超过 30%。填充型淀粉塑料技术成熟，生产工艺简单，且对现有加工设备稍加改进即可生产，因此目前国内可降解淀粉塑料产品大多为此类型。美国 Purde 大学开发淀粉接枝聚苯乙烯采用阳离子聚合反应，分子量和物性均能有效控制，其中含淀粉 20%～30%的淀粉接枝聚合物具有通常聚苯乙烯类似的性质，可以用做瓶子、薄膜等。我国太原工业大学刘书福等研究了马铃薯淀粉与聚氯乙烯的接枝共聚，江西科学院应用化学研究所用淀粉与苯乙烯接枝共聚制成淀粉基塑料。

（2）纤维素基塑料

纤维素基塑料也有两种制备方法：一是共混，二是化学改性。典型的纤维素基塑料制备方法有以下几种：纤维素和壳聚糖的共混、纤维素与蛋白质的共混、纤维素与其衍生物的共混、纤维素和高分子单体共聚。半纤维素、木素等也可用共混以及化学改性方法制备纤维素基可降解塑料，如日本京都大学用月桂酸处理木粉可制备得到浅褐色的生物降解塑料。

（3）蛋白质基塑料

蛋白质虽然具有较好的生物降解能力，但热性能和机械性能较差，用化学处理（包括共聚）可改善其热性能和机械性能。但这方面的研究仍处于基础研究阶段。蛋白质体系研究主要是用明胶与高分子单体共聚，如 Sudesh 等研究明胶与己基丙烯酸酯共聚物。

6.3.5 光-生物双降解塑料

光-生物降解塑料是利用光降解机理和生物降解机理相结合的方法制得的一类塑料，是一种比较理想的降解塑料。这种方法不仅克服了无光或光照不足的不易降解、降解不彻底以及降解时间长等缺陷，同时还克服了生物降解塑料加工复杂、成本太高不易推广的弊端，因而成为近年来国内外研究的重点和热门课题。其制备方法是采用在通用高分子材料（如 PE）中添加光敏剂、促氧化剂、抗氧剂和作为微生物培养基的生物降解增敏剂等的添加型技术途径。光-生物降解塑料可分为淀粉型和非淀粉型两种类型，目前采用淀粉作为生物降解助剂的技术比较普遍。

淀粉型光-生物双降解塑料是淀粉等添加剂首先被生物降解。削弱聚合物的基质，使聚合物母体变得疏松，增大表面/体积比。同时日光、热、氧等引发光敏剂、促氧化剂和生物降解增敏剂的光氧化和自氧化作用等，导致聚合物的氧化、断裂。使聚合物分子降解到能被微生物消化，最终变成二氧化碳和水，被农作物吸收。

光-生物双降解塑料的生产工艺和设备都比较复杂，其中淀粉的细化和结构水的脱除以及温度控制是关键。由于其设备投资大、工艺复杂，进行市场化、产业化的推广不容易，从而限制了它的发展。又由于细化的淀粉成本较高，使得其生产成本相对较高。

当前国外开发的主要产品有加拿大 SLLawvenee 淀粉公司与瑞士 ROXXO 公司合作开发的 EcosterPlus、美国 Ampact 公司开发的 Polygrade、美国 ADM 公司的 Polyclean 等产品。但由于该技术主要采用光敏剂母料和由淀粉母料混配的复合材料，完全降解性效果不够理想，安全性还有待进一步研究，因此尚处于研究开发阶段。

我国将“光-生物降解 PE 地膜的研究”被列入国家“八五”科技重点攻关项目，通过“八五”“九五”攻关研究，在光-生物降解地膜方面已经取得了较大的进展。淀粉型光-生物降解地膜的研究就淀粉微细化、淀粉母料及其衍生物易吸水、淀粉及其衍生物与聚乙烯的相容性、淀粉基塑料的加工性能、诱导期可控等技术难题取得了突破性的进展。北京塑料研究所采用聚乙烯为基础料，并添加含有光敏剂、光氧化稳定剂等组成光降解体系和含有 N、P、K 等元素的化合物作为生物降解体系的浓缩母料，经挤出吹塑制成厚度为 0.005 mm 的可控降解地膜。经 5 年 60 余万亩农田应用考核，该降解地膜不仅具备普遍地膜的保温、保湿和力学性能，而且可控性好，诱导期稳定，在曝晒条件下，当年可基本降解成粉末。在无光条件下，也可以促进微生物繁殖生长。目前，国内光-生物降解塑料的研究进程可与世界同步，研究水平与国外水平相当。

6.4 生物农药

化学农药是人类研制出来的用来消灭病虫害的有效药物。据联合国粮农组织调查资料介绍，全球每年被病虫害夺去的谷物占收成的 20%~30%，由此造成的经济损失高达 1 200 亿美元。2001 年，全球农药市场销售额是 310 亿美元，其中除草剂占 46%，杀虫剂占 29%，杀菌剂占 18%。据统计，如果停止使用化学农药，作物产量将减产 30%，水果将减产 78%，蔬菜减产 54%，可见，农药是实现农业增产的重要手段，是农业生产不可缺少的生产资料，农药的使用对农业的发展是非常重要的。

但是，大量传统化学农药在造福人类的同时，也对人类赖以生存的环境带来了很大的危害，并在很大程度上影响了我们的生活。由于大量使用化学农药，空气、水源和土壤受到了污染，并潜入农作物，残留在粮食、蔬菜、水果等食品中，或通过饲料、饮用水进入畜体，继而又通过食物链或空气进入人体，并在人体当中蓄积，危害人类健康。全世界每年约有 200 万人农药中毒，其中大约有 4 万人死亡。长期使用某些化学农药，使害虫产生了抗药性。20 世纪 50 年代以来，抗药性害虫已从 10 种增加到目前的 417 种。由于传统化学农药选择性差，往往在杀死害虫的同时也能大量杀死害虫的天敌，使害虫失去了自然控制，导致虫害更为严重。发达国家开始以长远的眼光重新审定化学农药产业的发展技术策略和市场管理。20 世纪 90 年代美国 EPA 率先宣布撤销了 90 多种化学农药的登记注册。荷兰、丹麦也相继提出了减少 50%农药使用量的五年和十年计划。1992 年联合国在巴西召开的世界环发大会，制定了全球社会发展与环境保护的共同纲领——《21 世纪议程》，其中提到要在全世界范围内控制和减少化学农药的生产和使用，以维护人类共有的家园。

针对化学农药的种种弊端，一些国家已研制出一系列选择性强、效率高、成本低、不污染环境、对人畜无害的生物农药。生物农药已越来越多地用于农作物防病、治虫、除草等方面，对控制和消灭农作物病虫害，提高作物品质和产量发挥着重要作用。由于生物农药的技术特征和发展方向与人类未来的生产生活方式、食品安全、营养健康、生态平衡、生物多样性保护都具有良好的相融性，加上以现代发酵工程为基础的微生物工业化生产技术体系日趋完善，生物农药的研究开发逐渐引起了广泛的关注和兴趣。

6.4.1 生物农药特点和分类

生物农药是指直接利用生物产生的生理活性物质或生物活体作为农药，以及人工合成的与天然化合物结构相同的农药，这种农药也称为生物源农药。具体说指以生物活体如细菌、真菌、病毒等微生物或其代谢产物为原料而制成的，或者是通过转基因、仿生合成具有特异作用的，用来防治农业病虫草鼠害和卫生害虫等有害生物的生物活体及其生理活性物质，并可以制成商品上市流通的生物源制剂，包括细菌、病毒、真菌、线虫、植物生长调节剂和抗病虫草害的转基因植物等。生物农药包括微生物源（细菌、病毒、真菌及其次级代谢产物农用抗生素）、植物源、动物源和抗病、虫、草害的转基因植物等。

生物农药具有高效、广谱、不易产生抗药性、对人畜安全、不污染环境等特点，而且原料易获得，生产成本低。生物农药与化学农药相比，其有效成分来源、工业化生产途径、产品的杀虫防病机理和作用方式等诸多方面，有着许多本质的区别，是当前农作物病虫害防治中具有广阔发展前景的一种农药。生物农药主要具有以下几方面优点：

（1）选择性强，对人畜安全。目前市场开发并大范围应用成功的生物农药产品，它们只对病虫害有作用，一般对人、畜及各种有益生物（包括动物天敌、昆虫天敌、蜜蜂、传粉昆虫及鱼、虾等水生生物）比较安全，对非靶标生物的影响也比较小。

（2）对生态环境影响小。生物农药控制有害生物的作用，主要是利用某些特殊微生物或微生物的代谢产物所具有的杀虫、防病、促生功能。其有效活性成分完全存在和来源于自然生态系统，它的最大特点是极易被日光、植物或各种土壤微生物分解，是一种来于自然、归于自然正常的物质循环方式。因此，可以认为它们对自然生态环境安全、无污染。

（3）可以诱发害虫流行病。一些生物农药品种（昆虫病原真菌、昆虫病毒、昆虫微孢子虫、昆虫病原线虫等），具有在害虫群体中定植、扩散和发展流行的能力。不但可以对当年当代的有害生物发挥控制作用，而且对后代或者翌年的有害生物种群起到一定的抑制，具有明显的后效作用。

（4）可利用农副产品生产加工。目前国内生产加工生物农药，一般主要利用天然可再生资源（如农副产品的玉米、豆饼、鱼粉、麦麸或某些植物体等），原材料的来源十分广泛，生产成本也比较低廉。

目前国内外对生物农药的分类尚无十分准确统一的界定。按照联合国粮农组织（FAO）、美国环保局（EPA）的标准，生物农药主要包括：生物化学农药（对防治对象没有直接毒性，而只有调节、干扰等特殊作用；必须是天然化合物结构），微生物农药（防治病、虫、草、鼠害的真菌、细菌、病毒和原生动物及遗传修饰的微生物制剂），转基因生物农药（外源基因改造后具有农药功能的农业生物），天敌生物农药（商品化的非微生物的生物活体）。我国农业部批准的《农药登记资料要求》中规定，生物农药包括微生物农药（如细菌、病毒和真菌等）、抗生素、植物源农药、生物化学农药（如动物激素、植物生长调节剂等）、天敌生物农药（如天敌昆虫等）和转基因生物农药（如抗病虫草的转基因植物等）。国内外对生物农药概念的主要差异是国外将农用抗生素列为化学农药范畴。

6.4.2 微生物农药

微生物农药是用来防治病、虫、草等有害生物的微生物活体制剂。主要包括微生物杀菌剂、微生物杀虫剂和微生物除草剂。

6.4.2.1 微生物杀菌剂

在植物病害生物防治上可以利用的拮抗微生物种类很多，包括细菌、真菌、放线菌、噬菌体和病毒等，但拮抗细菌占有极为重要的地位。

（1）细菌杀菌剂

细菌的种类和数量众多，在植物的根际和地上各部分都大量存在。具抗逆能力强、繁殖速度快、营养要求简单、易在植物表面定植的特点。细菌大都可以人工培养，便于控制，在植病生防上具有无限的潜力。目前用作生物杀菌剂的拮抗细菌主要有：枯草杆菌、放射形土壤杆菌、洋葱球茎病假单胞菌、胡萝卜软腐欧文氏菌、地衣芽孢杆菌、假单孢菌和假单孢菌。拮抗细菌及其代谢产物的开发利用，以及通过基因工程改造产生新型、高效、稳定、适生性强的拮抗细菌是今后生防菌发展的趋势。

（2）真菌杀菌剂

真菌杀菌剂研究和应用最广泛的是木霉菌和粘帚霉菌。利用木霉菌防治植物病害一直是国内外研究热点，已被用于防治水稻纹枯病，棉花枯病，花生、甜椒、茉莉等的白绢病，蔬菜猝倒病、枯萎病、立枯病等病害。国际上已开发出了 SoilGard、Blue Circle、Epic、Trichodex、Rootshield、Mycostop 等 100 余种生物制剂。目前我国已有 2 个木霉菌产品获得农药登记。

6.4.2.2 微生物杀虫剂

微生物杀虫剂是目前应用最多的生物农药，占整个生物防治剂的90%以上，已报道的有近 1 700 种，杀虫微生物包括昆虫病原细菌、昆虫病毒、昆虫真菌、昆虫病原线虫和微孢子虫。世界上商品化微生物杀虫剂有三类：细菌杀虫剂、真菌杀虫剂和病毒杀虫剂。

（1）细菌杀虫剂

细菌杀虫剂是利用对某些昆虫有致病或致死作用的杀虫细菌所含有的活性成分或菌本身制成的，用于防治和杀死目标昆虫的生物杀虫制剂。目前筛选的杀虫细菌大约有 100 多种，其中被开发成产品投入实际应用的主要有 4 种，即苏云金芽孢杆菌、球形芽孢杆菌、日本金龟子芽孢杆菌和缓病芽孢杆菌。

①苏云金芽孢杆菌

苏云金芽孢杆菌（Bacillus thuringiensis，Bt）因从德国苏云金省发现、分离而得名，至今已近百年，是当今研究最多、用量最大的杀虫细菌，也是应用最成功的一类微生物杀虫剂。它占据了生物农药 90%以上的市场，仅国内其应用面积就达到 300 万 hm^2 以上。Bt 产生的伴孢晶体，可以杀死 150 多种鳞翅目昆虫而对人畜无害，它具有多个亚种和多种血清型，难于产生抗性。苏云金杆菌是在孢子形成过程中产生的不同类型的杀虫晶体蛋白（ICPs），自 1981 年 Schnepf 分离了第一个 cry 基因以来，迄今全世界从 Bt 中发现并正式命名的 ICP 基因已有 42 大类，总数超过 250 种。这些晶体蛋白可以成为杀虫剂杀死鳞翅目幼虫、少数鞘翅目昆虫的幼虫和成虫以及一些双翅目昆虫的幼虫。ICPs 一旦进入昆虫的中肠，这种晶体蛋白质就可溶解，昆虫肠道内的消化酶将这些前毒素转变为小分子的毒素，这些水解后的毒素结合到昆虫中肠细胞膜的高亲和性和特异性受体上，干扰对钾离子依赖性的活性氨基酸运输机制。这种干扰引起大量阳离子通道在细胞膜上开放，引起水渗透加强。大量水分子进入细胞后，使细胞肿胀、破裂，中肠溃烂，导致昆虫停止进食，幼虫因饥饿而死。不同的毒素可以结合到不同昆虫的不同受体上，因而对不同害虫具有杀灭作用。

近年来，国内外专家为了进一步提高 Bt 的杀虫效果，如延长持效期、扩大杀虫谱等，通过杀虫基因的修饰、改造、转移等基因工程手段构建新型的工程菌。在国外，已有 Conder、MVP 等 10 余种 Bt 工程菌制剂投入了商业应用。在我国，也开发出多种高效 Bt 和荧光假单胞菌的组合基因工程菌剂，其中 WG001 已于 2000 年通过安全性审批，允许生产和应用。苏云金杆菌能防治 150 多种害虫，但目前主要用于防治鳞翅目的害虫，已有 60 多个国家登记 120 个品种，我国年产量达 3 万 t 左右。

②球形芽孢杆菌

球形芽孢杆菌（Bacillus sphaericus）也是一种细菌杀虫剂，在其培养过程中孢子囊、细胞壁、伴孢体中形成原毒素蛋白质，这种毒素蛋白质有两类，一种来自营养细胞，是一种在营养生长期产生的蛋白质，另一种毒素来源于伴孢晶体，分子量分别为 42×10^3 和 51×10^3 的蛋白质，并且只有当两种蛋白质在一起时才产生毒性，球形芽孢杆菌的伴孢晶体与苏云金芽孢杆菌不同，它的伴孢晶体被部分地包在芽孢外壁之中，使得芽孢和伴孢晶体在离体的条件下仍是一个整体。球形芽孢杆菌的杀虫范围仅限于蚊虫的幼虫，它通过取食过程进行感染，蚊子的幼虫在取食 8～12 h 后，即可发生死亡，幼虫吞入球状芽孢杆菌后，菌体在肠道中被消化，细胞壁破裂，菌体内的毒素释放出来，从而杀死蚊虫的幼虫。球状芽孢杆菌在昆虫死后，可以在虫尸中重新增殖，芽孢的数目增加。由此可见球状芽孢杆菌的芽孢和伴孢晶体在环境中持效期较长，并有可能在环境中再循环。球形芽孢杆菌作为一种高效杀灭蚊虫的特效杀虫剂正日益受到重视。

（2）真菌杀虫剂

真菌是最早被发现引起昆虫疾病的微生物，也是首先被研制成杀虫剂的微生物。昆虫真菌种类占昆虫病原微生物种类的 60%以上。昆虫真菌可在自然界中再次侵染，引起害虫种群的流行病，对害虫有明显的自然控制作用。国内外研究表明，真菌是唯一能在自然条件下通过体壁接触侵染昆虫的病原微生物，对防治刺吸式口器害虫具有独特的作用。杀虫真菌种类十分丰富，目前世界上已记载的有 100 余属、800 多种。著名的杀虫真菌有白僵菌、绿僵菌、玫烟色拟青霉、多毛菌、大链壶菌、轮枝菌和座壳孢菌等。白僵菌是一种比较典型的真菌微生物杀虫剂，对防治松毛虫、玉米螟和水稻害虫黑尾叶蝉有特效。白僵菌液接触害虫后，通过体壁进入害虫体内，很快会萌发菌丝，吸收害虫的体液，使害虫变僵发硬而死。白僵菌寄主范围广，致病力强，对人畜林木作物无毒害，不伤害天敌，不污染环境，是应用最广泛的微生物杀虫剂之一。目前我国是生产和应用白僵菌杀虫剂的第一大国，每年施用面积约 50 万 hm^2，在防治松毛虫和玉米螟方面做出了重要贡献。由于真菌杀虫剂是触杀性杀虫剂，具有其他微生物农药所没有的广泛杀菌等优点，因此世界各国对虫生真菌的研究予以相当的重视，并已取得了较大的发展。目前已经进入大面积的应用阶段。

（3）病毒杀虫剂

昆虫病毒粒子可以形成包涵体，即单个或多个病毒粒子被包围在一个由蛋白质构成的结构中，包涵体可以有效地保护病毒颗粒不受损伤，并且在离开虫体数年后仍可保持侵染活性。病毒包涵体通常以取食过程进入昆虫的消化管，经碱性昆虫消化液裂解后释放出病毒粒子，这些病毒粒子进一步侵染昆虫体内的各种细胞，直至造成昆虫死亡。

目前已知的昆虫病毒有 1 600 多种，可分为四类即核型多角体病毒、颗粒体病毒、质型多角体病毒和昆虫痘病毒，其中 60 种为杆状病毒，可引起 1 100 种昆虫和螨类发病，可控制近 30%的粮食和纤维作物上的主要害虫。

核型多角体病毒是世界卫生组织和粮农组织推荐使用的一种生物杀虫剂。它对宿主范围有很强的特异性，因此对人、植物和害虫的天敌均无危害，是目前应用最为成功的昆虫病毒。我国已有棉铃虫核型多角体病毒杀虫剂的商品问世，应用于棉铃虫的防治。颗粒体病毒和质型多角体病毒也是目前研究和应用较为深入和广泛的昆虫病毒，尤其是质型多角体病毒，人们发现它不仅能侵染幼虫，还能经由卵传染给昆虫的子代，这点在病毒的应用上具有十分重要的作用。目前对昆虫病毒的基因工程改造主要集中在杆状病毒，并且已成为病毒杀虫剂研究的热点。

我国在昆虫病毒研究领域中取得了较大的进展，已从 188 种昆虫中分离到 220 多株病毒，其中 110 株为我国首次分离得到。目前，我国核型多角体病毒杀虫剂主要用于农业和林业，如防治棉花、高粱、玉米、烟草、番茄等作物的棉铃虫、斜纹夜蛾、茶毛虫等害虫。颗粒病毒的应用不及核多角体病毒广泛，主要用于防治菜青虫、小菜蛾及黄地老虎等。质多角体病毒主要用于林区。目前有 20 多个国家的 30 多种病毒杀虫剂进行登记、注册、生产应用，国内已有 20 多种进入大田试验。

（4）昆虫病原线虫杀虫剂

据不完全统计，昆虫寄生线虫有 1 000 多种，分布于 27 个科，研究较多的有斯氏科和异小杆科 2 个科的 46 个种。用于农林害虫防治的昆虫寄生线虫主要分布于索科、斯氏科、异小杆科和新垫刃科。自 20 世纪 50 年代起，我国陆续分离和筛选出一些优良线虫品系，其中包括异小杆线虫泰山 1 号 H.bacteriophora 8406、格氏线虫 S.glaseri C85011、芫菁夜蛾线虫 S.feltiae Beijing 和斯氏线虫 Steinernema sp CB-2y 品系等。目前国内可以提供大量田间需用的线虫为小卷蛾线虫（S.carpocapsae）、芫菁夜蛾线虫（S.feltiae）和异小杆线虫（H.bacteriophora）。

微孢子虫对害虫致病性强，对钻蛀性和隐藏性害虫有特效，作为微生物杀虫剂使用量广泛，它的宿主范围广，包括鳞翅目、直翅目、鞘翅目、半翅目、膜翅目和蜉蝣目的多种昆虫。常用的有蝗虫微孢子虫、行军微孢子虫和云杉卷叶蛾微孢子虫等。近几年来在我国采用蝗虫微孢子虫饵剂防治东亚飞蝗、亚洲际小东蝗、宽须蚁蝗、白边痂蝗、皱膝蝗等优势种蝗虫，每年防治面积达 8 万～10 万 hm^2。

6.4.2.3 微生物除草剂

微生物除草剂指利用植物的致病微生物（真菌、线虫、病毒）提取具有除草活性的物质来防治田间杂草。我国首次将真菌用于杂草生物防治的研究是 1963 年利用炭疽病“鲁保一号”防治大豆菟丝子，1966 年以后生物除草剂“鲁保一号”推广到全国 20 多个省、市、自治区，防治效果稳定在 80%以上。在活体微生物除草剂中，以真菌所占比重最大，真菌除草剂的研究和开发最为活跃。如美国 Ecogen 公司等成功开发了用于防治水稻、麦类等作物菌期杂草的盘长孢状刺盘孢；日本烟草株式会社开发的黑腐病菌，用于防治草坪内的杂草早熟禾及剪股颖；加拿大在研究利用真菌 Colletotrichum sp.防治锦葵和苘麻两类杂草上也取得重大进展，并有希望成为商品化生产。近来利用稗草病原菌开发除草剂也引起了注意，稗叶枯菌和尖角突胶孢被认为有较好的应用前景，但目前尚无规模应用的报道。

6.4.3 农用抗生素

抗生素是微生物代谢产物，最初是用来治疗人类的细菌性疾病的，后来发现某些抗生素能抑制植物病原菌而无药害。农用抗生素主要指用于防治病、虫、草等有害生物的微生物代谢产物，现在已经有多种商品化农用抗生素用于农业生产。农用抗生素可分为抗菌素、杀虫素和杀草素。

6.4.3.1 抗菌素

抗菌素是微生物在生命活动中所产生的化学物质，它能有选择性地抑制他种微生物生长或杀灭他种微生物。1958 年日本 Setsuo 等研制成功杀稻瘟素-S（Blasticidn-S），1961 年大面积应用于水稻稻瘟病的防治取得成功。杀稻瘟素-S 被誉为农用抗菌素发展过程中的第一块里程碑，此后农用抗菌素的研制开发进入了高潮，相继开发出了春日霉素（Kasugamycin）、多氧霉素（Polyoxin）等一系列高效、低毒、无公害的农用抗菌素。

我国农用抗菌素的研究处于世界先进行列。20 世纪 60 年代成功开发了放线菌酮和灭瘟素，并实现了工业化生产。70 年代后，我国农用抗菌素的研制进入盛期，相继开发成功了春雷霉素、庆丰霉素、井冈霉素、多抗霉素、公主岭霉素、多效霉素、农抗 120 等一系列高效抗菌素。90 年代以来，又陆续研制出了中生菌素、武夷霉素、宁南霉素、华光霉素、嘧肽霉素等。最近又开发了杀枯肽、磷氮霉素、波拉霉素、白肽霉素、金核霉素、瑞拉菌素等抗菌素，部分品种已进入中试阶段。目前已商品化的抗生素达 14 种，生产厂达 140 多家。

（1）井冈霉素

井冈霉素（Validamycin）也称有效霉素，是目前我国应用非常广泛的一种农用抗生素。它是上海农药所沈寅初教授于 1968 年在江西井冈山的土壤中首次发现并命名的，是我国第一个实现大规模工业化生产的微生物农药。其化学式为 $C_{20}H_{36}O_{13}N$，化学结构式为：

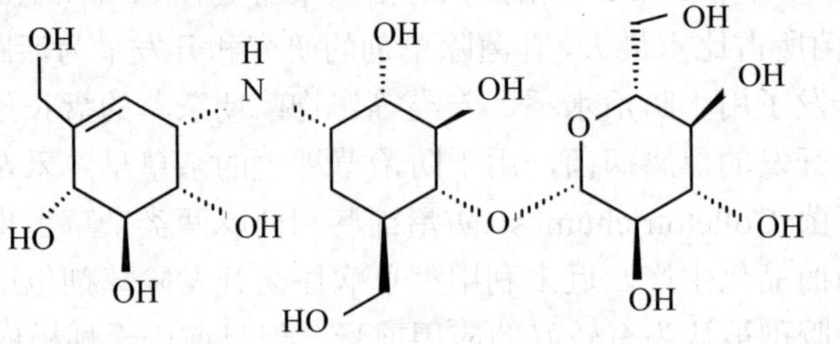

井冈霉素既能有效地防治枯丝核菌引起的水稻纹枯病，又对人畜安全无害，在我国大部分高产稻区都有应用，1970 年代中期开始应用至今已有 20 余年，尚未发生明显抗药性，仍是我国农业生产中主要的农用抗生素，每年使用面积达 1.3 亿亩。井冈霉素是一种放线菌产生的抗生素，具有较强的内吸性，当水稻纹枯病菌的菌丝接触到井冈霉素后，能很快被菌体细胞吸收并在菌体内传导，干扰和抑制菌体细胞正常生长发育，从而起到治疗作用。井冈霉素也可用于防治小麦纹枯病、稻曲病等。

（2）多氧霉素

多氧霉素（Polyoxins）也是我国应用比较广泛的一类农用抗生素，1965 年 K Isono 等首先分离得到，多氧霉素结构为：

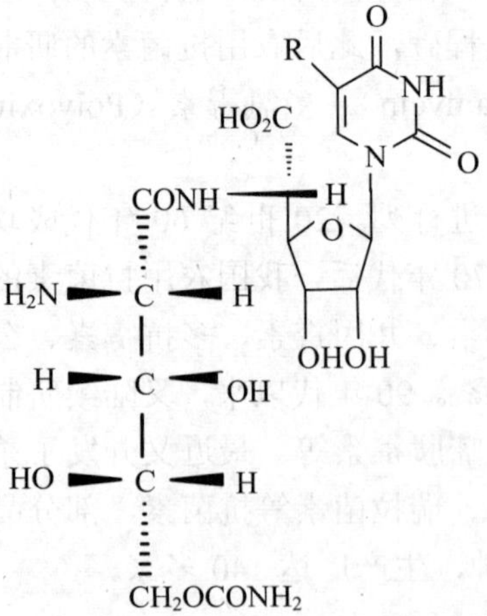

Polyoxin B: R= — CH_2OH

Polyoxorim: R= — CO_2H

多氧霉素可引起病原菌孢子的胚芽和菌丝体顶端发生非正常肿胀，使病菌不能侵入植物组织。可有选择地抑制真菌细胞壁的组成成分几丁质的合成，其作用方式几乎可与人类历史上应用最成功的医用抗生素——青霉素相媲美。后者通过抑制细菌细胞壁的组成成分——多聚糖的合成而发挥选择性的杀菌作用。它的结构酷似几丁质合成酶的底物尿苷二磷酸乙酰氨基葡萄糖，对酶的亲和力为底物的近千倍，是它的竞争性抑制物。而该酶是真菌的特异性酶，在除真菌以外的生物中不存在，这是多氧霉素具有高度的抗真菌专一性、对环境友好、人畜安全的理论基础。

多氧霉素是一种广谱性农用抗生素，它对鞭毛菌、子囊菌、半知菌类等 25 种真菌均有较强的抑制作用。国内外大量田间试验则表明，多氧霉素对瓜果蔬菜的立枯病、白粉病、灰霉病、炭疽病、茎枯病、枯萎病、稻瘟病、大小麦锈病，亦霉病等作物病虫害也有明显效果。对苹果斑点落叶病、梨黑斑病、草莓灰霉病、烟草赤星病的防效尤其显著，是这些病害防治的首选杀菌剂。

多氧霉素虽然已经应用数十年，但迄今未发现病原菌产生大规模的抗性。它对作物也非常安全，即使过量用药也不易产生药害。多氧霉素的另一个特点是成本低廉，且能刺激作物生长，具有药肥双效的功能。由于产品本身是微生物发酵的直接产物，含有多种氨基酸及微量元素，所以具有培根壮苗、刺激作物生长的独特功效，能有效提高产品品质，还能提高作物产量，增产幅度达 10%～20%，多氧霉素是一种药肥双效的优良产品。

6.4.3.2 杀虫素

目前最受瞩目的杀虫素当属阿维菌素（Avermectin），它是一种十六元环大环内酯类物质，可以抑制无脊椎动物神经传导物质而使昆虫麻痹致死，具有杀虫谱广、内吸性强、活性高、作用速度快的特点，最早由美国默克公司（Merck）开发成功，是占据市场份额较大的生物农药之一。多杀菌素是放线菌代谢产物，毒性极低，可有效防治小菜蛾、甜菜夜蛾、蓟马等害虫，喷药后当天即可见效，杀虫速度可与化学农药相媲美，中国及美国制定的安全间隔期都是 1 天，最适合绿色食品生产应用。我国研究的杀蚜素和韶关毒素，用于防治锈壁虱、棉蚜、叶螨，此外还有浏阳霉素、日光霉素、南昌霉素等用于防治果树、温室害螨，均取得了良好效果。

6.4.3.3 杀草素

抗生素对不同植物还表现出一定的选择性，经筛选后作为选择性除草剂也很有现实意义。日本明治制果开发的双丙氨磷，用于防除一年生和多年生禾本科杂草和阔叶杂草，已商品化；日本三共株式会社研制的 Conmexistin 对单子叶、双子叶杂草均有效。近年开发的 Antibiotis-SF2494、Antibiotis-6241B 也具有良好除草活性。此外，硫代乳酸霉素、浅蓝菌素、丁香霉索、Aheichin、Tentoxin 等也具有较好的除草活性。

6.4.4 植物源农药

植物源生物农药是由植物体内提取的某种化合物或混合物来制成的。据 Ahmed 1985 年资料，全世界已报道过 1 600 多种具有控制有害生物的高等植物，其中具有杀虫活性的 1 005 种，杀螨活性的 39 种，杀线虫活性的 108 种，杀鼠活性的 109 种，杀软体动物活性的 8 种，对昆虫具有拒食活性的 384 种，忌避活性的 279 种，引诱活性的 28 种，引起昆虫不育的 4 种，调节昆虫生长发育的 31 种，抗真菌的 94 种，抗细菌的 11 种，抗病毒的 17 种。植物源农药主要有除虫菊素、烟碱、鱼藤酮、苦皮藤、印楝、川楝、苦参碱、茴蒿素等杀虫剂，赤霉酸、芸苔素、脱落酸、乙烯衍生物、激动素等植物生长调节剂。

6.4.4.1 烟碱

烟碱是烟草中的主要成分，在黄花烟草中含量尤其高。它是一种非内吸性杀虫剂，通过与昆虫神经细胞上的乙酰胆碱烟碱型受体结合，使神经体持续激活。烟碱处于气态最有效，也有一定触杀和胃毒作用，所以长期以来作为烟熏剂防治吸食性昆虫。它也可用于有机磷和拟除虫菊酯抗性粉虱的防治，一般作叶喷，药液要覆盖叶的背面，并根据需要重复喷洒。烟碱制剂有可分散粉剂、溶液和烟熏剂等剂型。

6.4.4.2 吡虫啉

吡虫啉属于高效低毒烟碱类植物源杀虫剂，其化学式为：

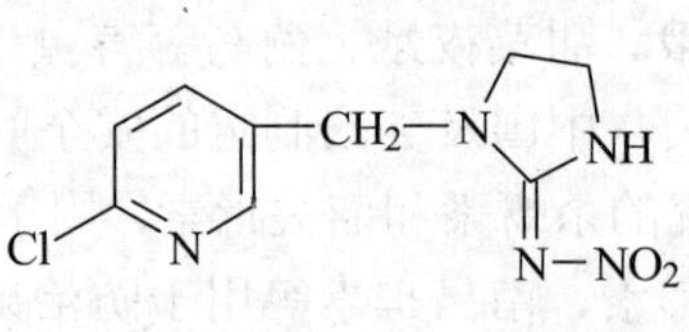

Cl、N（吡啶环）—CH_2—N（咪唑烷环，NH）=N—NO_2

吡虫啉的化学名称为 1-（6-氯-3-吡啶基甲基）-*N*-硝基亚咪唑烷-2-基胺，其作用机理为当吡虫啉被刺吸式口器害虫吸食后，作用于乙酰胆碱受体，干扰昆虫神经系统的刺激传导，引起神经通道的阻塞。这种阻塞造成重要的神经传导物质乙酰胆碱的积累，从而导致昆虫麻痹，震颤，并最终死亡。吡虫啉主要用于防治果树上的梨木虱、黄粉虱、黄蚜、桃蚜、潜叶蛾；各种作物上的蚜虫；蔬菜上的蓟马、美洲斑潜蝇、白粉虱；棉花上的苗蚜、伏蚜；水稻上的稻飞虱等。10%吡虫啉粉剂每亩只需5～20 g，持效期长达25天以上，亩成本仅需1元左右，具有广谱、高效、低毒、价廉、低残留，害虫不易产生抗性，对人、畜、植物和天敌安全等特点。

6.4.4.3 印楝素

印楝是一种原产于印度的亚热带经济树种，是目前世界上公认的理想的杀虫植物。印楝素（Azadirachtin，AZ）是从印楝树种里提取的一种生物杀虫剂，是一类高度氧化的柠檬素，它带有许多相似的官能团。从印楝种子中曾分离出AZ-A至AZ-G等7种活性化合物，其中AZ-A是最主要杀虫成分。印楝素对害虫的毒力活性主要体现为使害虫拒食和干扰害虫的内分泌，破坏表皮结构或阻止表皮几丁质的形成，使幼虫不能正常脱皮和化蛹，而导致害虫死亡；还具有干扰呼吸代谢，影响生殖系统发育等多种作用。对环境、人畜、害虫天敌比较安全，对害虫不易产生抗药性，在环境中很容易降解，印楝制剂施于土壤，可被棉花、水稻、玉米、小麦、蚕豆等作物根系吸收，输送到茎叶，从而使整株植物具有抗虫性。目前，已知印楝素制剂对400余种昆虫表现不同的生物活性。可有效地防治舞毒蛾、日本金龟甲、烟芽夜峨、谷实夜蛾、斜纹夜蛾、菜蛾、潜叶蝇、草地夜蛾、沙漠蝗、非洲飞蝗、玉米螟、稻褐飞虱等多种害虫，是世界公认的广谱、高效、低毒、易降解、无残留的杀虫剂。目前全世界已有近20个国家对印楝树进行研究、开发和利用。我国云南、广东和海南省均适宜种植，而云南已成为目前世界人工种植印楝纯林面积最大的地区之一，是我国印楝生物农药原料的主要中心产区。1985年以印楝素为主要成分的第一个商品药剂Margosan-O在美国获准登记，现已有许多印楝制剂投入商业化生产，由中科院上海昆虫研究所、昆明植物研究所、云南大学及云南中科生物产业有限公司等单位联合开发的印楝素生物农药，现已进入产业化生产，并已生产出0.3%印楝素乳油、70%印楝油制剂、10%印楝素原药及各类昆虫信息素诱芯等产品，现已在云南省无公害农作物基地开始大规模应用。印楝素商品绝大多数是杀虫剂。美国还开发出以印楝素为主要成分的杀菌剂。

6.4.4.4 鱼藤酮

鱼藤酮是从鱼藤属、灰叶属、鸡血藤属、梭果属等植物中提取出来的一种有杀虫活性的物质，具有触杀、胃毒、生长发育抑制和拒食作用。目前已知鱼藤酮对15个目137个科的800多种害虫具有较高的生物活性，对人畜安全，易光解变成无毒或低毒的化合物，在环境中残留时间短，对环境无污染。其药源植物分布广泛，生长迅速，鱼藤酮类杀虫剂的大量使用，会带来巨大的经济及生态效益。

目前室内已可以通过组织培养途径获得鱼藤酮及其类似物，而对其立体构型的研究有望进一步提高其杀虫效果。

6.4.5 生物化学农药

生物化学农药是生物农药的一类，对防治对象没有直接毒性，而只有调节生长、干扰交配或引诱等特殊作用，必须是天然化合物，如果是人工合成的，其结构必须与天然化合物相同，但允许异构体比例的差异。包括信息素、激素、酶、天然植物生长调节剂和昆虫生长调节剂。

生物化学农药以植物生长剂和昆虫生长调节剂产品为主，国内相继研究开发了一些产品。其中以赤霉素生产历史久、产量大、厂家多，最近几年赤霉素的生产呈下降趋势。云苔素内酯也是一种发展前景看好的品种。20 世纪 80 年代，发现来源于真菌及植物细胞壁的甲壳素等物质能开启植物中多种信号传导途径，作为一类全新的生物激发子（含寡糖、糖蛋白、多肽和脂肪酸等类物质）生物化学农药的研发、生产及应用已引起国外科技界及国际跨国大公司的高度关注。

6.4.5.1 昆虫内源激素

昆虫内源激素是昆虫的内分泌器官或某些组织所分泌的具有特殊作用的生理活性物质或特殊化学物质，只在昆虫体液中流动，不排至体外，主要包括保幼激素和蜕皮激素两类，它们具有调节昆虫生长发育的功能。

保幼激素是由昆虫咽侧体分泌，抑制昆虫器官正常生长发育使其保持幼虫形态特征的激素。昆虫在幼体发育过程中产生 4 种化学结构上彼此很相似的保幼激素，它们使昆虫保持处于蛹期或幼虫期。这些保幼激素以及几百种人工合成的活性类似物（拟保幼激素），以任何施药方式都能几乎同样地影响昆虫发育。按照它们的作用方式，这些保幼激素和拟保幼激素也被称作昆虫生长调节剂。化学家已合成了上千种具有保幼激素活性的物质，作为农药注册登记并实际投入大面积使用的有烯虫酯、蒙-512、双氧威等。

蜕皮激素是由昆虫胸腺分泌产生的激素，可控制昆虫的蜕皮过程。当保幼激素存在时，主要起蜕皮作用；当保幼激素不存在时，蜕皮激素可促使幼虫脑神经以及中肠等内部器官的分化，发生变态。蜕皮激素的主要成分都属类固醇化合物，现已能人工合成。此种激素可使昆虫发生反常的蜕皮，并引起死亡，故可用来防治害虫。1954 年从家蚕肾中分离出第一个蜕皮激素，至今已从昆虫中分离鉴定了 10 余种蜕皮激素，如 Rohm & Hass 公司开发成功的抑食肼（RH-5849）。

6.4.5.2 昆虫信息素

昆虫信息素是由昆虫的某种组织或器官分泌的，能在体外散布，借空气、水或其他媒介传送的外激素。信息素的种类很多，不同昆虫通过信息素的释放向种内和种间传送各种信息，其中主要的有性信息素、产卵忌避素、报警激素、集合信息素及跟踪信息素。其中用来诱杀和干扰昆虫正常行为的昆虫性信息素成为害虫管理中一个重要的手段，如巴基斯坦通过使用棉铃虫性信息素防治棉铃虫（Penctinophora Gossypiella）达到100%干扰交配，节省农药50%的效果，中国科学院动物研究所应用棉铃虫性引诱剂大面积防治棉铃虫，可使雌蛾交配率下降40%～70%，效果十分显著，1992—1999 年的应用面积达 400 多万 hm^2，目前已有 20 余种实现了商品化。

6.4.5.3 昆虫忌避剂

据 Norris（1990）报道，昆虫和其他节肢动物产生的昆虫忌避剂有 296 种，但昆虫忌避剂目前仅限于卫生害虫的防治，如避蚊胺、避蚊醇，在农业方面迄今未有成功的报道。

6.4.5.4 节肢动物毒素

这一类型毒素是节肢动物（包括昆虫）产生的用于保卫自身、抵御敌人、攻击猎物的天然产物，如沙蚕毒素、斑蝥素、蜂毒肽蜂毒明肽、蝎毒等。在这一方面最著名的例子是从异足索蚕中分离的沙蚕毒素，由于沙蚕毒素难以用沙蚕活体培养，但通过对其结构分析表明，沙蚕毒素的化学结构简单，可以人工合成。而经仿生改造后，活性大为提高，开发出如杀螟丹、杀虫双、杀虫单、巴丹等一系列沙蚕毒素类商品化杀虫剂，现已成为防治水稻螟虫、潜叶蝇等的重要药剂，其安全性优于杀蚕毒素。

6.4.6 转基因生物农药

转基因生物农药包括抗虫转基因生物农药、抗病转基因生物农药和抗除草剂生物农药。

植物转基因技术是指把从动物、植物或微生物中分离到的目的基因，通过各种方法转移到植物的基因组中，使之稳定遗传并赋予植物新的农艺性状，如抗虫、抗病、抗逆、高产、优质等。随着现代生物技术的迅速发展，植物转基因技术方兴未艾。自从 1983 年首次获得转基因植物后，至今已有 35 科 120 多种植物转基因获得成功。1986 年首批转基因植物被批准进入田间试验，至今国际上已有 30

个国家批准数千例转基因植物进入田间试验，涉及的植物种类有 40 多种。转基因作物由于具有节省杀虫剂和杀菌剂的作用，将成为有害生物综合防治中的一个重要手段。

1983 年，首批转基因植物烟草和马铃薯问世，1986 年转基因抗虫和抗除草剂棉在美获准进入市场销售。据不完全统计，目前国外批准商业化应用的各种转基因植物产品已近 90 种，如抗虫玉米、抗虫棉花、抗虫马铃薯、抗病毒西葫芦、抗病毒番木瓜，以及抗除草剂的玉米、大豆、棉花、芝麻等。转基因植物的种植面积逐年增加，1996 年为 200 hm^2，1997 年为 1 280 万 hm^2，1998 年上升到 22 600 万 hm^2。美国 1999 年转基因作物的种植面积占全球转基因作物总面积的 72%。1998 年转基因农作物在全世界的销售额为 12 亿～15 亿美元，2000 年达到 30 亿美元，预计 2005 年可达 80 亿美元，2010 年将达到 250 亿美元。

中国转基因植物的研究也获得了巨大发展，根据 1996 年统计，研究和开发的转基因植物达 47 种，涉及各类基因 103 种，其中与病虫草害防治相关的基因约 62 种，自行研究培育出了抗棉铃虫的棉花，抗病毒病的番茄和甜椒以及抗白叶枯病、抗衰老的水稻等，国内已有 12 个转基因抗虫棉品种通过审定。如我国河北省转 Bt 基因抗虫棉花在 1988 年种植 8 万 hm^2，占棉花播种总面积的 1/3，1999 年达 20 万 hm^2，占总播种面积的 90%，对控制棉铃虫猖獗危害起到了显著的作用。现在我国已成为世界第四大转基因植物种植国家。

转基因植物及其食品正成为世界上许多国家环境和健康的中心议题，目前，由于科技发展水平的限制，人类对基因的活动方式了解还不够透彻，转基因植物及其食品对人类健康和对环境的潜在危害性目前还不十分清楚，我们没有十足的把握控制基因重组后的结果。因此，有许多人担心，人为的用基因技术改变生物，会打破生态平衡。2002 年进行的一项调查表明，有 60%的英国人反对目前的转基因食品。欧盟规定转基因食品上市必须贴签，日本也计划对转基因食品进行登记，我国 2002 年颁布了《农业转基因生物安全管理条例》，规定转基因食品在销售时必须注明身份。转基因技术在农业上的应用固然是科学的进步，但只有通过科学、客观的确定转基因作物安全性时，才能被广大消费者接受，才能有益于人类健康和社会进步。

6.4.7 天敌生物农药

天敌生物农药是指除微生物农药以外的防治有害生物的活体生物，如赤眼蜂等。

在自然界，生物与生物之间存在着食物链，害虫和天敌在长期的进化过程中，形成了相互依存、相互制约的生态平衡关系，利用人工繁殖寄生性、捕食性天敌昆虫取代化学农药防治害虫，是最简便有效又最环保的办法。对天敌昆虫人工规模化饲养技术和商品化生产工艺等的研究已成为各国实现绿色农业的主要途径之一。目前在国外有些公司已经形成了一定规模化的产品，如英国已有多种赤眼蜂作为农药品种登记注册。

我国天敌资源丰富，自1950年代，我国就开始了利用害虫天敌防治害虫的研究，引进了多种天敌来防治农林害虫，如防治吹绵蚧的澳洲瓢虫和孟氏隐唇瓢虫、防治温室粉虱的丽蚜小蜂、防治李始叶螨的西方盲走螨、防治储粮害虫的黄色花蝽、防治松突园蚧的花角蚜小蜂等。目前世界上正在开展天敌昆虫人工饲养大量繁殖技术工厂化生产工艺和抗药性天敌昆虫培育的研究。世界上规模较大的天敌公司已发展到80多家，北美已经商品化生产的天敌昆虫有130余种，主要类别包括赤眼蜂、丽蚜小蜂、草蛉、瓢虫、螳螂、花蝽、捕食性螨等。英国的BCP天敌公司年创汇100万英镑，荷兰Koppert公司生产的天敌昆虫商品已占据欧洲大部分市场，广泛应用于果园、温室及园艺作物。在美国，10%的温室、8%苗圃和19%的果园及时散放了天敌昆虫。

我国自20世纪70—80年代始，开展了人工卵繁殖赤眼蜂和平腹小蜂的研究，并已成功地研制出人工卵机械化生产的赤眼蜂和平腹小蜂，大面积应用于防治多种害虫。每年生产的赤眼蜂防治玉米螟、甘蔗螟的应用面积在50万～60万hm^2。生产的平腹小蜂防治荔枝蝽的面积约8万hm^2。

2002年，河北省农科院旱作农业研究所承担的课题“蔬菜主要害虫天敌工厂化生产技术及应用”获得成功，这项技术实现了甘蓝夜蛾赤眼蜂、丽蚜小蜂和食蚜瘿蚊等3种天敌的工厂化生产，年生产能力达到15亿头，形成了适合自身生产条件的质量控制技术以及生产中所需中间寄主的繁殖保存技术，研究提出了3种天敌释放应用技术体系。此项技术标志着我国在生物防治技术方面已处于世界先进水平。

6.4.8 生物农药——未来农药的理想选择

与化学农药相比，生物农药由于具有对人畜相对安全、对环境污染小、病虫害不易产生抗性等优点，符合农业可持续发展的要求，正因此，发展生物农药在世界上已成为一种趋势和方向。尽管在可预见的将来，化学农药仍起主导作用，但生物农药的发展将越来越得到重视。

从农药当前的发展趋势来看，发展单纯的生物农药并不是最理想的选择。从某种意义上讲，化学农药的发展水平要明显高于生物农药。为提高农药的杀虫效率，兼防各种害虫，降低农药成本，减少化学农药的使用剂量，同时克服害虫对化学农药的抗药性，目前最有效的办法就是采用化学农药与生物农药混配使用。

生物农药与化学农药的混配技术的研究将是生物农药研究的一个重要方面。

从长远来看，生物农药的优越性将决定它有广阔的发展前景，这是因为：①生物农药的有效成分为活体微生物，使用后不会破坏生态平衡，也就是说它对环境是相容的，这符合绿色农药的要求，符合越来越严格的环保要求。②随着人们生活水平的不断提高，追求产品品质成为生活的方向，化学农药的残留毒性影响人们的健康，而生物农药对人基本无害、无毒或低毒。

6.5 绿色反应试剂——碳酸二甲酯

碳酸二甲酯（Dimethyl Carbonate，简称 DMC）是近年来受到国内外广泛关注的一种用途广泛的基本有机合成原料，被誉为有机合成的“新基块”。由于其分子中含有甲氧基、羰基和羰甲基，具有很好的反应活性。1992 年它在欧洲通过了非毒性化学品的注册登记，被称为“绿色化学品”。碳酸二甲酯有望在诸多领域全面替代光气、硫酸二甲酯（DMS）、氯甲烷及氯甲酸甲酯等剧毒或致癌物，进行羰基化、甲基化、甲酯化及酯交换等反应，生成多种重要化工产品。随着化工生产向无毒化和精细化发展，为碳酸二甲酯及其衍生物开发了许多新用途，并形成了一碳化学的重要分支，预计将形成一个以碳酸二甲酯为核心包含其众多衍生物的新型化学群体。

6.5.1 碳酸二甲酯的性质

碳酸二甲酯是一种常温下无色、无毒、略带香味、透明的可燃液体。其分子式为 $C_3H_6O_3$，结构式为 $CH_3OCOOCH_3$，分子量为 90.08，相对密度为 1.073，闪点为 21.7℃（开口杯）和 16.7℃（闭口杯），黏度为 0.664 mPa·S（20℃），常压沸点为 90.2℃。碳酸二甲酯微溶于水，但能与水形成共沸物，可与醇、醚、酮等几乎所有的有机溶剂混溶；对金属无腐蚀性，可用铁桶盛装贮存；微毒（LD_{50}＝12 900 mg/kg，而甲醇的 LD_{50}＝3 000 mg/kg）。由于碳酸二甲酯的化学性质非常活泼，可与醇、酚、胺、肼、酯等发生化学反应，故可衍生出一系列重要化工产品；其化学反应的副产物主要为甲醇和 CO_2。与光气、DMS 等的反应副产物盐酸、硫酸盐或氯化物相比，碳酸二甲酯的副产物危害相对较小。

碳酸二甲酯属于无毒或微毒化工产品。以碳酸二甲酯为原料，还可以开发、制备多种高附加值的精细专用化学品，在医药、农药、合成材料、染料、润滑油添加剂、食品增香剂、电子化学品等领域广泛应用。另外，其非反应性用途如溶剂、溶媒和汽油添加剂等也正在或即将实用化。碳酸二甲酯的发展将对煤化工、甲醇化工、一碳化工起到巨大的推动作用。

6.5.2 碳酸二甲酯的合成方法

碳酸二甲酯合成方法可分为三种：光气法、甲醇氧化羰基化法、酯交换法，后两种方法将成为未来碳酸二甲酯的主要生产方法。

6.5.2.1 光气法

（1）光气甲醇法

1918 年，Hood Murdock 成功地用光气与甲醇制得碳酸二甲酯，这是最早的碳酸二甲酯合成方法，反应分两步进行，氯甲酸甲酯为中间产物。反应式如下：

$COCl_2+CH_3OH \rightarrow ClCOOCH_3+HCl$

$ClCOOCH_3+CH_3OH \rightarrow (CH_3O)_2CO+HCl$

此法使用剧毒原料光气，工艺复杂、生产周期长，消耗大量烧碱且产生无用的氯化钠及腐蚀严重的盐酸气，污染环境、腐蚀设备和管道，产品含氯量高，属于淘汰型工艺。一般只有生产光气的企业就近生产碳酸二甲酯采用该工艺，且须采取周密安全的措施。

（2）光气醇钠法

该方法使用光气和甲醇钠直接反应合成碳酸二甲酯，是光气甲醇法的改进。反应式如下：

$COCl_2+2CH_3ONa \rightarrow (CH_3O)_2CO+2NaCl$

此法虽然避免了产生既具有腐蚀性又不易回收的 HCl，但仍以剧毒的光气为原料，不宜推广应用。

6.5.2.2 甲醇氧化羰基化法

该法以 CH_3OH、CO 和 O_2 为原料，原料价廉易得，投资少，成本低且理论上甲醇全部可转化为碳酸二甲酯，无其他有机物生成，受到工业界极大重视，被认为是碳酸二甲酯最有前途的生产方法，也是各个国家重点研究、开发的技术路线。

（1）ENI 液相氧化羰基化法

该法是意大利的 Ugo Romano 等于 1979 年研究成功的，由 CO、O_2、甲醇液相氧化羰基化生产碳酸二甲酯。意大利埃尼（Enichem-cynthesis）公司于 1983 年将该技术工业化，装置初始规模为 0.55 万 t/a，1988 年扩大至 0.88 万 t/a，1993 年进一步扩大到 1.2 万 t/a，成为世界上最大的甲醇液相氧化羰基化法生产碳酸二甲酯厂家。日本 Dacail 公司 1988 年在姬路市也投资 25 亿日元，采用此技术建成了 0.6 万 t/a 的工业化装置。

该法的反应式如下：

$2CH_3OH + 1/2O_2 + 2CuCl \rightarrow 2Cu(OCH_3)Cl + H_2O$

$CO + 2Cu(OCH_3)Cl \rightarrow (CH_3O)_2CO + 2CuCl$

该法以氯化亚铜为催化剂，反应在两台串联的带搅拌的反应器中分两步进行。甲醇既为反应物又为溶剂。反应温度 120～130℃，压力 2.0～3.0 MPa。典型工艺流程包括氧化羰基化工段及碳酸二甲酯分离回收工段。采用氯苯作萃取剂，分离碳酸二甲酯与甲醇的混合物。

ENI 液相法单程收率 32%，选择性按甲醇计近 100%。不足之处一是选择性按 CO 计不稳定（最高时 92.3%，最低时仅 60%），主要原因是带搅拌的釜式反应器造成 CO 对碳酸二甲酯选择性为时间的减函数；二是腐蚀性大，催化剂寿命短。

除 ENI 公司外，世界上其他几大化学公司如 ICI、Texaco、Dow 化学公司等也竞相开发此技术。

在国内，西南化工研究院 1983—1985 年进行了液相法甲醇氧化羰基化技术的研究开发，并取得阶段性成果；1994 年后开始工业放大工作，目前正在进行中试，已与山西原平化肥厂达成协议，中试成功后计划在原平建一套 0.6 万 t/a 的生产装置。

华中科技大学与湖北齐跃化工公司联合开发的碳酸二甲酯合成新工艺，于 1998 年完成了投资 350 万元的百吨级中试。2001 年由华中科技大学、湖北兴发集团化工股份有限公司和湖北齐跃化工股份有限公司三方联合承担的采用“气液固内循环连续管式反应器”合成工艺的 0.4 万 t/a 碳酸二甲酯生产装置在湖北宜昌试车成功。

（2）Dow 气相氧化羰基化法

美国 Dow 化学公司 1986 年开发了甲醇气相氧化羰基化法技术。该技术采用浸渍过氯化甲氧基酮/吡啶络合物的活性炭作催化剂，并加入氯化钾等助催化剂；含甲醇、CO 和 O_2 的气态物流在通过装填该催化剂的固定床反应器时合成碳酸二甲酯。反应条件 100～150℃，压力 2 MPa。气相法避免了催化剂对设备的腐蚀且具有催化剂易再生等特点；另外，由于采用固定床反应器，在大型装置上采用该技术有明显优势。

（3）UBE 低压气相法

日本宇部兴产株式会社（UBE）在开发羰基合成草酸及草酸二甲酯基础上，通过改进催化剂开发成功此碳酸二甲酯合成技术。反应式如下：

$2CH_3OH + 1/2O_2 + 2NO \rightarrow 2CH_3ONO + H_2O$

$CO + 2CH_3ONO \rightarrow (CH_3O)_2CO + 2NO$

该法以钯为催化剂，以亚硝酸甲酯为反应中间体，反应分两步进行。反应温度 110～130℃，压力 0.2～0.5 MPa。工艺流程分为合成、分离精制、亚硝酸甲酯制备等工序。采用自己研究开发的一种分离体系，产品纯度可达 99%以上。选择性按 CO 计为 96%，另有 3%为草酸二甲酯，其余为甲酸甲酯。1992 年建成 3 000 t/a 的工业化装置，并曾拟建 3 万～5 万 t/a 大型装置。

该工艺具有如下优点：①与液相法比，采用固定床反应器，不需分离生成物和催化剂的装置，设备投资降低；②使用亚硝酸甲酯合成碳酸二甲酯，反应在无水条件下进行，催化剂寿命增加；③合成所需加入的氧气在亚硝酸甲酯再生器中反应，碳酸二甲酯合成器中不加入氧，所以 CO_2 等副产物少，另外非氧气气氛使得爆炸危险性较小。该工艺的缺点是生成亚硝酸甲酯的反应是快速强放热反应，反应物的三个组分易发生爆炸，且引入了有毒的 NO。但总体说来，该技术有望成为合成碳酸二甲酯的主要工业生产方法。

（4）我国气相法的研究与开发

天津大学一碳化工国家重点实验室在进行 CO 气相合成草酸酯工程开发的同时，一直进行 CO 气相合成碳酸二甲酯研究，并在负载型催化剂及钯系催化剂方面做了较多工作。

浙江大学和中科院福州物质结构所进行了用亚硝酸甲酯作循环剂，Pd/O 作催化剂（添加助催化剂），由甲醇、CO、O_2 在常压和 70～120℃条件下合成碳酸二甲酯的开发研究。

华东理工大学与齐鲁石化公司研究院合作，开展了气相合成碳酸二甲酯的研究。

6.5.2.3 酯交换法

（1）硫酸二甲酯（DMS）与碳酸钠酯交换法

该法采用 DMS 与碳酸钠反应，置换生成硫酸钠的碳酸二甲酯。反应式如下：

$$(CH_3O)_2SO_2+Na_2CO_3 \rightarrow (CH_3O)_2CO+ Na_2SO_4$$

由于原料 DMS 有剧毒，产品收率低，该法并无工业化意义。

（2）碳酸丙烯酯（碳酸乙烯酯）与甲醇酯交换法

Texaco 公司成功开发出由环氧乙烷、CO_2 和甲醇联产碳酸二甲酯和乙二醇的新工艺。反应分两步进行：CO_2 与环氧乙烷反应生成碳酸乙烯酯，然后碳酸乙烯酯与甲醇经过酯基转移生成碳酸二甲酯和乙二醇。酯交换催化剂为Ⅳ族均相催化剂、负载在树脂上的硅酸盐等，最好为含叔胺及季胺功能团的树脂。该工艺可避免环氧乙烷水解生成乙二醇，可实现甲醇高选择性地联产碳酸二甲酯和乙二醇。该法的经济性对原料环氧乙烷、环氧丙烷和副产品乙二醇、丙二醇的价格比较敏感。另外，还可以利用环氧丙烷与 CO_2 和甲醇联产碳酸二甲酯和丙二醇。

华东理工大学化学工程系对酯交换技术进行了深入研究，开发成功碳酸丙烯酯（PC）和甲醇酯交换合成碳酸二甲酯技术。采用特种分离技术（催化反应精馏和恒沸精馏），同时副产丙二醇，唐山朝阳化工厂、铜陵有色金属有限公司都是用此工艺生产碳酸二甲酯。

浙江大学也对 PC 与甲醇酯交换联产碳酸二甲酯和丙二醇进行了研究开发，获得较佳工艺条件：常压，60～65℃，催化剂为甲醇钠，用量 0.4%～0.45%，已进行 300 t/a 中试装置设计。

酯交换技术进一步开发的关键问题在于：①一般认为酯交换为可逆反应，转化率较低，因此提高转化率非常关键；②分离精制塔的构型和萃取剂的筛选，对提高产品纯度非常重要。

6.5.2.4 其他合成方法

华东理工大学研究了在催化剂作用下，甲醇和 CO_2 直接合成碳酸二甲酯的工艺。反应以镁粉作催化剂，在高压釜中进行，甲醇既做原料又做溶剂，唯一的副产物是甲酸甲酯。通过实验得到了较佳反应条件，该法获得的碳酸二甲酯特别适合用作燃油添加剂，该法原料易得，从经济和环保角度看，开发前景较好。

1990 年代后期研究开发用甲醇和尿素合成，其反应原理如下：

$$(NH_2)_2CO+2CH_3OH \rightarrow (CH_3O)_2CO+2NH_3$$

甲醇和尿素合成碳酸二甲酯反应分两步进行，首先是尿素与甲醇生成氨基甲酸甲酯，然后氨基甲酸甲酯再与甲醇催化反应生成碳酸二甲酯。即

$$(NH_2)_2CO+CH_3OH \rightarrow NH_2COOCH_3+NH_3$$

$$NH_2COOCH_3+CH_3OH \rightarrow (CH_3O)_2CO+NH_3$$

6.5.3 碳酸二甲酯的应用

6.5.3.1 碳酸二甲酯在替代光气等传统领域中的应用

在传统的化学产品生产中，采用光气做原料已有较长的历史。由它们可以生产多种有机化工产品，而且用量相当大。1995 年全世界消耗光气量达 340 万 t，中国消耗光气估计为 4 万 t 以上。

（1）光气的性质和应用

光气，又称碳酰氯，是一种重要的有机中间体，分子式为 $COCl_2$。光气为剧毒气体，在空气中最高允许含量为 0.1×10^{-6}，吸入微量也能使人、畜、禽致死。肺部吸入光气后，当浓度不大时，刺激细胞壁，引起咳嗽、咽喉发炎、黏膜充血、呕吐等；重症时，引起肺部淤血和肺水肿；在极严重时，血管膨胀，心脏功能发生故障，导致急性窒息性死亡。由光气中毒而引起的死亡，其肺部溢出的血液量为肺平时质量的 3～4 倍，因而被称为“在陆地上的溺死”。在第一次世界大战期间，光气曾被用作化学武器。

光气主要用于生产聚氨酯的基本原料异氰酸酯（包括甲苯二异氰酸酯 TDI、二苯基甲烷二异氰酸酯 MDI 及其“聚合”物 PMPPI）和聚碳酸酯。1995 年的统计资料表明，全世界生产的光气 82.6%用于生产异氰酸酯（其中 40%用于 TDI，42.6%用于 MDI 和 PMPPI），约有 10.9%用于工程塑料聚碳酸酯的生产。

光气用于生产矿物浮选剂、染料、医药和农药等，1995 年约有 6.5%的光气用来生产脂肪族异氰酸酯、氯代甲酸酯、酰基氯等其他中间体，如氯甲酸甲酯（$ClCOOCH_3$）、氯甲酸乙酯（$ClCOOC_2H_5$）、氯甲酸苄酯（$ClCOOCH_2Ph$）、碳酸二甲酯（$CH_3OCOOCH_3$）、碳酸乙酯（$C_2H_5OCOOC_2H_5$）、碳酸苯酯（PhOCOOPh）、碳酸丙烯酯（$CH_2{=}CHCH_2OCOO\,CH_2CH{=}CH_2$）。

光气还可用于稀有金属铂、铀、银的回收处理，用于氯化铝、氯化铍及三氯化硼的制造。

（2）碳酸二甲酯替代光气合成异氰酸酯

异氰酸酯是聚氨酯（Polyurethane，简称 PU）的原料。聚氨酯作为新型合成材料，自 1937 年由 Bayer 开发出来以后已成为世界六大具有发展前途的合成材料之一。1994 年世界 PU 消费量为 570 万 t，1995 年为 600 万 t，2000 年达到 870 万 t。工业用途最大的异氰酸酯为 TDI（甲苯二异氰酸酯）和 MDI（4,4′-二苯甲烷二异氰酸酯）。

①碳酸二甲酯代替光气合成 TDI

目前世界各国工业生产 TDI 主要是采用光气法，但该法生产工艺过程较复杂、能耗高、有毒气（光气）泄漏的危险，副产氯化氢腐蚀设备且污染环境，设备投资及生产成本高，而且产品中残余氯难以去除，影响产品的应用。因此，开发合成 TDI 的绿色化工过程具有重要意义。

采用碳酸二甲酯代替光气合成 TDI 工艺路线的反应原理为：

$$CH_3,\ NH_2,\ NH_2 + 2(CH_3O)_2CO \longrightarrow CH_3,\ NHCOOCH_3,\ NHCOOCH_3\ \text{(TDC)} + 2CH_3OH$$

$$CH_3,\ NHCOOCH_3,\ NHCOOCH_3 \longrightarrow CH_3,\ NCO,\ NCO\ \text{(TDI)} + 2CH_3OH$$

第一步是甲苯二胺与碳酸二甲酯在催化剂作用下反应合成甲苯二氨基甲酸甲酯（TDC），第二步为 TDC 分解得到 TDI。该反应可在温和反应条件下进行，且为液相反应（无气相反应物），是目前非光气法合成 TDI 研究中的热点。该路线的关键是开发高效催化剂促进甲苯二氨基甲酸甲酯合成反应。若将副产物甲醇氧化羰化又可生成碳酸二甲酯。因此，将两个工艺过程结合，可望成为零排放的绿色化学过程。

②碳酸二甲酯代替光气合成 MDI

以绿色原料——碳酸二甲酯（DMC）代替光气催化合成二苯基甲烷二异氰酸酯（MDI）的工艺路线分为三步，第一步：苯胺与碳酸二甲酯反应合成苯氨基甲酸甲酯（MPC）；第二步：苯氨基甲酸甲酯与甲醛缩合反应生成二苯甲烷二氨基甲酸甲酯（MDC）；第三步：二苯甲烷二氨基甲酸甲酯分解得到 MDI。具体反应式如下所示：

$$C_6H_5-NH_2+(CH_3O)_2CO \longrightarrow C_6H_5-NHCOOCH_3+CH_3OH$$

$$2\ C_6H_5-NHCOOCH_3+HCHO \longrightarrow H_3COOCHN-C_6H_4-CH_2-C_6H_4-NHCOOCH_3+H_2O$$

$$H_3COOHN-C_6H_4-CH_2-C_6H_4-NHCOOCH_3 \longrightarrow OCN-C_6H_4-CH_2-C_6H_4-NCO+2CH_3OH$$

（3）碳酸二甲酯替代光气合成聚碳酸酯

聚碳酸酯（简称 PC）是一种热塑性树脂，具有良好的透明性、抗冲击性、延展性、耐热性和耐寒性等特点，是六大通用工程塑料中唯一具有良好透明性的产品，广泛用于电子、建筑、交通及光学等工业领域。它在工程塑料中的用量仅次于聚酰胺而位居第二。1998 年全世界 PC 产量为 147.5 万 t，2000 年较 1998 年增长 41%～43%。特别是近年来 PC 作为光盘的基材，市场需求量猛增，全世界需求量每年按 6%～9%的速率递增。

目前，工业化的 PC 生产方法基本上是以双酚 A 和光气为原料。由于此种方法属于环境不友好反应，并且产品中含有游离的卤素，不能在光磁盘等光电子材料上应用。因此，人们在不断开发新的合成方法，其中由碳酸二甲酯代替光气的新合成路线，由于不用光气，生产清洁卫生，且质量更高，特别适合用于安全化工材料和光电子材料等领域。

碳酸二甲酯替代光气合成聚碳酸酯的工艺分两步进行：第一步为苯酚与碳酸二甲酯反应合成碳酸二苯酯（DPC），第二步为碳酸二苯酯再与双酚 A 反应得到 PC。反应式如下：

$$2\,C_6H_5OH + (CH_3O)_2CO \xrightarrow{\text{催化剂}} C_6H_5-O-\overset{O}{\overset{\|}{C}}-O-C_6H_5 + 2CH_3OH$$

(DMC) (DPC)

$$(n+1)\,C_6H_5-OCO-C_6H_5 + n\,HO-C_6H_4-C(CH_3)_2-C_6H_4-OH$$

$$\longrightarrow C_6H_5-O-\left[\overset{O}{\overset{\|}{C}}O-C_6H_4-C(CH_3)_2-C_6H_4-O\right]_n-\overset{O}{\overset{\|}{C}}O-C_6H_5 + 2n\,C_6H_5OH$$

这一生产过程中产生的甲醇可回收利用，制造碳酸二甲酯；产生的苯酚也可循环利用，因此可构成原料的封闭循环，没有废物排放到环境。

（4）碳酸二甲酯在甲基化反应中的应用

碳酸二甲酯可以代替硫酸二甲酯或卤化物作为环境友好的甲基化试剂。在有机合成反应中，烷基化是一类很重要的反应。通常采用甲基氯或硫酸二甲酯作为甲基化试剂，这些甲基化试剂对环境而言，存在如下问题：一是甲基氯和硫酸二甲酯是剧毒和强腐蚀性化学物质；二是反应需要大量的碱液，同时也生成大量的化学计量氯化物；三是反应在液相中进行，需要进行繁杂的分离工作。

①C-甲基化反应

在传统的甲基化反应中，以氯甲烷作为甲基化试剂。如对苯乙腈的C-甲基化反应：

$$C_6H_5CH_2CN + CH_3Cl + NaOH \longrightarrow C_6H_5CH(CH_3)CN + NaCl + H_2O$$

(PAN) (MPAN)

用DMC代替氯甲烷合成MPAN的反应式为：

$$C_6H_5CH_2CN + CH_3O-\overset{O}{\overset{\|}{C}}-OCH_3 \longrightarrow C_6H_5CH(CH_3)CN + CH_3OH + CO_2$$

②苯酚的O-甲基化反应

苯甲醚又称茴香醚，是一种重要的工业化学品，可作为染料、农药或塑料稳定剂的原料。以往都是以酚和硫酸二甲酯为原料来生产，但是硫酸二甲酯剧毒，处理困难，副产物多，且产品质量差。采用硫酸二甲酯合成苯甲醇的反应式为：

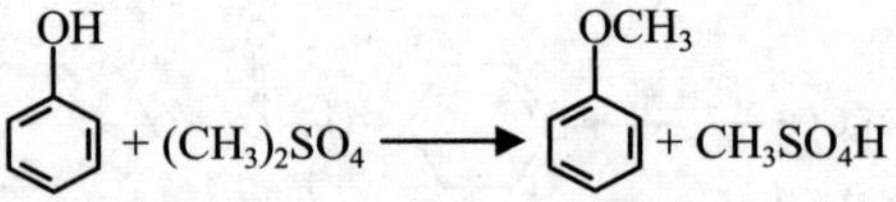

$$C_6H_5OH + (CH_3)_2SO_4 \longrightarrow C_6H_5OCH_3 + CH_3SO_4H$$

使用 DMC 代替硫酸二甲酯，可得到高纯度和高质量的苯甲醚，反应式为：

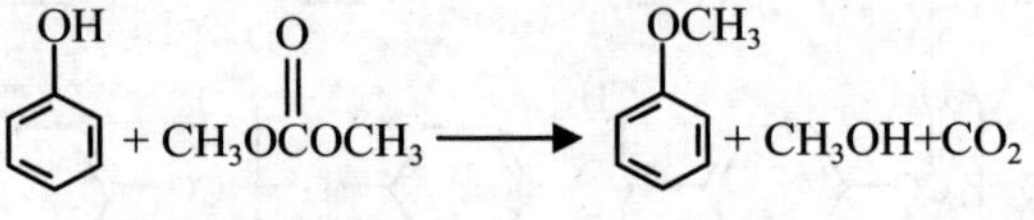

$$C_6H_5OH + CH_3OC(=O)OCH_3 \longrightarrow C_6H_5OCH_3 + CH_3OH + CO_2$$

③碳酸二甲酯与硫醇的反应

制备非对称硫醚最常用的方法是硫醇与烷基卤化物的烷基化反应。采用 DMC 代替卤化物的合成工艺是清洁的合成路线。如：

$$n-C_6H_{13}SH \xrightarrow{+DMC} n-C_6H_{13}SCH_3 \quad \text{（产率，86\%）}$$

$$C_6H_5SH \xrightarrow{+DMC} C_6H_5SCH_3 \quad \text{（产率，84\%）}$$

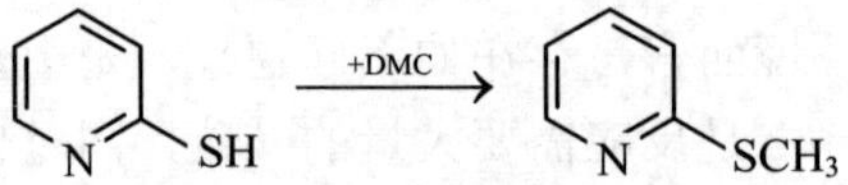

$$\text{2-巯基吡啶(SH)} \xrightarrow{+DMC} \text{2-甲硫基吡啶}(SCH_3) \quad \text{（产率，79\%）}$$

$$HS(CH_2)_nSH \xrightarrow{+DMC} CH_3S(CH_2)_nSCH_3$$

$n=6$（产率，84%）

$n=5$（产率，82%）

$n=3$（产率，90%）

7 绿色合成技术

防止废物和保护环境是人类发展的主题之一。为得到对环境影响最小的友好化学品，合成化学家不断开发各种新的合成技术。要实现一个化学反应，在大多数情况下，需要三个组件：反应试剂（包括催化剂）、溶剂和能量。要“绿色化”一个化学反应，主要就是绿色化反应试剂（包括催化剂）、溶剂和能量这三个组件。为使一个化学反应能够进行，通常输入反应系统的能量包括两类：传统的能量形式，包括热能、电能、光能等；非传统的能量形式，包括微波、超声波、机械能等。改变输入能量的形式，可改善收率和减少反应时间，本章主要介绍改变输入能量的形式产生的新的合成技术，当然每种方法均有其优势和应用范围，也都存在各自的局限性。

7.1 微波化学

微波是指频率为 0.3～300 GHz 的电磁波，即波长在 1 m（不含 1 m）到 1 mm 的电磁波，是分米波、厘米波、毫米波的统称。微波是非电离辐射，是一种能量（不是热量）形式，用于工业加热的微波频率为 915 MHz（波长 32.8 cm）或 2 450 MHz（波长 12.2 cm）。在 1969 年，美国科学家 Vanderhoff 利用家用微波炉加热进行了丙烯酸酯、丙烯酸和α-甲基丙烯酸的乳液聚合，意外地发现与常规加热相比，微波加热会使聚合速度明显加快，这是微波用于有机合成化学的最早记载。1986 年化学家 Gedye 和 Giguene 分别报道了微波辐射对许多有机化学反应有明显的加速效应，显示了微波技术应用于有机合成具有广阔的前景。1992 年 9 月，在荷兰召开了第一次世界微波化学会议，正式采用“微波化学”这个术语。微波技术作为一种将电磁能转化为热能的特殊导热方式，可以加快有机反应速度，大大缩短反应时间，具有节能、高效、安全、环保的优势。

7.1.1 微波作用机理

微波属高频波段的电磁波，具有电磁波所有的波动特性，如反射、透射、干涉和衍射。当微波遇到不同介质材料时，依材料性质不同，会产生反射、吸收和穿透现象。对于导电的金属材料，电磁波不能透入内部而是被反射，所以当微波照射到金属表面时，会被全部反射，不能被吸收。由非极性分子组成的介质材料，如塑料制品、玻璃、陶瓷等绝缘体，很少吸收甚至不吸收微波，但却能透过微波。由极性分子组成的介质材料，如大多数有机化合物、极性无机盐及含水物质等，吸收微波的能力比较好，这为微波介入化学反应提供了可能性。

对于微波的作用机理，有两种不同的观点。一种认为微波诱导有机合成反应速率或产率的提高在于微波的致热作用和过热作用，即微波热效应（thermal effects）；另一种观点则认为在微波作用下存在其独特的非致热效应——微波非热效应（nonthermal effects）。微波热效应得到了众多学者的认可，微波加热机理也很清楚，而微波非热效应则一直处于争论之中。

微波热效应观点认为微波加热和传统加热有着本质的区别。许多科学家认为在大多数情况下，微波场内化学反应速率的提高是由单纯的热/动力学效应引起的，即它是微波辐照极性物质后迅速达到很高的反应温度，从而对反应产生促进作用的结果。当极性分子遇到微波辐射后，由于分子内电荷分布不均匀，能迅速吸收微波辐射能量，在极短的时间内从相对静态突然转化为动态，通过分子偶极的每秒数十亿次的高速旋转，产生很强的热效应。为了与传统的加热方式，即所谓的“外加热”相区别，这种加热方式被称为“内加热”。此种加热是由分子自身运动引起的，因此受热体系温度均匀。分子偶极矩越大，加热越快。由于是“内加热”，作为反应主导趋势的主反应官能团能迅速达到活化能量而完成反应，降低了副反应进行的程度，提高了产率。对于非极性分子，由于其在微波场中不能产生高速运动，反应作用很小甚至无作用；对于极性分子在非极性溶剂中或非极性分子在极性介质中，加热速率则大为降低。

微波非热效应是一种无法用温度变化来解释的特殊效应。微波的非热效应支持者认为，微波作用于化学反应，改变了反应的动力学，改变了反应的活化能和指前因子，而且这种改变与温度有关，即微波对化学反应存在选择性加热的影响（物质的分子结构与微波频率的匹配关系）。由于微波的量子能量低，因此一般认为微波不可能引起化学键的变化。微波光量子能量虽然很低，但它作用的对象并不是一个已经完好的化学键，而是在一个旧的化学键断裂、新的化学键生成的过程中起作用。因此，在化学键形成的过程中，有些化学键可以被大大削弱，它们有可能在微波作用下断裂。

微波辐射是一种新的加热手段，与传统加热方式不同。传统加热是通过辐射、对流及传导等由表及里进行加热，为避免温度梯度过大，加热速度不能太快，过程比较缓慢，也不能对处于同一反应装置内的混合组分进行选择性加热。而微波加热是其表面和内部同时进行的一种体系加热，不需要热的传导和对流，不依赖于温度梯度的推动，体系受热均匀，升温迅速。由于物质吸收微波能的能力取决于自身的介电特性，因此可对混合物料中的各个组分进行选择性加热，可提高反应的选择性。另外，微波加热无滞后效应，没有热辐射损耗，当关闭微波源后，则无微波能传向物质。

7.1.2 微波在化学中的应用

微波加热能够显著改变化学反应速率，明显地缩短反应时间，从几天或几小时缩短到几分钟或几秒，同时很多反应使用的有机溶剂可用水来替换，或在无溶剂条件下进行。因而，国内外从有机合成到无机合成，从液相反应到干反应，从室温下合成到高温高压合成，从聚合反应到解聚反应等均有研究报道，微波合成化学设备产业化已初见端倪。

7.1.2.1 微波在有机化学中的应用

微波在化学中的最主要应用是有机化学，在有机合成中的应用发展极为迅速。从 1986 年至今，微波有机合成技术从最初的密闭合成、常压合成、干法合成发展到现在的连续合成。由于微波作用下有机反应的速率可比传统加热方法快几倍至几千倍，且具有操作方便、产率高、产品易纯化等特点，所以微波有机合成发展非常迅速。微波加快有机合成反应的类型众多，基本上在传统加热条件下所能发生的有机反应都可以在微波下合成，且具有操作方便、产率高及产品易纯化等特点。

（1）偶联反应

偶联反应是一类用于碳-碳键形成的重要化学反应。理查德·赫克（Richard Heck）、根岸英一、铃木章（Akira Suzuki）因对有机合成中钯催化偶联反应的研究，获得了 2010 年诺贝尔化学奖。Heck 偶联反应和 Suzuki 偶联反应是应用最为广泛的偶联反应，通常使用可溶性的钯配合物作为催化剂，但存在均相过渡金属催化剂高效分离和后期回收的问题。多相钯催化系统有效地解决了这个问题。Polshettiwar 和 Varma 用溶胶-凝胶（sol-gel）法在微波加热条件下，制备了用于 Heck 偶联反应和 Suzuki 偶联反应的有机硅形式的钯-氮杂环卡宾（TOF）催化剂。制备过程如下：

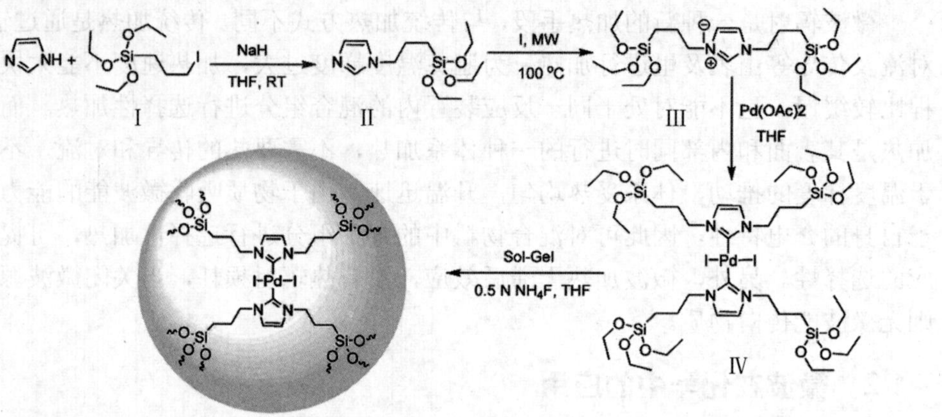

I II III IV

该催化剂用于 Heck 偶联反应和 Suzuki 偶联反应，并在微波作用下，具有高转化量（TON）和高转化频率（TOF），多次循环使用后催化活性没有任何变化。反应过程如下：

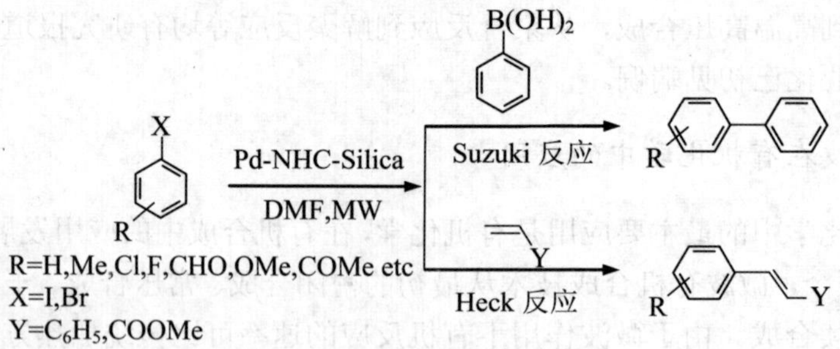

R=H,Me,Cl,F,CHO,OMe,COMe etc
X=I,Br
Y=C_6H_5,COOMe

（2）无溶剂反应

液相有机合成存在溶剂挥发、易燃易爆、污染环境等问题，在纯反应物状态下，进行无溶剂反应，能有效解决这一问题。

在无溶剂条件下，通过微波照射，纯反应物羧酸的酰胺化反应可以进行：

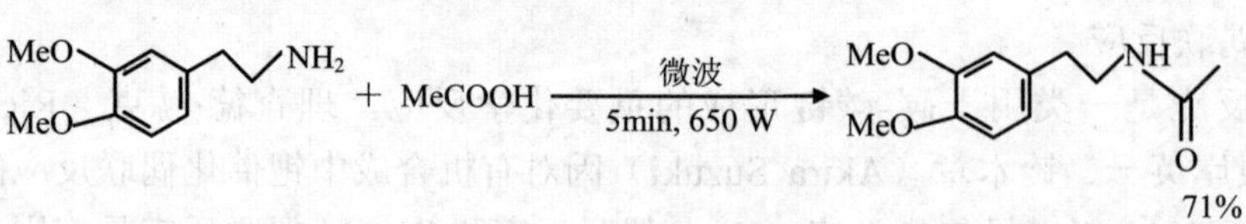

71%

Diels-Alder反应在微波照射下可以进行。如反丁烯二酸二乙酯与蒽的加成反应，在无溶剂条件下，通过微波照射，反应的控制程序为：用15 min（700 W）升到220℃，再用5 min（900 W）升到250℃，在250℃保持 15 min（900 W），收率为92%，具体反应式如下：

$$\text{anthracene} + \text{(E)-}H_5C_2O_2C\text{-CH=CH-}CO_2C_2H_5 \xrightarrow[700\sim900W]{200\sim250^\circ C} \text{adduct}$$

（3）相转移催化反应

固液相无溶剂相转移催化反应是一种特殊的阴离子反应，包括碱催化的异构化反应。如丁子香酚（Eugenol）的异构化反应：

$$\text{Eugenol} \xrightarrow[\text{微波，12 min，198℃}]{\text{碱，催化剂}} \text{isoeugenol (88\%)}$$

在无溶剂但有固液相转移催化剂存在的条件下，酯类可用微波加热法快速有效的皂化，如：

$$PhCO_2Me \xrightarrow[HCl]{KOH,Bu_4NCl,\text{微波},1min} \underset{96\%}{PhCO_2H}$$

利用微波辐射相转移催化方法，有机物的有些烷基化相转移反应甚至可以在干态进行，反应速率可提高约 200 倍，微波辐射下的 O-烷基化反应已有报道，C-烷基化和 N-烷基化反应近来已经实现，如：

$$CH_3COCH_2COOC_2H_5 + RX \xrightarrow[PTC]{KOH-K_2CO_3} \underset{\displaystyle R'}{PCHCOOC_2H_5}$$

在微波的作用下，乙酸乙酰乙酯的 C-烷基化产物很容易得到，整个反应需 3～4.5 min，产率为 59%～87%。

（4）“干媒介”反应（“dry media” reactions）

干媒介反应是有机反应物被吸附在酸性或碱性支撑物上，如氧化铝、二氧化硅、膨润土、蒙脱土 K10 或 KSF、沸石等，进行微波辐射。如：

$$\text{o-}C_6H_4(NH_2)_2 + HC(OEt)_3 \xrightarrow[\text{微波},60W,5min]{\text{蒙脱土KSF}} \underset{74\%}{\text{benzimidazole}}$$

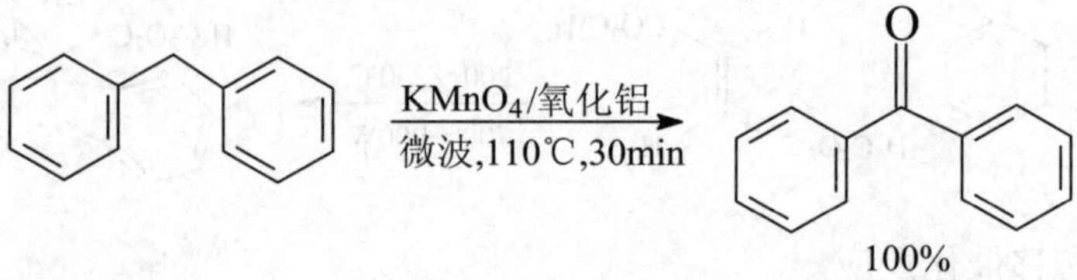

$$\xrightarrow[\text{微波,110℃,30min}]{KMnO_4/\text{氧化铝}}$$

O

100%

（5）高温水相反应

因为水的介电常数较小，在高温下的行为有些像有机溶剂，可以溶解有机化合物，但是在环境温度下只能极少溶解。利用这个特性，采用微波可进行一些高温的合成反应。反应是在间歇微波反应器（MBR）中进行的。反应装置示意见图7-1，反应器容量25～200 mL，操作温度最高可到260℃，压力最高可达10MPa。

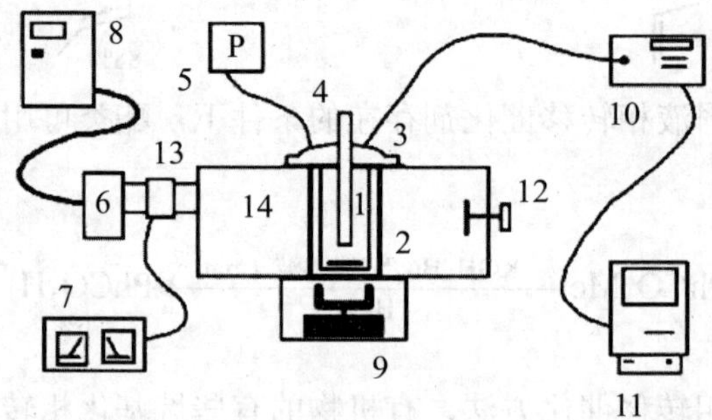

1—反应容器；2—保留缸；3—法兰盘；4—冷却器；5—压力表；6—磁电管；7—微波功率表；8—可变电源；9—搅拌器；10—温度仪；11—计算机；12—负载分配器；13—波导管；14—微波腔

图 7-1　间歇微波反应器（MBR）示意

高温水相反应，如香叶醇在220℃的重排反应：

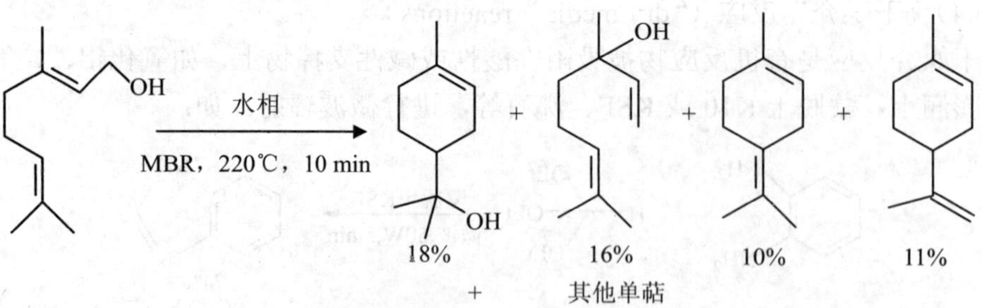

OH

$$\xrightarrow[\text{MBR，220℃，10 min}]{\text{水相}}$$

OH　　　　OH

18%　+　16%　+　10%　+　11%

+　其他单萜

β-紫罗酮的环化、香芹酮的异构化均可在高温水相反应，反应式如下：

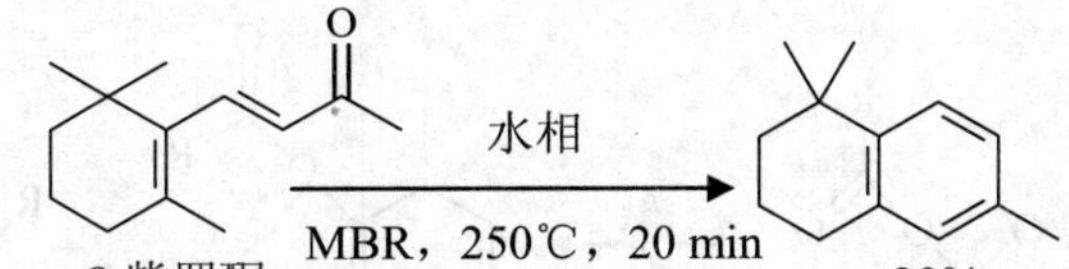

β-紫罗酮 —(水相；MBR，250℃，20 min)→ 30%

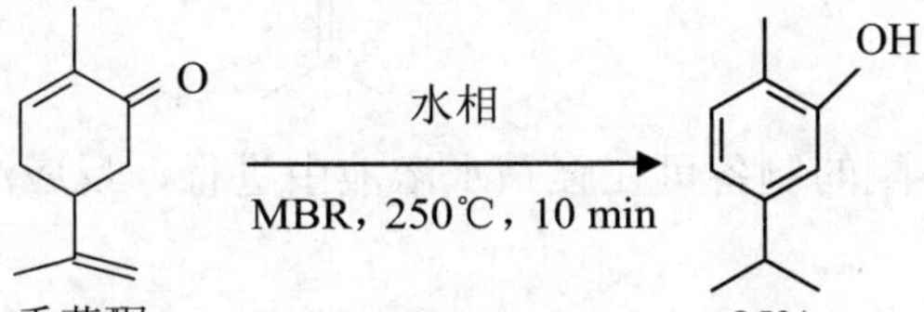

香芹酮 —(水相；MBR，250℃，10 min)→ 95%

2,3-二甲基吲哚的合成和吲哚-2-羧酸的脱羧反应均可在高温水相反应，反应式如下：

—(水相；MBR,220℃,30min)→ 67%

—(水相；MBR,255℃,20min)→ 100%

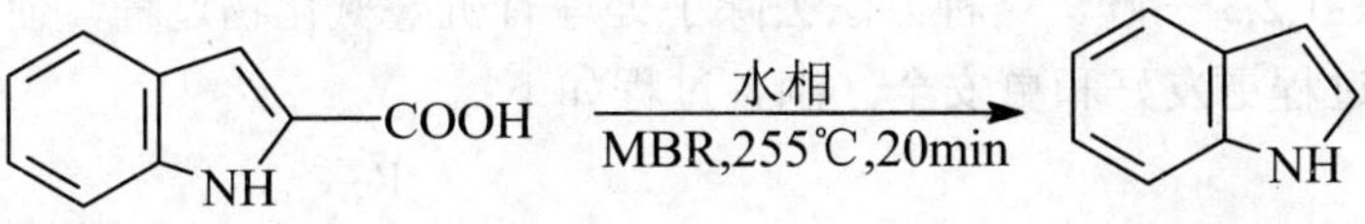

（6）在酸碱水溶液中的反应

用微波炉进行酯化反应，与传统回流方法相比，速率一般可提高 1.3～180 倍，而且反应速率的提高与所用溶剂（一般为醇）的沸点有关。醇的沸点越高，则提高的倍数越小。有如下反应：

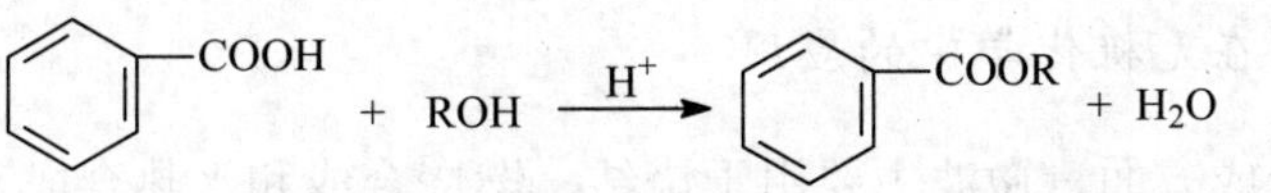

$$C_6H_5COOH + ROH \xrightarrow{H^+} C_6H_5COOR + H_2O$$

微波催化酯化反应的一个重要应用是尼泊金酯类化合物的合成，如下所示：

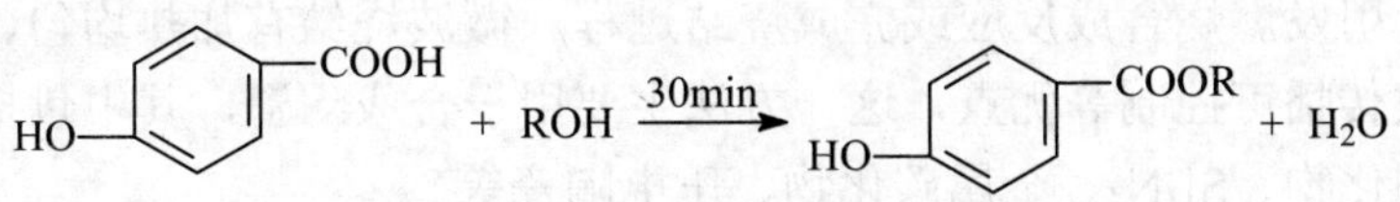

$$HO\text{-}C_6H_4\text{-}COOH + ROH \xrightarrow{30min} HO\text{-}C_6H_4\text{-}COOR + H_2O$$

微波催化在 30 min 完成，而原反应时间为 5 h，速度提高了 10 倍，且为该类防腐剂的生产开辟了节能的途径。

沉香醇（Linalool）与羧酸酐发生的酯化反应，在使用微波能时，收率均 85%。

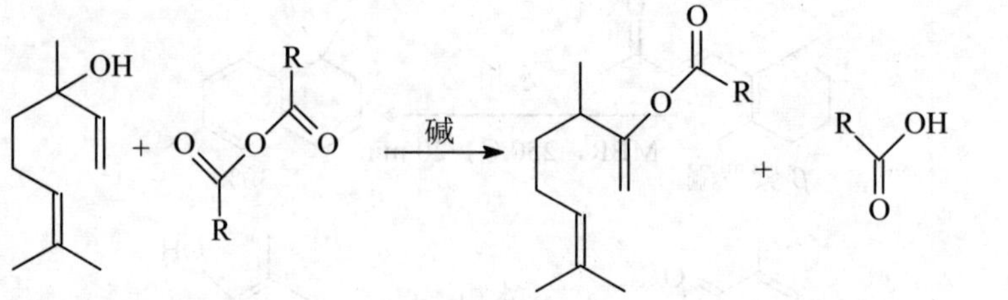

3-甲基环戊烯-2-酮的制备可在强碱水溶液中进行，反应温度 200℃，反应式如下：

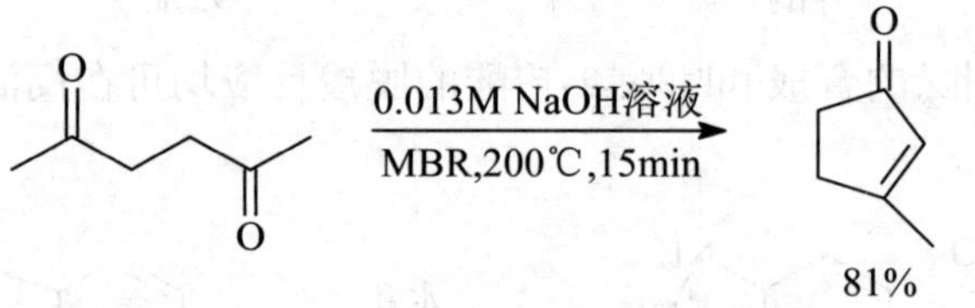

0.013M NaOH溶液

MBR,200℃,15min

81%

（7）微波辅助点击化学

微波辅助三组分反应被用于由相应的卤代烃、叠氮化钠和炔烃制备一系列的1,4-二基取代-1,2,3 三唑。这种方法去除了处理有机叠氮化物过程，使得这种强大的点击化学过程更友好和更安全。制备过程如下：

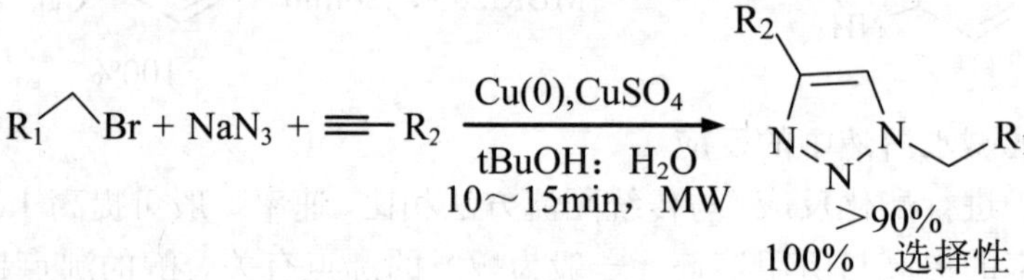

$$R_1CH_2Br + NaN_3 + HC\equiv C-R_2 \xrightarrow[\text{tBuOH：}H_2O\ \ 10\sim15\text{min，MW}]{Cu(0),CuSO_4}$$

>90%
100% 选择性

（注：MW 表示微波。）

7.1.2.2 微波在无机化学中的应用

在无机合成方面，微波主要用于烧结、燃烧合成和水热合成。所谓微波烧结或微波燃烧合成是指用微波辐照固体原料，原料吸收微波能而迅速升温，达到一定温度后，引发燃烧合成反应或完成烧结过程。微波烧结有加热均匀、升温速率快、燃烧波传播可控制等优点，这一方法主要用于合成陶瓷，其中包括陶瓷氧化物、金属硼化物、Si_3N_4、金属碳化物、压电陶瓷等。

微波水热合成可用于制备氧化物粉体、氮化物粉体、沸石分子筛等。用微波辐照强迫水解 $FeCl_3$ 时，由于能使盐溶液在很短的时间内被均匀地加热，消除了湿度梯度的影响，同时可使沉淀相在瞬间萌发成核，制备的粉体粒径更小、更均匀，且可实现定量沉淀，提高了产率。类似地，也可用微波辐照金属硝酸盐、硫酸盐或氯化物溶液直接分解制备各种氧化物超细粉体，还可用微波照射金属-有机化合物溶液来制备超细氧化物粉末。由于微波可使反应体系在短时间内均匀加热，因此可促进晶核的萌发，加速晶化速率，从而实现分子筛的合成，现已有不少有关分子筛合成的报道，合成的分子筛包括 Y 型沸石、ZSM-5 等。

（1）超导陶瓷材料的合成

超导材料 $YBa_2Cu_3O_{7-x}$ 用常规加热合成方法制备需要 24 h，若采用微波合成，CuO、Y_2O_3 和 $Ba_2(NO)_3$ 按一定的化学计量比混合，置入经过改装的微波炉内，500 W 辐射 5 min，放出 NO 气体。物料经重新研磨，130～500 W 微波辐射 15 min；再研磨，辐射 25 min。取样，经 X 射线衍射分析显示，产物的主要成分为 $YBa_2Cu_3O_{7-x}$，其四方晶胞参数为：$a = b = 0.386\,1$ nm，c=1.138 9 nm。此结构按常规方式缓慢冷却，将转变为具有超导性质的正交结构。

（2）沸石的合成

Arafat 等利用聚四氟乙烯制作的高压反应器，在微波辐射下合成了 Y 型和 ZSM-5 沸石。PTFE 反应器设计内径为 5 cm，以保证反应物处在 2 450 MHz 微波对水溶液体系的穿透深度范围内。常规加热条件制备的 Y 型沸石，常伴随有 P 型结晶或水钙沸石或钠菱沸石生成。微波加热条件下，未发现有上述非 Y 型结晶相生成。微波合成的选择性优于常规方式。采用微波加热诱导期极短，甚至没有诱导期，从而有效地防止了其他晶相的生成。

（3）无机纳米粒子的改性

纳米无机颗粒表面活性强，容易团聚在一起形成带有弱连接界面的尺寸较大的团聚体，因此会降低甚至消除纳米颗粒的实际应用效果，特别在有机高分子树脂中难于均匀分散，有必要对纳米粒子进行表面改性，削弱团聚现象，提高分散效果。利用微波加热技术对纳米 TiO_2 粒子表面进行改性，把纳米 TiO_2 添加到正丁醇和油酸混合液中，在室温下高速分散 20 min，将分散好的料浆盛放在 200 mL 烧杯中，移入家用微波炉中，先用 700 W 辐射一段时间，然后调整至 120 W 辐射一定时间。反应完毕后，用乙醇清洗样品，抽滤、干燥、粉碎，得到有机化改性的纳米 TiO_2。试验表明，油酸和纳米粒子 TiO_2 经微波加热 3 min 后，油酸温度可达 120℃左右，而 TiO_2 粒子仅仅有 50℃左右，这种选择性加热为化学反应提供了热源而又避免了纳米粒子的长大。

7.2 超声化学

超声化学（sonochemistry）是研究超声波对化学反应影响的化学分支学科，

是声学与化学的新兴交叉学科。1986年4月，第一届国际声化学学术讨论会在英国华威大学召开，它标志着这门新兴的学科的诞生。第一部声化学应用于有机合成方面的专著《*Synthetic Organic Sonochemistry*》已于1998年出版。由于声能具有独特的优点，无二次污染、设备简单、应用面广，所以受到人们越来越多的关注，超声化学已成为一个蓬勃发展的研究领域。

7.2.1 超声波的作用机理

声波是物体机械振动状态（或能量）的传播形式。声波是一种机械波，具有波的所有特性，包括反射、干涉、衍射等。声波通常以纵波的方式在弹性介质中传播，是一种能量传播形式。声波的分类是按照频率来划分的，包括次声波、声波、超声波。次声波是指频率低于20 Hz的机械波；声波是指人耳所能听到的，频率在20 Hz～20 kHz的机械波，也称可听声波；超声波是指频率高于20 kHz的机械波。超声波可被分为：低频高功率（频率为20～100 kHz）、高频中功率（频率为100 kHz～1 MHz）、高频低功率（频率为1～10 MHz）。超声化学的研究范围在20 kHz～1 MHz，医学诊断超声的频率范围一般高于1 MHz。

超声波有两个特点：一是能量大；二是沿直线传播。当超声波在弹性介质中传播时，由于超声波与介质的相互作用，使介质发生物理和化学变化，从而产生一系列力学的、热学的、电磁学的和化学的超声效应。物理效应主要表现在可促成液体的乳化、凝胶的液化和固体的分散，对粉体的团聚可以起到剪切作用，从而控制颗粒的尺寸和分布。化学效应主要表现在加快反应速度、提高反应产率，甚至使一些常态下不可能发生的反应变为可能。

近年来大量研究实验表明超声的化学效应都与空化效应有关，空化效应是聚集声场能量并瞬间释放的一个极其复杂的物理过程，包括气核的出现、微泡的长大和微泡的爆裂等三个步骤。当超声波以纵波形式在液体中传播时，由于声压的变化，分子的纵向振动产生压缩和稀疏作用，也就是产生了高压和低压的交替区域。在高压和低压的交替区域，液体分子的间距将会随之减小或增大。在声波的稀疏相区，如果超声波的声强足够大，液体所受的负压足够强，分子的间距就有可能被拉大到超过使液体介质保持不变的临界分子距离，液体介质就会发生断裂，形成微泡，微泡进一步长大成为空化气泡。在随之而来的正压作用下，这些“空化气泡”将被急速地压缩，很快塌陷、破裂。在空化气泡爆裂的瞬间，将急剧地释放出巨大的能量，以至于在空化气泡周围的极小空间内，会产生5 000 K以上的高温和大约5×10^7Pa的高压，并伴随产生强烈的冲击波和时速高达400 km的微射流。需要指出的是，这些极端的环境只出现在“空化气泡”周围的极小空间，即所谓的“热点”内，而液体环境总体上仍保持正常的温度和压力。这一极限环境足以使有机物、无机物在空化气泡内发生化学键断裂、水相燃烧和热分解反应，促进非均相界面之间的搅动和相界面的更新，加速了界面间的传质和传热过程，使很多采用传统方法难以实现的反应得以顺利进行。这就为在一般条件下难以实现或不能实现的化学反应，开启了新的反应通道。

影响空化作用的因素主要是超声频率和超声强度。在20～50 kHz的频率范围内，使用适中的功率，任何普通的液体均可被空化，所以这个频率范围经常被用于声化学反应。对一个声化学反应来说，随着照射频率的增加，为保持液体同等的空化作用，需要增加功率。在高频范围内，产生空化作用变得困难，因为稀疏和压缩循环变得非常快，以至于没有足够的时间把液体分子拉开，使气泡难以产生和生长。随着超声强度的增大，超声源的振幅增大，声化学效应增强。

7.2.2 超声化学的主要应用领域

目前，超声波的研究已涉及化学、化工的各个领域，如有机合成、电化学、光化学、分析化学、无机化学、高分子材料、环境保护、生物化学等。近年来，超声化学在物质合成、催化反应、水处理、废物降解、纳米材料等方面的研究已成为超声化学重要的应用研究领域。

7.2.2.1 超声波在有机合成中的应用

1980年代以来，随着声化学的发展，超声波在有机合成中的应用研究呈蓬勃发展之势，已被广泛应用于氧化反应、还原反应、加成反应、取代反应、缩合反应、水解反应等，几乎涉及有机化学的各个领域。

（1）均相反应

超声对均相离子反应没有或没有明显的影响，如蔗糖在酸性条件下水解。但是，超声能提高很多反应的速率，如2-氯-2-甲基丙烷在乙醇水溶液中的分解反应，微波能提高反应速率，尤其在低温时更加明显；在10℃，没有微波照射时速率系数为0.86×10^{-5}，使用微波照射时速率系数为17.2×10^{-5}，提高了20倍。反应式如下：

$$(H_3C)_3C\text{—}Cl \xrightarrow[-HCl]{H_2O} \left[(H_3C)_3C^{\oplus}\right] \longrightarrow (H_3C)_3C\text{—}OH$$

普通搅拌和超声条件对苯乙烯与四乙基铅反应的影响，在搅拌条件下反应不能进行，而超声条件下反应可进行，如下所示：

Ph(CH=CH₂) $\xrightarrow[AcOH]{Pb(OAc)_4}$ PhCH(OAc)CH₂CH₃ + PhCH(OAc)CH₂OAc + PhCH₂CH(OAc)₂

搅拌：50℃, 1 h	0	0	5
超声：50℃, 1 h	38	12	3

超声条件下，醋酸锰能明显地促进分子间碳-碳键地形成，如下所示：

$(RO_2C)_2CH_2$ $\xrightarrow[AcOH/Ac_2O]{Mn(OAc)_3\ )))}$ [$(RO_2C)_2CH\cdot$ 、 $HO\cdot$] ⟶ $(RO_2C)_2C(OH)-CH(CO_2R)_2$

R=Me, Et, i-Pr（98% yield）

（注：)))表示超声，Me表示甲基，Et表示乙基，i-Pr表示异丙基，98%yield表示收率98%。）

超声条件下，杂-Diels–Alder环加成（hetero-Diels–Alder cycloaddition）反应具有好的收率，如：

$CH_2=C(CH_3)-CH=N-NMe_2$ + 喹啉-5,8-二酮 $\xrightarrow[\text{空气}]{\text{纯态,室温,50min,u.s.}}$ 67% + 33%

（注：U.S.表示超声波。）

β-内酯的合成在传统搅拌下，回流反应5 h，收率只有2%；在超声照射下，反应3 h其收率大大提高，达到34%，如下所示：

$(OC)_5Cr=C(OCH_3)CH_3$ + $HC\equiv C-CH_2OH$ ⟶ β-内酯（=C(OCH₃)CH₃, H）

条件	收率
Ac_2O, Et_3N, THF, 回流, 5 h	2%
C_6H_6, Et_3N, 3h,u.s.	34%

（2）多相离子反应

对于多相离子反应，包括液-液、液-固多相，超声波能增强反应的速率和收率。超声波对液-液多相的影响，主要是空化作用在两相界面体现的宏观效果，类似于相转移催化剂的作用，但是超过了相转移催化剂的作用。

比较典型的例子是糖的酸催化缩醛反应，在超声条件下收率提高，反应时间大大缩短，反应时间由5 h缩短为1 h。如下所示：

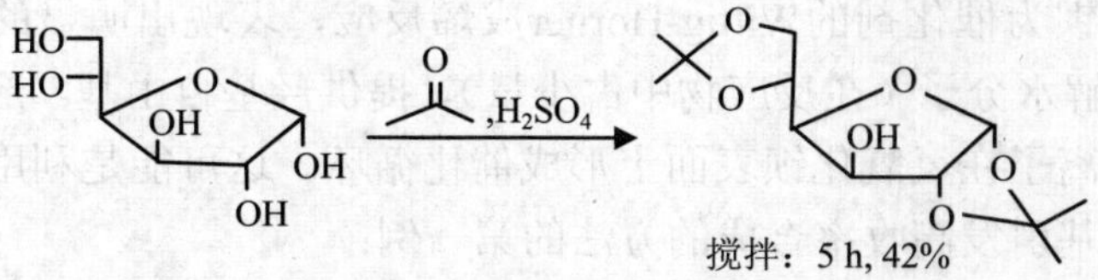

HO HO O OH OH OH ，H_2SO_4 O O O OH O O

搅拌：5 h, 42%

超声：1 h, 62%

又如环戊酮的自缩合反应，传统在传统的制备方法中收率只有14%；而在超声条件下，相同的反应温度和时间，收率增加到70%。如下所示：

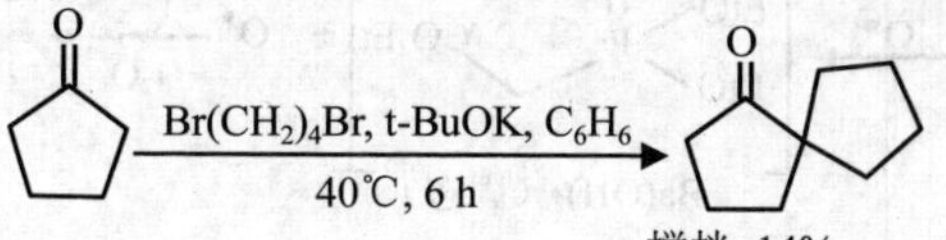

O $Br(CH_2)_4Br$, t-BuOK, C_6H_6 40℃, 6 h O

搅拌: 14%

超声: 70%

（3）多相自由基反应

在超声条件下一些涉及金属元素的多相自由基反应被研究，如Barbier反应在室温反应1 h，收率为60%：

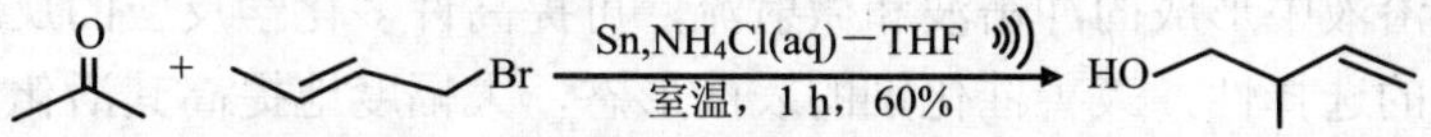

O + Br $Sn,NH_4Cl(aq)-THF$ 室温，1 h，60% HO

又如Barbier-Grignard反应：

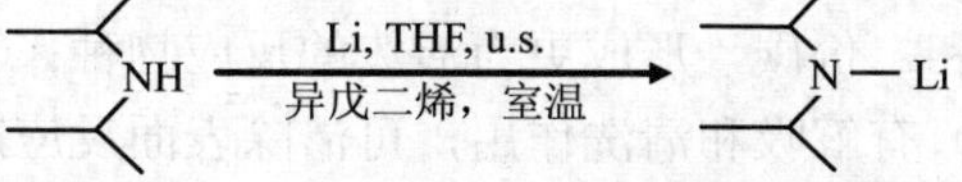

NH Li, THF, u.s. 异戊二烯，室温 N — Li

收率 100%

Se — Se Na, THF,u.s.,5 min Ph_2CO（催化剂），室温 Se — Na

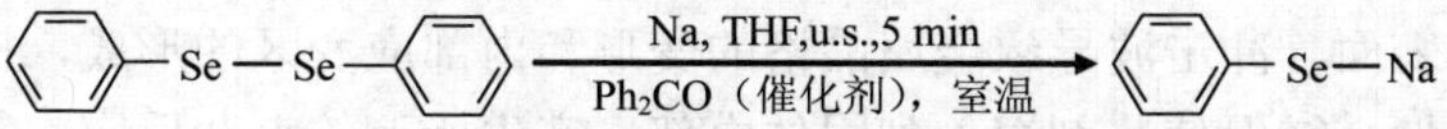

另一类多相超声反应的例子是涉及无机固体的多相反应也被研究。如在甲苯中苄基溴与氰化钾、氧化铝的反应，反应温度50℃，传统的制备方法得到的产物是对或邻苄基甲苯，收率75%；而在超声条件下，超声频率为45 kHz，相同的反应混合物得到的产物却是苄基氰，收率71%。反应式为：

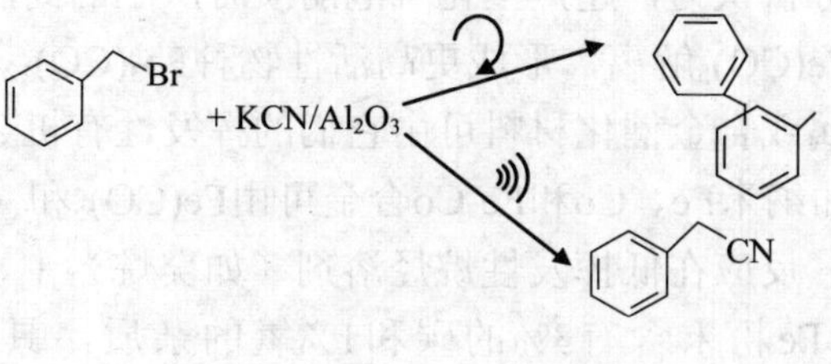

Br + KCN/Al_2O_3 CN

以氢氧化钡为催化剂的Wittig-Horner成烯反应，表现出明显的超声的化学效应。超声能分解水分子（在反应物中占少量），提供羟基自由基。羟基自由基与膦酸酯自由基阴离子在氢氧化钡表面上形成催化循环。这可能是利用水超声分解产生的少量自由基引发高收率合成的方法的第一例：

H_2O
$HO^{\bullet}$
EtO, EtO, P, O, CO_2Et $\xrightarrow{O^{\ominus}}$ [EtO, EtO, P, O, CO_2Et]$^{\ominus\bullet}$ + $O^{\bullet}$ $\xrightarrow[-H_2O]{}$ EtO, EtO, P, O, CO_2Et, $\ominus$

$Ba(OH)_2$（固态）

7.2.2.2　超声波在催化化学研究中的应用

催化反应包括均相催化反应和多相催化反应。在反应中，如何使催化剂活化以及长时间地保持催化剂的活性，一直是一个亟待解决的难题。利用超声的空化作用以及在溶液中形成的冲击波和微射流，可提高许多化学反应的反应速度，改善目的产物的选择性，改善催化剂的表面形态，大幅度地提高其活化反应性，提高催化活性组分在载体上的分散性等。研究表明，超声催化能在低温下保持基质的热敏性并增加选择性，得到在光解和普通热解情况下不易得到的高能物种并实现微观水平上的高温高压条件。超声波对催化反应的作用主要是：①高温高压条件有利于反应物裂解成自由基和二价碳，形成更为活泼的反应物种；②冲击波和微射流对固体表面（如催化剂）有解吸和清洗作用，可清除表面反应产物或中间物及催化剂表面钝化层；③冲击波可能破坏反应物结构；④分散反应物系；⑤超声空蚀金属表面，冲击波导致金属晶格的变形和内部应变区的形成，提高金属的化学反应活性；⑥促使溶剂深入到固体内部，产生所谓的夹杂反应；⑦改善催化剂分散性。

在超声均相催化反应中，研究较多的是金属羰基化合物作为催化剂的烯烃异构化反应。著名的声化学家Suclick等详细研究了超声条件下以$Fe(CO)_5$为催化剂的1-戊烯异构化生成2-戊烯的反应，发现超声条件下的反应速率比没有超声时增加了105倍。Suclik等分析认为，超声空化气泡崩溃时产生的高温高压以及周围环境的快速冷却有利于$Fe(CO)_5$解离，形成更高活性物种$Fe_3(CO)_{12}$。

纳米无定形金属或合金催化材料可由它们的挥发性有机金属化合物采用超声分解的方法制备。如纳米Fe、Co和Fe-Co合金可由$Fe(CO)_5$和 $Co(CO)_3(NO)$采用超声分解的方法得到，反应在低挥发性烷烃溶剂（如癸烷）中、20 kHz超声条件下完成。制得的纳米Fe粉末含有3%的碳和1%氧的杂质，具有高的表面积（～

120 m^2/g）。纳米无定形Fe、Co和Fe-Co合金对环已胺的脱氢和氢解具有高的活性。如环已胺（Cyclohexane）的氧化反应，在无溶剂、温度25～28℃条件下，使用纳米无定形Fe、Co和$Fe_{20}Ni_{80}$合金作催化剂，环已胺与氧（4 MPa）反应生成环已酮（Cyclohexanone）和环已醇（Cyclohexanol），转化率达到40%，选择性为80%。如下所示：

R=H，CH$_3$　　催化剂, O_2(40atm), 10～15 h　　CHO, AcOH

烃	无定形催化剂（规格）	温度/℃	转化率/%	酮：醇
环己烷	Fe（20 nm）	28	40	1∶4.5
	Co（20 nm）	28	41	1∶5
	$Fe_{20}Ni_{80}$（25 nm）	28	38	1∶3.6
	Fe（20 nm）	70	62	1∶5
	$Fe_{20}Ni_{80}$（25 nm）	70	56	1∶2
甲基环己烷	Fe（20 nm）	28	32	1∶1
	Co（20 nm）	28	38	1∶3
	$Fe_{20}Ni_{80}$（25 nm）	28	36	1∶2

超声波在催化剂的活化、再生和制备中也显示出独特的优势。美国伊利诺斯大学研制成功一种超声波洗涤浴，可用于除去镍粉表面的氧化膜，使镍催化剂活化。

7.2.2.3 超声波在电化学研究中的应用

超声在电化学中的应用主要有超声电分析化学、超声电化学发光分析、超声电化学合成、超声电镀等，超声与电化学的结合具有许多潜在的优点：电极表面的清洗和除气；电极表面的去钝化，电极表面的侵蚀；加速液相质量传递；加快反应速率；增强电化学发光；改变电合成反应的产率等。

（1）电极过程动力学的研究——超声伏安法

超声伏安法即在超声存在下进行的伏安法，它是研究电化学过程强有力的工具。其优点有：超声辐射使电极表面附近电活性物质和产物的质量传递大大加快；超声通过在水声解过程中形成的高活性自由基，如羟基自由基和氢自由基改变化学和电化学反应的机理；在超声存在下，电化学反应中涉及的组分的吸附被减弱；超声辐射能连续地使电极表面活化。使用与超声相连的微电极能够达到极高的传质速率，超声的任何影响都集中在与电极表面冲击的瞬间，使超声对电极过程的影响的研究更接近实际。传质速率的增强可归于两个瞬态过程：①气泡在固液界面或附近崩溃是由于直接作用于电极表面高速液体微射流形成的结果；②电极扩散层中或附近气泡的移动中，产生质量传递的瞬态高速。

（2）超声伏安分析法

超声伏安分析法的研究主要是基于超声加快液相传质来提高灵敏度；基于电极的预处理和活化电极表面、提高重现性以及非均匀样品中的超声电化学分析等。超声伏安分析法在非均匀相样品中的应用具有广阔的前景，高浓度的蛋白质、多糖和脂肪在电极上的吸附严重污染电极，使电极的灵敏度和重现性大大降低，在非均匀体系中，由于在超声的作用下电极表面不断地更新，电极的钝化作用被减弱。由于超声诱导流动空化，在电极和溶液界面产生高速微射流，通过使电极的腐蚀而使电极的钝化作用被减弱。Davis和Compton将超声与线形扫描技术结合，建立了应用于复杂基体的超声电化学分析方法，如应用于鸡蛋中亚硝酸盐含量的测定，免去了样品的预处理。

（3）超声电化学发光分析

电化学发光过程是电极反应产物之间或电极产物与体系中某组分进行化学反应所产生的一种光辐射过程。在电化学发光研究中存在很多问题，如电极污染严重和发光效率低等。将超声技术与电化学发光连用，不仅可以提高电化学发光分析的灵敏度，而且克服了上述缺点。

7.2.2.4 超声波降解作用的应用

超声波降解作用主要指对有机聚合物的降解作用及在水污染物处理过程中的应用。影响声解效率的因素主要有三个：①超声系统因素，包括频率和声强；②化学因素，包括溶剂、溶液中饱和气体的种类、有机物的种类和浓度、自由基清除剂及 pH 值等；③与反应器有关的因素，包括反应器的构造、反应器内是否建立起混响场和外部是否施加压力。

超声处理可以降解大分子，尤其是处理高分子量聚合物的降解效果更显著。纤维素、明胶、橡胶和蛋白质等经超声处理后都可得到很好的降解效果。目前对超声降解机理一般认为超声降解的原因是受到力的作用以及空化泡爆裂时的高压影响，另外部分降解可能是来自热的作用。例如，在超声波作用下水中微量亚甲基蓝可有效降解，降解动力学符合一级反应，亚甲基蓝超声降解速率随初始浓度的升高而降低，随介质温度的下降而升高。亚甲基蓝在酸性和碱性条件下的降解速率高于中性条件下的降解速率。能促进 •OH 等自由基形成的自由基促进剂 Fe^{2+} 和 I^- 等可有效加速亚甲基蓝的超声降解。

超声技术应用于水污染物中的难降解有毒有机污染物时，主要是当超声波照射水体环境时，其高能量的输出将产生涡漩气泡，而气泡内部的高温高压状态，可将水分子分解生成强氧化性的氢氧自由基，这些自由基对于各种有机物都有很高的反应速率，可将其氧化分解成其他较简单的分子，最终生成 CO_2 和 H_2O。大量的事实表明，声化学处理方法在治理废水中难生物降解有毒有机污染物方面卓有成效。

7.2.2.5 超声波在纳米材料制备中的应用

由于纳米材料具有许多不同于本体材料的优良性能，因此纳米材料的制备与应用是近年来材料科学研究的热点。声空化所引发的特殊的物理、化学环境已为科学家们制备纳米材料提供了重要的理论依据。超声化学法是一种制备特异性能纳米材料的有效途径。超声波对反应体系的作用主要表现在：利用超声能量进行分散；利用空化过程进行高温分解；利用剪切破碎机理对颗粒尺寸进行控制；利用机械搅动影响沉淀的形成过程。超声化学法在制备纳米金属及合金、纳米金属氧化物及其他纳米金属化合物等方面都得到广泛应用。用声化学分解高沸点溶剂中的挥发性有机金属前体时，可以得到具有高催化性能的各种形式的纳米结构材料。在制备方法上主要有：超声雾化分解法、金属有机物超声分解法、化学沉淀法和声电化学法等。特别在超声电沉积法制备纳米粉体新技术及超声制备无机-有机纳米复合材料等方面更有其发展前景。著名的声化学家 Suslick 的研究小组在纳米结构材料的制备与合成方面做了大量的工作。例如，在 0℃时，当用超声辐射 $Fe(Co)_5$ 癸烷溶液时，可产生暗黑色的铁粉末，经元素分析可知，粉末中铁的质量分数为 0.96 以上，扫描电镜（SEM）和透射电镜（TEM）的结果证实，这种材料是由粒径 4～6 nm 的粒子组成的聚合体。磁性研究结果表明，这种非晶形为一种非常软的铁磁性材料，居里温度高达 580 K。声化学技术也可以用于制备纳米结构的合金，Suslick 等首先采用这种方法制备出了 Fe-Co 合金，而且 Fe-Co 合金的组成可简单地通过改变前体浓度的比例来控制。

7.2.2.6 超声波在超临界流体化学反应中的应用

新型化学反应技术和超声场强化相结合是超声化学领域中又一极具潜力的发展方向。超临界流体具有类似于液体的密度和类似于气体的黏度和扩散系数，这使得其溶解能力相当于液体，传质能力相当于气体。利用超临界流体良好的溶解性能和扩散性能，可以很好地改善非均相催化剂的失活问题，但如能加以超声场进行强化，则无疑是锦上添花。超声空化产生的冲击波和微射流不但可以极大地增强超临界流体溶解某些导致催化剂失活的物质，起到解吸和清洗的作用，使催化剂长时间保持活性，而且还有搅拌的作用，能分散反应物系，令超临界流体化学反应传质速率更上一层楼。另外，超声空化形成的局部点高温高压将有利于反应物裂解成自由基，大大加快反应速率。目前对超临界流体化学反应研究较多，但利用超声场强化此类反应的研究极少。

另外，超声波在其他许多领域都得到广泛应用，例如，超声强化萃取和超声强化结晶。超声强化萃取分为固-液萃取和液-液萃取。超声强化固-液萃取可应用于从中药中提取生产水杨酸、氯化黄连素、岩白菜宁等药物成分。而对于一般受传质速率控制的液-液萃取体系来说，超声波的作用十分显著，特别在有色冶金工业中金属的液液萃取过程应用合适的超声频率和功率作用时，可以大大加强其分解速度和提高萃取速率。此外，超声化学技术在粮油食品的分析测试、包装、清洗、干燥、乳化、陈化、结晶、分离、萃取、澄清、化学合成、杀菌、酶研究等方面也有其广泛应用前景。

7.3 电化学合成

对合成化学，尤其是有机合成化学面临着以“原子经济性”为目标的“绿色化学”的挑战。要求合成反应具有“原子经济性”，传统的合成催化剂和合成“媒介”(试剂)是很难达到这种要求的。有机电合成把电子作为试剂(最清洁的试剂)，通过电子的得失来实现有机化合物合成，从本质上来说，有机电合成将有可能消除传统有机合成产生污染的根源，可以把有机电合成看作“绿色化学”的分支学科。有机电合成符合绿色化学的目标：①当绿色试剂如离子液体、微乳液等用于电合成时，这种方法变得更加环境友好；②介质的使用为建立减少能量消耗和化学废物的催化合成过程，提供了一个重要的选择；③直接、间接、成对电解方法均能明显地改进原子经济性；④使用可再生的起始原料完全与绿色化学理念一致；⑤当操作在室温下进行或在转化过程中介质是电子载体时，对节约能量有积极的影响；成对电解更是有较大的积极影响；⑥由于在电解时能耦合电分析方法，能容易地实施实时监控；⑦由于试剂（电子）的原位产生和材料的循环使用，改进了安全性，降低了事故的可能性；⑧由于试剂（电子）的原位以化学计量的数量产生，防止了废物的产生。

有机电合成是一门涉及电化学、有机合成及化学工程的交叉学科，被称为“古老的方法，崭新的技术”。现代有机电合成的发展始于 20 世纪 60 年代，1965 年美国孟山都公司 15 万 t 己二腈装置的建成投产，标志着有机电合成进入了工业化时代。我国于 20 世纪 80 年代初建立了第一套工业化生产 L-半胱氨酸盐酸盐水合物的装置，90 年代国内多家化工厂成功地使用草酸电解还原法生产乙醛酸。

7.3.1 有机电合成的原理

有机电合成是利用电解来合成有机化合物，电解时发生的合成反应通过在电极上发生的电子得失来完成，因此要有以下三个基本条件：①持续稳定的电源（直流）；②满足“电子转移”的电极：③可完成电子转移的介质。

有机电合成通常有两种分类方法：

（1）按电极表面发生的有机反应的类别，分为两类有机电合成反应：阳极氧化过程和阴极还原过程。阳极氧化过程包括电化学环氧化反应、电化学卤化反应、苯环及苯环上侧链基团的阳极氧化反应、杂环化合物的阳极氧化反应、含氮硫化物的阳极氧化反应。阴极还原过程包括阴极二聚和交联反应、有机卤化物的电还原、羰基化合物的电还原反应、消基化合物的电还原反应、腈基化合物的电还原反应。

（2）按电极反应在整个有机合成过程中的地位和作用，可将有机电合成分为两大类：直接有机电合成反应、间接有机电合成反应。直接有机电合成反应：有机电合成反应直接在电极表面完成；间接有机电合成反应：有机物的氧化（还原）反应采用传统化学方法进行，但氧化剂（还原剂）反应后，以电化学方法再生以后循环使用。间接电合成法可以两种方式操作：槽内式和槽外式。槽内式间接电合成法是在同一装置中进行化学合成反应和电解反应，因此这一装置既是反应器也是电解槽。槽外式间接电合成法是电解槽中进行媒质的电解，电解好的媒质从电解槽转移到反应器中，在此处进行有机反应物化学合成反应。

有机电合成相对于传统的有机合成具有显著的优势：①洁净，使用的便宜的反应试剂——电子，以电子的得失完成了氧化还原反应，不需要外加氧化剂和还原剂。②选择性很高，减少了副反应，使其产品纯度和收率均较高，大大简化了产品分离和提纯工作。③过程条件温和，反应在常温常压或低压下进行，尤其对不稳定的复杂分子结构的有机物的合成尤为有利。④工艺流程简单，容易控制，操作安全，反应速度完全可以通过调节电流来实现。⑤节能，一方面体现在综合能耗上；另一方面是由于极间电压低（2～5 V），可接近热力学的要求值。

7.3.2 有机电合成的应用

7.3.2.1 直接有机电合成

（1）有机电氧化反应

有机电氧化反应是指通过阳极向有机化合物进行电子转移从而实现氧化反应物的方法。从理论上来讲，任何一种可用化学试剂进行的氧化反应，均可用电解氧化的方法来实现；而且某种物质在阳极上能否被氧化，主要取决于电化学氧化电位。吴守国等将阳极氧化反应分为电化学环氧化反应、电化学卤化反应、苯环及苯环上侧链基团的阳极氧化反应、杂环化合物的阳极氧化反应、羰基化合物的阳极氧化反应、醇和醚的阳极氧化反应及含硫或氮化合物的阳极氧化反应。同传统的有机氧化反应相比，由于未使用 Cr、Mn、Co 等高价金属，从而避免了残留金属的产生或金属废弃物的处理问题，因此，有机电氧化反应在有机合成中得到了广泛的应用。

（2）有机电还原反应

有机电还原反应是指通过阴极向有机化合物进行电子转移从而实现还原反应物的方法。同阳极氧化反应一致，阴极还原反应在有机合成中也得到了广泛的应用。吴守国等将阴极还原反应分为阴极的聚合交联反应、有机卤化物的电还原反应、羰基化合物的电还原反应、硝基化合物的电还原反应、腈基的电化学还原反应及含硫化合物的电化学还原反应。

7.3.2.2 间接有机电合成

某些有机化合物本身往往不能直接在电极表面上参加反应，需要选择某种氧化还原电对作为“媒质”。这种“媒质”能在电极表面上首先被氧化或还原，然后再与有机化合物进行化学反应获得产物。产物分离后，“媒质”在原电解槽中通过阳极或阴极再生，重新参与下一次化学反应，如此循环，直到电解完毕。“媒质”在电化学反应体系中主要充当具有催化作用的“电子载体”角色。

在间接电合成中，“媒质”可分为金属媒质、非金属媒质、有机化合物媒质和电化学媒质等种类，且合成所用的媒质不同，其反应历程也各不相同。

7.3.2.3 金属有机化合物电合成

含有金属—碳键的金属有机化合物常被用作烯烃立体选择性聚合的催化剂、聚合材料和润滑剂的稳定剂、防腐剂和颜料等。然而合成金属有机化合物通常是一项相当复杂的工作，长期以来人们一直致力于寻求新的、简便的合成路线。由于电合成法具有反应选择性高、产品纯度高和环境污染少的优点，因此，采用它合成金属有机化合物的技术得到了迅速的发展。

金属有机化合物的电合成方法可分为三类，即“牺牲”电极法、常规电极法以及添加催化剂法。常见的有机金属化合物电合成反应有硫鎓离子（或季胺离子、磷鎓离子、砷鎓离子）的电解还原、由羰基化合物制备有机汞齐化合物的电还原、制备烷基金属化合物的有机卤化物电还原、有机金属醇盐的电解还原以及有机镁络合物的电解氧化、有机铝化合物的电解氧化、有机硼化合物的电解氧化等。

7.3.2.4 有机电合成的新方法

在传统电化学基础上发展起来的一些新方法，如成对电合成、固体聚合物电解质（SPE）电合成、电化学聚合（ECP）和电化学不对称合成等，相对于传统的有机电合成而言，这些方法都有其自身独特的优点。

（1）成对有机电合成

所谓成对电合成，是指在同一电解槽中，阴极阳极同时得到各自的产物，或同时得到同一种有用产物的合成技术。成对电合成的优点在于：可以大大提高电流效率，理论上可以达到200%；可以大大提高电合成的时空效率；与单电极反应相比，可降低生产成本和节省电能，提高电能效率。

（2）固体聚合物电解质（SPE）电合成

固体聚合物电解质（SPE）电合成法是 20 世纪 80 年代初发展起来的一类有机电合成新方法。SPE 复合电极由多孔金属层和 SPE 膜构成，其中膜表面的金属层作为电子导体和催化剂。SPE 膜有两方面的作用：一是起隔膜作用，将阳极室和阴极室分开；二是传递电子，起导电作用。电化学反应发生在 SPE、电催化层和有机溶剂的三相界面上。

同传统有机电合成方法相比，SPE 电合成法不需要支持电解质，可避免由此产生的副反应，所以产物易于分离提纯；同时该法还可在较低的槽电压和较大的电流密度下工作，因而电能消耗少，反应的选择性好。鉴于上述优点，SPE 复合电极技术在有机电合成领域中的应用研究十分活跃，人们对有机官能团的氧化或还原反应、烯烃的甲氧基化反应、双键烯烃的电还原及脱卤反应等进行了较广泛的研究，并取得了一些有价值的成果。

（3）电化学聚合

电化学聚合是指应用电化学方法在阴极或阳极上进行的聚合反应，反应过程包含电化学步骤。该反应主要在电极表面上发生，但在整个聚合过程中也包括电极附近的液相化学反应。因此，电化学聚合反应一般是一种多相的聚合反应，是电化学步骤与化学步骤相关联的复杂动力学过程。同一般高分子化学聚合反应一样，电化学聚合也包括链引发、链增长和链终止三个阶段。

根据产生引发物质的电极过程类别不同，可将电聚合分为阴极聚合反应和阳极聚合反应；根据链增长的历程不同，可将电聚合分为电化学缩合聚合和电化学加成聚合两类。具体的应用实例，如苯胺的电聚合、吡咯的电聚合以及乙炔的电聚合。

（4）电化学不对称合成

电化学不对称合成是指在手性诱导剂、物理作用（磁场、偏振光）等诱导作用存在下，将潜在的手性有机化合物通过电极过程转化为相应的光学活性化合物的一种合成方法。与通常的不对称合成方法相比，电化学不对称合成具有反应条件温和、易于控制、手性试剂用量小及产物纯净、易于分离等优点。目前，关于电化学不对称合成的机理还不甚清楚，有待于进一步研究。

进行不对称合成需要手性诱导剂。常用的手性诱导剂有反应物分子的空间效应、手性电极（包括吸附了手性诱导剂的电极、共价键型诱导电极和聚合物薄膜修饰电极）、手性支持电解质、手性溶剂和外加物理作用等。典型的不对称电化学还原实例，如乙酰吡啶的电化学不对称还原及苯基环己基硫醚的不对称氧化。

7.3.3 我国有机电合成实例

目前世界上有 100 多家工厂采用有机电合成生产约 80 种产品，还有很多已通过了工业化实验。我国有机电合成方面的研究起步较晚，可是发展很快，下面介绍几个我国有机电合成的工业化实例。

7.3.3.1 L-半胱氨酸的直接电合成

L-半胱氨酸是我国最早实现工业化的有机电合成产品，它的工业生产是从毛发等畜类产品中提取的胱氨酸，通过电解还原在阴极直接电合成为 L-半胱氨酸。

$$HOOC(NH_2)CH_2S\text{-}SCH_2CH(NH_2)COOH+2H^{+}+2e \rightarrow 2L\text{-}HSCH_2CH(NH_2)COOH$$

这一有机电合成技术在我国的许多地方推广，成为生产 L-半胱氨酸的主要方法。L-半胱氨酸也成为一种出口创汇的龙头产品。

7.3.3.2 间接电氧化生成对氟苯甲醛

对氟苯甲醛是一种非常重要的化工原料，是合成许多重要化学产品的中间体，用途极其广泛。目前国内仅用化学合成法，即以芳烃为原料，经氟化再用浓硫酸水解而制得。由于氟化过程易产生异构体，因而影响纯度，产生大量的有机废液。因此以锰盐为媒质间接电氧化对氟甲苯制对氟苯甲醛是一种较理想的办法。

氧化法合成的工艺过程主要反应分两步：

氧化反应　$Mn^{2+} \rightarrow Mn^{3+}+e$

合成反应　$p\text{-}FC_6H_4CH_3+4Mn^{3+}+H_2O \rightarrow p\text{-}FC_6H_4CHO+4Mn^{2+}+4H^{+}$

反应后的母液经过净化处理回到电解槽中循环使用，对环境不造成污染。采用此套工艺电氧化法合成对氟苯甲醛，产品纯度高，基本无“三废”排放，而且工艺简单、投资少，用一套设备一种工艺不仅可以生产对氟苯甲醛，而且可以生产邻氟苯甲醛、间氟苯甲醛等多种氟代芳烃醛，所以用电化学法研制氟代芳烃醛有着广阔的前景。

7.3.3.3 间接电氧化合成维生素 K_3

以β-甲基萘、铬酐为原料相转移合成 2-甲基-1，4 萘醌（维生素 K_3）的工艺过程中产生了大量的铬废液[w（Cr^{6+}）=4%～5%]，处理这部分废铬液对该合成工艺的合理进行至关重要，如果作为废物排掉，无论从经济角度还是环保角度都是不允许的。

经过大量研究发现，采用槽外式间接电合成维生素 K_3 工艺可使 Cr^{3+}氧化为 Cr^{6+}，从而实现铬液的循环利用。其工艺过程主要反应：

氧化反应 $2Cr^{3+}+7H_2O \rightarrow Cr_2O_7^{2-}+14H^++6e$

合成反应 $C_{11}H_{10}+H_2Cr_2O_7+3H_2SO_4 \rightarrow C_{11}H_8O_2+Cr_2(SO_4)_3+5H_2O$

该工艺经郑州大学化工学院开发成功后已经实现工业化，并且已取得了很好的经济效益。

7.3.3.4 成对电解合成丁二酸和乙醛酸

在隔膜电解槽中成对电解合成乙醛酸和丁二酸是成功的一例，在阳极电解乙二醛和盐酸的混合液，电氧化合成乙醛酸收率超过 70%，阴极电解顺丁烯二酸酐和氯化钠水溶液，电还原合成丁二酸的收率可达 85%，总电流效率达到 175%。此实验在阳极利用 Cl_2/Cl^-媒质的氧化作用实现了在同一电解槽同时获得两种高附加值的产品。其电极反应式如下：

阴极反应：

$$2Cl^- - 2e \longrightarrow Cl_2 \qquad \begin{matrix} CHO \\ | \\ CHO \end{matrix} + Cl_2+H_2O \longrightarrow \begin{matrix} CHO \\ | \\ COOH \end{matrix} + 2Cl^-+2H^+$$

阳极反应：

$$2H^++2e \longrightarrow 2H \qquad \begin{matrix} HC - COOH \\ \| \\ HC - COOH \end{matrix} +2H \longrightarrow \begin{matrix} H_2C - COOH \\ | \\ H_2C - COOH \end{matrix}$$

7.4 光化学合成

光化学是研究物质因受到外来光的影响而产生化学效应的一门学科。从一般概念来说，对于光化学有效的是波长在 150～800 nm 的可见光和紫外光。光化学被理解为分子吸收波长 150～800 nm 的光，使分子到达电子激发态的化学。光化学反应就是只有在光的作用下才能进行的化学反应。该反应中分子吸收光能被激发到高能态，然后电子激发态分子进行化学反应。光化学反应的活化能来源于光子的能量。

光化学的研究是从有机化合物的光化学反应开始的。18 世纪末期 Hales 首次报道了植物的光合作用，开始研究光与物质相互作用所引起的一些物理变化和化学变化。1843 年 Draper 报道了 H_2 与 Cl_2 在气相中发生光化学反应的科研成果，并提出了光化学反应第一定律。1905 年 Einstein 又提出了能量量子化的概念，并且把量子产率应用于光化学中，可以说这时才是系统研究光化学反应的新起点。到 20 世纪 60 年代上半叶，已经有大量的有机光化学反应被发现。60 年代后期，随着量子化学在有机化学中的应用和物理测试手段的突破（主要是激光技术与电子技术），光化学开始飞速发展。但是，近年来人们对光化学的研究，更多地关注于环境光化学和多相光催化，而对作为清洁技术的合成光化学的研究重视不够。

7.4.1 光化学反应的基本原理

一个光子的能量 E（以焦耳计）可由普朗克公式给出：

$$E=h\nu=hc/\lambda$$

式中：h——普朗克常数，$6.626\,5\times10^{-34}$ J·s；

ν——光辐射的频率；

c——光速，$2.997\,9\times10^{8}$ m/s；

λ——光的波长，m。

1 mol 的光子也被定义为一爱因斯坦。光化学反应的发生，通常要求分子吸收的光能要超过热化学反应所需要的活化能与化学键键能（表 7-1）。光化学与热化学的基础理论并无本质差别。用分子的电子分布与重新排布、空间立体效应与诱导效应解释化学变化和反应速率等对光化学与热化学都同样适用。

表 7-1 不同波长光子的能量与不同化学键断键所需能量

波长/nm	能量/（kJ/爱因斯坦）	单键	键能/（kJ/爱因斯坦）
200	598.2	HO-H	498
250	478.6	H-Cl	432
300	398.8	H-Br	366
350	341.8	Ph-Br	332
400	299.1	H-I	299
450	265.9	Cl-Cl	240
500	239.3	Me-I	235
550	217.5	HO-OH	213

波长/nm	能量/（kJ/爱因斯坦）	单键	键能/（kJ/爱因斯坦）
600	199.4	Br-Br	193
650	184.1	Me_2N-NMe_2	180
700	170.9	I-I	151

当一个反应体系被光照射，光可以透过、散射、反射或被吸收。光化学反应第一定律（Grotthus-Draper 定律）指出：只有被分子吸收的光子才能引起该分子发生光化学反应。但并不是每一个被分子吸收的光子都一定产生化学反应，其激发能可通过荧光、磷光或分子碰撞等方式失去，图 7-2 表明了分子激发与失活的主要过程。

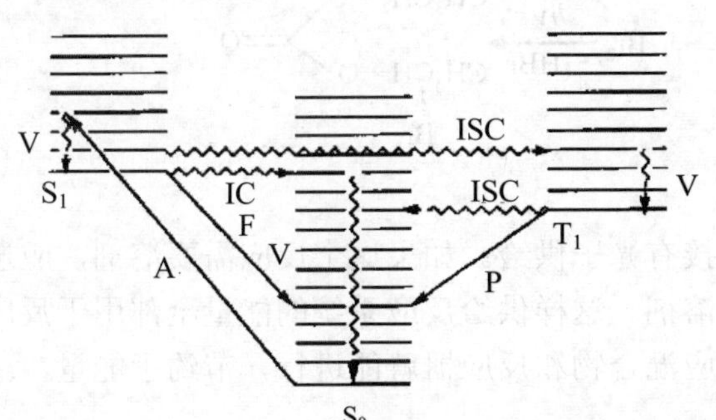

图 7-2 分子激发与失活的主要途径

7.4.2 光化学反应的特点

由于光是电磁辐射，相应于热化学，光化学的特点如下：①光作为一种非常特殊的生态学上清洁的“试剂”被使用，减少了其他试剂的使用；②光化学反应条件一般比热化学要温和，反应基本上在较低的温度下进行；③光化学能控制反应选择性。因此，光化学在合成化学中，特别是在天然产物、医药、香料等精细有机合成中具有特别重要的意义。

（1）减少了反应试剂的使用

光化学反应通过吸收光被引发，其反应的活化能来源于所吸收光子的能量。光子是非物质的，并且在反应过程中消失。因此，光子可被认为是理想的反应试剂，它们能活化反应，却不直接产生任何副产物。当一个用传统反应物进行的过程被光化学过程替代后，产生的废物将减少。尤其是当一次性反应试剂被消除后，光化学过程带来的益处是最大的。这样的反应试剂时常增加有毒或有害的副产物，避免了有害废物的回收和处置，降低了生产成本。

光源可以按要求接通或断开。相比之下，传统的反应试剂必须保持一定的储存量，有时这些反应试剂是危险的或易变质的。只要用光化学过程代替传统过程，反应试剂的库存就能减少。例如，在有机化合物卤化中使用的过氧化物引发剂是易爆物，需保存在冷却条件下。选择光作卤化引发剂，就避免储存过氧化物。如环己烷的光亚硝化反应：

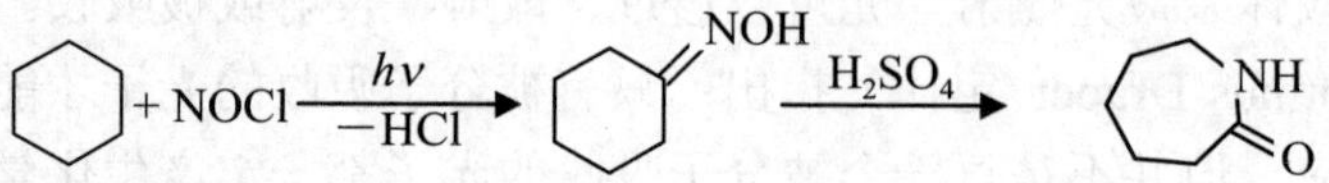

又如碳酸二乙酯的溴化反应：

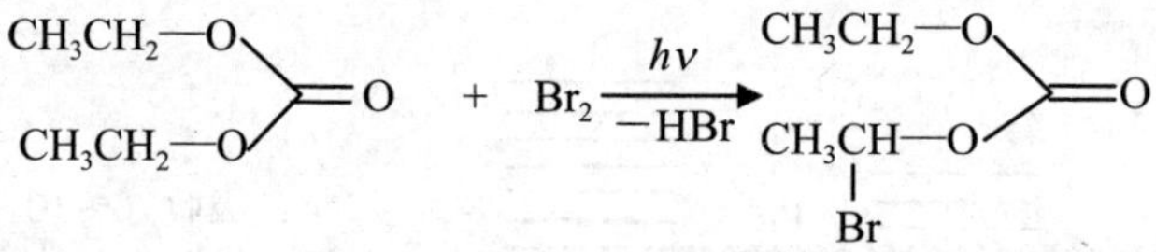

（2）较低的反应温度

在光化学反应中，活化能直接有光子供给。如果这个反应需要溶剂，应选择不吸收使用光源波长范围内光的溶剂。这样供给反应系统的能量全部用于反应分子。光化学反应通常不用加热反应混合物和反应器就能进行，节约了能量，减少了产品的热分解。

（3）反应选择性的控制

众所周知，通过反应物的电子激发就能使某些合成反应完成。然而，这些光化学反应产物，仅仅采用传统的热化学反应是不能得到的，这说明光化学反应是高选择性的。

熟悉的例子有 2p+2p 环加成，如立方烷（cubane）的合成中变形环丁烷环的构建：

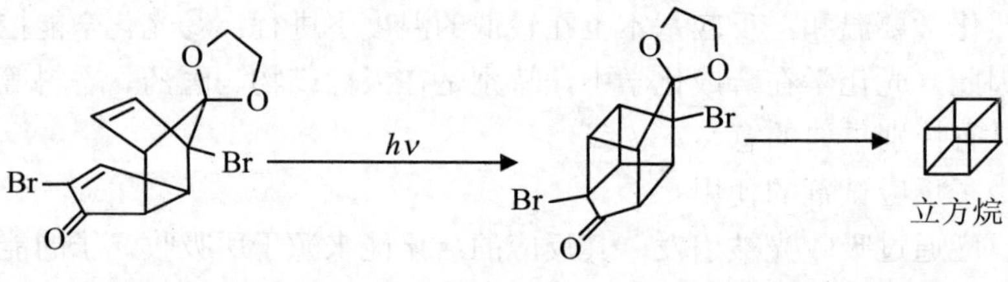

再如包含单线态氧的反应，如由α-萜品烯合成驱蛔素（ascaridole）：

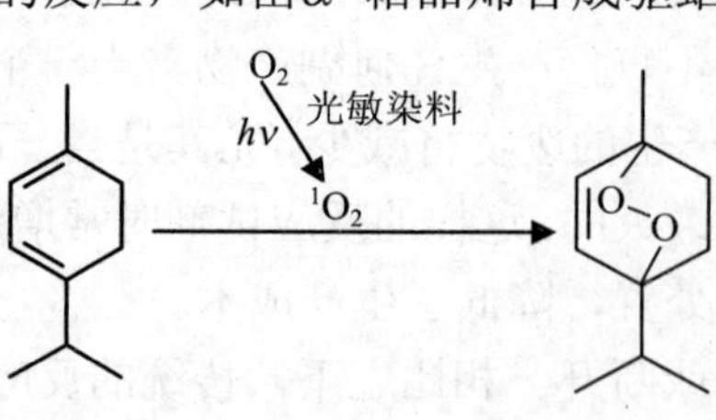

在上面的例子中，仅仅靠加热反应混合物，是不能得到产物的。其他的很多变相的或不稳定的光化学产物通过传统的热反应是不能得到的。由此可以看出，这种类型的光化学反应是高选择性的。很明显，如果一个过程中需要这种类型的一个反应，光化学是唯一的选择。如维生素 D2 和维生素 D3 的合成工艺中，维生素原 D（provitamin D）的光化学环的打开，就是这样一个选择性反应，该反应已实现工业化。反应式如下：

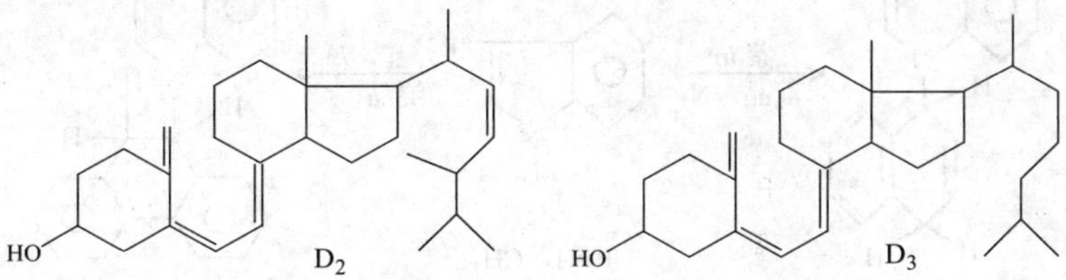

HO D_2 HO D_3

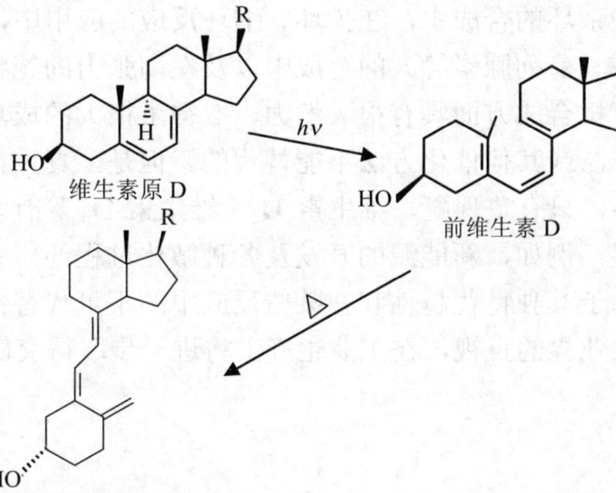

维生素原 D $\xrightarrow{h\nu}$ 前维生素 D $\xrightarrow{\Delta}$

维生素 D_2: $R=C_9H_{17}$

维生素 D_3: $R=C_8H_{17}$

光化学反应的温度也影响反应选择性，如磺酰氯（SO_2Cl_2）与脂肪酸的反应。丙酸与磺酰氯的热反应，需要过氧化苯酰引发，温度大于 80℃，产物为 2-和 3-氯丙酸。相比而言，丙酸与磺酰氯的光化学反应不需要过氧化物引发剂，温度在 0℃时就能进行，主产物为 3-氯磺化物，而不是 3-氯丙酸。当温度为 80～100℃，产物为 2-和 3-氯丙酸。反应式如下：

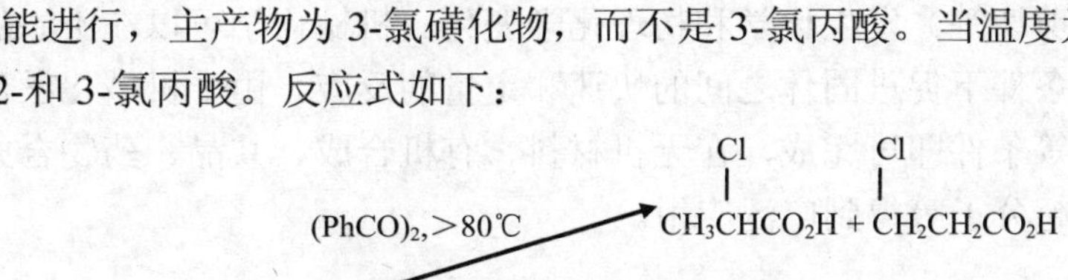

$$CH_3CH_2CO_2H + SO_2Cl_2 \xrightarrow[\text{或 } h\nu, 80\sim100^\circ C]{(PhCO)_2, >80^\circ C} CH_3CHClCO_2H + CH_2ClCH_2CO_2H$$

$$CH_3CH_2CO_2H + SO_2Cl_2 \xrightarrow{h\nu, 0\sim25^\circ C} \underset{\text{主要产物}}{CH_2(SO_2Cl)CH_2CO_2H} + CH_3CHClCO_2H$$

光化学反应也可在固体状态下发生反应。固态突破了传统液态的某些规律，往往得到与液态不同的反应结果；在复杂的反应体系中，固态又显示出极高选择性和专一性。如吲哚同稠环化合物的混晶在光照射下发生了特殊光加成反应；对吲哚与菲的反应，仅在混晶状态下发生这种加成反应，而在液相中不发生反应，并显示出极高的选择性和专一性。反应式如下：

萘 $h\nu$ 混晶，N_2 菲，$h\nu$ 混晶，N_2

R=H，CH_3

光化学在各种杂环的合成中，在扩环、缩环反应的应用中，在多种复杂天然物（萜类、生物碱、前列腺素等）的合成中以及在高张力的笼状化合物等的合成中，特别是精细有机合成方面具有很大潜力，取得了很大的成功。很多这类合成工作都是热化学方法或其他催化方法不能替代的。但是，真正在工业生产上获得成功的例子并不多，只有玫瑰醚、维生素 D_2、维生素 D_3 等有限的几个产品。随着科学技术的发展，例如，新能源的开发及各种敏化过程的研究，将会大大促进光化学的发展。由于其独特优越性和在某些反应中的不可代替性，光化学合成将越来越多地受到工业界的重视，在工业生产上将进一步取得突破性进展。

7.5 机械化学

机械化学（mechanochemistry）同化学中的热化学、电化学、光化学、放射化学等分支学科一样，是按诱发化学反应的能量类型来命名的。“机械化学”通常是指通过输入机械能诱导固体的反应，即研究物质在机械力作用下（如研磨、压缩、摩擦、冲击、剪切等）发生化学和物理化学变化。机械化学可以在不添加溶剂或只有微量溶剂条件下促进固体之间的快速和定量的反应。由于机械化学反应不需要高温、高压等条件即可完成，在无机材料、有机合成、共晶、药物合成、离散金属配合物、超分子等得到广泛应用。

7.5.1 机械化学反应机理

研磨两种固体物质导致一系列复杂的转变，机械能破坏了晶体结构的秩序，产生新的表面或裂纹。在边缘的碰撞点，可导致化学键的断裂。目前机械化学反应机理尚未有一个简单明确的解释，因为反应类型、反应条件和反应物（从金属、金属氧化物到分子晶体等）等的多种多样导致其十分复杂。而固-固反应的非均匀性、在微观或分子水平上直接观察机械化学反应中材料的困难，以及对有些反应类型研究的缺乏，更增加了其研究难度。机械能转化为化学能的机理是机械化学过程分析的基础；围绕这个基础，在机械化学发展过程中学者们提出了很多假说和模型。但目前提出的机理模型都有限定的适用范围，同时不少模型只能应用于一个特定的反应。根据反应材料的种类，对代表性的机理模型进行介绍。

对于无机材料（如金属和金属氧化物），最广为引用的理论是热点理论（hot spot theory）和岩浆-等离子模型（magma-plasma model）。热点理论最初由研究两个相互滑动表面之间的摩擦过程提出的。材料表面上的微小凸起在摩擦时引起塑性变形，同时在短时间内（10^{-4}～10^{-3}s）局部（大约 1 μm^2）温度显著地升高，超过 1 000℃。脆性材料在受力情况下倾向于破裂，然而热点也可以在脆性材料的裂纹尖端产生，其局部温度可在非常短时间内达到几百甚至上千摄氏度。岩浆-等离子模型描述的是直接撞击，而非侧面摩擦过程。认为在撞击点，能产生超过 10^4℃的高温，同时产生瞬态等离子体和活性物质（包括自由电子）的喷射。

对于共晶（Cocrystals）材料，提出的模型与上述模型是不同的。因为不同类型的反应物，其固有的性质不同，分子晶体通常比较柔软，并且在分子尺度上具有更高的移动性。目前对共晶材料机械化学反应提出了三种机理：①经过蒸汽相或晶体本体，分子输运穿过表面；②形成液态共熔中间相；③通过非晶中间相发生反应。第一种涉及的分子仅仅松散地限制在晶格中，具有较大的蒸汽压，如萘；第二种涉及低溶点反应物或者可形成低溶点共溶物的反应混合物，如二苯胺-二苯甲酮混合物；第三种涉及的分子相对强烈地限制在晶格中（如通过大量的氢键），但在机械化学的条件下，其反应性通过形成非晶相而增加，如研磨卡马西平和糖精可形成药物共晶。对分子晶体来说，值得注意的是研磨所具有的物理效应，包括：①破碎的粒子尺寸更小、表面积更大，另外产品表层的破碎，能暴露出新鲜的表面；②反应物的均匀混合；③形成表面缺陷，最终导致材料表面无定形化；④局部的和本体的摩擦生热。这些物理效应能够使或加速上述每种机理反应发生。

形成共价键的有机反应被认为主要，甚至仅仅通过本体液态共熔状态发生。这个机理与上面描述的第二种机理颇为相似。然而，也有观点认为对一些反应，如温度控制球磨条件下某些 Knoevenagel 反应和有机二硫化物的复分解反应，反应物没有本体的熔化，反应是固体下进行。为给出一个明确的输运机理，对共价有机反应进一步和更广泛的研究是非常有价值的；特别是研究这类反应在一般情况下是如何在本体固相中进行的。

7.5.2 机械化学在有机合成中应用

研磨固体物质有很多方法，目前常用的方法有研钵和杵、高速球磨、高强度研磨等。近十年来这些机械化学方法在有机合成中得到了广泛应用，取得了许多有实用价值的成果，下面介绍几个实例。

（1）羟醛缩合

两分子的醛或酮可以互相作用，其中一个醛（或酮）分子中的α-氢加到另一个醛（或酮）分子的羰基氧原子上，其余部分加到羰基碳原子上，生成一分子β-羟基醛或一分子β-羟基酮。这个反应叫做羟醛缩合或醇醛缩合（Aldol Condensation）。通过醇醛缩合，可以在分子中形成新的碳碳键，并增长碳链。人们开发了很多精致的羟醛缩合方法，但通常都频繁地使用具有毒性的试剂，并且产生大量的废物，包括金属盐。Raston 和 Scott 开发了利用研钵和杵在无溶剂条件下研磨固体醛和酮或固体酮的高选择性的羟醛缩合反应。这些反应在室温下进行，具有高产率和选择性，但也产生极少量的酸性废水。反应式如下：

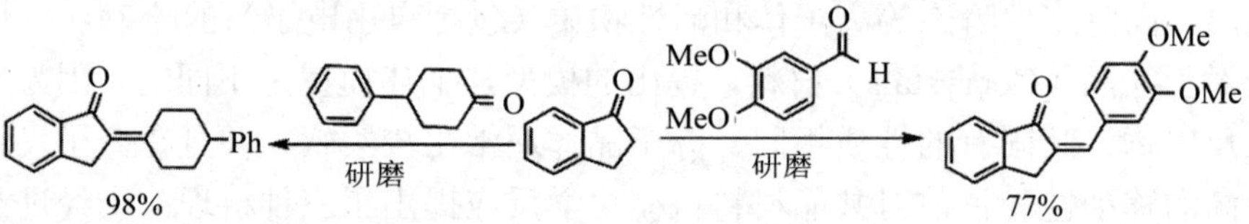

研磨 98% 研磨 77%

（2）Reformatsky 反应

Reformatsky 反应是醛或酮与α-卤代酸酯和锌在惰性溶剂中反应，经水解后得到β-羟基酸酯。Toda 等开发了室温下利用玛瑙研钵和杵，无溶剂条件下进行 Reformatsky 反应的方法。混合α-溴代酸酯、Zn-NH_4Cl 和醛或酮，并保持几小时。反应式如下：

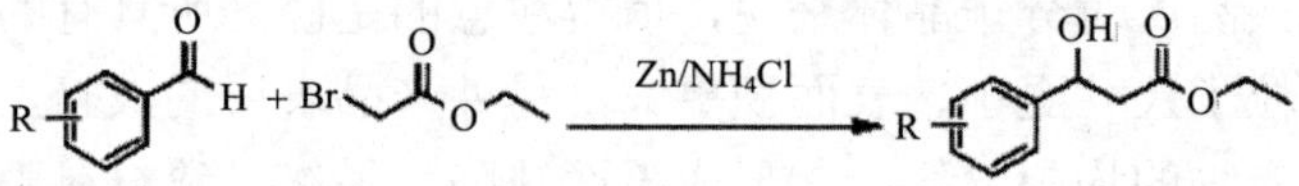

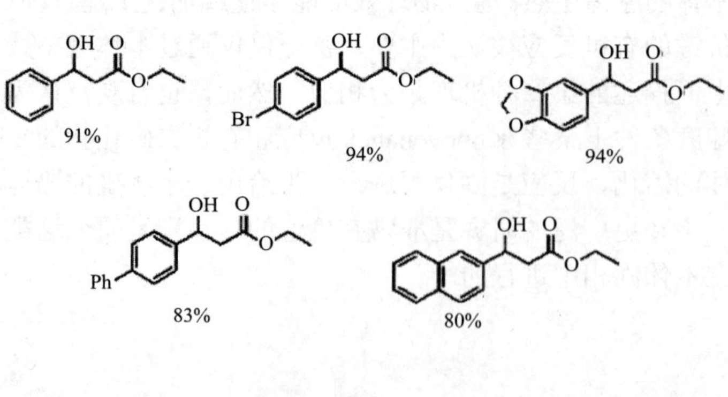

Zn/NH_4Cl

91% 94% 94%

83% 80%

（3）吡唑的合成

含氮杂环化合物的合成在天然或合成有机化学占有重要的地位，因为其具有的药理性质和治疗作用。特别是吡唑和其衍生物由于具有的广泛的多种生物活性，受到了相当大的关注。Martins 等开发了系列吡唑的无溶剂合成方法，使用研磨方法，以固体β-二甲基氨基乙烯酮类和硫酸肼为原料，对甲基苯磺酸（PTSA）为催化剂，合成了系列的吡唑化合物。反应如下：

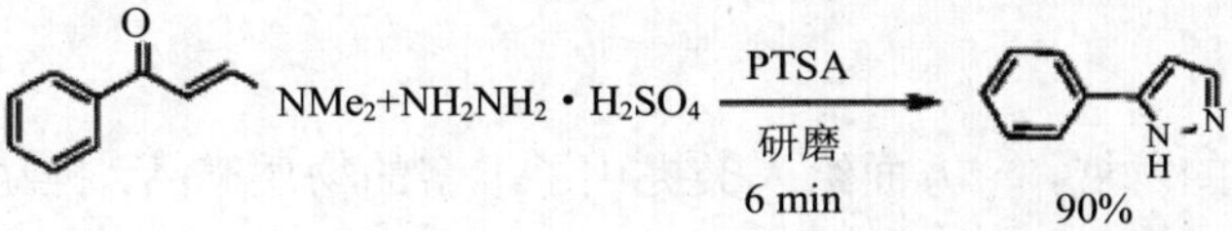

NMe_2+$NH_2NH_2 \cdot H_2SO_4$ PTSA 研磨 6 min 90%

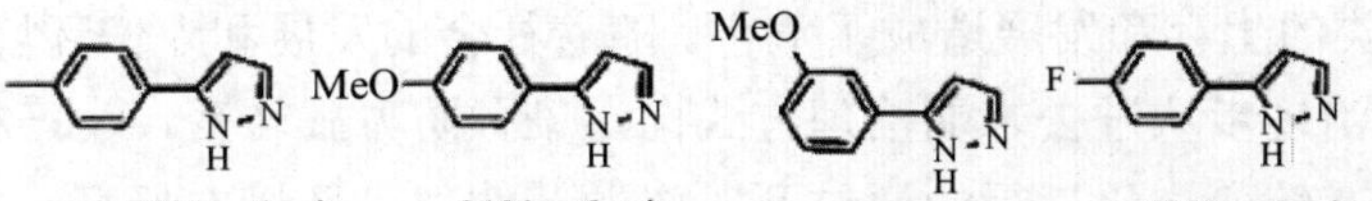

75%，6 min　MeO　91%，6 min　MeO　84%，6 min　F　72%，6 min

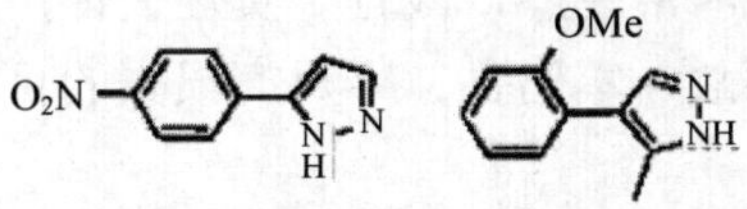

O_2N　75%，12 min　OMe　92%，6 min

（4）富勒烯反应

利用球磨（ball milling）方法，富勒烯反应取得了令人振奋的结果。Komatsu 等在没有溶剂的条件下，利用高速球磨方法，合成了 C_{120} 二聚体。反应如下：

KCN 球磨

8　绿色化工生产

化学工业的发展，一方面给人类提供了丰富的物质产品，推动社会快速发展；另一方面由于消耗了大量资源，产生了大量的污染，对环境和资源造成了极大的压力，给人类的生存和发展造成了危害。随着社会的发展和人们环境意识的提高，工业污染防治逐步从过去末端治理方式向污染预防方式转变，生产模式也逐渐向循环发展模式转变。化工行业通过开发资源节约型、环境友好型、本质安全型的生产工艺和产品，推行清洁生产，践行“责任关怀”理念，从源头防止污染的产生，达到零排放、零事故、零伤亡、零财产损失的目标，实现化学工业的绿色可持续发展。

8.1　化工生产的“零排放”

8.1.1　零排放的内涵

“零排放”（zero emission 或 zero discharge）概念首先是从工业废水的实践中提出的。“零排放”意味着生产过程中的所有原料全部变成产品，没有任何固态、液态或气态废物排放。零排放就其内容而言，其一是要对在工业生产过程中所产生的各种废弃物的排放量进行控制，降低到零排放；其二是对化工生产过程中产生的废弃物进行循环利用，进而提高资源的利用率，降低废弃物的排放。从零排放实现过程的角度来说，就是将一种工业生产过程中产生的废弃物转化成为另一种工业生产的原料或者其他有利用价值的物质，进而通过循环的化学反应形成工业生产生态系统。从技术的角度来说，零排放就是在工业生产的过程中能够实现原料、资源、能源的自然转化，提高各种能量之间的转化率，降低废弃物的排放量。

化学生产零排放是指在化工生产过程中，无限地减少污染物的排放直至为零的活动，即应用物质循环、清洁生产和生态产业等各种技术，实现对资源完全循环利用，而不给环境造成任何废物。换言之，就是在化工生产中以最小的投入谋求最大的产出，在一种产业无法做到时则构筑产业间生产网络，将某种产业产生的废弃物或副产品作为另一产业的原材料。化工生产的零排放要求在化工生产的过程中，实现能源和能量的高程度转化，彻底消除工业废弃物对环境所产生的破坏作用。

零排放以创造生态文明为目标，节约资源和能源、构建生态产业网络、产品的重复使用和再生利用是其重要内容。因此，零排放不单纯指废弃物为零，更泛指无废物排放的社会、社区和企业活动。

化工生产的零排放是一种理想状态，零排放的实现是一个复杂而艰巨的任务，代表着从传统的“从摇篮到坟墓（cradle to grave）”的线性经济发展模式向“从摇篮到摇篮（cradle to cradle）”的循环发展模式的转变。清洁生产是实现零排放的前提和基础，生态工业园区是实现零排放的重要组织形态、发展形态、必要的手段和载体；零排放是生态工业园和循环经济量化指标的具体表现形式，是清洁生产的终极应用和最终目标。

零排放的研究与计划的实施正在全球兴起，得到学术界、企业界和政府普遍的欢迎。日本、欧美、亚洲等国家正积极行动。在战略战术层面上，研究与推进零排放已取得巨大成功。我国的零排放工作也正积极开展，并已取得了一定成效。

8.1.2 零排放的行动原则

为实现零排放，必须遵循以下六项行动原则。

（1）推进非物质化的进程

消费者应彻底改变消费观念，以服务功能的满足取代物质产品的消费。生产者应采用生态设计，提供环境友好产品，实现产品生命周期环境影响的最小化。生产者还应从生产物质产品转变为提供高质量服务，来满足消费者的需求。

（2）可再生资源的消耗量不能超过再生量

节约资源，将可再生资源的消耗速度降低到小于再生速度，才能保证可再生资源量不会减少。如水是可再生资源，化工行业的消耗巨大，如我国人均水量是世界平均水量的1/4，为2 730 m^3/（人·a），居世界第88位。由于工业污染和生活用水过度浪费，使水资源极度紧张，年经济损失为数百亿元。这表明我国水资源消耗量已超过再生量，化工行业要充分采取措施，保证水的循环利用，减少其消耗量。

（3）开发不可再生资源的绿色替代品

在化工生产中节约使用不可再生资源，开发深度提取资源的技术。在尚未找到大量清洁替代能源和可再生资源有效利用技术之前，不能将属于后代的资源耗尽也不能透支地球。要节约现存的资源，最大限度地充分利用；其次要开发替代资源，如能源使用要逐渐由富碳能源（煤、油）、低碳能源（天然气、煤层气、二甲醚）逐步向无碳能源（氢能、聚变能、风能、太阳能）和再生能源转变。

（4）开发与利用“地上储存资源”

地下资源面临枯竭，然而物质是不灭的，它转化为现存的地上文明人造物，如住房、汽车、家电、生活用品等。如果将这些废弃的“地上资源”再利用，也是零排放的重要内容。

（5）排放的废弃物不能超出自然界的自净能力

化工生产排放废弃物的种类和数量不能超过现有环保技术和再利用技术的处理容量和能力，废弃物排放速度不能超过自然界的自净能力。

（6）环境成本内在化

所谓环境成本是指为了保护环境、防范生态破坏，在商品生产活动中，从资源开采、生产、运输、使用、回收到处理废弃物所需的全部费用。环境成本内在化就是指把企业的环境成本计入生产或交换成本中，从而反映在价格机制中。

8.2 化工清洁生产

8.2.1 清洁生产的定义

联合国环境规划署对清洁生产的定义：清洁生产是在工艺、产品和服务中持续地应用整体预防的环境策略，以增加生态效益和减少对人类和环境的危害和风险。清洁生产包含两个全过程控制，生产全过程和产品整个生命周期过程。对生产过程而言，包括节约原材料与能源，尽可能不用有毒原料，并在生产过程中就减少它们的数量和毒性；对产品而言，则是从原材料获取到产品最终处置的全过程中，尽可能将对环境的影响减少到最低。《中华人民共和国清洁生产促进法》给出了具有操作性的定义：“清洁生产是指不断采取改进设计、使用清洁的能源和原料、采用先进的工艺技术与设备、改善管理、综合利用等措施，从源头削减污染，提高资源利用效率，减少或者避免生产、服务和产品使用过程中污染物的产生和排放，以减轻或消除对人类健康和环境的危害”。清洁生产的基本原则包括环境影响最小化原则、资源消耗减量化原则、优先使用再生资源原则、循环利用原则、原料和产品无害化原则等。清洁生产的目标是“节能、降耗、减污、增效”。

化学工业中的生产过程简单概括就是原料和能源的输入与产品和废物的输出。要实现清洁生产，需要在目标产品质量和产量得到保证的前提下，通过化学工程与工艺的优化设计，减少原料和能量的消耗以及副产物和废物的产生，积极发展绿色化工，即在绿色化学理念基础上进行化工技术开发和化工生产实践。化学工业中的绿色生产技术主要集中在以下几方面：①化学反应的绿色化：寻求安全有效的反应途径，如开发原子经济反应、提高反应的选择性等；②原料的绿色化：寻求安全有效的反应原料如采用无毒无害的原料、以可再生资源为原料等；③溶剂的绿色化：如采用无毒无害的溶剂；④催化剂的绿色化：如采用无毒无害的催化剂；⑤产品的绿色化：设计安全有效的目标分子、制造环境友好产品等；⑥化工生产的绿色化：寻求“零排放”的工艺过程和安全有效的反应条件等。

8.2.2 清洁生产评价

开展清洁生产评价有助于衡量企业资源能源利用水平、废弃物产生和管理水平，找出差距，从而采取清洁生产方案，提高企业的清洁生产水平。清洁生产标准由多层次、多属性、相互联系、相对独立、互相补充的指标体系组成。我国现行清洁生产的评价指标包括六类一级指标：①生产工艺及装备指标：产品生产中采用的生产工艺和装备的种类、自动化水平、生产规模等方面的指标；②资源能源消耗指标：在生产过程中，生产单位产品所需的资源与能源量等反映资源与能源利用效率的指标；③资源综合利用指标：生产过程中所产生废物可回收利用特征及废物回收利用情况的指标；④污染物产生指标：单位产品生产（或加工）过程中，产生污染物的量（末端处理前）；⑤产品特征指标：影响污染物种类和数量的产品性能、种类和包装，以及反映产品贮存、运输、使用和废弃后可能造成的环境影响等的指标；⑥清洁生产管理指标：对企业所制定和实施的各类清洁生产管理相关规章、制度和措施的要求，包括执行环保法规情况、企业生产过程管理、环境管理、清洁生产审核、相关环境管理等方面。每类一级指标又由若干个二级指标组成，根据当前各行业清洁生产技术、装备和管理水平，将二级指标的基准值分为三个等级：Ⅰ级为国际清洁生产领先水平；Ⅱ级为国内清洁生产先进水平；Ⅲ级为国内清洁生产一般水平。采用指标分级加权评价方法，计算行业清洁生产综合评价指数。根据综合评价指数，确定清洁生产等级。

从评价指标体系可以看出，清洁生产是以节约能量、降低原材料消耗、减少污染物的产生和排放为目标，以科学管理、技术进步为手段，目的是提高污染防治效果，减少化学工业生产对人体健康和环境的影响。因此，实现无废少废的清洁生产不是单纯从技术、经济角度出发来改造生产活动，而是从生态经济的角度出发，根据合理利用资源、保护生态环境的原则考察化工产品从研究、设计到消费的全过程，它着眼的不是消除污染引起的后果，而是消除造成污染的根源。

但也应该指出，清洁生产是一个动态的、相对的概念，是一个连续的、循序渐进的、螺旋上升的过程。清洁生产是相对的，即清洁工艺和清洁产品只是与现有的工艺和产品相比较而言的，因此推行清洁生产是一个不断完善的过程，要与时俱进，随着经济的发展和科学技术的进步还需要不断提出新目标，达到更高的水平。同时，清洁生产与末端治理两者并非互不相容，并不是说推行清洁生产就不需末端治理，这是由于工业生产无法完全避免污染的产生，最先进的生产工艺也不可避免地会有少量污染物的产生，用过的产品也必须进行处理、处置，因此清洁生产和末端治理会永远长期共存。只有共同努力，实施生产过程和治污过程的双重控制，才能实现社会、经济和环境的和谐发展。

8.3 “责任关怀”理念

“责任关怀”是于 20 世纪 80 年代国际上开始推行的企业理念。1984 年由加拿大化学品制造协会首先提出，1988 年美国化学品制造协会正式推行，1992 年国际化工协会理事会（ICCA）接纳并形成在全球推广的计划。其宗旨是在全球石油和化工企业实现自愿改善健康、安全和环境质量。

责任关怀理念是国际化工界推行的一种企业理念，是减少环境、安全和健康事故的可持续发展理念。责任关怀特别强调社区的认知和参与，强调信息交流；着眼于化学品的整个生命周期，注重对供应商和经销商提出相应的要求。责任关怀诞生的原因及实施的最终目的不是着眼于近期的商业和利益，而在于树立良好的行业公众形象，从而使化工行业实现可持续发展并最终实现零污染排放、零人员伤亡、零财产损失的终极目标责任。

责任关怀理念主要内容包括社区认知和应急响应、储运安全、工艺安全、污染防治、职业健康安全、产品安全监管六个方面。责任关怀主要原则：①不断提高工企业在技术、生产工艺和产品中对环境健康和安全的认知度和行动意识，从而避免产品周期中对人类和环境造成损害；②充分地使用能源并使废物达到最小化；③公开报告有关的行动、成绩和缺陷；④倾听、鼓励并与大众共同努力以达到他们关注和期望的内容；⑤与政府和相关组织在相关规则和标准的发展和实施中进行合作，来更好地制定和协助实现这些规则和标准；⑥在生产链中给所有管理和使用化学品责任管理的人提供帮助和建议。

中华人民共和国化工行业标准《责任关怀实施准则》（HG/T 4184—2011）规定了“责任关怀”的六大实施准则——社区认知和应急响应准则、储运安全准则、污染防治准则、工艺安全准则、职业健康安全准则、产品安全监管准则。详细的标准都是围绕这六方面制定的。它们也反映了化学工业企业管理的几个重要方面。

这六项准则的目标和内容如下：

（1）社区认知和应急响应准则

目的是组织通过有效的信息交流和沟通手段与当地社区或其他企业的相应应急计划呼应，进而达到相互支持与帮助的效果，以确保员工及社区民众的安全。作为实施责任关怀的企业有义务让周围社区公众认知、了解企业使用什么和制造什么，在生产过程中存在着什么样的危险。这些危险源一旦发生事故会产生怎样的危害。并让居民了解企业有良好的安全计划和安全管理体系，有有效的防范措施。让居民了解一旦发生火灾、爆炸等恶性事故时，应如何避险、如何疏散、如何尽量减少事故带来的损失。

（2）储运安全准则

目的是规范化学品相关企业实施责任关怀过程中化学品储运（包括化学品包装、运输、储存等各种形式）的安全管理，确保化学品在储运过程中对人员和环境可能造成的危害降低到最小程度。

（3）污染防治准则

目的是增强化学品相关企业各类人员的环境意识。使企业在生产经营活动中对污染物的产生、处理和排放进行综合控制和管理，不断追求和达到减少废弃物的排放总量的最佳效果。企业在生产过程中应该遵循“减量化、再利用、再循环”的原则，充分利用能源，尽可能降低原材料的消耗，最大限度减少或避免任何类型污染物的产生，并能对污染物产生和排放进行有效处理和控制。

（4）工艺安全准则

工艺安全是化工生产的保障和关键，必须确保装置长期、连续、安全运行，要预防火灾、爆炸及化学物质的意外泄漏等事故的发生。它要求工艺设施应依据工程实务规范妥善地设计、建造、操作、维修和训练并实施定期检查，以达到安全的过程管理。化工新产品的开发、新产品的试生产必须解决安全生产问题，否则便不能转化为实际生产过程。

（5）职业健康安全准则

目的是改善人员作业时的工作环境和防护设备，使工作人员能安全地在工厂内工作，进而确保工作人员的安全与健康。此项准则要求企业不断改善对雇员、访客和合同工作人员的保护，内容包括加强人员的训练并分享相关健康及安全的信息报道、研究调查潜在危害因子并降低其危害及定期追踪员工的健康情况并加以改善。

（6）产品安全监管准则

此项准则适用于企业产品的所有方面，包括从开发，经制造、配送、销售到最终的废弃，以减少源自化工产品对健康、安全和环境构成的危险，保证在化工产品生命周期的每个环节对人员和环境造成的危害降至最低限度。其范围涵盖了所有产品从最初的研究、制造、储运与配送、销售到废弃物处理整个过程的管理。

8.4 化工清洁工艺实例

8.4.1 己内酰胺生产技术

己内酰胺是尼龙-6纤维和尼龙-6工程塑料的单体，是重要的基本有机化学品。己内酰胺传统生产工艺主要有3种，即环己酮—羟胺工艺、环己烷光亚硝化法及甲苯法。世界上，90%以上的己内酰胺通过环己酮—羟胺工艺生产。

环己酮—羟胺工艺主要包括苯加氢制环己烷、环己烷氧化制环己酮、环己酮羟胺肟化制环己酮肟、环己酮肟重排制己内酰胺，再经多步精制过程得到己内酰胺成品，如图 8-1 中路线 1 所示。己内酰胺生产不仅流程长、工艺复杂，且因使用腐蚀性和毒性高的 NO_x 和 SO_x，碳原子和氮原子利用率分别低于 80%和 60%；以 5 万 t/a 己内酰胺生产装置的生产统计数据可知，生产 1 t 己内酰胺将排放 5 000 m^3 废气、5 t 废水和 0.5 t 废渣，并副产 1.6 t 低价值硫酸铵。环己酮—羟胺工艺“原子经济”性差、使用有毒有害的溶剂和催化剂、废物排放量大。

近年来，己内酰胺生产新技术开发主要集中在两类：一类是从改变原料入手，以丁二烯为原料，与CO或HCN反应制备己内酰胺，具有流程较短、完全消除副产硫酸铵的优点，但由于原料毒性大、投资大等原因，均未实现工业化；另一类则基于现有苯原料路线，通过开发新催化材料、新反应工艺来实现各过程的跨越式进步（如图8-1中路线2所示），同样可以简化工艺，减少腐蚀污染，无副产硫酸铵，尤其适宜于对现有装置的技术改造。目前环己酮—羟胺工艺已发展到第三代技术，见表8-1。

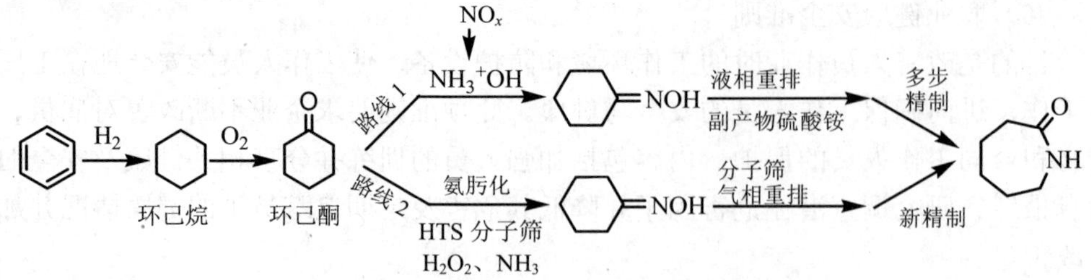

图 8-1 苯原料路线合成己内酰胺新技术组合

表 8-1 制备己内酰胺的化学反应过程

反应过程	第一代技术	第二代技术	第三代技术
肟化反应	氨氧化反应： $4NH_3+7O_2 \longrightarrow 4NO_2+6H_2O$ 羟胺反应： $2NO_2+2H^++5H_2 \longrightarrow 2NH_3OH^++2H_2O$ 肟化反应： $NH_3OH_3^+$+ 环己酮 ⟶ 环己酮肟 $+H_2O+H^+$ 铵分解反应： $2NH_4^++NO+NO_2 \longrightarrow 2N_2+2H^++3H_2O$	环己酮 $+NH_3+H_2O_2$ $\xrightarrow[80℃,0.3MPa]{HTS}$ 环己酮肟 $+2H_2O$	同第二代技术
重排反应	环己酮肟 $+1.5H_2SO_4+3NH_3 \longrightarrow$ 己内酰胺 $+1.5(NH_4)_2SO_4$	同第一代技术	环己酮肟 $\xrightarrow[新反应工艺]{全硅分子筛}$ 己内酰胺
精制反应	雷尼 Ni 催化剂、釜式反应器	非晶态 Ni 催化剂、磁稳定床反应器	同第二代技术和结晶分离

8.4.1.1 环己酮氨肟化合成环己酮肟工艺技术

环己酮肟制备技术是己内酰胺生产的核心。由环己酮制备环己酮肟的传统工艺主要分为拉西法即硫酸羟胺法、氧化氮还原法和磷酸羟胺法 3 种，均是通过环己酮与羟胺的一种盐反应来制取环己酮肟，其差别在于生产羟胺的过程和生成羟胺的盐不同。而不同的羟胺盐的制备都是先将氨燃烧制成氮氧化物或其盐，再经还原而得，此过程不仅生产流程长、工艺复杂、条件苛刻、设备投资高，而且因产生或使用 NO_x 和/或 SO_x 等而存在较严重的腐蚀和污染问题。3 种方法中磷酸羟胺法工艺应用最普遍，这也是 DSM 公司开发的己内酰胺生产技术的核心内容。其中，环己酮肟制备过程需 4 步反应，要使用 5 种催化剂。比如，制备羟胺的贵金属催化剂价格昂贵且用量大，反应选择性低，氨的利用率不足 60%。因此，研究开发一种工艺简单、成本低且环境友好的新技术来生产环己酮肟，具有十分重要的意义。

20 世纪 80 年代，意大利 Enichem 公司研制了钛硅分子筛（TS-1）催化氧化材料，在 TS-1 的催化作用下，环己酮可与氨、过氧化氢（双氧水）进行氨肟化反应，高选择性地一步直接制备环己酮肟。此过程为“原子经济”的反应过程，不仅工艺过程简单、反应条件温和，而且唯一的副产物是水，反应过程见表 8-1。1995

年，Enichem 公司完成了 1.2 万 t/a 规模工业示范试验，采用直径为 20 μm 的微球催化剂和多釜串联浆态床反应器，使环己酮转化率≥99.9%、环己酮肟选择性≥99.3%、双氧水利用率约为 90%。

8.4.1.2 浆态床环己酮氨肟化制备环己酮肟的工艺技术

1995 年，中国石化石油化工科学研究院开始进行环己酮氨肟化新工艺及其催化剂的研究开发，并于 2003 年首次实现工业应用。开发的环己酮氨肟化新工艺以纳米/微米级 HTS 分子筛原粉为催化剂，浆态床/膜分离组合为反应器，环己酮转化率≥99.9%，环己酮肟选择性≥99.5%。采用纳米/微米级分子筛催化剂，不仅省去了催化剂成型过程，而且可以充分发挥催化剂活性中心的作用。这一技术创新实现了纳米级催化剂的分离与连续循环使用，为纳米级催化剂的工业应用提供了成功的范例。与第一代己内酰胺生产技术相比，其简化了工艺流程，氨的利用率由 60%提高到 90%以上，生产过程中不产生和使用腐蚀性 NO_x，装置投资减少 70%以上，废气排放量为第一代己内酰胺生产技术的 1/200。

8.4.1.3 非晶态合金催化剂与磁稳定床集成用于己内酰胺加氢精制

第一代己内酰胺生产技术采用雷尼 Ni 催化剂和釜式反应器加氢精制己内酰胺，增大杂质和己内酰胺沸点的差距，以便通过蒸馏脱除杂质。这种加氢精制技术工艺流程复杂、催化剂消耗高、加氢效率低、催化剂需要过滤分离。将雷尼 Ni 加氢催化剂的晶态结构转化为非晶态，使其加氢活性显著增加，并结合磁稳定床反应器优异的反应过程强化性能，成功开发出第二代己内酰胺生产技术中的产品精制技术，使得己内酰胺质量提高、收率增加、操作费用下降。

8.4.1.4 环己酮肟气相贝克曼重排新工艺开发

环己酮肟经过贝克曼重排反应生产己内酰胺有两种工艺：液相贝克曼重排和气相贝克曼重排。目前，工业上采用的为液相贝克曼重排工艺，该工艺以发烟浓硫酸作溶剂和催化剂，重排反应完成后需要使用大量的氨水以中和反应体系的酸性，每吨己内酰胺产生 1.6 t 廉价的硫酸铵，并存在腐蚀设备和污染环境等问题。由于精制过程中存在无机盐硫酸铵，导致分离提纯工序多而复杂。

2000 年，中国石化石油化工科学研究院开始进行环己酮肟气相重排催化剂及工艺研究和开发，2012 年完成工业示范，环己酮肟转化率达到 99.9%以上，己内酰胺平均选择性达到 96.5%。与现有液相贝克曼重排反应的生产工艺不同，气相贝克曼重排反应新工艺是在全新知识基础上的无硫铵化、绿色化和环境友好的新技术。

8.4.2 环氧丙烷的清洁工艺

环氧丙烷（PO）是除聚丙烯和丙烯腈外的第三大丙烯衍生物，是重要的基本有机化工合成原料，主要用于生产聚醚、丙二醇等。它也是第四代洗涤剂非离子表面活性剂、油田破乳剂、农药乳化剂等的主要原料。环氧丙烷的衍生物广泛用于汽车、建筑、食品、烟草、医药及化妆品等行业。

环氧丙烷生产工艺有氯醇化法、共氧化法、直接氧化法三种。世界范围内氯醇法、共氧化法工艺占比超过90%，但直接氧化法清洁环保、转化率高，受到各国政府鼓励，是行业未来的发展方向。国内 2011 年超过 65%的 PO 生产使用氯醇法，其余的主要使用共氧化法，而过氧化氢直接氧化法（HPPO）正在初步工业化阶段。

8.4.2.1 氯醇法工艺

氯醇法工艺是传统的 PO 工业生产的工艺路线，始于 20 世纪 30 年代，代表企业为美国陶氏化学（DowChemical）公司。全球环氧丙烷产能约有 40%应用氯醇法工艺，我国氯醇法占比约 70%。氯醇法工艺过程分为丙烯氯醇化、石灰乳皂化和产品精制三个工序，工艺路线见图 8-2。首先通过氯气、水与丙烯发生氯醇化反应，生成中间体氯丙醇，再用石灰水与其发生皂化反应制得环氧丙烷 PO，将反应产物送入初馏塔和精馏塔进行产物分离，得到产品 PO 和副产品二氯丙烷等，工艺流程见图 8-3。

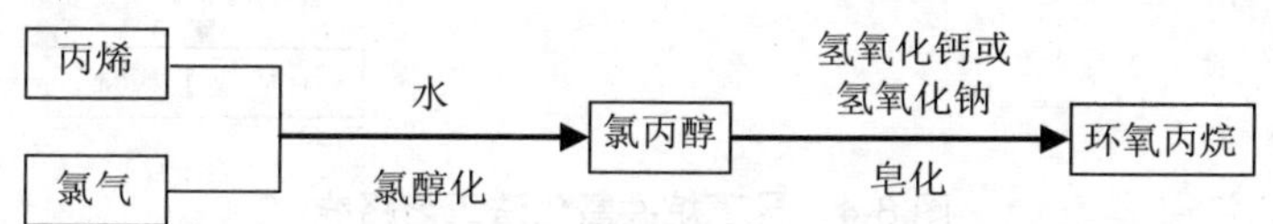

图 8-2 氯醇法工艺路线

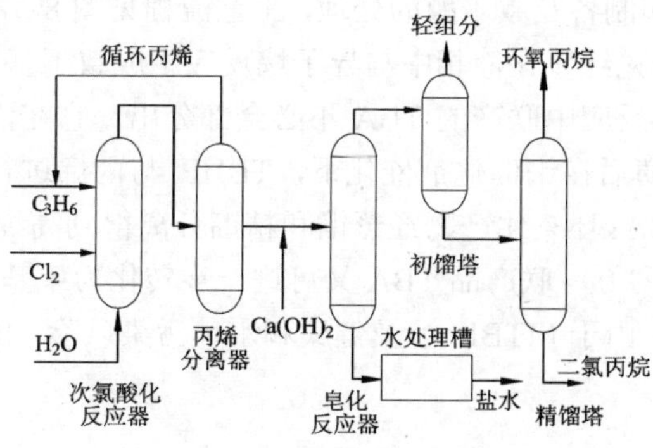

图 8-3 氯醇法工艺流程

氯醇法的特点是流程较短、操作弹性大、丙烯选择性好、工艺成熟、收率高、对丙烯的纯度要求不高、投资少等。缺点是水资源消耗大，产生大量废水和废渣，对环境污染严重。每生产 1 t 环氧丙烷产生 40～50 t 含氯化物的皂化废水和 2 t 以上的废渣，生产过程中产生的次氯酸对设备的腐蚀也比较严重。此外，氯醇法生产过程中要消耗大量的氯气，每生产 1 t 环氧丙烷，就要消耗氯气 1.35～1.85 t，需要在其附近建设配套的烧碱装置。

8.4.2.2 共氧化法工艺

共氧化法自 1969 年实现工业化以来，目前已成为欧洲 PO 应用较广泛的生产方法。共氧化法产能已占世界总产能的 55%左右，国内仅中海壳牌、镇海炼化两套环氧丙烷装置采用共氧化法工艺。根据原料和联产品的不同，采用的共氧化法主要包括阿尔科公司和德士古公司的异丁烷共氧化工艺、阿尔科公司和壳牌公司的乙苯共氧化工艺。

异丁烷共氧化工艺美国阿尔科公司开发，主要以丙烯和异丁烷为原料，工艺路线见图 8-4。

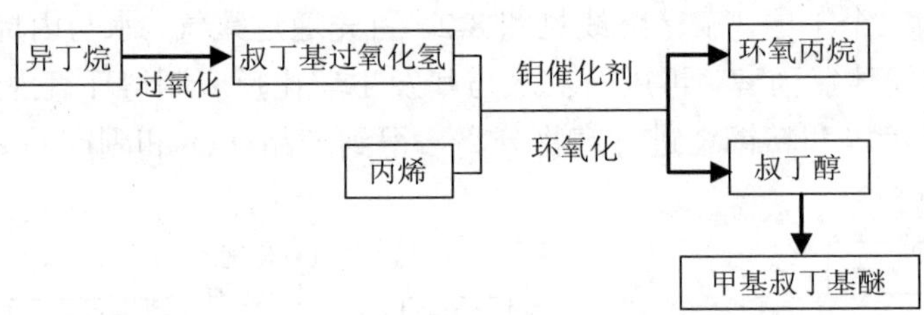

图 8-4 异丁烷共氧化法工艺路线

异丁烷共氧化工艺过程包含 6 个工序：异丁烷氧化、丙烯环氧化、产品分离、精制、催化剂回收和制备及叔丁醇的处理，工艺流程见图 8-5，其核心反应主要为过氧化和环氧化。首先纯氧在液相中与异丁烷反应生成叔丁基氢过氧化物（TBHP）和叔丁醇（TBA）。反应中联产的 TBA 不必全部分出，它在丙烯环氧化过程中可作稀释剂和溶剂。随后在钼催化剂催化下，TBHP 与丙烯进行环氧化反应，制得产品 PO 和联产 TBA；环氧化产物经蒸馏和精馏分离得到高纯度的 PO 和联产物，质量比为 1∶（2.5～3.0）。联产品 TBA 又可进一步转化为甲基叔丁基醚（MTBE），其用于汽油添加剂，由于 MTBE 涉及健康和水体污染风险，使得该工艺的应用受到了限制。

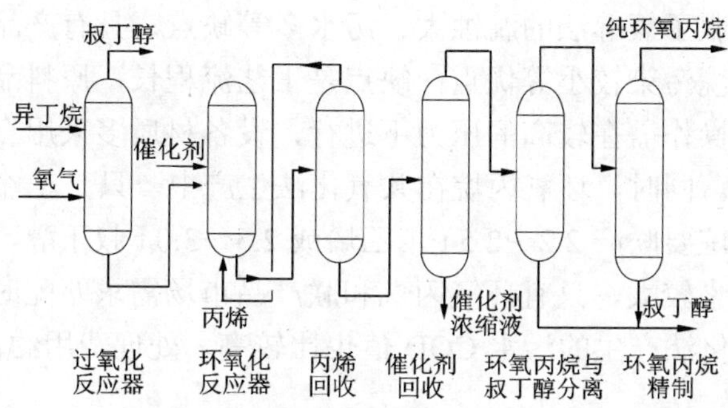

图 8-5 异丁烷共氧化法工艺流程

乙苯共氧化法工艺由阿尔科公司首先工业化，主要是利用乙苯的过氧化物与丙烯进行环氧化反应生成 PO，同时副产苯乙醇，生成的苯乙醇脱水生成苯乙烯，工艺路线见图 8-6。

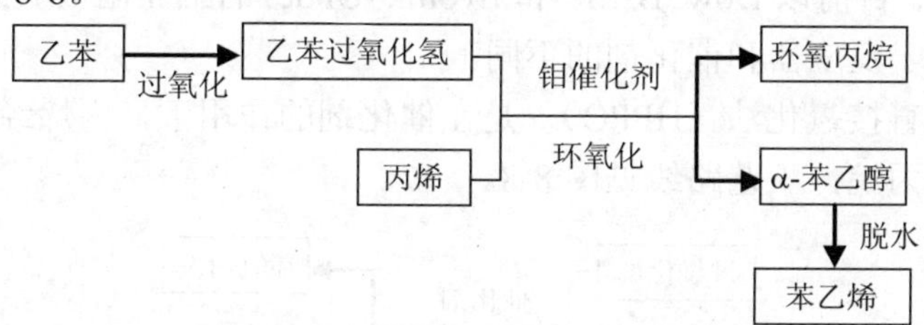

图 8-6 乙苯共氧化法工艺路线

此过程的工艺特点是乙苯和氧气在液相反应器内反应得到乙苯的过氧化物（EBHP），在液相中苯乙醇在含钼的配合物催化剂作用下脱水生成苯乙烯，每产出 1 t PO 可联产苯乙烯 2.25 t。工艺流程见图 8-7。

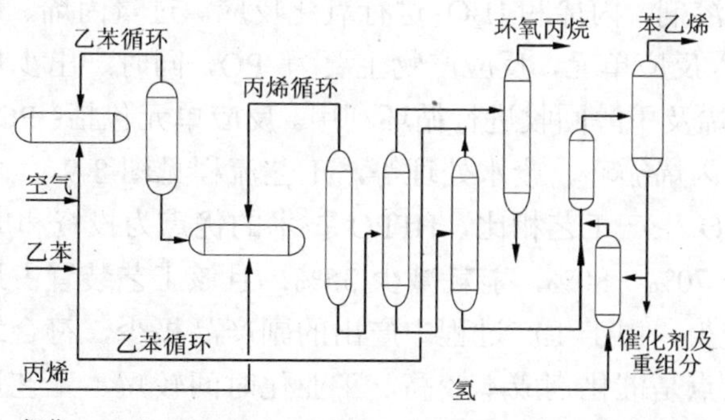

图 8-7 乙苯共氧化法工艺流程

共氧化法克服了氯醇法的腐蚀大、污水多等缺点，具有产品成本低（联产品分摊成本）和环境污染较小等优点；缺点是工艺流程长，原料品种多，对丙烯纯度要求高，工艺操作需在较高的压力下进行，设备材质多采用合金钢，设备造价高，建设投资大。同时，环氧丙烷在共氧化法生产中，只是 1 个产量较少的联产品，每吨环氧丙烷要联产 2.2～2.5 t 苯乙烯或 2.5～3.0 t 叔丁醇，原料来源和产品销售相互制约因素较大，只有环氧丙烷和联产品市场需求匹配时才能显现出该工艺的优势，共氧化法产生的污水 COD 值也比较高，处理费用约占总投资的 10%。

8.4.2.3 直接氧化法工艺

直接氧化工艺法使用氧化剂直接氧化丙烯制得 PO，根据所选氧化剂的不同可分为过氧化氢直接氧化法（HPPO）和氧气直接氧化法。过氧化氢直接氧化法 2008 年实现工业化生产，2014 年我国吉神化工 30 万 t 装置和中石化长岭炼化 10 万 t 装置正式投产。目前以 Dow /BASF 和 Evonik /Uhde 的工业化生产技术最为成熟，其主要差别在于反应器和催化剂的不同。

过氧化氢直接氧化法（HPPO），是在催化剂的作用下，丙烯经过氧化氢直接氧化得到环氧丙烷，工艺路线见图 8-8。

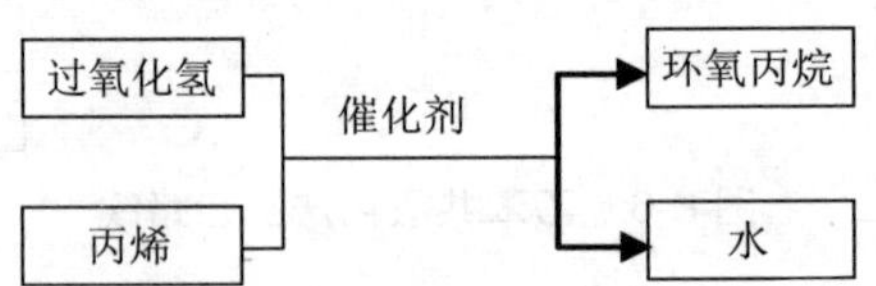

图 8-8 过氧化氢直接氧化法工艺路线

过氧化氢直接氧化法工艺采用固定床反应器，使用专用的钛-硅沸石催化剂（TS-5），甲醇为溶剂，丙烯和 H_2O_2 进行氧化反应。过量丙烯、甲醇、质量分数为 70%的 H_2O_2 加入反应单元，反应产物主要为 PO，同时产出少量的水和极少量的副产物，过量丙烯及甲醇回收进行循环利用。反应单元包括：PO 反应、PO 分离、甲醇和水分离、丙烯循环、废水处理等，工艺流程见图 8-9。

与传统的 PO 生产工艺相比，HPPO 技术的优点为投资和成本减少 25%，同时废水排放减少 70%～80%，能耗减少 35%；且该工艺装置占地面积非常小，所需配套设施也较少。由于生产过程中产出的副产品极少，符合绿色化学理念，属于清洁工艺。缺点是催化剂成本较高，工业化时间较短，工艺还需进一步完善。美国陶氏（Dow）化学品公司和巴斯夫（BASF）公司因为合作开发了过氧化氢直接氧化法生产环氧丙烷的生产工艺，获得 2010 年度美国总统绿色化学挑战奖的绿色合成路线奖。

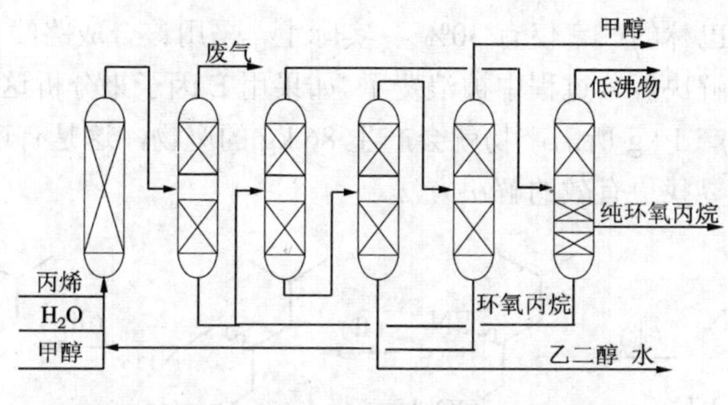

图 8-9 Dow /BASF 的过氧化氢直接氧化法工艺流程

8.4.3 绿色制药工艺案例

绿色制药工艺是以研究和发展生产 API（药物活性成分，原料药）为目标，通过发展高效、合理、无污染的绿色化学，推行清洁生产达成的；以环境和谐、发展经济为目标，创造出环境友好的先进生产工艺技术，实现制药工业的“生态”循环和“环境友善”及清洁生产的“绿色”结果。

8.4.3.1 普瑞巴林的合成工艺改进

普瑞巴林（Pregabalin，商品名，乐瑞卡），化学名称为（3S）-3-氨甲基-5-甲基己酸，是由 Pfizer 公司开发的新型γ-氨基丁酸（GABA）受体拮抗剂，治疗包括癫痫、神经性疼痛、焦虑障碍和社交性焦虑障碍等的药物。该药物 2005 年 9 月在美国上市，由于具有较好的抗癫痫、抗焦虑和治疗神经性疼痛等作用，目前已经在临床中得到广泛应用，2010 年销售额达到 30.6 亿美元，2011 年的销售额达 41.6 亿美元。

普瑞巴林分子结构中含有一个手性中心，其 S 型异构体具有药理活性，临床使用的是 S 异构体。作为一个含手性碳的γ-氨基酸小分子，其合成的难度及对生产工艺的挑战是巨大的，工艺的绿色化也是一个渐进的过程。美国派德药厂（Parke-Davis）开发了该药物的第一条工业合成路线（图 8-10）。β-氰基二酯（2-乙氧羰基-3-氰基己酸乙酯）是由异戊醛与丙二酸二乙酯缩合反应后的产物与氰化钾加成制备而成，然后氰基二酯经水解、脱羧得到β-氰基酸，用雷尼镍催化氢化还原β-氰基酸得到了外消旋普瑞巴林，然后用 S-扁桃酸拆分可得到目标产物。

总体而言，该合成路线除了最后一步拆分外，是一条行之有效的合成消旋普瑞巴林的路线。拆分外消旋产物注定会使得一半用于合成外消旋体的原料丢弃。但对于外消旋普瑞巴林的拆分，传统的拆分方法并不是特别有效（从外消旋的普瑞巴林产出普瑞巴林的产率仅有 30%）。实际上，采用该合成路线，70%的合成材料在这种传统的解决拆分过程中被浪费了。如果用 E 因子来分析这种拆分方法时，不难发现，每生产 1 kg 所需产物就会产生 86 kg 的废物，这是有违绿色化学原则的，这促使人们寻找更有效的解决方法。

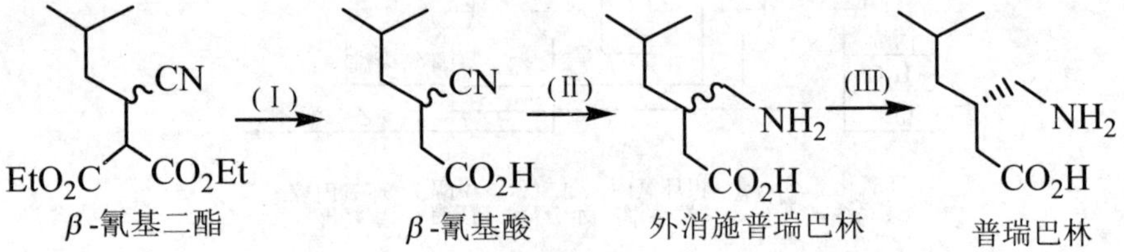

β-氰基二酯　$\xrightarrow{(\text{I})}$　β-氰基酸　$\xrightarrow{(\text{II})}$　外消施普瑞巴林　$\xrightarrow{(\text{III})}$　普瑞巴林

(Ⅰ) KOH,MeOH,H_2O,回流；(Ⅱ) H_2,雷尼镍,EtOH,H_2O,HOAc,异丙醇洗；

(Ⅲ) S-扁桃酸,异丙醇,H_2O,异丙醇重结晶,H_2O,盐分解,异丙醇重结晶,H_2O

图 8-10　经典普瑞巴林合成路线

基于此，辉瑞（Pfezer）公司成功运用生物催化法，开发了新的合成路线，利用水解酶将外消旋的氰基二酯选择性水解为氰基单酯。关键是他们鉴别出了能够水解S-氰基二酯（目标产物）比R-氰基二酯快200倍的两种酶，它们是Thermomyces Lanuginosus脂肪酶（商品名，丽波脂肪酶）和Rhizopus Delemar脂肪酶。尽管这两种酶有相同的选择性，但丽波脂肪酶具有较高的比活性，因此选用其作为催化剂进行放大，因为较高的比活性能直接降低生物催化剂的用量，从而会减少废物。这个反应路线经过精心设计后，每步反应都可在水相里进行，全合成路线见图 8-11。2006年9月，Pfizer公司开始采用这个新的合成路线生产普瑞巴林，这个过程的E因子为17。

接下来，辉瑞（Pfezer）公司又解决未发生水解反应的相反的对映体（R-氰基二酯）通过消旋化进行回收利用问题。开发中遇到的挑战之一是在分子中被差向异构化的中心质子的酸性不是最强的，最终这个困难通过用碱催化的差向异构化反应得以解决，R-氰基二酯消旋率在 98%以上（图 8-11 中步骤Ⅳ）。这个反应采用了较高的反应温度条件，而且为了避免物质分解，采用了在连续反应器中使用较短的反应时间进行反应。新合成路线不仅产生更少的废物，而且具有从氰基二酯合成普瑞巴林非常高的总收率。美国食品药品监督管理局（FAD）在 2009 年 9 月 9 日批准了这个新合成工艺，Pfizer 公司已经采用了最新的环境友好的过程开始生产普瑞巴林。

三个反应中所使用的关键原料如表 8-2 所示，该药物发展的主要阶段及每个阶段 E 因子见表 8-3。

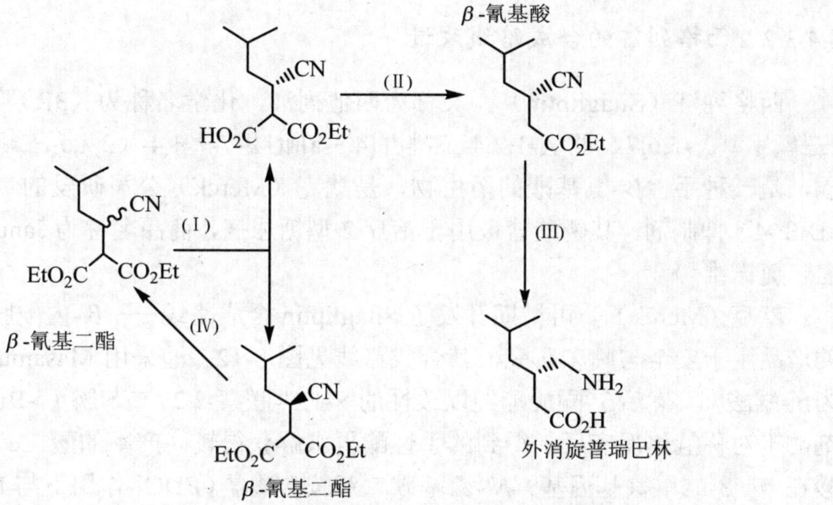

β-氰基酸

β-氰基二酯

β-氰基二酯

外消旋普瑞巴林

（Ⅰ）丽波脂肪酶催化的水相酶反应；（Ⅱ）水相热脱羧反应；

（Ⅲ）水相中水解（KOH）及氢化反应（H_2，雷尼镍）；（Ⅳ）碱催化的差向异构化反应

图 8-11　水相中的酶催化合成普瑞巴林路线

表 8-2　生产 1 000 kg 普瑞巴林传统方法与生物催化路线所需关键原料的比较

加入原料	所需原料量/（kg/1 000 kg 普瑞巴林）		
	传统合成路线	生物催化路线	
		R-氰基二酯不参与合成循环	R-氰基二酯参与合成循环[a]
氰基二酯	6 212	4 798	2 810
酶	0	574	336
S-扁桃酸	1 135	0	0
雷尼镍	531	80	55
溶剂	50 042[c]	6 230[b]	2 620[b]
合计	57 920	11 682	5 881

注：a 增加了其他的改进过程；b 溶剂循环之后；c 部分溶剂循环。

表 8-3　普瑞巴林发展与 E 因子

时间	主要采用的合成路线	E 因子[a]
2005—2006	经典路线	86
2006—2009	生物催化路线	17
2010 至今	R-氰基二酯参与循环的路线	8

注：a 计算过程没有包括水。

8.4.3.2 西格列汀的合成路线改进

西格列汀（Sitagliptin），又称为西他列汀，化学名称为（3R）-3-氨基-1-[3-（三氟甲基）-5,6,7,8-四氢-1,2,4-三唑并[4,3-a]吡嗪-7-基]-4-（2,4,5-三氟苯基）丁-1-酮，是一种手性β-氨基酸的衍生物，是默克（Merck）公司研发的二肽基肽酶 4（DPP-4）抑制剂，其磷酸盐被用于治疗 2 型糖尿病，商品名称为 Januvia^{TM}（中文名，捷诺维®）。

默克（Merck）公司早期开发了 Sitagliptin 合成路线——β-内酰胺路线，制备的产品用于安全与临床研究，其合成路线见图 8-12。酸采用 Masamune 条件转化为β-酮酸酯。然后β-酮酸酯经以改性的 S-1,1′-联萘-2,2′-二苯膦（s-Binap）为催化剂的不对称氢化反应后，得到的手性酯再水解获得较高产率的酸，ee 值为 94%。酸在 *N*-(3-二甲氨基丙基)-*N′*-乙基碳二亚胺盐酸盐（EDC）作用下与 $BnONH_2 \cdot HCl$ 偶联得到了异羟肟酸盐。在偶氮二甲酸二异丙酯（DIAD）和三苯基膦作用下，异羟肟酸盐通过环化反应得到β-内酰胺，采用无水甲醇结晶，β-内酰胺的产率为 81%，

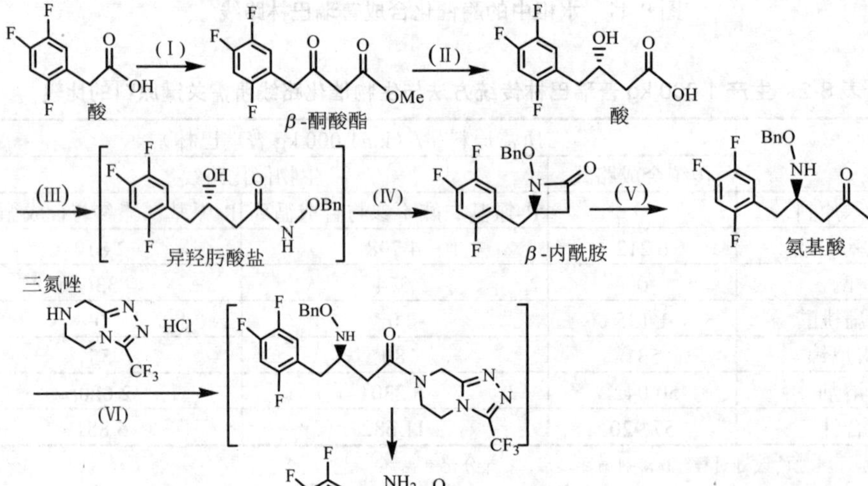

（Ⅰ）CDI，丙二酸单甲酯钾盐，$MgCl_2Et_3N$（86%）；（Ⅱ）s-BinapRuCl_2，HBr，90PsiH_2，MeOH，80℃，然后 NaOH MeOH/H_2O（83%）；（Ⅲ）$BnONH_2$-HCl，EDC，LiOH，THF/H_2O；（Ⅳ）DIAD，PPh_3，THF（81%）；（Ⅴ）LiOH，THF/H_2O（25℃）；（Ⅵ）EDC，N-甲基吗啉，CH_3CN，0℃；（Ⅶ）H_2Pd/C，然后 H_3PO_4，从β-内酰胺得 78%的产率

图 8-12 早期的西格列汀合成路线（β-内酰胺路线）

而且结晶后使得光学纯度提升到99%以上。西格列汀是用β-内酰胺水解得到氨基酸，氨基酸与三氮唑在EDC存在下偶联反应，所得产物经氢化反应后，得到游离胺（西格列汀），游离胺再被转变成了水合磷酸盐。

经过Merck公司优化后的这条第1代路线其E因子到达68，从原料酸计算的总收率为45%。该路线虽然较长，需要8个步骤，但每步产率较高。Merck公司用这条路线试生产100 kg原料药后，认为该路线是能够进行商业化生产的合成方法。但是，从绿色化学角度来看，这里还有一些缺点，包括：①该合成路线的前四步反应使用了大分子量的试剂把羟基转变为氨基，这使得合成路线变得冗长；②该合成路线反应过程中有一个最大的稀释需求——Masamune反应需要高度稀释的条件，其要求为30 L/kg；③两步偶联均使用了EDC，但EDC具有较低的原子经济性，并且还会产生分子量为209.7的副产物脲，而最理想的偶联副产物应该是分子量为18的水；④使用了高能试剂，如DIAD。

为了解决上述问题，Merck公司发明了第1代合成西格列汀的商业化路线——不对称氢化反应合成路线，见图8-13。该路线合成中也需要使用酸和三氮唑作为中间体。酸用特戊酰氯激活，然后与米氏酸反应形成加合物。加合物可以不用分离，加入三氮唑和催化剂数量级的三氟乙酸后转变为酮酰胺。酮酰胺无须分离，加入乙酸铵的甲醇溶液后可直接转化为烯胺。然后使烯胺用二茂铁基作为配体的金属铑盐为催化剂作用下，经不对称氢化反应得游离胺、游离胺最后转变为磷盐。从原料酸到烯胺的总收率达到了84%。特别强调的是这条合成路线不需要基团保护；经还原后，90%～95%的铑可以通过Ecosorb C-941吸附剂，吸附回收循环使用。

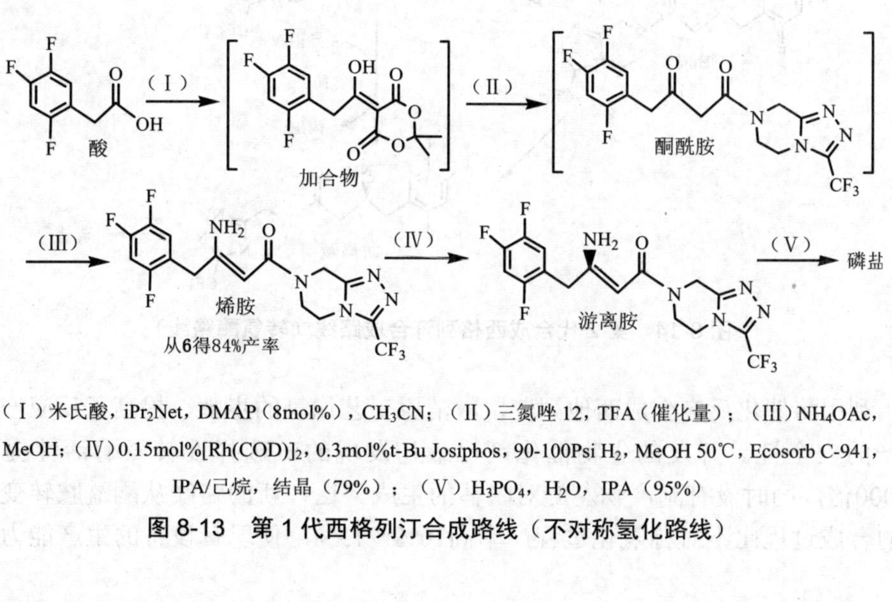

F F F O OH 酸 （Ⅰ） F F F OH O O O O 加合物 （Ⅱ） F F F O O N N N N CF₃ 酮酰胺

（Ⅲ） F F F NH₂ O N N N N CF₃ 烯胺 从6得84%产率 （Ⅳ） F F F NH₂ O N N N N CF₃ 游离胺 （Ⅴ） 磷盐

（Ⅰ）米氏酸，iPr_2Net，DMAP（8mol%），CH_3CN；（Ⅱ）三氮唑 12，TFA（催化量）；（Ⅲ）NH_4OAc，MeOH；（Ⅳ）0.15mol%$[Rh(COD)]_2$，0.3mol%t-Bu Josiphos，90-100Psi H_2，MeOH 50℃，Ecosorb C-941，IPA/己烷，结晶（79%）；（Ⅴ）H_3PO_4，H_2O，IPA（95%）

图 8-13 第 1 代西格列汀合成路线（不对称氢化路线）

与早期开发的β-内酰胺路线相比较（图8-12），不对称氢化反应路线（图8-13）具有明显的环境益处，见表8-4。

表 8-4 β-内酰胺路线与不对称氢化反应路线比较（生产 1 kg 产品，生成废物的数量）

	β-内酰胺路线/kg	不对称氢化路线/kg	减少量/%
水溶性废物	60	2	97
有机废水	205	65	68

第 1 代西格列汀合成路线采用了新颖的高效的烯胺不对称催化氢化法，具有明显的环境益处，但是一个明显的环境问题仍然存在。铑是一种极为稀有的金属，地球上的含量为 4×10^{-9}，因此稀缺性导致其价格昂贵且处于上升趋势。另外，由于不对称催化氢化反应没有立体选择性，导致需要增加分离异构体的结晶过程，同时，加氢反应还需在高压下（约 1 723.8 kPa）进行。因此，由于环境和经济的因素，Merck 公司开始着手开发其他的合成方法。默克（Merck）公司和克迪科斯（Codexis）公司合作开发了一种酶催化剂用来代替金属催化剂，共同研制了第 2 代合成西他列汀的绿色路线，把以前通过两步反应把酮酰胺转变为西格列汀游离碱的过程直接变为一步反应，该反应采用改性的转氨酶作酶催化剂，使用异丙胺作为氮源，见图 8-14。

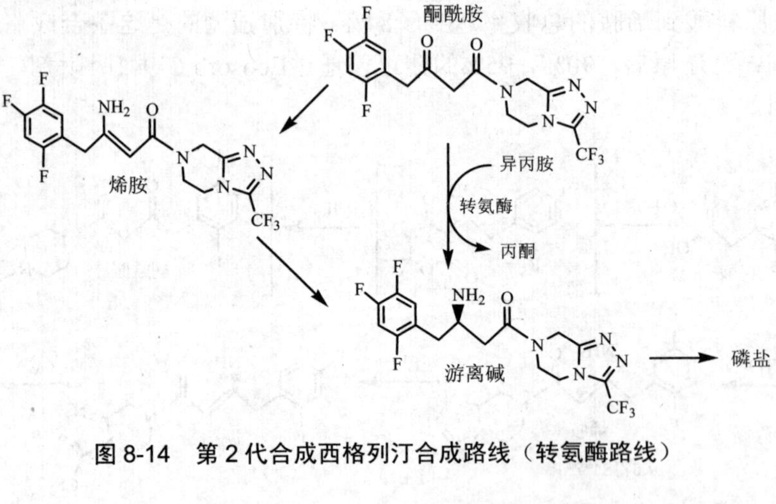

图 8-14 第 2 代合成西格列汀合成路线（转氨酶路线）

利用酶催化反应合成西他列汀，取消原工艺加氢的步骤，提高了反应产率和生产的安全性。开发的生物催化剂比最初发现的R-选择性转氨酶活性提高了25 000倍，同时没有副产物左旋对映体的生成。这种新的路线从酮酰胺转变为磷盐的合成过程比不对称氢化过程产率高10%～13%，使现有设备的生产能力提高

56%，还从总体上降低了19%的废物产生。默克（Merck）公司因开发西格列汀的绿色合成工艺，分别于2006年和2010年两次获得美国总统绿色化学挑战奖。

8.4.4 应用化学回路反应器改进的合成氨工艺

合成氨的生产方法最主要的是哈伯-博施法，这种方法是在高温、高压条件下，氮气和氢气在催化剂作用下反应生成氨。该法合成氨中平衡位置和反应速率是两个相反的影响因素，采用合适的催化剂可使该反应在 350～400℃、6～18 MPa 条件下进行。该生产工艺的氮气通常从大气中获得，氢气可由天然气催化重整转化得到。由于受热力学因素的影响，反应程度受到限制，因此需要把未反应的气体再循环。另外，携带杂质的原料会导致催化剂中毒，因此需要对原料进行净化处理。据统计，使用该法由天然气合成氨的过程中，每生产 1 tNH_3 就会释放出 0.43 t 的 CO_2。

TRCL（三化学回路反应器系统）是一种新型的技术，该技术可利用系统本身内部分离出 CO_2，产生 H_2 和电能。气体燃料中的含硫组分（如 H_2S、SO_2）不会影响到 H_2 产品的纯度。除了如煤、生物质等固体燃料外，像甲烷和合成气等气体燃料均可应用于化学回路工艺中。经过 TRCL 优化后的运行条件能够最大限度地产出 H_2，使得输入空气中的 O_2 完全消耗掉，也能使 CH_4 完全燃烧，并且能够获得三种纯净的 H_2、O_2 和 CO_2 气体。

TRCL 流程包含了燃料反应器、水蒸气反应器和空气反应器，如图 8-15 所示。此工艺流程中，为了避免空气和燃料直接接触，在三个反应器中采用了氧载体微粒循环的方法。根据对氧载体微粒的物理和化学性质研究，使用来源丰富、毒性小的铁及其氧化物与水蒸气反应产出 H_2，是一种经济合理的选择。而且 TRCL 流程中可以使用 $MgAl_2O_4$ 作支撑材料以增加反应活性、耐久性和氧载体微粒的流动性。

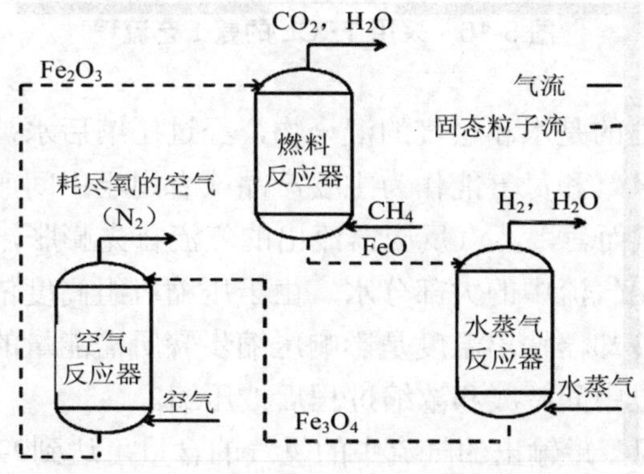

图 8-15 采用铁基氧载体的三化学反应器系统

根据图 8-15，该工艺流程的目标之一是要产出纯净单独的 H_2 和 N_2 气体。为了减少热损失，每种反应器输出的固态粒子流应该处于各自的氧化态或还原态。此外，外部的控制参数（如蒸汽和空气流速）和内部控制参数（如氧载体、支撑材料的流速）应该调整到使 FeO、Fe_3O_4、Fe_2O_3 三种固态粒子流与相应的燃料反应器、蒸汽反应器、空气反应器分别相适应。在理想操作条件下，燃料反应器中的 CH_4 转化为燃烧产物（方程式 1），Fe_2O_3 完全被还原成了 FeO。在水蒸气反应器中，FeO 粒子与水蒸气反应（方程式 2）产生了氢气及 Fe_3O_4，该反应的转化率为 30%～50%。因此，为了使 FeO 最大限度地产出氢气，需要加入过量的水蒸气。空气反应器中，Fe_2O_3 粒子与输入空气中的氧反应（方程式 3）转化为 Fe_2O_3，该反应器输出的气体为耗尽 O_2 的空气。

$$4Fe_2O_3+CH_4 \longrightarrow 8FeO+2H_2O+CO_2 \quad (1)$$

$$8FeO+8/3H_2O \longrightarrow 8/3Fe_3O_4+8/3H_2 \quad (2)$$

$$8/3Fe_3O_4+2/3O_2 \longrightarrow 4Fe_2O_3 \quad (3)$$

建议采用TRCL改进的合成氨工艺由TRCL单元、氨单元、水冷凝单元三个部分组成，见图8-16。

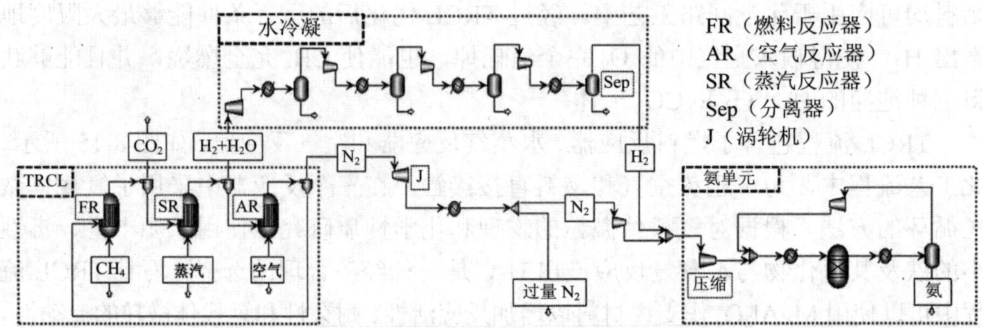

图 8-16　采用 TRCL 的氨工艺流程

蒸汽反应器流出的是水和氢气的混合物，经过压缩后水被分离出来，得到高纯的氢气。纯净的氢气和氮气能作为主要产品或者用于中间产物去合成氨。根据图8-16，对于合成氨而言，蒸汽反应器流出的气流首先膨胀，然后通过初级闪蒸罐被冷却后，分离出气流中的大部分水。由于压缩机组高度依赖温度和输入气流中的水含量，初级冷却器输出温度是影响压缩步骤所需能量的重要因素。初级闪蒸罐输出的气流经过中间冷凝和浓缩过程后被压缩。

所以，最后的闪蒸罐输出的气流中的氢气的含量可达到99.75%（摩尔分数），空气反应器输出的气流中的氮气含量达到99.8%，氮气先通过涡轮机然后再经过热交换器。尽管冷却器吸收的热可以用于蒸汽反应器中产生蒸汽所需要的热量，但在压缩器工作之前，必须要降低流入气流的温度。因为降低输入气流的温度不仅可以减少压缩机对能量的需求，而且低温下工作对保护压缩机也有好处。根据合成氨的计量比，需要的氮气的量比氢气要多，所以，氮气在进入压缩器之前分成了两部分，过量的氮气（纯度99.8%）在同氢气混合前被分出来，可以用于惰性气体或者用于副产品。氢气和所需要量的氮气在9.5 MPa下混合，然后混合气体作为合成氨工艺的原料。作为惰性气体的氮气大多数情况下是在空气分离单元中操作得到的，而在TRCL下，过量的氮气可作为惰性气体使用，从而降低了惰性气体的生产成本。

图 8-17 展示了合成氨的革新工艺流程和传统工艺流程的总体区别。图中可以看到，TRCL 流程是为合成氨过程提供氮气、氢气的一个很好的替代，而且转化步骤（包括初级蒸汽转化器、次级空气转化器和变换反应器），CO_2 脱除单元（包括溶剂回收、循环部分），甲烷化反应器和低温蒸馏塔均可由燃料反应器、蒸汽反应器、空气反应器代替。所以，可以预料设备运行和场地投资成本会大幅下降。革新的流程中，过量的 N_2 能够用来作为惰性气体加以利用（经典的 N_2 是由空气经过低温蒸馏获得），这也可以节约投资费用。根据图 8-17，传统合成氨工艺中，氨是唯一的产品，合成氨的进料是 N_2、H_2 以及含有少量 CO 的 CO_2 等的混合气。而革新的流程里，除了内部产生的高纯 CO_2 和氨之外，还有其他两种可作为中间产物使用的 N_2 和 H_2。所以，可以根据市场需求选择性地生产所需产品。此外还可以看出，革新工艺流程是没有 CO_2 放出的绿色工艺，所有产出的 CO_2 都可以单独分离出来并能被存储或者使用。

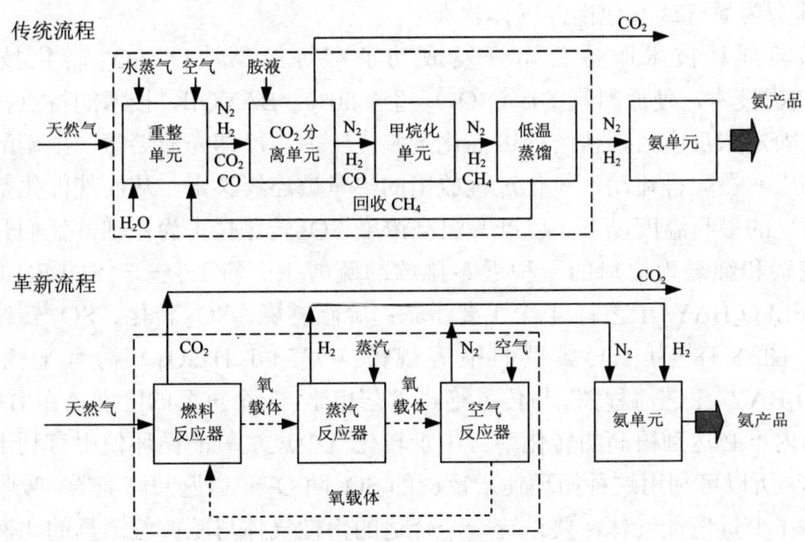

图 8-17 传统流程与革新流程的输入、输出物流对比

8.4.5 近零排放的硫酸生产新工艺

硫酸是一种最活泼的二元无机强酸，是一种重要的工业原料，可用于制造肥料、药物、炸药、颜料、洗涤剂、蓄电池等。

硫磺是当前世界硫酸生产的主要原料，全世界硫磺制酸约占 75%。硫磺制酸的反应原理为：将硫磺经熔融、焚烧产生二氧化硫气体，经废热锅炉、过滤器，再通入空气氧化转化成三氧化硫，再经冷却、酸吸收，制得成品硫酸。为提高 SO_2 转化率，生产工艺普遍采用二转二吸工艺流程。其主要反应方程式如下：

$$S+O_2=SO_2+Q$$

$$2SO_2+O_2=2SO_3+Q$$

$$SO_3+H_2O=H_2SO_4+Q$$

硫磺制酸技术的进步首先体现在进转化器φ（SO_2）（SO_2 摩尔分数）的不断提高，已经从 10%以下提高到 11.5%，甚至 12%。提高φ（SO_2）能提高蒸汽产率，而且还能减小设备尺寸、降低装置投资、提高经济效益。由于转化器中的 SO_2 转化是绝热反应过程，SO_2 转化本身是放热反应，φ（SO_2）的提高，转化器的温升就增加。由于目前转化催化剂的工业应用范围为：下限 380～420℃、上限 620～640℃，催化剂的操作温度必须保持在该给定温度范围内，以免温度过低引起催化剂性能太低或温度过高引起催化剂热分解；再者，由于反应热的释放导致气体温度升高而达到化学平衡，因此二转二吸工艺必须实施段间冷却。根据当前的硫酸生产技术水平，原料气的极限工艺条件为φ（SO_2）不超过 14%，氧硫比为 0.8～0.9，其余为氮气或其他惰性气体。

德国拜耳技术服务公司开发成功了准等温高浓度 SO_2 转化技术——BAYQIK®技术，使原料气的φ（SO_2）超过 50%。BAYQIK®技术的特点在于采用列管式固定床反应器，传统的钒催化剂装在管内，冷却介质熔盐（由硝酸钾和硝酸钠组成）在壳程流动。氧化过程放出的热量被连续移走，从而使催化剂始终处于可承受的最高温度以下。以准等温高浓度 SO_2 转化技术为基础，他们开发成功了用硫磺和纯氧为原料的一种近零排放的硫酸生产新工艺——SULFO$_2$BAY®工艺。SULFO$_2$BAY®工艺有 4 个主要步骤：硫磺燃烧、SO_2 转化、SO_3 转化、尾气处理。图 8-18 为一套典型的中等规模（735 t/d H_2SO_4）标有平衡数据的 SULFO$_2$BAY®工艺流程图。与传统绝热工艺相比，一个重要的区别是在 BAYQIK®反应器内不必达到很高的转化率。由于转化气中过量氧的循环使用有利于降低操作成本，所以可利用这种循环使未反应的 SO_2 随 O_2 一道返回燃烧器。吸收后工艺中会存在少量惰性气体，要设置一个合适的惰性气体与驰放气流量的比例。在吸收装置排除少量的φ（SO_2）为 22%的驰放气在第二套尺寸明显较小的 BAYQIK®

反应器中进一步氧化，产生的 SO_3 在酸侧与主流程吸收装置相连的吸收塔内吸收；由于气体流量很低，这套装置按照 98%～99%的转化率进行设计。最后，尾气用双氧水或其他氧化剂处理。

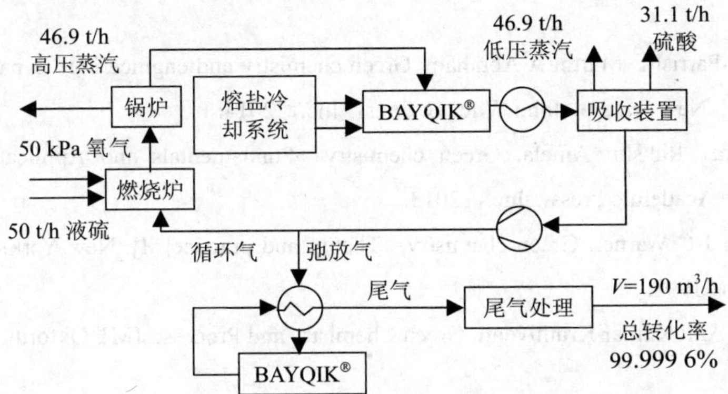

图 8-18　$SULFO_2BAY^{®}$硫酸生产工艺流程

转化气冷却后进入吸收装置，使 SO_3 转化为硫酸。吸收装置采用两级吸收工艺，上游为文丘里吸收塔，下游为填料吸收塔。吸收热以蒸汽的形式移入蒸汽回路，所产蒸汽压力根据现场条件而定。SO_3 吸收系统的工艺流程见图 8-19。

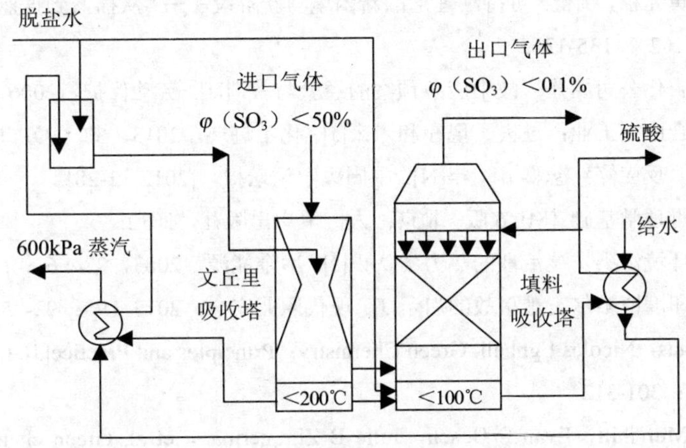

图 8-19　SO_3 吸收系统的工艺流程

$SULFO_2BAY^{®}$工艺以使用硫磺和纯氧为特点，是一种近零排放的硫酸生产新工艺。与二转二吸工艺相比，该工艺的主要优势在于 SO_2 排放量可减少 99%以上，能量利用率可提高到 97%，投资可减少约 50%。

参考文献

[1] Anne E Marteel-Parrish，Martin A Abraham. Green chemistry and engineering：a pathway to sustainability[M]. New Jersey：John Wiley & Sons，Inc.，2014.

[2] Suresh C Ameta，Rakshit Ameta. Green chemistry：Fundamentals and Applications[M]. Oakville：Apple Academic Press，Inc.，2013.

[3] P T Anastas and J C Warner. Green chemistry：Theory and practice[M]. New York：Oxford University Press，1998.

[4] Mukesh Doble，Anil Kumar Kruthiventi. Green Chemistry and Processes[M]. Oxford：Elsevier Inc.，2007.

[5] 沈玉龙，舒世立. 关于绿色化学概念的讨论[J]. 唐山师范学院学报，2014，36（2）：116-118.

[6] 白春礼. 化学：发现与创造的科学——国际化学百年发展启示[J]. 中国科学院院刊，2011，26（1）：1-10.

[7] 詹姆斯·法洛斯. 塑造现代生活的 50 项重大发明创新[J]. 世界科学，2014（2）：11-17.

[8] 魏峰，董元华. DDT 引发的争论及启示[J]. 土壤，2011，43（5）：698-702.

[9] 曹志奎，黄元福，周健. 可持续理念的新困境与新阶段——“从摇篮到摇篮”的解读[J]. 装饰，2011（2）：135-136.

[10] 冯振民. 吉化公司爆炸事故中应急预案的经验与教训[J]. 劳动保护，2006（2）：54-55.

[11] 刘化章. 合成氨工业：过去、现在和未来[J]. 化工进展，2013，32（9）：1995-2005.

[12] 薄禄龙. “反应停”悲喜五十年[N]. 中国医学论坛报，[2012-12-28].

[13] 王心如. 毒理学基础 [M]. 6 版. 北京：人民卫生出版社，2012.

[14] 王承阳. 环境污染末端治理的热力学认识[J]. 冶金能源，2003，22（6）：52-54.

[15] 王梦蓉. 印度博帕尔灾难事故的启示[J]. 现代职业安全，2013（9）：92-95.

[16] Paul Anastas，Nicolas Eghbali. Green Chemistry：Principles and Practice[J]. Chem. Soc. Rev.，2010，39：301-312.

[17] Martin J Mulvihill，Evan S Beach，Julie B Zimmerman，et al. Green chemistry and green engineering：A framework for sustainable technology development[J]. Annu. Rev. Environ. Resour.，2011，36：271-293.

[18] Nicholas D Anastas，John C Warner. The incorporation of hazard reduction as a chemical design criterion in green chemistry[J]. Chemical Health & Safety，2005，（3/4）：9-13.

[19] John C Warner，Amy S Cannon，Kevin M Dye. Green chemistry[J]. Environmental Impact Assessment Review，2004，24：775-799.

[20] Evan S Beach，Zheng Cui，Paul T Anastas. Green Chemistry：A design framework for sustainability[J]. Energy Environ. Sci.，2009，2：1038-1049.

[21] Alexei Lapkin，David Constable. Green chemistry metrics：Measuring and monitoring sustainable processes [M]. West Sussex，Blackwell Publishing Ltd.，2008.

[22] Roger A Sheldon. Fundamentals of green chemistry：Efficiency in reaction design[J]. Chem. Soc. Rev.，2012，41：1437-1451.

[23] Denis Prat，John Hayler，Andy Wells. A survey of solvent selection guides[J]. Green Chem.，2014，16：4546-4551.

[24] Arani Chanda，Adrian M Daly，David A Foley，etc. Industry perspectives on process analytical technology：Tools and applications in API development[J]. Org. Process Res. Dev.，2015，19：63-83.

[25] Dennis C Hendershot. Inherently safer design-An overview of key elements[J]. Professional Safety，2011（2）：48-55.

[26] 沈玉龙，王克诚. 国外大学的绿色化学教育[J]. 化学教育，2006，（10）：63-64.

[27] 沈玉龙，刘立华，曹文华. 英国约克大学绿色化学硕士教育介绍[J]. 化学教育，2010（3）：101.

[28] 沈玉龙，刘立华，关俊霞，等. 伦敦帝国理工学院绿色化学硕士教育[J]. 广东化工，2010，37（7）：175-176.

[29] 姜秀榕，胡志彪. 解析化学的反应条件以及催化剂的作用[J]. 湖南科技学院学报，2013，34（8）：61- 68.

[30] Ahmad Galadima，Oki Muraza. Role of zeolite catalysts for benzene removal from gasoline via alkylation：A review[J]. Microporous and Mesoporous Materials，2015，213：169-180.

[31] 傅军，刘中清，何鸣元. MWW结构分子筛的研究进展[J]. 石油化工，2002，31（7）：574-578.

[32] 谢伟，刘月明，汪玲玲，等. 具有MWW结构钛硅分子筛的研究进展[J]. 催化学报，2010，31：502-513.

[33] 尚会建，张少红，赵丹，等. 分子筛催化剂的研究进展[J]. 化工进展，2011，30：407-410.

[34] 汪慧智. 新型分子筛催化剂的研究进展[J]. 化学工程师，2006，125（2）：27-29.

[35] 耿卫国. 钛硅分子筛TS-1合成及应用的研究进展[J]. 广东化工，2002（1）：21-23.

[36] 付晔，王乐夫，谭宇新，等. SAPO分子筛的研究现状及应用前景[J]. 化学反应工程与工艺，2000，16（1）：55-58.

[37] 任瑞霞，刘姝，宋雯雯，等. ZSM-5分子筛的合成与应用[J]. 化工科技，2011，19（1）：55 -60.

[38] 史建公，卢冠忠，曹钢. MWW结构分子筛应用研究进展[J]. 中外能源，2008，13（3）：85-94.

[39] 于世涛，刘福胜. 固体酸与精细化工[M]. 北京：化学工业出版社，2006.

[40] 王仁杰，刘墨祥. 有机化合物生物催化研究进展[J]. 生物技术通报，2012，10：41-46.

[41] Princy Gupta，Satya Paul. Solid acids：Green alternatives for acid catalysis[J]. Catalysis Today，

2014，236：153-170.

[42] 王德胜，闫亮，王晓来. 杂多酸催化剂研究进展[J]. 分子催化，2012，26（4）：366-375.

[43] 李敏，崔屾. 纳米催化剂研究进展[J]. 材料导报，2006，20（5）：8-12.

[44] Francesco Fringuelli，Ferdinando Pizzo，Luigi Vaccaro. $AlCl_3$ as an efficient Lewis acid catalyst in water[J]. Tetrahedron Letters，2001，42：1131-1133.

[45] Maria Michela Dell'Anna，Matilda Malia，Piero Mastrorilli，et al. Suzuki-Miyaura coupling under air in water promoted by polymer supported palladium nanoparticles[J]. Journal of Molecular Catalysis A：Chemical，2013，366：186-194.

[46] 刘慧强，乐长高. 金属及其化合物催化水相有机合成反应[J]. 化学通报，2012，75（8）：702-712.

[47] 李和兴，张昉. 水介质中清洁有机合成催化反应研究进展[J]. 石油化工，2008，37（1）：1-6.

[48] Koichi Mikami. 绿色反应介质在有机合成中的应用[M]. 北京：化学工业出版社，2007.

[49] Marina Cvjetko Bubalo，Senka Vidovic，Ivana Radojcic Redovnikovic，et al. Green solvents for green technologies[J]. J Chem Technol Biotechnol，2015，90：1631-1639.

[50] 关淑霞，于海南，郜永娜. 离子液体的应用进展[J]. 化学工业与工程技术，2011，32（6）：32-36.

[51] 王赤炎，吕学功，王丽红. 绿色化学中的智能溶剂[J]. 唐山师范学院学报，2012，34（5）：21-25.

[52] 王九霞，苏鑫，P G Jessop，等. CO_2 开关型溶剂、溶质及表面活性剂[J]. 化学进展，2010，22（11）：2009-2015.

[53] 李宏平，丁利，许群，等. 气体膨胀液体的纳米尺度的表征—气体膨胀液体的理论模拟-实验协同研究新进展[J]. 世界科技研究与发展，2007，29（5）：19-31.

[54] Bala Subramaniam，Geoffrey R Akien. Sustainable catalytic reaction engineering with gas-expanded liquids[J]. Current Opinion in Chemical Engineering，2012，1：336-341.

[55] 顾炎龙. 丙三醇作为绿色溶剂在有机和催反反应中的应用[C]. 第六届全国环境催化与环境材料学术会议论文集，2009.

[56] 张霞忠，邹润英，邓家英，等. 甘油作绿色溶剂在有机合成中的应用研究进展[J]. 有机化学，2015，35：1238-1249.

[57] Alba E. Díaz-Álvarez，Javier Francos，Pascale Crochet，et al. Recent Advances in the Use of Glycerol as Green Solvent for Synthetic Organic Chemistry[J]. Current Green Chemistry，2014，1（1）：51-65.

[58] 郭武杰，陈钢，吴卫泽，等. 低共熔溶剂特性及在分离过程中的应用[J]. 现代化工，2014，34（4）：42-45.

[59] 韦露，樊友军. 低共熔溶剂及其应用研究进展[J]. 化学通报，2011，74（4）：333-339.

[60] 吴桐，吴卫泽. 低共熔溶剂在化工分离过程中的应用及研究进展[J]. 山东化工，2014，43（11）：66-69.

[61] 谭天伟，俞建良，张栩. 生物炼制技术研究新进展[J]. 化工进展，2011，30（1）：117-125.

[62] 马延和. 生物炼制细胞工厂：生物制造的技术核心[J]. 生物工程学报，2010，26（10）：1321-1326.

[63] 曹玉锦，咸漠，刘会洲. 大宗化学品可持续化工—生物融合转化探析[J]. 中国科学：化学，2015，45（5）：501-509.

[64] 陈国强. 微生物聚羟基脂肪酸酯的应用新进展[J]. 中国材料进展，2012，31（2）：7-15.

[65] 保国裕，蓝艳华. 甘蔗的生物炼制——蔗渣综合利用新进展[J]. 甘蔗糖业，2011（5）：59-65.

[66] 王成华，于云桥，华威. 利用纤维素原料生产单细胞蛋白[J]. 精细与专用化学品，2000（15）：17-18.

[67] Yi He，David M Bagley，Kam Tin Leung，et al. Recent advances in membrane technologies for biorefining and bioenergy production[J]. Biotechnology Advances，2012，30：817-858.

[68] Claire Dumon，Letian Song，Sophie Bozonnet，et al. Progress and future prospects for pentose-specific biocatalysts in biorefining[J]. Process Biochemistry，2012，47：346-357.

[69] Sonil Nanda，Ramin Azargohar，Ajay K Dalai. An assessment on the sustain ability of lignocellulosic biomass for biorefining[J]. Renewable and Sustainable Energy Reviews，2015，50：925-941.

[70] 李振宇，李顶杰，黄格省，等. 燃料乙醇发展现状及思考[J]. 化工进展，2013，32（7）：1457-1467.

[71] 王玉美. 燃料乙醇生产现状分析[J]. 酿酒科技，2015（5）：94-97.

[72] 曹月乔，张国良，王菲菲. 纤维素生物质生产燃料乙醇的研究进展[J]. 淮阴工学院学报，2014，23（1）：46-51.

[73] 张宇，许敬亮，袁振宏. 世界纤维素燃料乙醇产业化进展[J]. 当代化工，2014，43（2）：198-206.

[74] 杨娟，滕虎，刘海军，等. 纤维素乙醇的原料预处理方法及工艺流程研究进展[J]. 化工进展，2013，32（1）：97-103.

[75] 王鹏，王宪贵，郭战英，等. 合成气合成乙醇的研究进展[J]. 洁净煤技术，2010，16（1）：55-58.

[76] 李东，袁振宏，王忠铭，等. 生物质合成气发酵生产乙醇技术的研究进展[J]. 可再生能源，2006（2）：57-61.

[77] 王常文，崔方方，宋宇. 生物柴油的研究现状及发展前景[J]. 中国油脂，2014，39（5）：44-48.

[78] 王成，刘忠义，陈于陇，等. 生物柴油制备技术研究进展[J]. 广东农业科学，2012（1）：107-112.

[79] 滕虎，牟英，杨天奎，等. 生物柴油研究进展[J]. 生物工程学报，2010，26（7）：892-902.

[80] 林晶，林金清. 生物柴油及其催化合成技术研究进展[J]. 化学工程与装备，2009（1）：102-107.
[81] 崔文康，冯云，席克忠，等. 第二代生物柴油技术研究进展[J]. 化学研究，2015，26（2）：216-220.
[82] Bernardo A Frontana-Uribe，R Daniel Little，Jorge G Ibanez，et al. Organic electrosynthesis：A promising green methodology in organic chemistry[J]. Green Chem.，2010，12：2099-2119.
[83] R B Nasir Baig，Rajender S Varma. Alternative energy input：mechanochemical，microwave and ultrasound-assisted organic synthesis[J]. Chem. Soc. Rev.，2012，41：1559-1584.
[84] 马双忱，姚娟娟，金鑫，等. 微波化学中微波的热与非热效应研究进展[J]. 化学通报，2011，74（1）：41-46.
[85] Stuart L James，Christopher J Adams，Carsten Bolm，et al. Mechanochemistry：Opportunities for new and cleaner synthesis[J]. Chem. Soc. Rev.，2012，41：413-447.
[86] 元炯亮. 清洁生产基础[M]. 北京：化学工业出版社，2009.
[87] 陈和平，包存宽. 我国化学工业中清洁生产技术的研究进展[J]. 化工进展，2013，32（6）：1407-1414.
[88] 孙晓峰，李键，李晓鹏. 中国清洁生产现状及发展趋势探析[J]. 环境科学与管理，2010，35（11）：185-188.
[89] 李莉，范圣楠，闫艳，等. 化工企业的“责任关怀”[J]. 环境经济，2012（1-2）：84-86.
[90] 中国石油和化学工业联合会. 责任关怀实施指南[M]. 北京：化学工业出版社，2012.
[91] 孙斌，孟祥堃，宗保宁. 己内酰胺绿色生产技术[J]. 化学通报，2011，74（11）：999-1003.
[92] 孙斌，程时标，孟祥堃，等. 己内酰胺绿色生产技术[J]. 中国科学：化学，2014，44（1）：40-45.
[93] 颜晓潮，胡杰，张卫星，等. 环氧丙烷合成工艺进展[J]. 精细石油化工进展，2014，15（3）：34-39.
[94] 张霁，张福利. 绿色制药工艺的研究进展[J]. 中国医药工业杂志，2013，44（8）：814-827.
[95] Peter J Dunn. The importance of Green Chemistry in Process Research and Developmentw[J]. Chem. Soc. Rev.，2012，41：1452-1461.
[96] A Edrisi，Z Mansoori，B Dabir. Using three chemical looping reactors in ammonia production process-A novel plant configuration for a green production[J]. International Journal of Hydrogen Energy，2014，39：8271-8282.
[97] 李若松. 硫磺制酸装置大型化的探讨[J]. 云南化工，2014，41（6）：43-46.
[98] M Kuerten，T Weber，B Erkes，等. $SULFO_2BAY$——一种近零排放的硫酸生产新工艺[J]. 硫酸工业，2011（1）：1-5.
[99] T Weber，M Kuerten，B Erkes，等. BAYQIK®——高浓度二氧化硫烟气制酸创新工艺[J]. 硫酸工业，2010（1）：1-7.